T0281724

Arbeitsbuch Algebra

Christian Karpfinger

Arbeitsbuch Algebra

Aufgaben und Lösungen mit ausführlichen
Erklärungen und Hinführungen

2. Auflage

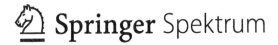 Springer Spektrum

Christian Karpfinger
TU München Zentrum Mathematik – M11
München, Deutschland

ISBN 978-3-662-61953-7   ISBN 978-3-662-61954-4   (eBook)
https://doi.org/10.1007/978-3-662-61954-4

Die Deutsche Nationalbibliothek verzeichnet diese Publikation in der Deutschen Nationalbibliografie; detaillierte bibliografische Daten sind im Internet über http://dnb.d-nb.de abrufbar.

Planung/Lektorat: Andreas Rüdinger
Springer Spektrum ist ein Imprint der eingetragenen Gesellschaft Springer-Verlag GmbH, DE und ist ein Teil von Springer Nature.
Die Anschrift der Gesellschaft ist: Heidelberger Platz 3, 14197 Berlin, Germany

Vorwort zur zweiten Auflage

Wir haben diese Aufgabensammlung zur Algebra um zahlreiche Aufgaben ergänzt. Dabei blieben wir dem Konzept treu, neben der Lösung oftmals auch Ideen zu vermitteln, die zur Lösungsfindung dienen.

Bei der Nummerierung der Sätze, Lemmata, Korollare, Beispiele usw. beziehen wir uns auf die Nummerierung der 5. Auflage des Buches Algebra von K. Meyberg und Ch. Karpfinger.

Den aufmerksamen Leser*innen, die uns auf Tippfehler und Unklarheiten hingewiesen haben, danken wir hierfür sehr.

Wir wünschen Ihnen viel Spaß beim Knobeln an den Aufgaben und beim Vertiefen Ihres Wissens zur Algebra.

München   Christian Karpfinger
im September 2020

Vorwort zur ersten Auflage

Im vorliegenden Buch stellen wir zahlreiche Aufgaben zur Algebra inklusive ausführlicher Lösungen zur Verfügung. Die Aufgaben sind dabei dem Buch *Algebra, Gruppen – Ringe – Körper* von Ch. Karpfinger und K. Meyberg entnommen und um einige weitere ergänzt. Einer knapp formulierten Musterlösung zu einer Algebraaufgabe ist oftmals nicht mehr die Idee zur Lösungsfindung zu entnehmen. Daher haben wir gerade deswegen in der vorliegenden Aufgabensammlung das Augenmerk stets darauf gelegt, zu motivieren, wie man auf die Lösung kommt. Das Ziel ist dabei, die Leser*innen zu unterstützen, selbständig und erfolgreich ein vertieftes Verständnis der grundlegenden Strukturen der Algebra zu entwickeln und gut auf Prüfungen vorbereitet zu sein.

Wie in jeder anderen mathematischen Disziplin auch, ist ebenso in der Algebra das Lösen von Aufgaben unterschiedlichster Art und Schwierigkeitsgrade der Schlüssel für ein erfolgreiches Studium. Nicht zuletzt aufgrund der üblicherweise fehlenden Anschaulichkeit, sprich der Abstraktheit der Algebra, ist aber oftmals die Idee zur Lösungsfindung nicht unmittelbar greifbar. Daher geben wir Ihnen bereits jetzt, zu Beginn, einige Tipps und Hinweise, die beim Lösen typischer Algebraaufgaben hilfreich sind:

- Vergegenwärtigen Sie sich stets die Begriffe und Definitionen aus der Aufgabenstellung. Stellen Sie sicher, dass Sie die Begriffe verstanden haben.
- Ziehen Sie Informationen aus der Aufgabenstellung und stellen Sie diese zusammen.
- Welche Sätze, Lemmata und Korollare kennen Sie zu den Themen der Aufgabenstellung? Stellen Sie diese zusammen.
- Haben Sie stets die grundsätzlichen Beweistechniken (direkt, indirekt, Widerspruch) im Blick.
- Machen Sie sich Skizzen zu ineinandergeschachtelten Mengen (etwa Untergruppenverbände, Ringerweiterungen oder Körpertürme).

Wir haben eine Wertung des Schwierigkeitsgrades der einzelnen Aufgaben angegeben. • steht für einfach, •• für mittelschwer, ••• für anspruchsvoll. Eine solche Wertung ist zwar subjektiv, kann aber als Orientierunghilfe für die Leser*innen dienen.

Es ist typisch für Algebraaufgaben, dass die Lösung oftmals ganz einfach ist, wenn man nur weiß, wie man die Aufgabe zu lösen hat. Aber auf die entscheidende Idee zur Lösungsfindung zu kommen, ist vielfach enorm schwierig. Wir haben solche Aufgaben typischerweise mit ••• bewertet.

Sämtliche Verweise im Text auf Sätze, Lemmata und Korollare sowie angegebene Seitenzahlen beziehen sich auf die 3. Auflage des Buches *Algebra, Gruppen – Ringe – Körper* von Ch. Karpfinger und K. Meyberg.

Die Aufgaben haben sich im Laufe vieler Jahre angesammelt. Viele Aufgaben-stellungen und auch manche Lösungen stammen von Kollegen, denen ich hiermit sehr danke, namentlich erwähnt seien Detlev Gröger, Frank Himstedt, Thomas Honold, Gregor Kemper, Kurt Meyberg, Martin Kohls und Heinz Wähling.

München   Christian Karpfinger
im November 2014

Inhaltsverzeichnis

Halbgruppen

1.1 Aufgaben

1.1 • Untersuchen Sie die folgenden inneren Verknüpfungen $\mathbb{N} \times \mathbb{N} \to \mathbb{N}$ auf Assoziativität, Kommutativität und Existenz von neutralen Elementen.

(a) $(m, n) \mapsto m^n$.

(b) $(m, n) \mapsto \mathrm{kgV}(m, n)$.

(c) $(m, n) \mapsto \mathrm{ggT}(m, n)$.

(d) $(m, n) \mapsto m + n + m\,n$.

1.2 • Untersuchen Sie die folgenden inneren Verknüpfungen $\mathbb{R} \times \mathbb{R} \to \mathbb{R}$ auf Assoziativität, Kommutativität und Existenz von neutralen Elementen.

(a) $(x, y) \mapsto \sqrt[3]{x^3 + y^3}$.   (b) $(x, y) \mapsto x + y - x\,y$.   (c) $(x, y) \mapsto x - y$.

1.3 • Mit welcher der folgenden inneren Verknüpfungen $\circ : \mathbb{Z} \times \mathbb{Z} \to \mathbb{Z}$ ist $(\mathbb{Z}, \circ)$ eine Halbgruppe?

(a) $x \circ y = x$.

(b) $x \circ y = 0$.

(c) $x \circ y = (x + y)^2$.

(d) $x \circ y = x - y - x\,y$.

1.4 •• Wie viele verschiedene innere Verknüpfungen gibt es auf einer Menge mit drei Elementen?

1.5 ••• Man begründe das allgemeine Assoziativgesetz (siehe Lemma 1.3 (Algebrabuch)).

1.6 ••• Man begründe das allgemeine Kommutativgesetz (siehe Lemma 1.4 (Algebrabuch)).

© Der/die Autor(en), exklusiv lizenziert durch Springer-Verlag GmbH, DE, ein Teil von Springer Nature 2021
C. Karpfinger, *Arbeitsbuch Algebra*,
https://doi.org/10.1007/978-3-662-61954-4_1

1.7 •• Man zeige, dass die Teilmenge $\mathbb{Z} + \mathbb{Z}\,\mathrm{i} = \{a + b\,\mathrm{i} \mid a,\ b \in \mathbb{Z}\}$ von $\mathbb{C}$, versehen mit der gewöhnlichen Multiplikation komplexer Zahlen, eine abelsche Halbgruppe mit neutralem Element ist. Ermitteln Sie die Einheiten von $\mathbb{Z} + \mathbb{Z}\,\mathrm{i}$.

1.8 •• Es seien die Abbildungen $f_1, \ldots, f_6 : \mathbb{R} \setminus \{0,\ 1\} \to \mathbb{R} \setminus \{0,\ 1\}$ definiert durch:

$$f_1(x) = x\,, \quad f_2(x) = \frac{1}{1-x}\,, \quad f_3(x) = \frac{x-1}{x}\,,$$

$$f_4(x) = \frac{1}{x}\,, \quad f_5(x) = \frac{x}{x-1}\,, \quad f_6(x) = 1 - x\,.$$

Zeigen Sie, dass die Menge $F = \{f_1,\ f_2,\ f_3,\ f_4,\ f_5,\ f_6\}$ mit der inneren Verknüpfung $\circ : (f_i, f_j) \mapsto f_i \circ f_j$, wobei $f_i \circ f_j(x) := f_i(f_j(x))$, eine Halbgruppe mit neutralem Element ist. Welche Elemente aus F sind invertierbar? Stellen Sie eine Verknüpfungstafel für $(F, \circ)$ auf.

1.9 •• Bestimmen Sie alle Homomorphismen von $(\mathbb{Z}, +)$ in $(\mathbb{Q}, +)$. Gibt es darunter Isomorphismen?

1.10 • Zeigen Sie, dass die Menge $H = \mathbb{R} \times \mathbb{R}$ mit der Verknüpfung

$$(a, b) * (c, d) = (a\,c,\ b\,d)$$

eine abelsche Halbgruppe mit neutralem Element $(1, 1)$ ist.

1.2   Lösungen

1.1

(a) Die Gleichheit $m^{n^k} = (m^n)^k = m^{nk}$ ist für $m,\ n,\ k \in \mathbb{N}$ im Allgemeinen nicht erfüllt, so gilt etwa für $m = n = k = 3$: $m^{n^k} = 3^{27} \neq 3^9 = m^{nk}$. Also ist die Verknüpfung nicht assoziativ. Die Verknüpfung ist auch nicht kommutativ, da etwa $3^2 \neq 2^3$ gilt. Aber es gibt ein *rechtsneutrales* Element, nämlich 1, denn es gilt für alle $m \in \mathbb{N}$: $m^1 = m$. Das rechtsneutrale Element 1 ist aber nicht *linksneutral*: $1^2 \neq 2$. Da es kein Element e in $\mathbb{N}$ mit $e^n = n$ für alle $n \in \mathbb{N}$ gibt, existiert kein neutrales Element.

(b) Wegen $\mathrm{kgV}(m, \mathrm{kgV}(n, k)) = \mathrm{kgV}(\mathrm{kgV}(m, n), k)$ und $\mathrm{kgV}(m, n) = \mathrm{kgV}(n, m)$ für alle $m, n, k \in \mathbb{N}$ ist die Verknüpfung assoziativ und kommutativ. Wegen $\mathrm{kgV}(1, n) = n$ für jedes $n \in \mathbb{N}$ ist 1 neutrales Element.

(c) Analog zu (b) zeigt man, dass die Verknüpfung assoziativ und kommutativ ist. Jedoch gibt es kein neutrales Element, da $\mathrm{ggT}(e, n) = n$ die Relation $n \mid e$ impliziert.

(d) Wir setzen $m \circ n := m + n + m\,n$ für $m, n \in \mathbb{N}$. Damit gilt für alle $m,\ n,\ k \in \mathbb{N}$:

$$m \circ (n \circ k) = m \circ (n + k + nk) = m + (n + k + nk) + m\,(n + k + nk)\,,$$

$$(m \circ n) \circ k = (m + n + mn) \circ k = m + n + mn + k + (m + n + mn)\,k\,.$$

Offenbar gilt also $m \circ (n \circ k) = (m \circ n) \circ k$, sodass die Verknüpfung assoziativ ist. Sie ist offenbar auch kommutativ: $m \circ n = n \circ m$ für alle m, $n \in \mathbb{N}$. Es gibt kein neutrales Element, da $n \circ e = n$ mit $e\,(1 + n) = 0$ gleichwertig ist und diese letzte Gleichung für n, $e \in \mathbb{N}$ nicht erfüllbar ist.

1.2 Wir schreiben $\circ$ für die jeweilige Verknüpfung.

(a) Diese Verknüpfung ist assoziativ, da für beliebige x, y, $z \in \mathbb{R}$ gilt:

$$x \circ (y \circ z) = x \circ (\sqrt[3]{y^3 + z^3}) = \sqrt[3]{x^3 + \sqrt[3]{y^3 + z^3}^{\,3}}$$

$$= \sqrt[3]{x^3 + y^3 + z^3} = \sqrt[3]{\sqrt[3]{x^3 + y^3}^{\,3} + z^3}$$

$$= (\sqrt[3]{x^3 + y^3}) \circ z = (x \circ y) \circ z\,.$$

Die Verknüpfung ist wegen $\sqrt[3]{x^3 + y^3} = \sqrt[3]{y^3 + x^3}$ kommutativ. Und es ist $0 \in \mathbb{R}$ ein neutrales Element, da $0 \circ x = x$ für alle $x \in \mathbb{R}$ gilt.

(b) Die Verknüpfung ist assoziativ, da für alle x, y, $z \in \mathbb{R}$ gilt:

$$x \circ (y \circ z) = x \circ (y + z - yz) = x + (y + z - yz) - x\,(y + z - yz)\,,$$

$$(x \circ y) \circ z = (x + y - xy) \circ z = x + y - xy + z - (x + y - xy)z\,,$$

d. h. $x \circ (y \circ z) = (x \circ y) \circ z$. Wegen $x \circ y = x + y - xy = y \circ x$ für alle x, $y \in \mathbb{R}$ ist die Verknüpfung auch kommutativ. Es ist $0 \in \mathbb{R}$ neutrales Element, da $0 \circ x = 0 + x - 0\,x = x$ für alle $x \in \mathbb{R}$ erfüllt ist.

(c) Diese Verknüpfung ist nicht assoziativ, da etwa

$$(0 \circ 0) \circ 1 = (0 - 0) - 1 = -1 \quad \text{und} \quad 0 \circ (0 \circ 1) = 0 - (0 - 1) = 1$$

gilt. Die Verknüpfung ist auch nicht kommutativ, da

$$0 \circ 1 = -1 \neq 1 = 1 \circ 0$$

gilt. Angenommen, es existiert ein neutrales Element e. Dann muss dieses wegen $x = x \circ e = x - e$ für jedes $x \in \mathbb{R}$ offenbar gleich null sein, $e = 0$ (das Element e ist *rechtsneutral*). Aber $e = 0$ ist nicht *linksneutral*, da etwa $0 \circ 1 = -1 \neq 1$ gilt. Damit gibt es kein neutrales Element.

1.3

(a) Mit dieser Verknüpfung ist $\mathbb{Z}$ eine Halbgruppe, da $\circ$ assoziativ ist:

$$x \circ (y \circ z) = x = (x \circ y) \circ z \quad \text{für alle} \quad x, y, z \in \mathbb{Z}.$$

(b) Mit dieser Verknüpfung ist $\mathbb{Z}$ eine Halbgruppe, da $\circ$ assoziativ ist:

$$x \circ (y \circ z) = 0 = (x \circ y) \circ z \quad \text{für alle} \quad x, y, z \in \mathbb{Z}.$$

(c) Mit dieser Verknüpfung ist $\mathbb{Z}$ keine Halbgruppe, da $\circ$ nicht assoziativ ist. Es gilt etwa

$$1 \circ (1 \circ 0) = 4 \neq 16 = (1 \circ 1) \circ 0.$$

(d) Mit dieser Verknüpfung ist $\mathbb{Z}$ keine Halbgruppe, da $\circ$ nicht assoziativ ist. Es gilt nämlich:

$$(0 \circ 0) \circ 1 = 0 \circ 1 = -1 \neq 1 = 0 \circ (-1) = 0 \circ (0 \circ 1).$$

1.4 Es sei $\circ$ eine innere Verknüpfung der dreielementigen Menge $\{a, b, c\}$. Wir können eine Verknüpfungstafel für diese Verknüpfung aufstellen, sie hat die Form:

$\circ$	a	b	c
a	$*$	$*$	$*$
b	$*$	$*$	$*$
c	$*$	$*$	$*$

Hierbei dienen die Sterne $*$ als Platzhalter für die Elemente a, b, c. Je zwei verschiedene Belegungen dieser Tafel liefern zwei verschiedene Verknüpfungen. Da es genau 3^9 verschiedene solche Belegungen gibt (für jedes der neun Felder gibt es 3 Möglichkeiten), gibt es somit genau 3^9 verschiedene Verknüpfungen.

1.5 Beweis mit vollständiger Induktion nach der Zahl n der Faktoren $a_1, \ldots, a_n$. Die Behauptung ist klar für $n = 2$. Daher sei $n \geq 3$, und die Behauptung sei richtig für beliebige Produkte mit $k < n$ Faktoren $a_1, \ldots, a_k$, sodass ein solches Produkt in der Form $a_1 \cdots a_k$ geschrieben werden darf. Die letzte Multiplikation bei der Bildung eines beliebigen Produkts $P(a_1, \ldots, a_n)$ hat dann die Form ($1 \leq i \leq n - 2$):

$$P(a_1, \ldots, a_n) = (a_1 \cdots a_i)(a_{i+1} \cdots a_n) = (a_1 \cdots a_i)((a_{i+1} \cdots a_{n-1}) a_n)$$
$$= (a_1 \cdots a_{n-1}) a_n.$$

1.6 Beweis mit vollständiger Induktion nach der Zahl n der Faktoren $a_1, \ldots, a_n$. Die Behauptung ist klar für $n = 2$. Daher sei $n \geq 3$, und die Behauptung sei richtig für beliebige Produkte mit weniger als n paarweise vertauschbaren Faktoren.

Es seien $a_1, \ldots, a_n$ paarweise vertauschbar und $\sigma(k) = n$.
1. *Fall:* $k \neq 1, n$.

$$a_{\sigma(1)} \cdots a_{\sigma(n)} = (a_{\sigma(1)} \cdots a_{\sigma(k-1)})(a_n\, a_{\sigma(k+1)} \cdots a_{\sigma(n)})$$
$$= (a_{\sigma(1)} \cdots a_{\sigma(k-1)})(a_{\sigma(k+1)} \cdots a_{\sigma(n)}\, a_n)$$
$$= (a_{\sigma(1)} \cdots a_{\sigma(n)})\, a_n = a_1 \cdots a_n\,.$$

2. *Fall:* $k = n$. Dann gilt $a_{\sigma(1)} \cdots a_{\sigma(n)} = (a_{\sigma(1)} \cdots a_{\sigma(n-1)})\, a_n = a_1 \cdots a_n$.
3. *Fall:* $k = 1$. Dann gilt $a_{\sigma(1)} \cdots a_{\sigma(n)} = a_n\, a_{\sigma(2)} \cdots a_{\sigma(n)} = a_{\sigma(2)}\, a_n\, a_{\sigma(3)} \cdots a_{\sigma(n)} = a_1 \cdots a_n$.

1.7 Für $H := \mathbb{Z} + \mathbb{Z}\,i$ und $a_1, a_2, b_1, b_2 \in \mathbb{Z}$ gilt

$$(a_1 + b_1\, i)(a_2 + b_2\, i) = (a_1 a_2 - b_1 b_2) + (a_1 b_2 + b_1 a_2)\, i \in H\,,$$

denn $a_1 a_2 - b_1 b_2$, $a_1 b_2 + b_1 a_2 \in \mathbb{Z}$. Damit ist H eine Unterhalbgruppe von $\mathbb{C}$, insbesondere also eine Halbgruppe. Weil $\mathbb{C}$ abelsch ist, ist auch H abelsch. Es ist $1 = 1 + 0\,i \in H$ das neutrale Element von H.

Wir bestimmen nun die Menge der Einheiten: Es sei $x = a + b\,i \in H$ eine Einheit. Dann existiert ein $y \in H$ mit $xy = 1$, also $1 = |xy|^2 = |x|^2|y|^2$ für den komplexen Betrag $|\cdot|$. Da $|x|^2 = a^2 + b^2$ (und analog $|y|^2$) in $\mathbb{N}_0$ liegt, folgt $a^2 + b^2 = |x|^2 = 1$, sodass

$$(a, b) \in \{(1, 0), (-1, 0), (0, 1), (0, -1)\}\,,$$

d.h. $x \in \{1, -1, i, -i\}$. Wegen $1 \cdot 1 = 1$, $(-1) \cdot (-1) = 1$, $i \cdot (-i) = 1$ folgt $H^\times = \{1, -1, i, -i\}$.

1.8 Wir beginnen mit der Verknüpfungstafel. Nach einfachen Rechnungen wie etwa $f_2 \circ f_2(x) = \frac{1}{1-\frac{1}{1-x}} = \frac{x-1}{x} = f_3(x)$ erhalten wir:

$\circ$	f_1	f_2	f_3	f_4	f_5	f_6
f_1	f_1	f_2	f_3	f_4	f_5	f_6
f_2	f_2	f_3	f_1	f_5	f_6	f_4
f_3	f_3	f_1	f_2	f_6	f_4	f_5
f_4	f_4	f_6	f_5	f_1	f_3	f_2
f_5	f_5	f_4	f_6	f_2	f_1	f_3
f_6	f_6	f_5	f_4	f_3	f_2	f_1

Insbesondere erhalten wir, dass f_1 neutrales Element ist. Die Assoziativität ist erfüllt, da die Menge aller Abbildungen von $\mathbb{R} \setminus \{0, 1\}$ in sich bezüglich der Komposition $\circ$ von Abbildungen assoziativ ist. Und die Menge der invertierbaren Elemente erhalten wir ebenfalls aus der Verknüpfungstafel: $F^\times = F$ – da das neutrale Element f_1 in jeder Zeile erscheint und auch $f_j \circ f_i = f_1$ im Falle $f_i \circ f_j = f_1$ gilt. Da die Verknüpfungstafel nicht symmetrisch ist, ist die Verknüpfung nicht abelsch.

1.9 Es sei $\varphi : \mathbb{Z} \to \mathbb{Q}$ ein Homomorphismus. Wegen $\varphi(0) = \varphi(0 + 0) = \varphi(0) + \varphi(0)$ gilt $\varphi(0) = 0$. Weiter erhalten wir $\varphi(-1) = -\varphi(1)$ aus $0 = \varphi(0) = \varphi(1 - 1) = \varphi(1) + \varphi(-1)$. Wegen der Homomorphie folgt nun hieraus für alle $n \in \mathbb{N}$: $\varphi(n) = n \cdot \varphi(1)$ und $\varphi(-n) = (-n) \cdot \varphi(1)$, sodass also φ durch $\varphi(1)$ eindeutig bestimmt ist. Andererseits ist für jede rationale Zahl r die Abbildung $\varphi_r : \mathbb{Z} \to \mathbb{Q}$, $n \mapsto n \cdot r$ ein Homomorphismus. Also ist $\{\varphi_r : n \mapsto n \cdot r \mid r \in \mathbb{Q}\}$ die Menge aller Homomorphismen von $\mathbb{Z}$ nach $\mathbb{Q}$. Für kein $r \in \mathbb{Q}$ ist φ_r surjektiv, da $\mathbb{Q} \neq \{n \cdot r \mid n \in \mathbb{Z}\}$. Insbesondere gibt es also keinen Isomorphismus von $\mathbb{Z}$ nach $\mathbb{Q}$.

1.10 Zu zeigen sind die Assoziativität, die Kommutativität und die Tatsache, dass $(1, 1)$ ein neutrales Element ist.

Assoziativität: Seien $(a, b), (c, d), (f, g) \in H$. Aufgrund der Assoziativität in $\mathbb{R}$ gilt:

$$
\begin{aligned}
(a, b) * ((c, d) * (f, g)) &= (a, b) * (cf, dg) \\
&= (a(cf), b(dg)) \\
&= ((ac)f, (bd)g) \\
&= (ac, bd) * (f, g) \\
&= ((a, b) * (c, d)) * (f, g).
\end{aligned}
$$

Kommutativität: Für $(a, b), (c, d) \in H$ gilt aufgrund der Kommutativität in $\mathbb{R}$:

$$(a, b) * (c, d) = (ac, bd) = (ca, db) = (c, d) * (a, b).$$

Neutrales Element $(1, 1)$: Für $(a, b) \in H$ gilt:

$$(a, b) * (1, 1) = (a \cdot 1, b \cdot 1) = (a, b) = (1 \cdot a, 1 \cdot b) = (1, 1) * (a, b).$$

Bemerkung Die Halbgruppe H mit neutralem Element $(1, 1)$ ist keine Gruppe (hierzu müsste noch jedes Element von H invertierbar sein: Es existiert z. B. zu $(0, 0) \in H$ kein Inverses, denn für $a, b \in H$ gilt:

$$(a, b) * (0, 0) = (0, 0) \neq (1, 1).$$

Gruppen

2.1 Aufgaben

2.1 •• *Sudoku für Mathematiker.*
Es sei $G = \{a, b, c, x, y, z\}$ eine sechselementige Menge mit einer inneren Verknüpfung
$\cdot : G \times G \to G$. Vervollständigen Sie die untenstehende Multiplikationstafel unter der
Annahme, dass $(G, \cdot)$ eine Gruppe ist.

$\cdot$	a	b	c	x	y	z
a					c	b
b	x	z				
c	y					
x			x			
y						
z	a			x		

2.2 • Begründen Sie: $(\mathbb{Z}, +) \cong (n\,\mathbb{Z}, +)$ für jedes $n \in \mathbb{N}$.

2.3 •• Es sei G eine Gruppe. Man zeige:

(a) Ist $\mathrm{Aut}\,G = \{\mathrm{Id}\}$, so ist G abelsch.
(b) Ist $a \mapsto a^2$ ein Homomorphismus, so ist G abelsch.
(c) Ist $a \mapsto a^{-1}$ ein Automorphismus, so ist G abelsch.

2.4 •• Man bestimme alle Automorphismen der Klein'schen Vierergruppe V.

© Der/die Autor(en), exklusiv lizenziert durch Springer-Verlag GmbH, DE, ein Teil von
Springer Nature 2021
C. Karpfinger, *Arbeitsbuch Algebra*,
https://doi.org/10.1007/978-3-662-61954-4_2

2.5 • Für $n \in \mathbb{N}$ sei $E_n = \{e^{2\pi ki/n} \mid k = 0, \ldots, n-1\}$ die Gruppe der n-ten Einheitswurzeln (mit dem üblichen Produkt der komplexen Zahlen). Begründen Sie, dass $\varphi : \mathbb{Z} \to E_n$, $k \mapsto \varepsilon_n^k$ für $\varepsilon_n = e^{2\pi i/n}$ ein Homomorphismus ist. Bestimmen Sie den Kern von φ.

2.6 • Bestimmen Sie explizit die Gruppe $\lambda(V)$ für die Klein'sche Vierergruppe $V = \{e, a, b, c\}$ und λ aus dem Satz 2.15 (Algebrabuch) von Cayley.

2.7 ••• Es sei G eine endliche Gruppe, weiter sei $\varphi \in \operatorname{Aut} G$ fixpunktfrei, d. h., aus $\varphi(a) = a$ für ein $a \in G$ folgt $a = e$. Zeigen Sie: Zu jedem $a \in G$ existiert genau ein $b \in G$ mit $a = b^{-1}\varphi(b)$. *Hinweis:* Zeigen Sie zuerst $\psi : b \mapsto b^{-1}\varphi(b)$ ist injektiv.

2.8 ••• Zeigen Sie: Besitzt eine endliche Gruppe G einen fixpunktfreien Automorphismus φ mit $\varphi^2 = \operatorname{Id}$, so ist G abelsch. *Hinweis:* Benutzen Sie Aufgabe 2.7.

2.9 •• Im Folgenden sind vier multiplikative Gruppen gegeben, die wir jeweils mit G bezeichnen. Stellen Sie jeweils die Verknüpfungstafel für die Gruppe G auf; dabei sei jeweils e das neutrale Element von G:

(a) $G = \{e, a\}$,
(b) $G = \{e, a, b\}$,
(c) $G = \{e, a, b, c\}$ mit $a^2 = b$,
(d) $G = \{e, a, b, c\}$ mit $a^2 = b^2 = c^2 = e$.

2.10 •• Begründen Sie:

(a) Die Menge $\mathbb{R}^{\mathbb{N}_0}$ aller reellen Folgen bildet mit der komponentenweisen Addition $(a_n)_n + (b_n)_n := (a_n + b_n)_n$ eine Gruppe.
(b) Die Abbildungen

$$r : \begin{cases} \mathbb{R}^{\mathbb{N}_0} & \to & \mathbb{R}^{\mathbb{N}_0}, \\ (a_0, a_1, \ldots) \mapsto (0, a_0, a_1, \ldots) \end{cases} \quad \text{bzw. } l : \begin{cases} \mathbb{R}^{\mathbb{N}_0} & \to & \mathbb{R}^{\mathbb{N}_0}, \\ (a_0, a_1, \ldots) \mapsto (a_1, a_2, \ldots), \end{cases}$$

bei der die Folgenglieder um eine Stelle *nach rechts verschoben* bzw. *nach links verschoben* werden, sind Homomorphismen.
(c) Die Abbildung r ist injektiv, aber nicht surjektiv, die Abbildung l ist surjektiv, aber nicht injektiv.

2.11 •• Es sei $\varphi : G \to H$ ein Isomorphismus von einer Gruppe $(G, \circ)$ auf eine algebraische Struktur $(H, *)$, d. h. $* : H \times H \to H$ ist eine Verknüpfung, und es gelte $\varphi(x \circ y) = \varphi(x) * \varphi(y)$ für alle $x, y \in G$. Zeigen Sie, dass auch $(H, *)$ eine Gruppe ist.

2.12 •• Es sei X eine beliebige Menge. Mit 2^X bezeichnen wir die Potenzmenge von X, $2^X = \{A \mid A \subseteq X\}$. Zeigen Sie, dass $(2^X, \triangle)$ mit der durch $A \triangle B := (A \cup B) \setminus (A \cap B)$ definierten Verknüpfung *(symmetrische Mengendifferenz)* eine abelsche Gruppe ist.

2.13 •• Zeigen Sie für $n \in \mathbb{N}$ und jeden Körper K:

(a) Die Menge $\mathrm{O}(n, K) = \{A \in K^{n \times n} \mid A\,A^\top = E_n\}$ der orthogonalen $n \times n$-Matrizen bildet eine Untergruppe von $\mathrm{GL}(n, K)$.

(b) Die Menge $\mathrm{SO}(n, K) = \{A \in \mathrm{O}(n, K) \mid \det(A) = 1\}$ der speziellen orthogonalen $n \times n$-Matrizen bildet eine Untergruppe von $\mathrm{O}(n, K)$.

2.2   Lösungen

2.1 Um die unvollständige Gruppentafel zu vervollständigen, können folgende Argumente genutzt werden:

(1) In der vierten Spalte und vierten Zeile steht der Eintrag $x^2 = x$. Daraus folgt, dass x das neutrale Element der Gruppe sein muss. Damit sind bereits alle Eintragungen der vierten Spalte und der vierten Zeile eindeutig festgelegt.

(2) Die in der Gruppentafel angegebenen Gleichungen $ay = c, az = b, b^2 = x$, usw. sowie die jeweils beim Ausfüllen neu dazukommenden Gleichungen, können (und müssen) verwendet werden.

(3) In jeder Zeile und in jeder Spalte kann jedes Element der Gruppe nur genau einmal vorkommen. Sind also in einer Zeile oder Spalte 5 der 6 Eintragungen bekannt, ist der sechste Eintrag bereits eindeutig bestimmt.

Wir starten mit der gegebenen Gruppentafel und nutzen aus, dass aus $x^2 = x$ folgt, dass x das neutrale Element ist:

	a	b	c	x	y	z
a					c	b
b		x	z			
c		y				
x				x		
y						
z		a			x	

$\longrightarrow$

	a	b	c	x	y	z
a				a	c	b
b		x	z	b		
c		y		c		
x	a	b	c	x	y	z
y				y		
z		a		z	x	

Nun stehen in der zweiten Spalte vier von sechs Einträgen. Es fehlen die Einträge c und z. In der ersten Zeile der zweiten Spalte kann aber das c *nicht* stehen, weil das c in dieser Zeile schon aufgeführt ist. Also muss dort ein z stehen. Wir benutzen dann die beiden Gleichungen $b^2 = x$ und $bc = z$, um den Eintrag von bz zu bestimmen: $bz = bbc = xc = c$.

	a	b	c	x	y	z
a		z		a	c	b
b		x	z	b		
c		y		c		
x	a	b	c	x	y	z
y		c		y		
z		a		z	x	

$\longrightarrow$

	a	b	c	x	y	z
a		z		a	c	b
b		x	z	b		c
c		y		c		
x	a	b	c	x	y	z
y		c		y		
z		a		z	x	

So wie wir eben die vierte Zeile vervollständigt haben, können wir nun auch die zweite, damit dann die erste Zeile und hiermit schließlich die letzte Zeile vervollständigen (siehe nächste Gruppentafeln). Schließlich erhalten wir aus dieser Tafel dann wiederum

$$c\,a = (b\,z)\,a = b\,(z\,a) = b\,c = z \quad \text{und dann} \quad c\,z = c\,(a\,b) = (c\,a)\,b = z\,b = a\,.$$

Durch weiteres Anwenden der oben aufgeführten Regeln bekommen wir die komplette Gruppentafel:

	a	b	c	x	y	z
a	x	z	y	a	c	b
b	y	x	z	b	a	c
c		y		c		
x	a	b	c	x	y	z
y		c		y		
z	c	a	b	z	x	y

$\longrightarrow$

	a	b	c	x	y	z
a	x	z	y	a	c	b
b	y	x	z	b	a	c
c	z	y	x	c	b	a
x	a	b	c	x	y	z
y	b	c	a	y	z	x
z	c	a	b	z	x	y

2.2 Wir geben einen Isomorphismus von $\mathbb{Z}$ nach $n\,\mathbb{Z}$ an. Dazu bietet sich die folgende Abbildung an: Für $n \in \mathbb{N}$ betrachte

$$\varphi_n : \mathbb{Z} \to n\,\mathbb{Z}, \ z \mapsto n\,z\,.$$

φ_n *ist ein Homomorphismus:* Für alle $z,\ z' \in \mathbb{Z}$ gilt nämlich:

$$\varphi_n(z + z') = n\,(z + z') = n\,z + n\,z' = \varphi_n(z) + \varphi_n(z')\,.$$

φ_n *ist surjektiv:* Für $n\,z \in n\,\mathbb{Z}$ gilt $\varphi_n(z) = n\,z$.
φ_n *ist injektiv:* Aus $\varphi_n(z) = \varphi_n(z')$ mit $z,\ z' \in \mathbb{Z}$ folgt $n\,z = n\,z'$. Folglich gilt $z = z'$.
Somit ist φ_n für jedes $n \in \mathbb{N}$ ein Isomorphismus, d. h. $n\,\mathbb{Z} \cong \mathbb{Z}$.

2.3

(a) Für jedes $a \in G$ ist der innere Automorphismus ι_a ein Automorphismus von G, d.h.
$\iota_a \in \text{Aut}\, G$, d.h. $\iota_a = \text{Id}$. Somit gilt für jedes $x \in G$ und $a \in G$: $\iota_a(x) = a\, x\, a^{-1} = x$,
folglich $a\, x = x\, a$ für alle a, $x \in G$. D.h. G ist abelsch.

(b) Da die Abbildung $q : a \mapsto a^2$ ein Homomorphismus ist, gilt für alle a, $b \in G$:
$(a\, b)\, (a\, b) = (a\, b)^2 = a^2 b^2 = a\, a\, b\, b$. Nach Kürzen von a und b also $b\, a = a\, b$.
Folglich ist G abelsch.

(c) Da die Abbildung $\iota : a \mapsto a^{-1}$ ein Automorphismus ist, gilt für alle a, $b \in G$:
$b^{-1} a^{-1} = (a\, b)^{-1} = a^{-1} b^{-1}$. Nach beidseitigem Invertieren erhalten wir $a\, b = b\, a$,
somit ist G abelsch.

2.4 Die Automorphismengruppe von $V = \{e, a, b, c\}$ ist isomorph zu S_3: Für jeden Automorphismus φ von V gilt $\varphi(e) = e$, und die Elemente a, b, c werden durch die bijektive Abbildung φ permutiert. Folglich kann jeder Automorphismus von V als Permutation aus $S_{\{a,b,c\}}$ aufgefasst werden. Andererseits induziert jede Permutation π von $\{a, b, c\}$ einen Automorphismus φ_π von V: So liefert etwa die Permutation $\pi = \left(\begin{smallmatrix} a & b & c \\ b & c & a \end{smallmatrix}\right)$ den Automorphismus

$$\varphi_\pi(e) = e\,, \quad \varphi_\pi(a) = b\,, \quad \varphi_\pi(b) = c\,, \quad \varphi_\pi(c) = a\,,$$

da etwa

$$\varphi_\pi(a\, b) = \varphi_\pi(c) = a = b\, c = \varphi_\pi(a)\, \varphi_\pi(b)\,.$$

2.5 Es seien k, $l \in \mathbb{Z}$. Dann gilt

$$\varphi(k + l) = \varepsilon_n^{k+l} = \varepsilon_n^k\, \varepsilon_n^l = \varphi(k)\, \varphi(l)\,.$$

Somit ist φ ein Homomorphismus von $\mathbb{Z}$ in E_n. Wir bestimmen den Kern von φ:

$$1 = \varphi(k) = \varepsilon_n^k = \mathrm{e}^{\frac{2\pi k i}{n}} \Leftrightarrow k \in n\, \mathbb{Z}\,.$$

Also gilt Kern $\varphi = n\, \mathbb{Z}$.

2.6 Es gilt etwa für $b \in V$: $\lambda_b(e) = b$, $\lambda_b(a) = c$, $\lambda_b(b) = e$, $\lambda_b(c) = a$. Nach ähnlichen Rechnungen erhalten wir die Permutationen $\lambda_x \in S_V$ ($x \in V$) in der üblichen Zweizeilenform für Permutationen:

$$\lambda_e = \begin{pmatrix} e & a & b & c \\ e & a & b & c \end{pmatrix},\ \lambda_a = \begin{pmatrix} e & a & b & c \\ a & e & c & b \end{pmatrix},\ \lambda_b = \begin{pmatrix} e & a & b & c \\ b & c & e & a \end{pmatrix},\ \lambda_c = \begin{pmatrix} e & a & b & c \\ c & b & a & e \end{pmatrix}.$$

Durch *Umbenennung* $e \leftrightarrow 1$, $a \leftrightarrow 2$, $b \leftrightarrow 3$, $c \leftrightarrow 4$ erhalten wir die zu V isomorphe Gruppe $V_4 = \{\text{Id}, \sigma_1, \sigma_2, \sigma_3\} \leq S_4$, wobei

$$\text{Id} = \begin{pmatrix} 1 & 2 & 3 & 4 \\ 1 & 2 & 3 & 4 \end{pmatrix},\ \sigma_1 = \begin{pmatrix} 1 & 2 & 3 & 4 \\ 2 & 1 & 4 & 3 \end{pmatrix},\ \sigma_2 = \begin{pmatrix} 1 & 2 & 3 & 4 \\ 3 & 4 & 1 & 2 \end{pmatrix},\ \sigma_3 = \begin{pmatrix} 1 & 2 & 3 & 4 \\ 4 & 3 & 2 & 1 \end{pmatrix}.$$

2.7 Wir begründen vorab, dass die Abbildung $\psi : b \mapsto b^{-1}\,\varphi(b)$ von G nach G injektiv ist. Es seien $b,\ b' \in G$:

$$b^{-1}\varphi(b) = b'^{-1}\varphi(b') \;\Rightarrow\; b'\,b^{-1} = \varphi(b')\,\varphi(b^{-1}) \;\Rightarrow\; b'\,b^{-1} = \varphi(b'\,b^{-1})$$
$$\Rightarrow\; b'\,b^{-1} = e \;\Rightarrow\; b' = b\,.$$

Somit ist ψ injektiv. Da eine injektive Abbildung einer endlichen Menge auch surjektiv ist, folgt, dass ψ bijektiv ist. Somit existiert zu jedem $a \in G$ genau ein $b \in G$ mit $a = b^{-1}\varphi(b)$.

2.8 Nach Aufgabe 2.7 existiert zu $a \in G$ ein Element $b \in G$ mit $a = b^{-1}\varphi(b)$. Somit gilt $\varphi(a) = \varphi(b^{-1})\,b = \left(b^{-1}\,\varphi(b)\right)^{-1} = a^{-1}$. Also ist G nach Aufgabe 2.3 (c) abelsch.

2.9 Wir begründen vorab, dass in jeder Zeile der Verknüpfungstafel einer Gruppe jedes Element der Gruppe genau einmal auftaucht. Dazu betrachten wir die Zeile zu einem Element x:

- Jedes Element kommt höchstens einmal vor: Aus $x\,a_1 = x\,a_2$ folgt nämlich $a_1 = a_2$.
- Jedes Element kommt mindestens einmal vor: Man findet y als $x\,(x^{-1}y)$.

Man begründet analog, dass in jeder Spalte der Verknüpfungstafel einer Gruppe jedes Element der Gruppe genau einmal auftaucht.

(a) Besteht G aus zwei Elementen, so ist die Verknüpfungstafel festgelegt, sie lautet:

$\cdot$	e	a
e	e	a
a	a	

$\longrightarrow$

$\cdot$	e	a
e	e	a
a	a	e

(b) Besteht G aus drei Elementen, so ist erneut die Verknüpfungstafel festgelegt: Es muss $b\,a = e$ gelten, die restlichen Einträge sind dann leicht zu vervollständigen:

$\cdot$	e	a	b
e	e	a	b
a	a		
b	b		

$\longrightarrow$

$\cdot$	e	a	b
e	e	a	b
a	a	b	e
b	b	e	a

(c) Besteht G aus vier Elementen, so ist die Verknüpfungstafel hierdurch noch nicht festgelegt. Erst die zusätzliche Bedingung $a^2 = b$ legt diese fest. Man beachte, dass $a\,b = c$ gelten muss, $a\,b = e$ würde zu zwei c in der letzten Spalte führen. Damit liegt die zweite Zeile fest. Nun muss $b\,a = c$ gelten, da aus $b\,a = e$ folgen würde, dass auch $a\,b = e$ gilt. So fortfahrend erhält man:

·	e	a	b	c
e	e	a	b	c
a	a	b		
b	b			
c	c			

$\longrightarrow$

·	e	a	b	c
e	e	a	b	c
a	a	b	c	e
b	b	c	e	a
c	c	e	a	b

(d) Man vgl. hierzu die Klein'sche Vierergruppe von Seite 19 (Algebrabuch):

·	e	a	b	c
e	e	a	b	c
a	a	e		
b	b		e	
c	c			e

$\longrightarrow$

·	e	a	b	c
e	e	a	b	c
a	a	e	c	b
b	b	c	e	a
c	c	b	a	e

Bemerkung Man beachte, dass durch eine solche Konstruktion einer Gruppentafel nicht gewährleistet ist, dass die zugrundeliegende Menge mit dieser Verknüpfung · auch eine Gruppe ist, sprich, dass alle Axiome einer Gruppe erfüllt sind. Insbesondere der Nachweis des Assoziativitätsgesetzes ist meist problematisch.

2.10

(a) Die Menge $G := \mathbb{R}^{\mathbb{N}_0}$ ist nicht leer, und es ist $+$ wegen $(a_n)_n + (b_n)_n := (a_n + b_n)_n$ eine innere Verknüpfung.

Das Assoziativgesetz gilt, da für alle $(a_n)_n, (b_n)_n, (c_n)_n \in G$ gilt:

$$[(a_n)_n + (b_n)_n] + (c_n)_n = (a_n + b_n)_n + (c_n)_n = (a_n + b_n + c_n)_n \quad \text{und}$$

$$(a_n)_n + [(b_n)_n + (c_n)_n] = (a_n)_n + (b_n + c_n)_n = (a_n + b_n + c_n)_n \,.$$

Ein neutrales Element existiert, das ist offenbar die konstante Folge $0 = (0, 0, \ldots)$. Jedes Element hat ein Inverses, zu $(a_n)_n \in G$ ist dies offenbar $(-a_n)_n \in G$.

(b) Für alle $(a_n)_n, (b_n)_n \in G$ gilt:

$$r((a_n)_n + (b_n)_n) = (0, a_0 + b_0, a_1 + b_1, \ldots) = r((a_n)_n) + r((b_n)_n) \quad \text{und}$$

$$l((a_n)_n + (b_n)_n) = (a_1 + b_1, a_2 + b_2, \ldots) = l((a_n)_n) + l((b_n)_n) \,.$$

Also sind r und l Homomorphismen von G.

(c) Die Abbildung r ist injektiv: Aus $r((a_n)_n) = (0, a_0, a_1, \ldots) = 0$ folgt $a_n = 0$ für alle n, also $(a_n)_n = 0$.

Die Abbildung r ist nicht surjektiv: Die Folge $(1, 0, 0, \ldots) \in G$ ist nicht Bild eines Elements $(a_n)_n \in G$ unter r.

Die Abbildung l ist surjektiv: Die Folge $(a_1, a_2, \ldots) \in G$ ist Bild des Elements $(0, a_1, a_2, \ldots) \in G$.

Die Abbildung l ist nicht injektiv: Die Folge $(1, 0, 0, \ldots) \neq 0$ liegt im Kern von l.

2.11 Wir führen die Gültigkeit der Gruppenaxiome in H auf jene in G zurück: Zu u, v, $w \in H$ gibt es x, y, $z \in G$ mit $u = \varphi(x)$, $v = \varphi(y)$, $w = \varphi(z)$.
Assoziativität: Es folgt

$$u * (v * w) = \varphi(x) * \big(\varphi(y) * \varphi(z)\big) = \varphi(x) * \big(\varphi(y \circ z)\big)$$
$$= \varphi\big(x \circ (y \circ z)\big) = \varphi\big((x \circ y) \circ z\big)$$
$$= \varphi(x \circ y) * \varphi(z) = \big(\varphi(x) * \varphi(y)\big) * \varphi(z) = (u * v) * w\,.$$

Neutrales Element: Bezeichnet e das neutrale Element von G, so ist

$$u * \varphi(e) = \varphi(x) * \varphi(e) = \varphi(x \circ e) = \varphi(x) = u$$

und analog $\varphi(e) * u = u$. Also ist $e' := \varphi(e)$ neutrales Element von H.
Inverse Elemente: Weiter gilt

$$u * \varphi(x^{-1}) = \varphi(x) * \varphi(x^{-1}) = \varphi(x \circ x^{-1}) = \varphi(e) = e'$$

und analog $\varphi(x^{-1}) * u = e'$, d. h. $\varphi(x^{-1})$ ist ein Inverses zu u.

2.12 *1. Lösung:* Offenbar ist $\triangle$ kommutativ. Es sei $\overline{B} = X \setminus B$ das Komplement von B in X. Es gilt $A \triangle B = (\overline{A} \cap B) \cup (A \cap \overline{B})$, $\overline{A \triangle B} = (A \cap B) \cup (\overline{A} \cap \overline{B})$, also $(A \triangle B) \triangle C = (A \cap B \cap C) \cup (\overline{A} \cap \overline{B} \cap C) \cup (\overline{A} \cap B \cap \overline{C}) \cup (A \cap \overline{B} \cap \overline{C})$. Demnach besteht $(A \triangle B) \triangle C$ gerade aus allen Elementen von X, die in einer ungeraden Anzahl der Mengen A, B, C enthalten sind. Aus Symmetriegründen ergibt sich $(A \triangle B) \triangle C = A \triangle (B \triangle C)$. Ferner gilt $A \triangle \emptyset = A$ und $A \triangle A = \emptyset$. Somit ist $\emptyset$ das Einselement von $(2^X, \triangle)$, und jedes Element ist zu sich selbst invers. In $(2^X, \triangle)$ gelten also alle Axiome einer abelschen Gruppe.

2. Lösung: $\mathbb{Z}/2 := \{0, 1\}$ ist mit der Addition modulo 2 (also $0 + 0 = 1 + 1 = 0$, $1 + 0 = 0 + 1 = 1$) eine Gruppe. Für $A \subseteq X$ sei $\chi_A \colon X \to \mathbb{Z}/2$ die charakteristische Funktion von A, definiert durch $\chi_A(x) = 1$ für $x \in A$ und $\chi_A(x) = 0$ für $x \notin A$. Man prüft leicht nach, dass $\chi_{A \triangle B} = \chi_A + \chi_B$ gilt. Somit definiert $A \to \chi_A$ einen Isomorphismus von der algebraischen Struktur $(2^X, \triangle)$ auf die Gruppe $\mathbb{Z}/2^X$ aller Abbildungen $\chi \colon X \to \mathbb{Z}/2$ (mit komponentenweiser Addition). Nach Aufgabe 2.11 ist also $(2^X, \triangle)$ selbst eine Gruppe.

2.13

(a) Da $E_n \in \mathrm{O}(n, K)$, ist $\mathrm{O}(n, K)$ nicht leer. Jedes $A \in \mathrm{O}(n, K)$ ist invertierbar, es gilt $A^\top = A^{-1}$, sodass $A \in \mathrm{GL}(n, K)$. Damit gilt $\mathrm{O}(n, K) \subseteq \mathrm{GL}(n, K)$. Sind A, $B \in \mathrm{O}(n, K)$, so gilt

$$A B (A B)^\top = A B B^\top A^\top = E_n\,,$$

sodass $\mathrm{O}(n, K) \mathrm{O}(n, K) \subseteq \mathrm{O}(n, K)$. Schließlich gilt für $A \in \mathrm{O}(n, K)$ wegen $A^\top = A^{-1}$ auch $A^{-1}(A^{-1})^\top = A^\top (A^\top)^\top = A^\top A = E_n$, sodass $\mathrm{O}(n, K)^{-1} \subseteq \mathrm{O}(n, K)$.

(b) Da $E_n \in \mathrm{SO}(n, K)$, ist $\mathrm{SO}(n, K) \subseteq \mathrm{O}(n, K)$ nicht leer. Sind $A, B \in \mathrm{SO}(n, K)$, so ist nach (a) das Produkt $A\,B^{-1}$ orthogonal und weiter erhalten wir nach dem Determinantenmultiplikationssatz

$$\det(A\,B^{-1}) = \det(A)\,\det(B)^{-1} = 1\,,$$

sodass $\mathrm{SO}(n, K)\,\mathrm{SO}(n, K)^{-1} \subseteq \mathrm{SO}(n, K)$.

Untergruppen

3

3.1 Aufgaben

3.1 ••• Es seien $U_1, \ldots, U_n$ Untergruppen einer Gruppe G. Zeigen Sie:

$$\left[G : \bigcap_{i=1}^{n} U_i \right] \le \prod_{i=1}^{n} [G : U_i].$$

3.2 •• Man gebe zu jeder Untergruppe U von S_3 die Partitionen von S_3 mit Links- bzw. Rechtsnebenklassen nach U an. Geben Sie Beispiele für $U\,a \ne a\,U$ an.

3.3 • Welche Ordnungen haben die Elemente $A = \begin{pmatrix} 0 & 1 \\ -1 & 0 \end{pmatrix}$, $B = \begin{pmatrix} 0 & 1 \\ -1 & -1 \end{pmatrix}$ und $A\,B$ aus $GL_2(\mathbb{R})$?

3.4 • Sind die Quaternionengruppe Q und die Diedergruppe D_4 isomorph?

3.5 • In S_5 bestimme man $\begin{pmatrix} 1 & 2 & 3 & 4 & 5 \\ 2 & 3 & 1 & 5 & 4 \end{pmatrix}^{1202}$.

3.6 •• Es sei G eine Gruppe der Ordnung $n \in \mathbb{N}$. Zeigen Sie: $|\operatorname{Aut} G|$ ist ein Teiler von $(n-1)\,!$.

3.7 •• Es sei G eine Gruppe der Ordnung $n \in \mathbb{N}$. Weiter sei m eine zu n teilerfremde natürliche Zahl. Zeigen Sie: Zu jedem $a \in G$ existiert genau ein $b \in G$ mit $a = b^m$.

3.8 ••• Es sei G eine endliche abelsche Gruppe. Man zeige: Besitzt G genau ein Element u der Ordnung 2, so gilt $\prod_{a \in G} a = u$; andernfalls gilt $\prod_{a \in G} a = e_G$.

© Der/die Autor(en), exklusiv lizenziert durch Springer-Verlag GmbH, DE, ein Teil von
Springer Nature 2021
C. Karpfinger, *Arbeitsbuch Algebra*,
https://doi.org/10.1007/978-3-662-61954-4_3

3.9 •• Es sei G eine Gruppe, deren Elemente sämtlich eine Ordnung ≤ 2 haben. Man zeige:

(a) G ist abelsch.
(b) Wenn G endlich ist, ist $|G|$ eine Potenz von 2.

3.10 •• Beweisen Sie den kleinen Satz von Fermat 3.11 (Algebrabuch) erneut für endliche abelsche Gruppen G. Berechnen Sie dazu für ein beliebiges $a \in G$ zum einen $\prod_{x \in G} x$ und zum anderen $\prod_{x \in G} (a\,x)$.

3.11 ••• Es sei D die von $\left(\begin{smallmatrix} 1 & 2 & 3 & 4 \\ 2 & 1 & 4 & 3 \end{smallmatrix}\right)$ und $\left(\begin{smallmatrix} 1 & 2 & 3 & 4 \\ 3 & 2 & 1 & 4 \end{smallmatrix}\right)$ erzeugte *Diederuntergruppe* der symmetrischen Gruppe S_4.

(a) Bestimmen Sie alle Elemente und die Ordnung von D.
(b) Bestimmen Sie alle Untergruppen von D.

3.12 •• Zeigen Sie: Sind U und V Untergruppen der Gruppe G mit $U \subseteq V$, so gilt

$$[G : U] = [G : V] \cdot [V : U].$$

3.13 • Zeigen Sie: Für alle m, $n \in \mathbb{N}$ gilt (vgl. auch Beispiel 3.1 (Algebrabuch)):

$$m\,\mathbb{Z} \cap n\,\mathbb{Z} = \mathrm{kgV}(m, n)\,\mathbb{Z}.$$

3.14 •• Es sei K ein Körper mit drei Elementen, $K = \{0, 1, 2\}$. Wir bezeichnen mit G die Gruppe der invertierbaren oberen (2×2)-Matrizen über K. Es sei H die Untergruppe der invertierbaren Diagonalmatrizen von G.

(a) Welche Ordnungen haben die Gruppen G und H?
(b) Für jedes $b \in K$ sei $A_b := \left(\begin{smallmatrix} 1 & b \\ 0 & 1 \end{smallmatrix}\right) \in G$. Bestimmen Sie die Linksnebenklassen $A_b H$ für jedes $b \in K$.
(c) Bestimmen Sie die Menge aller Linksnebenklassen $\{A\,H \mid A \in G\}$. Verifizieren Sie den Satz 3.9 (Algebrabuch) von Lagrange.
(d) Untersuchen Sie, für welche Ordnungen $1 \leq d \leq |G|$ eine Untergruppe U von G der Ordnung d existiert.

3.15 •• Es seien G eine endliche Gruppe und p eine Primzahl. Begründen Sie, dass die Anzahl der Elemente der Ordnung p in G durch $p - 1$ teilbar ist.

3.2   Lösungen

3.1 Wir setzen $U := \bigcap_{i=1}^{n} U_i$ und beachten, dass U als Durchschnitt von Untergruppen von G wieder eine Untergruppe von G ist (siehe Lemma 3.1 (Algebrabuch)). Zu zeigen ist:

$$[G : U] \le [G : U_1] \cdots [G : U_n].$$

Da der Index $[G : H]$ einer Untergruppe $H \le G$ die Anzahl der verschiedenen Linksnebenklassen aH von H in G ist, können wir die zu zeigende Ungleichung auch wie folgt formulieren: Ist $\mathcal{L}$ bzw. $\mathcal{L}_i$ die Menge der Linksnebenklassen von U bzw. U_i in G für $i = 1, \ldots, n$, so ist zu zeigen:

$$|\mathcal{L}| \le |\mathcal{L}_1| \cdots |\mathcal{L}_n|.$$

Damit ist der Grundstein für die Beweisidee gelegt, wir zeigen:

Die Abbildung

$$\varphi : \begin{cases} \mathcal{L} & \to \quad \mathcal{L}_1 \times \cdots \times \mathcal{L}_n \\ a\,U & \mapsto \quad (a\,U_1, \ldots, a\,U_n) \end{cases}$$

ist wohldefiniert und injektiv.

Denn: Für $a, b \in G$ gilt wegen $U := \bigcap_{i=1}^{n} U_i$:

$$a\,U = b\,U \;\Leftrightarrow\; b^{-1}a \in U \;\Leftrightarrow\; b^{-1}a \in U_i \text{ für alle } i \;\Leftrightarrow\; a\,U_i = b\,U_i \text{ für alle } i. \qquad (*)$$

Aus der Injektivität von φ folgt nun $|\mathcal{L}| \le |\mathcal{L}_1 \times \cdots \times \mathcal{L}_n| = |\mathcal{L}_1| \cdots |\mathcal{L}_n|$. Das war zu zeigen.

Bemerkungen

(1) Man beachte, dass nicht gefordert wird, dass G oder die Indizes $[G : U]$ und $[G : U_i]$ endlich sind. Das ist auch nicht nötig. Zur Arithmetik unendlicher Kardinalzahlen beachte man den Abschn. A.3 (Algebrabuch).

(2) Wir erinnern daran, dass die Implikation $\Rightarrow$ die Wohldefiniertheit und die Implikation $\Leftarrow$ in $(*)$ hingegen die Injektivität liefert.

3.2 Wir verwenden die Bezeichnungen aus dem Beispiel 3.7 (Algebrabuch): $U_1 := \langle \sigma_2 \rangle = \{\mathrm{Id}, \sigma_2\}$, $U_2 := \langle \sigma_4 \rangle = \{\mathrm{Id}, \sigma_4\}$, $U_3 := \langle \sigma_5 \rangle = \{\mathrm{Id}, \sigma_5\}$, $V := \langle \sigma_1 \rangle = \{\mathrm{Id}, \sigma_1, \sigma_3\}$.

- $U = S_3$: Es ist $\{S_3\}$ die Menge der Links- und Rechtsnebenklassen nach U.
- $U = U_1$: Es ist $\{U_1, \sigma_1 U_1, \sigma_3 U_1\}$ die Menge der Linksnebenklassen nach U_1 und $\{U_1, U_1 \sigma_1, U_1 \sigma_3\}$ die der Rechtsnebenklassen nach U_1. Die Linksnebenklasse $\sigma_1 U_1 = \{\sigma_1, \sigma_4\}$ ist keine Rechtsnebenklasse, da die Rechtsnebenklassen $U_1 = \{\mathrm{Id}, \sigma_2\}$, $U_1 \sigma_1 = \{\sigma_1, \sigma_5\}$, $U_1 \sigma_3 = \{\sigma_3, \sigma_4\}$ sind.

- $U = V$: Es ist $\{V, \sigma_2\, V\}$ die Menge der Linksnebenklassen nach V und $\{V,\ V\,\sigma_2\}$ die der Rechtsnebenklassen nach V. Die Linksnebenklasse $\sigma_2\, V = \{\sigma_2, \sigma_5, \sigma_4\}$ ist auch Rechtsnebenklasse, da $V\,\sigma_2 = \{\sigma_2, \sigma_4, \sigma_5\}$ gilt.
- $U = \{\mathrm{Id}\}$: Es ist $\{\{\mathrm{Id}\}, \sigma_1\,\{\mathrm{Id}\}, \sigma_2\,\{\mathrm{Id}\}, \sigma_3\,\{\mathrm{Id}\}, \sigma_4\,\{\mathrm{Id}\}, \sigma_5\,\{\mathrm{Id}\}\}$ die Menge der Linksnebenklassen nach $\{\mathrm{Id}\}$. Wegen $\sigma_i\,\{\mathrm{Id}\} = \{\mathrm{Id}\}\,\sigma_i$ sind die Linksnebenklassen und Rechtsnebenklassen gleich.

Für die Untergruppen U_2 und U_3 geht man wie bei U_1 vor.

3.3 Wegen $A^2 = \begin{pmatrix} -1 & 0 \\ 0 & -1 \end{pmatrix}$, $A^3 = \begin{pmatrix} 0 & -1 \\ 1 & 0 \end{pmatrix}$ und $A^4 = E_2$ hat A die Ordnung 4.

Wegen $B^2 = \begin{pmatrix} -1 & -1 \\ 1 & 0 \end{pmatrix}$ und $B^3 = E_2$ hat B die Ordnung 3.

Wegen $A\,B = \begin{pmatrix} -1 & -1 \\ 0 & -1 \end{pmatrix}$, $(A\,B)^2 = \begin{pmatrix} 1 & 2 \\ 0 & 1 \end{pmatrix}$, ..., $(A\,B)^{2n} = \begin{pmatrix} 1 & 2n \\ 0 & 1 \end{pmatrix}$ gilt $o\,(A\,B) = \infty$.

3.4 Angenommen, φ ist ein Isomorphismus zwischen Q und D_4. Dann haben die Elemente a und $\varphi(a)$ die gleiche Ordnung (beachte $\varphi(a)^r = \varphi(a^r)$ und $\varphi(a^r) = e \Leftrightarrow a^r = e$). Da φ bijektiv ist, hätte das zur Folge, dass es in Q und D_4 gleich viele Elemente gleicher Ordnung gibt. Das ist aber falsch, die Quaternionengruppe enthält genau ein Element der Ordnung 2, nämlich $-E$, die Diedergruppe mehrere, etwa α und β^2. Dies belegt, dass Q und D_4 nicht isomorph sind.

3.5 Es sei $\sigma := \begin{pmatrix} 1 & 2 & 3 & 4 & 5 \\ 2 & 3 & 1 & 5 & 4 \end{pmatrix}$. Nach dem kleinen Satz 3.11 (Algebrabuch) von Fermat gilt $\sigma^{120} = \mathrm{Id}$ wegen $|S_5| = 5! = 120$. Wir dividieren 1202 durch 120 mit Rest, $1202 = 10 \cdot 120 + 2$, und erhalten somit

$$\sigma^{1202} = \sigma^{10\cdot120+2} = (\sigma^{120})^{10}\sigma^2 = \sigma^2 = \begin{pmatrix} 1 & 2 & 3 & 4 & 5 \\ 3 & 1 & 2 & 4 & 5 \end{pmatrix}.$$

3.6 Jeder Automorphismus φ von G erfüllt $\varphi(e_G) = e_G$ für das neutrale Element e_G von G. Die $n-1$ Elemente von $H := G \setminus \{e_G\}$ werden durch φ permutiert. Damit kann φ als Element der symmetrischen Gruppe S_H aller Permutationen von H aufgefasst werden. Somit kann die Automorphismengruppe als Untergruppe von S_H betrachtet werden. Nach dem Satz 3.9 (Algebrabuch) von Lagrange ist $|\operatorname{Aut} G|$ ein Teiler von $|S_H| = (n-1)!$. Das war zu zeigen.

3.7 Wegen der Teilerfremdheit von m und n existieren bekanntlich $r, s \in \mathbb{Z}$ mit $r\,m + s\,n = 1$. Es sei $a \in G$. Nach dem kleinen Satz 3.11 (Algebrabuch) von Fermat gilt $a^n = e_G$, da $n = |G|$, und damit:

$$a = a^{r\,m+s\,n} = \left(a^r\right)^m \left(a^n\right)^s = \left(a^r\right)^m.$$

Also erfüllt $b := a^r$ die Eigenschaft $b^m = a$.

3.8 Besitzt G genau ein Element u der Ordnung 2, so gilt für die Elemente $a_1, \ldots, a_n \in G \setminus \{u, e_G\}$ (wobei e_G wie immer das neutrale Element von G bezeichne), dass keines der a_i zu sich selbst invers ist, $a_i^2 \neq e_G$. Da aber jedes a_i ein Inverses a_j besitzt, gilt $i \neq j$ und $a_i a_j = e_G$. Wir erhalten in diesem Fall also $\prod_{a \in G} a = u$, da u auch als Faktor vorkommt und alle anderen Gruppenelemente sich zu e_G *kürzen*.

Besitzt G nicht genau ein Element u der Ordnung 2, so enthält G entweder kein Element der Ordnung 2, es gilt dann nach dem ersten Teil $\prod_{a \in G} a = e_G$, oder G enthält mindestens zwei verschiedene Elemente u_1, u_2 der Ordnung 2. Aber dann ist auch $u_3 := u_1 u_2$ ein Element der Ordnung 2 und $u_3 \neq u_1, u_2$. Somit bildet $V := \{e_G, u_1, u_2, u_3\}$ eine Untergruppe von $U := \{a \in G \mid a^2 = e_G\}$. Wir zerlegen U in disjunkte Linksnebenklassen nach V: $U = a_1 V \cup \cdots \cup a_k V$ mit $k \in \mathbb{N}$ und erhalten als Produkt über alle Elemente aus U:

$$\prod_{a \in U} a = \prod_{i=1}^{k} (a_i\, e)\, (a_i\, u_1)\, (a_i\, u_2)\, (a_i\, u_3) = \prod_{i=1}^{k} a_i^4 u_1 u_2 u_3 = e_G\,,$$

da $a_i^2 = u_1 u_2 u_3 = e_G$ für alle $i = 1, \ldots, k$. Wegen $\prod_{a \in G \setminus U} a = e_G$ (siehe erster Teil) folgt die Behauptung $\prod_{a \in G} a = e_G$.

3.9

(a) Es seien $a, b \in G$. Aus $a^2 = e_G = b^2$ und $(a\,b)^2 = e_G$ folgt

$$a\,a\,b\,b = a^2 b^2 = (a\,b)^2 = a\,b\,a\,b\,,$$

nach Kürzen von a und b also $a\,b = b\,a$.

(b) Die Beweisidee ist nicht naheliegend. Einen ersten Hinweis erhält man vielleicht durch die Tatsache, dass wegen $a^2 = e$ für jedes $a \in G$ nur Nullen und Einsen als Potenzen nötig sind, also a^0 und a^1, um jedes Element a darzustellen. Das ist ein Wink auf 2^m. Apropos *darstellen*: Die endliche Gruppe G ist das Erzeugnis eines (endlichen) Erzeugendensystems $\{a_1, \ldots, a_m\}$, wobei $o(a_i) = 2$ für alle $i = 1, \ldots, m$: Jedes Element $a \in G$ hat dann wegen $a^1 = a^{-1}$ die Form

$$a = a_1^{\nu_1} \cdots a_m^{\nu_m} \quad \text{mit} \quad \nu_1, \ldots, \nu_m \in \{0, 1\}\,.$$

Hier taucht nun erneut die Zahl 2^m auf, nur etwas zielführender: Links stehen alle Elemente aus G, rechts stehen alle möglichen Elemente, und zwar 2^m, die mit dem Erzeugendensystem $\{a_1, \ldots, a_m\}$ dargestellt werden können. Wir sind aber noch nicht fertig: Eventuell werden rechts durch verschiedene Kombinationen von Nullen und Einsen dieselben Elemente dargestellt. Nehmen wir also an, dass gilt

$$a = a_1^{\nu_1} \cdots a_m^{\nu_m} = a = a_1^{\mu_1} \cdots a_m^{\mu_m} \quad \text{und} \quad \nu_i \neq \mu_i \ \text{ für ein } \ i \in \{1, \ldots, m\}\,.$$

O.E. sei $\mu_i = 1$, $\nu_i = 0$. Dann gilt

$$a_i = \prod_{i \neq j} a_j^{\mu_j - \nu_j} \, .$$

Damit ist das Element a_i im Erzeugendensystem $\{a_1, \ldots, a_m\}$ *überflüssig*. Nun können wir den Beweis einfach abschließen: Wir wählen das Erzeugendensystem $\{a_1, \ldots, a_m\}$ minimal. Das ist in einer endlichen Gruppe immer möglich: Überflüssige Elemente werden entfernt, solange noch die gesamte Gruppe erzeugt wird. Ist $\{a_1, \ldots, a_m\}$ minimal, so besagt obige Schlussfolgerung, dass für verschiedene Kombinationen von Nullen und Einsen in den Exponenten der erzeugenden Elemente auch verschiedene Elemente $a \in G$ erzeugt werden, kurz: Die Gruppe G hat genau 2^m verschiedene Elemente, noch kürzer: $|G| = 2^m$.

3.10 Für jedes Element $a \in G$ gilt $G = \{a\,x \mid x \in G\}$, da $\lambda_a : G \to G$, $x \mapsto a\,x$ eine Bijektion ist. Da G abelsch ist, gilt mit $n = |G|$:

$$a^n \prod_{x \in G} x = \prod_{x \in G} (a\,x) = \prod_{x \in G} x \, ,$$

nach Kürzen von $\prod_{x \in G} x$ also $a^n = e_G$. Damit ist der Satz von Fermat für abelsche Gruppen bereits bewiesen.

3.11

(a) Zur Abkürzung setzen wir

$$\sigma := \begin{pmatrix} 1\ 2\ 3\ 4 \\ 2\ 1\ 4\ 3 \end{pmatrix} \quad \text{und} \quad \tau := \begin{pmatrix} 1\ 2\ 3\ 4 \\ 3\ 2\ 1\ 4 \end{pmatrix} .$$

Wegen $\sigma^2 = \tau^2 = \mathrm{Id}$ sind alle Elemente von D von der Form $\sigma\,\tau\,\sigma\,\tau\,\sigma \cdots$ oder $\tau\,\sigma\,\tau\,\sigma\,\tau \cdots$. Also (wir verwenden im Folgenden die Zyklenschreibweise für Permutationen):

$$D = \{\mathrm{Id}, \underbrace{(1\,2)\,(3\,4)}_{\sigma}, \underbrace{(1\,3)}_{\tau}, \underbrace{(1\,4\,3\,2)}_{\sigma\,\tau}, \ldots\}.$$

Da $\sigma\,\tau$ ein 4-Zyklus ist, gilt $(\sigma\,\tau)^4 = \mathrm{Id}$, also $\sigma\,\tau\,\sigma\,\tau = \tau\,\sigma\,\tau\,\sigma$ und somit:

$$D = \{\mathrm{Id}, \sigma, \tau, \sigma\,\tau, \tau\,\sigma, \sigma\,\tau\,\sigma, \tau\,\sigma\,\tau, \sigma\,\tau\,\sigma\,\tau\}$$
$$= \{\mathrm{Id}, (1\,2)\,(3\,4), (1\,3), (1\,4\,3\,2), (1\,2\,3\,4), (2\,4), (1\,4)\,(2\,3), (1\,3)\,(2\,4)\}.$$

Insbesondere: $|D| = 8$.

(b) Für jede Untergruppe $U \subseteq D$ gilt nach dem Satz von Lagrange: $|U|$ ist ein Teiler von $|D| = 8$. Die Gruppe D kann also höchstens Untergruppen der Ordnungen 1, 2, 4 oder 8 besitzen.

- Die Untergruppen von Ordnung 1 bzw. 8 sind die trivialen Untergruppen: $\{\mathrm{Id}\}$ und D.
- Die Untergruppen von Ordnung 2 werden jeweils von genau einem Element der Ordnung 2 erzeugt. Die Untergruppen der Ordnung 2 sind also:

$$W_1 := \langle (1\,3)\,(2\,4) \rangle, \quad W_2 := \langle (1\,2)\,(3\,4) \rangle, \quad W_3 := \langle (1\,4)\,(2\,3) \rangle,$$
$$W_4 := \langle (1\,3) \rangle, \quad W_5 := \langle (2\,4) \rangle.$$

- Wir finden folgende Untergruppen der Ordnung 4:

$$U_1 := \langle (1\,2\,3\,4) \rangle, \quad U_2 := \langle (1\,2)\,(3\,4), (1\,4)\,(2\,3) \rangle, \quad U_3 := \langle (1\,3), (2\,4) \rangle.$$

Damit können wir schon mal einen Teil des Untergruppengraphen von D zeichnen (siehe Abb. 3.1).

Wir begründen nun noch, dass wir bereits alle Untergruppen der Ordnung 4 gefunden haben und Abb. 3.1 den (vollständigen) Untergruppenverband von D zeigt.

Es sei V eine Untergruppe von D mit $|V| = 4$ und $V \neq U_1$.

Da D nur genau zwei Elemente der Ordnung 4 besitzt (die invers zueinander sind) und $V \neq U_1$ ist, enthält V kein Element der Ordnung 4, sondern genau drei Elemente der Ordnung 2 und somit genau drei der Untergruppen W_1, W_2, W_3, W_4, W_5. Aus obigem Graphen entnimmt man jedoch, dass die einzigen beiden Tripel der Untergruppen $W_1, \ldots, W_5$, die nicht die ganze Gruppe D erzeugen, die beiden Tripel $\{W_1, W_2, W_3\}$ und $\{W_1, W_4, W_5\}$ sind. Also ist $V = \langle W_1 \cup W_2 \cup W_3 \rangle = U_2$ oder $V = \langle W_1 \cup W_4 \cup W_5 \rangle = U_3$. Also sind tatsächlich U_1, U_2, U_3 die einzigen Untergruppen der Ordnung 4, und obiger Graph ist der Untergruppenverband von D.

3.12 Man beachte die Verschärfung des Ergebnisses aus Satz 3.13 (Algebrabuch): Wir verzichten auf die Endlichkeit der Gruppe G in der Voraussetzung. Daher können wir das Argument mit dem *Kürzen von* $|U|$ im Beweis zum Satz 3.13 (Algebrabuch) nicht mehr

Abb. 3.1 Der Untergruppenverband der Gruppe D

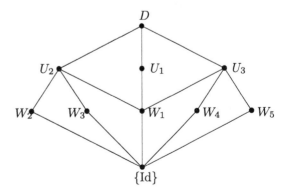

bringen (bei unendlichen Kardinalzahlen kann man nicht einfach so *kürzen*). Wir führen
den Beweis mit Repräsentantensystemen (und erhalten damit auch einen weiteren Beweis
der Aussage in Satz 3.13 (Algebrabuch)):

Es seien R ein Repräsentantensystem der Linksnebenklassen von V in G und S ein
solches der Linksnebenklassen von U in V, sodass

$$G = \bigcup_{r \in R} r\,V \,,\ V = \bigcup_{s \in S} s\,U \,,\ [G:V] = |R| \,,\ [V:U] = |S| \,.$$

Es folgt:

$$G = \bigcup_{r \in R} r \left(\bigcup_{s \in S} s\,U \right) \subseteq \bigcup_{(r,\,s) \in R \times S} r\,s\,U \,. \tag{*}$$

Nun gelte $r\,s\,U = r'\,s'\,U$ mit $r,\,r' \in R$ und $s,\,s' \in S$. Es folgt

$$r\,V = r\,(s\,U\,V) = r'\,(s'\,U\,V) = r'\,V \ \Rightarrow\ r = r' \ \Rightarrow\ s\,U = s'\,U \ \Rightarrow\ s = s' \,,$$

also $(r,\,s) = (r',\,s')$. Das begründet mit (*):

$$[G:U] = |R \times S| = |R|\,|S| = [G:V][V:U] \,.$$

3.13 Wir setzen $k = \mathrm{kgV}(m,\,n)$ und zeigen die Gleichheit $m\,\mathbb{Z} \cap n\,\mathbb{Z} = k\,\mathbb{Z}$:
Wegen $k \in m\,\mathbb{Z}$ und $k \in n\,\mathbb{Z}$ gilt $k\,\mathbb{Z} \subseteq m\,\mathbb{Z}$ und $k\,\mathbb{Z} \subseteq n\,\mathbb{Z}$, sodass $k\,\mathbb{Z} \subseteq m\,\mathbb{Z} \cap n\,\mathbb{Z}$.
Es sei nun $r \in m\,\mathbb{Z} \cap n\,\mathbb{Z}$. Es gilt dann $r = m\,u$ und $r = n\,v$ mit $u,\,v \in \mathbb{Z}$. Somit ist r
ein gemeinsames Vielfaches von m und n und damit bekanntlich ein Vielfaches von k, d. h.,
$r = k\,w$ für ein $w \in \mathbb{Z}$. Folglich gilt auch $m\,\mathbb{Z} \cap n\,\mathbb{Z} \subseteq k\,\mathbb{Z}$.

3.14

(a) Es gilt

$$G = \left\{ \begin{pmatrix} a & b \\ 0 & c \end{pmatrix} \,\middle|\, a,\,c \in K \setminus \{0\},\, b \in K \right\} \quad \text{und} \quad H = \left\{ \begin{pmatrix} a & 0 \\ 0 & c \end{pmatrix} \,\middle|\, a,\,c \in K \setminus \{0\} \right\} \,.$$

Daher gilt $|G| = 2 \cdot 2 \cdot 3 = 12$ und $|H| = 2 \cdot 2 = 4$.

(b) Die verschiedenen Linksnebenklassen lauten mit $A_b = \begin{pmatrix} 1 & b \\ 0 & 1 \end{pmatrix}$, $b \in K$:

$$A_0 H = \begin{pmatrix} 1 & 0 \\ 0 & 1 \end{pmatrix} H = \left\{ \begin{pmatrix} 1 & 0 \\ 0 & 1 \end{pmatrix},\, \begin{pmatrix} 2 & 0 \\ 0 & 1 \end{pmatrix},\, \begin{pmatrix} 1 & 0 \\ 0 & 2 \end{pmatrix},\, \begin{pmatrix} 2 & 0 \\ 0 & 2 \end{pmatrix} \right\} \,.$$

$$A_1 H = \begin{pmatrix} 1 & 1 \\ 0 & 1 \end{pmatrix} H = \left\{ \begin{pmatrix} 1 & 1 \\ 0 & 1 \end{pmatrix},\, \begin{pmatrix} 2 & 1 \\ 0 & 1 \end{pmatrix},\, \begin{pmatrix} 1 & 2 \\ 0 & 2 \end{pmatrix},\, \begin{pmatrix} 2 & 2 \\ 0 & 2 \end{pmatrix} \right\} \,.$$

$$A_2 H = \begin{pmatrix} 1 & 2 \\ 0 & 1 \end{pmatrix} H = \left\{ \begin{pmatrix} 1 & 2 \\ 0 & 1 \end{pmatrix},\, \begin{pmatrix} 2 & 2 \\ 0 & 1 \end{pmatrix},\, \begin{pmatrix} 1 & 1 \\ 0 & 2 \end{pmatrix},\, \begin{pmatrix} 2 & 1 \\ 0 & 2 \end{pmatrix} \right\} \,.$$

(c) Die Menge aller Linksnebenklassen ist damit

$$\{A\,H \mid A \in G\} = \{H,\, A_1\,H,\, A_2\,H\}\,.$$

Damit gilt $[G : H] = 3$ und somit $12 = |G| = [G : H]\,|H| = 3 \cdot 4$.

(d) Nach dem Satz von Lagrange kommen für Untergruppen U die Ordnungen $d \in \{1, 2, 3, 4, 6, 12\}$ (das sind alle Teiler von 12) infrage. Im vorliegenden Beispiel gibt es auch zu jedem Teiler eine Untergruppe (das muss keineswegs so sein, ist hier aber *zufällig* so); es gilt:

$$d = 1: \quad U = \left\{ \begin{pmatrix} 1 & 0 \\ 0 & 1 \end{pmatrix} \right\}.$$

$$d = 2: \quad U = \left\{ \begin{pmatrix} 1 & 0 \\ 0 & 1 \end{pmatrix}, \begin{pmatrix} 2 & 0 \\ 0 & 1 \end{pmatrix} \right\} \quad \text{oder} \quad U = \left\{ \begin{pmatrix} 1 & 0 \\ 0 & 1 \end{pmatrix}, \begin{pmatrix} 1 & 0 \\ 0 & 2 \end{pmatrix} \right\}.$$

$$d = 3: \quad U = \left\{ \begin{pmatrix} 1 & 0 \\ 0 & 1 \end{pmatrix}, \begin{pmatrix} 1 & 1 \\ 0 & 1 \end{pmatrix}, \begin{pmatrix} 1 & 2 \\ 0 & 1 \end{pmatrix} \right\}.$$

$$d = 4: \quad U = \left\{ \begin{pmatrix} 1 & 0 \\ 0 & 1 \end{pmatrix}, \begin{pmatrix} 2 & 0 \\ 0 & 1 \end{pmatrix}, \begin{pmatrix} 1 & 0 \\ 0 & 2 \end{pmatrix}, \begin{pmatrix} 2 & 0 \\ 0 & 2 \end{pmatrix} \right\}.$$

$$d = 6: \quad U = \left\{ \begin{pmatrix} 1 & 0 \\ 0 & 1 \end{pmatrix}, \begin{pmatrix} 1 & 1 \\ 0 & 1 \end{pmatrix}, \begin{pmatrix} 1 & 2 \\ 0 & 1 \end{pmatrix}, \begin{pmatrix} 2 & 0 \\ 0 & 1 \end{pmatrix}, \begin{pmatrix} 2 & 1 \\ 0 & 1 \end{pmatrix}, \begin{pmatrix} 2 & 2 \\ 0 & 2 \end{pmatrix} \right\}.$$

$$d = 12: \quad U = G\,.$$

3.15 Wir haben zu zeigen:

$$|\{a \in G \mid o(a) = p\}| = (p - 1) \cdot k \quad \text{für ein } k \in \mathbb{N}_0\,.$$

Wir setzen $M = \{a \in G \mid o(a) = p\}$ und zeigen, dass M als disjunkte Vereinigung von $(p - 1)$-elementigen Teilmengen geschrieben werden kann; es folgt hieraus dann die Behauptung. Eine $(p - 1)$-elementige Teilmenge von M findet man ganz einfach: Wähle ein $a \in M$ und betrachte dazu die Menge

$$M_a = \{a, a^2, ..., a^{p-1}\}\,.$$

Es ist $M_a = \langle a \rangle \setminus \{e\}$. Da $a \in M$ ist, gilt $o(a) = p$, sodass M_a aus $p - 1$ verschiedenen Elementen besteht. Damit erhalten wir die Idee zur Lösungsfindung: Wir zeigen

$$M = \bigcup_{a \in M} M_a\,,$$

wobei die M_a's disjunkt oder gleich sind.

(a) M_a *besteht aus* $p-1$ *Elementen:* Die Gruppe $\langle a \rangle$ enthält p Elemente (wegen $o(a) = p$). Folglich ist $|M_a| = p - 1$.

(b) *Es gilt* $M = \bigcup_{a \in M} M_a$: Natürlich ist $M \subseteq \bigcup_{a \in M} M_a$, also bleibt zu zeigen, dass $M_a \subseteq M$ für alle $a \in M$ gilt. Es sei hierzu $a \in M$ und $b \in M_a$. Da $\langle b \rangle$ eine Untergruppe von $\langle a \rangle$ ist, gilt nach dem Satz von Lagrange, dass $o(b)$ ein Teiler von $o(a) = p$ ist. Wegen $b \neq e$ ist also $o(b) = p$ und somit $b \in M$.

(c) *Die* M_a*'s mit* $a \in M$ *sind disjunkt oder gleich:* Betrachte hierzu $a, b \in M$ mit $M_a \neq M_b$. Dann ist auch $\langle a \rangle \neq \langle b \rangle$. Somit (da der Schnitt zweier Untergruppen stets eine Gruppe liefert) ist $\langle a \rangle \cap \langle b \rangle$ eine echte Untergruppe von $\langle a \rangle$. Aus dem Satz von Lagrange folgt, dass $|\langle a \rangle \cap \langle b \rangle|$ ein Teiler von $o(a) = p$ ist. Da aber p eine Primzahl ist, muß $\langle a \rangle \cap \langle b \rangle = \{e\}$ und somit $M_a \cap M_b = \emptyset$ gelten.

Normalteiler und Faktorgruppen

4

4.1 Aufgaben

4.1 ●● Man gebe alle Normalteiler der Gruppen S_3 und S_4 an.

4.2 ●● Bestimmen Sie die Normalisatoren aller Untergruppen der S_3.

4.3 ● Begründen Sie: Sind U und N Normalteiler einer Gruppe G, so auch $U N$.

4.4 ●● Zeigen Sie: Für jede Untergruppe U einer Gruppe G ist $\bigcap_{a \in G} a\, U\, a^{-1}$ ein Normalteiler von G.

4.5 ●● Es sei U Untergruppe einer Gruppe G. Zeigen Sie: Gibt es zu je zwei Elementen $a, b \in G$ ein $c \in G$ mit $(a\, U)\, (b\, U) = c\, U$, so ist U ein Normalteiler von G.

4.6 ●● Eine Untergruppe U einer Gruppe G heißt **charakteristisch**, wenn $\varphi(U) \subseteq U$ für jedes $\varphi \in \mathrm{Aut}\, G$ gilt. Begründen Sie:

(a) Jede charakteristische Untergruppe ist ein Normalteiler.
(b) Jede charakteristische Untergruppe eines Normalteilers von G ist ein Normalteiler von G.
(c) Ist ein Normalteiler eines Normalteilers von G stets ein Normalteiler von G?

4.7 ● Begründen Sie: Besitzt eine Gruppe G genau eine Untergruppe der Ordnung k, so ist diese ein Normalteiler von G.

4.8 ●● Bestimmen Sie alle Normalteiler und zugehörigen Faktorgruppen für die Diedergruppe D_4. Was ist das Zentrum von D_4?

C. Karpfinger, *Arbeitsbuch Algebra*,
https://doi.org/10.1007/978-3-662-61954-4_4

4.9 •• Es sei $Q = \{E, -E, I, -I, J, -J, K, -K\}$ die Quaternionengruppe (siehe Beispiel 2.1). Bestimmen Sie alle Untergruppen und alle Normalteiler von Q.

4.10 •• Für reelle Zahlen a, b sei $t_{a,b} : \mathbb{R} \to \mathbb{R}$ definiert durch $t_{a,b}(x) = a\,x + b$. Es sei $G := \{t_{a,b} \,|\, a, b \in \mathbb{R}, a \neq 0\}$. Zeigen Sie:

(a) Die Menge G bildet mit der Komposition von Abbildungen eine Gruppe.
(b) Es ist $N := \{t_{1,b} \,|\, b \in \mathbb{R}\}$ Normalteiler in G.
(c) Es gilt $G/N \cong \mathbb{R} \setminus \{0\}$.

4.11 •• Bestimmen Sie das Zentrum $Z(G)$ für $G = \mathrm{GL}_n(K)$ ($n \in \mathbb{N}$, K ein Körper).

4.12 •• Eine Gruppe G heißt **metazyklisch**, wenn G einen zyklischen Normalteiler N mit zyklischer Faktorgruppe G/N besitzt. Zeigen Sie: Jede Untergruppe einer metazyklischen Gruppe ist metazyklisch.

4.13 •• Wir setzen als bekannt voraus, dass $K = \mathbb{Z}/p\,\mathbb{Z} = \{0, 1, , \ldots, p-1\}$, p prim, ein Körper mit p Elementen ist (vgl. Satz 5.14 (Algebrabuch)). Offenbar ist die Menge der invertierbaren oberen (2×2)-Dreiecksmatrizen über K, nämlich

$$G = \left\{ \begin{pmatrix} a & b \\ 0 & c \end{pmatrix} \in K^{2 \times 2} \,|\, a, c \in K \setminus \{0\}, b \in K \right\},$$

eine Gruppe. Wir betrachten die folgenden Untergruppen N und U von G:

$$N = \left\{ \begin{pmatrix} a & b \\ 0 & 1 \end{pmatrix} \,|\, a \in K \setminus \{0\}, b \in K \right\} \quad \text{und} \quad U = \left\{ \begin{pmatrix} a & 0 \\ 0 & c \end{pmatrix} \,|\, a, c \in K \setminus \{0\} \right\}.$$

(a) Zeigen Sie, dass N ein Normalteiler von G ist. Ist U auch ein Normalteiler von G?
(b) Begründen Sie, warum $G/N \cong K^\times$ gilt. Hierbei ist $K^\times = K \setminus \{0\}$ die multiplikative Gruppe des Körpers K.
(c) Bestimmen Sie die Untergruppen $U\,N$ und $U \cap N$.
(d) Bestimmen Sie die Gruppen $U\,N/N$ und $U/(U \cap N)$ so explizit wie möglich. Geben Sie den gemäß dem 1. Isomorphiesatz existierenden Isomorphismus an.

4.14 • Begründen Sie: Ist N ein Normalteiler einer endlichen Gruppe G, so gilt $a^{[G:N]} \in N$ für jedes $a \in G$.

4.15 •• Begründen Sie die folgenden Isomorphien mithilfe des Homomorphiesatzes:

(a) $\mathrm{GL}(n, K)/\mathrm{SL}(n, K) \cong (K^\times, \cdot)$ für jeden Körper K.
(b) $(\mathbb{C}/\mathbb{Z}, +) \cong (\mathbb{C}^\times, \cdot)$.

(c) $\mathbb{Z}^m/\mathbb{Z}^n \cong \mathbb{Z}^{m-n}$ für $m \geq n$, hierbei wird $\mathbb{Z}^n$ geeignet als Teilmenge von $\mathbb{Z}^m$ aufgefasst.

(d) $\mathbb{C}^\times/E_n \cong \mathbb{C}^\times$ für $n \in \mathbb{N}$ und $E_n = \{z \mid z^n = 1\}$.

(e) $(\mathbb{R}/\mathbb{Z}, +) \cong (\mathbb{R}/2\pi\mathbb{Z}, +)$.

4.16 ••• Gegeben seien $m, n \in \mathbb{N}$ und die Homomorphismen $\varphi : \mathbb{Z} \to \mathbb{Z}/n\mathbb{Z}$ mit $k \mapsto k + n\mathbb{Z}$ und $\rho : \mathbb{Z} \to \mathbb{Z}/m\mathbb{Z}$ mit $k \mapsto k + m\mathbb{Z}$.

Für welche m und n gibt es einen Homomorphismus $\overline{\varphi} : \mathbb{Z}/m\mathbb{Z} \to \mathbb{Z}/n\mathbb{Z}$ mit $\varphi = \overline{\varphi} \circ \rho$, und wie ist er erklärt?

4.2   Lösungen

6.1 Wir benutzen die Bezeichnungen aus Beispiel 3.7 (Algebrabuch).

Es sind $\{\mathrm{Id}\}$, $U_1 := \langle\sigma_2\rangle = \{\mathrm{Id}, \sigma_2\}$, $U_2 := \langle\sigma_4\rangle = \{\mathrm{Id}, \sigma_4\}$, $U_3 := \langle\sigma_5\rangle = \{\mathrm{Id}, \sigma_5\}$, $N := \langle\sigma_1\rangle = \{\mathrm{Id}, \sigma_1, \sigma_3\}$ und S_3 alle Untergruppen der symmetrischen Gruppe S_3.

Da triviale Untergruppen stets Normalteiler sind, sind $\{\mathrm{Id}\}$ und S_3 Normalteiler in S_3. Außerdem ist N ein Normalteiler: Dies folgt aus der Lösung zu Aufgabe 3.2 oder Lemma 4.2 (Algebrabuch), da N den Index 2 in S_3 hat. Keine der drei zweielementigen Untergruppen U_1, U_2, U_3 ist ein Normalteiler in S_3: Beachte Aufgabe 3.2, in der gezeigt wurde, dass bei diesen Untergruppen jeweils Linksnebenklassen existieren, die keine Rechtsnebenklassen sind, sprich: Diese Untergruppen sind keine Normalteiler.

Die symmetrische Gruppe S_4 der Ordnung 24 besitzt 30 verschiedene Untergruppen. Zwei unter ihnen sind Normalteiler:

- $V_4 = \{\mathrm{Id}, \sigma_1, \sigma_2, \sigma_3\}$ mit

$$\sigma_1 = \begin{pmatrix} 1\,2\,3\,4 \\ 2\,1\,4\,3 \end{pmatrix}, \ \sigma_2 = \begin{pmatrix} 1\,2\,3\,4 \\ 3\,4\,1\,2 \end{pmatrix}, \ \sigma_3 = \begin{pmatrix} 1\,2\,3\,4 \\ 4\,3\,2\,1 \end{pmatrix}.$$

- $A_4 := \{\mathrm{Id}, \sigma_1, \ldots, \sigma_{11}\}$ mit $\sigma_1, \ldots, \sigma_3 \in V_4$ und

$$\sigma_4 = \begin{pmatrix} 1\,2\,3\,4 \\ 1\,3\,4\,2 \end{pmatrix}, \ \sigma_5 = \begin{pmatrix} 1\,2\,3\,4 \\ 1\,4\,2\,3 \end{pmatrix}, \ \sigma_6 = \begin{pmatrix} 1\,2\,3\,4 \\ 2\,3\,1\,4 \end{pmatrix},$$

$$\sigma_7 = \begin{pmatrix} 1\,2\,3\,4 \\ 2\,4\,3\,1 \end{pmatrix}, \ \sigma_8 = \begin{pmatrix} 1\,2\,3\,4 \\ 3\,1\,2\,4 \end{pmatrix}, \ \sigma_9 = \begin{pmatrix} 1\,2\,3\,4 \\ 3\,2\,4\,1 \end{pmatrix},$$

$$\sigma_{10} = \begin{pmatrix} 1\,2\,3\,4 \\ 4\,1\,3\,2 \end{pmatrix}, \ \sigma_{11} = \begin{pmatrix} 1\,2\,3\,4 \\ 4\,2\,1\,3 \end{pmatrix}.$$

Da A_4 den Index 2 in S_4 hat, ist A_4 nach Lemma 4.2 (Algebrabuch) Normalteiler der symmetrischen Gruppe S_4 ist.

Den Nachweis, dass V_4 ein Normalteiler ist, kann man mit viel Aufwand direkt führen, eleganter ist ein kleiner Trick durch Vorgriff auf das Lemma 9.1 (Algebrabuch), dessen Nachweis wir auch mit den bisher entwickelten Methoden führen können. Die Elemente aus V_4 sind neben Id genau die Doppeltranspositionen

$$\sigma_1 = (1\,2)\,(3\,4)\,,\ \ \sigma_2 = (1\,3)\,(2\,4)\,,\ \ \sigma_3 = (1\,4)\,(2\,3)\,.$$

Nach Lemma 9.1 (Algebrabuch) ist $\tau\,\sigma\,\tau^{-1}$ für jedes $\sigma \in V_4$ und jedes $\tau \in S_4$ wieder eine Doppeltransposition, also wieder ein Element in V_4. Das begründet bereits, dass V_4 ein Normalteiler in S_4 ist.

Nun fehlt noch der Nachweis, dass es keine weiteren Normalteiler in der S_4 gibt. Diesen aufwendigen Nachweis ersparen wir uns.

6.2 Wir benutzen die Bezeichnungen aus Beispiel 3.7 (Algebrabuch).

- Für die trivialen Untergruppen gilt: $N_{S_3}(\{\mathrm{Id}\}) = S_3$ und $N_{S_3}(S_3) = S_3$.
- Für die zweielementigen Untergruppen U_1, U_2, U_3 gilt: Nach Lemma 4.5 (Algebrabuch) ist $N_{S_3}(U_i)$ eine Untergruppe von S_3 für jedes $i = 1,\,2,\,3$. Da $U_i \subseteq N_{S_3}(U_i)$ gilt, bleibt nach Beispiel 3.7 nur die Wahl

$$N_{S_3}(U_i) = U_i \quad \text{oder} \quad N_{S_3}(U_i) = S_3\,.$$

  Aber aus $N_{S_3}(U_i) = S_3$ folgt mit Lemma 4.6 (Algebrabuch) der Widerspruch $U_i \trianglelefteq S_3$ (beachte Aufgabe 4.1). Also gilt $N_{S_3}(U_i) = U_i$ für $i = 1,\,2,\,3$.
- Für die dreielementige Untergruppe V gilt: Nach Aufgabe 4.1 ist V ein Normalteiler von S_3. Also gilt $N_{S_3}(V) = S_3$ nach Lemma 4.6 (Algebrabuch).

6.3 Nach Lemma 4.4 (Algebrabuch) ist $U\,N$ eine Untergruppe von G. Es sei $a \in G$. Nach Voraussetzung gelten dann die Inklusionen $a\,U\,a^{-1} \subseteq U$ und $a\,N\,a^{-1} \subseteq N$. Damit gilt auch $a\,U\,N\,a^{-1} = a\,U\,a^{-1}a\,N\,a^{-1} \subseteq U\,N$. Somit ist $U\,N$ ein Normalteiler in G.

6.4 Die Lösung ist ganz einfach, wenn U ein Normalteiler von G ist, da in diesem Fall $a\,U\,a^{-1} = U$, also

$$\bigcap_{a \in G} a\,U\,a^{-1} = U$$

gilt. Wir setzen nun (wie in der Aufgabenstellung verlangt) voraus, dass U *nur* eine Untergruppe von G ist. Wir setzen $V := \bigcap_{a \in G} a\,U\,a^{-1}$. Da für jedes $a \in G$ die Menge $a\,U\,a^{-1}$ eine Untergruppe von G ist, ist V als Durchschnitt von Untergruppen von G eine Untergruppe von G. Es sei $x \in G$. Wir zeigen $x\,V\,x^{-1} = V$, woraus sofort die Behauptung $V \trianglelefteq G$ folgt.

Im folgenden Schluss benutzen wir, dass für jedes $x \in G$ gilt $\{x\,a \mid a \in G\} = \{a \mid a \in G\}$:

$$x\,V\,x^{-1} = \bigcap_{a \in G} (x\,a)\,U\,(x\,a)^{-1} = \bigcap_{a \in G} a\,U\,a^{-1} = V\,.$$

Somit ist V ein Normalteiler von G.

6.5 Eine Bemerkung vorab: Laut Lemma 4.7 (Algebrabuch) gibt es zu a, $b \in G$ stets ein $c \in G$, nämlich $c = a\,b$, mit $(a\,U)(b\,U) = c\,U$, falls U ein Normalteiler ist. In dieser Aufgabe ist zu zeigen, dass U auch ein Normalteiler sein muss, wenn das Komplexprodukt $(a\,U)(b\,U)$ auf der Menge G/N der Nebenklassen eine innere Verknüpfung ist.

Diese Bemerkung lässt uns auch gleich vermuten: Falls denn tatsächlich für a, $b \in G$ gilt $(a\,U)(b\,U) = c\,U$ für ein $c \in G$, so wird man doch vermutlich $c = a\,b$ wählen können. Diese Vermutung bestätigen wir vorab: Es seien a, $b \in G$ und $U \le G$; ferner gelte $(a\,U)(b\,U) = c\,U$ für ein $c \in G$. Wegen $a\,b = a\,e\,b\,e \in (a\,U)(b\,U) = c\,U$ gilt $a\,b\,U \subseteq c\,U$ und somit $a\,b\,U = c\,U$.

Nun zur eigentlichen Behauptung: Zu zeigen ist, dass für jedes $x \in G$ gilt $x^{-1}\,U\,x \subseteq U$. Ein Blick auf die Voraussetzung und das bisher begründete Resultat $(a\,U)(b\,U) = c\,U = a\,b\,U$ liefert nun mit $a = x^{-1}$ und $b = x$ (x beliebig aus G):

$$x^{-1}\,U\,x = x^{-1}\,U\,x\,e \subseteq (x^{-1}\,U)(x\,U) = x^{-1}\,x\,U = U\,.$$

6.6

(a) Da für jedes $a \in G$ der innere Automorphismus $\iota_a : x \mapsto a\,x\,a^{-1}$ ein Automorphismus ist, ist jede charakteristische Untergruppe U von G ein Normalteiler von G, da $a\,U\,a^{-1} = \iota_a(U) \subseteq U$ für jedes $a \in G$.

(b) Es sei U eine charakteristische Untergruppe eines Normalteilers N von G. Da $a\,N\,a^{-1} = N$ für jedes $a \in G$ gilt, ist ι_a für jedes $a \in G$ ein Automorphismus von N. Da U charakteristisch in N ist, gilt folglich $a\,U\,a^{-1} = \iota_a(U) \subseteq U$ für jedes $a \in G$, d. h. U ist ein Normalteiler von G.

(c) Nein. In der *Diedergruppe D* aus Aufgabe 3.11 ist W_4 ein Normalteiler von U_3 und U_3 ein solcher von D (jeweils als Untergruppen vom Index 2). Aber W_4 ist kein Normalteiler von D, da etwa $(1\,4)\,(1\,3)\,(1\,4) \notin W_4$ gilt.

Wir fassen die Resultate aus (b) und (c) prägnant zusammen:

$$U \le N \trianglelefteq G \;\Rightarrow\; \begin{cases} U \text{ charakteristisch in } N \Rightarrow U \trianglelefteq G\,, \\ \qquad\quad U \trianglelefteq N \qquad\;\; \nRightarrow\; U \trianglelefteq G\,. \end{cases}$$

6.7 Es sei N eine Untergruppe der Ordnung k von G. Dann ist für jedes $a \in G$ auch $a\,N\,a^{-1}$ eine Untergruppe von G; und es gilt $|a\,N\,a^{-1}| = k$, da $\varphi : x \mapsto a\,x\,a^{-1}$ eine Bijektion von N auf $a\,N\,a^{-1}$ ist. Es folgt $a\,N\,a^{-1} = N$ für jedes $a \in G$, da N die einzige Untergruppe der Ordnung k ist. Somit ist N ein Normalteiler in G.

6.8 Die Untergruppen der D_4 kennen wir bereits aus Aufgabe 3.11. Dort haben wir zwar die Diedergruppe als Untergruppe der S_4 angegeben, aber mit den bisher entwickelten Methoden, können wir die in Aufgabe 3.11 erzielten Ergebnisse leicht nutzen: Wir stellen die Gruppen D aus Aufgabe 3.11 und D_4 aus Abschn. 3.1.5 (Algebrabuch) gegenüber:

$$D = \{\text{Id}, \ (1\,2)\,(3\,4), \ (1\,3), \ (1\,4\,3\,2), \ (1\,2\,3\,4), \ (2\,4), \ (1\,4)\,(2\,3), \ (1\,3)\,(2\,4)\}\,,$$
$$D_4 = \{\text{Id}, \ \alpha, \ \beta, \ \alpha\,\beta, \ \beta^2, \ \alpha\,\beta^2, \ \beta^3, \ \alpha\,\beta^3\}\,.$$

Laut Abschn. 3.1.5 (Algebrabuch) permutieren α bzw. β die Ecken $\{1, \ \mathrm{i}, \ -1, \ -\mathrm{i}\}$ (die wir mit den Zahlen 1, 2, 3, 4 durchnummerieren) wie folgt:

$$\alpha \leftrightarrow (2\,4) \quad \text{und} \quad \beta \leftrightarrow (1\,2\,3\,4)\,.$$

Wir rechnen nun einfach nach und erhalten die weiteren Zuordnungen (also einen Isomorphismus zwischen D und D_4):

$$\beta^2 \leftrightarrow (1\,3)\,(2\,4)\,, \ \ \beta^3 \leftrightarrow (1\,4\,3\,2)\,, \ \ \alpha\,\beta = (1\,4)\,(2\,3)\,, \ \ \alpha\,\beta^2 = (1\,3)\,, \ \ \alpha\,\beta^3 = (1\,2)\,(3\,4)\,.$$

Also ist die Gruppe D aus Aufgabe 3.11 isomorph zur Diedergruppe D_4. Wir kennen also den Untergruppenverband von D_4 aus Aufgabe 3.11, wir verwenden die dort benutzten Bezeichnungen für die Untergruppen, wählen aber die Elemente aus der D_4 per obiger Zuordnung:

Neben den trivialen Untergruppen $\{\text{Id}\}$ und D_4 hat die D_4 die Untergruppen:

$$W_1 = \langle \beta^2 \rangle, \quad W_2 = \langle \alpha\,\beta^3 \rangle, \quad W_3 = \langle \alpha\,\beta \rangle, \quad W_4 = \langle \alpha\,\beta^2 \rangle, \quad W_5 = \langle \alpha \rangle$$

der Ordnung 2 und

$$U_1 = \langle \beta \rangle, \quad U_2 = \langle \alpha\,\beta^3, \ \alpha\,\beta \rangle, \quad U_3 = \langle \alpha\,\beta^2, \ \alpha \rangle$$

der Ordnung 4.

Die Untergruppen U_1, U_2, U_3 vom Index 2 sind Normalteiler, die Faktorgruppe D_4/U_i ist für jedes $i = 1, 2, 3$ zu $\mathbb{Z}/2$ isomorph.

Weiter ist die zweielementige Untergruppe $W_1 = \langle \beta^2 \rangle$ ein Normalteiler, da

$$\alpha\,\beta^i\,\beta^2\,(\alpha\,\beta^i)^{-1} = \beta^2 \in \langle \beta^2 \rangle \ \text{ für alle } \ i = 0, \ldots, 3\,.$$

Die Faktorgruppe $D_4/W_1 = \{W_1, \alpha\,W_1, \beta\,W_1, \alpha\,\beta\,W_1\}$ ist eine Klein'sche Vierergruppe.

Die weiteren jeweils zweielementigen Untergruppen W_2, W_3, W_4, W_5 sind keine Normalteiler. Für den folgenden Nachweis dieser Tatsache beachte die Relationen

$$\alpha\,\beta\,\alpha^{-1} = \beta^{-1}\,, \ \ \alpha\,\beta = \beta^{-1}\,\alpha\,, \ \ \beta\,\alpha = \alpha\,\beta^{-1}$$

aus Abschn. 3.1.5 (Algebrabuch) und $\alpha^{-1} = \alpha$:

- Zu W_2: $\alpha\,(\alpha\,\beta^3)\,\alpha = \alpha\,\beta \notin W_2$,
- Zu W_3: $\alpha\,(\alpha\,\beta)\,\alpha = \alpha\,\beta^3 \notin W_3$,

- Zu W_4: $\beta\,(\alpha\,\beta^2)\,\beta^{-1} = \alpha \notin W_4$,
- Zu W_5: $\beta\,\alpha\,\beta^{-1} = \alpha\,\beta^2 \notin W_5$.

Das Zentrum $Z(D_4)$ ist ein Normalteiler in D_4, nach obiger Rechnung gilt $\langle \beta^2 \rangle \subseteq Z(D_4)$. Da offenbar keine der Untergruppen U_1, U_2, U_3 das Zentrum sein kann, bleibt nur $\langle \beta^2 \rangle = Z(G)$ übrig.

Bemerkung Ein elegantes Argument liefert Aufgabe 5.6: Da D_4/U_i zyklisch ist, D_4 aber nicht abelsch ist, kann keines der U_i das Zentrum sein.

6.9 Für jede Untergruppe $U \leq G$ ist $|U|$ ein Teiler von $|Q| = 8$, also $|U| \in \{1, 2, 4, 8\}$.

- Q besitzt genau eine Untergruppe der Ordnung 1, nämlich $\{E\}$.
- Q besitzt genau eine Untergruppe der Ordnung 8, nämlich Q.
- Da Q genau ein Element der Ordnung 2 enthält, nämlich das Element $-E$, besitzt Q genau eine Untergruppe der Ordnung 2, nämlich $\langle -E \rangle$.
- Da Q genau 6 Elemente der Ordnung 4 enthält, nämlich $\pm I$, $\pm J$, $\pm K$, von denen jeweils zwei zueinander invers sind, es gilt nämlich $I(-I) = J(-J) = K(-K) = E$ (siehe Beispiel 2.1 (Algebrabuch)), und somit die gleiche Untergruppe erzeugen, besitzt Q genau 3 Untergruppen der Ordnung 4, nämlich $\langle I \rangle$, $\langle J \rangle$, $\langle K \rangle$. Damit haben wir alle Untergruppen von Q gefunden.

Die Untergruppen der Ordnung 1 und 8 sind trivialerweise Normalteiler von Q. Da die Untergruppe der Ordnung 2 die einzige Untergruppe dieser Ordnung ist, ist sie ebenfalls ein Normalteiler von Q (sogar eine charakteristische Untergruppe). Die Untergruppen der Ordnung 4 haben alle den Index 2 und sind somit ebenfalls Normalteiler von Q. Also sind alle Untergruppen von Q Normalteiler von Q.

6.10

(a) Für a, $a' \in \mathbb{R} \setminus \{0\}$ und b, $b' \in \mathbb{R}$ gilt

$$t_{a,b}\, t_{a',b'} = t_{aa',ab'+b}\,, \quad t_{1,0}\, t_{a,b} = t_{a,b} = t_{a,b}\, t_{1,0}\,, \quad t_{a^{-1},-a^{-1}b}\, t_{a,b} = t_{1,0}\,.$$

Folglich ist die Komposition eine innere Verknüpfung von G, das Element $t_{1,0}$ ein neutrales Element von G und jedes Element $t_{a,b}$ aus G invertierbar mit Inversem $t_{a^{-1},-a^{-1}b}$. Da die Komposition von Abbildungen assoziativ ist, ist also G eine Gruppe.

(b) Da für beliebige $a \in \mathbb{R} \setminus \{0\}$ und b, $c \in \mathbb{R}$ gilt:

$$t_{a,c}\, t_{1,b}\, t_{a^{-1},-a^{-1}c} = t_{1,d}$$

für ein $d \in \mathbb{R}$, ist N ein Normalteiler von G.

(c) Es ist $\varphi : G \to \mathbb{R} \setminus \{0\}$, $t_{a,b} \mapsto a$ ein Epimorphismus mit Kern N. Mit dem Homomorphiesatz folgt $G/N \cong \mathbb{R} \setminus \{0\}$.

6.11 Das Zentrum $Z(G)$ ist die Menge

$$Z(G) = \{A \in G \mid A\,B = B\,A \text{ für alle } B \in G\}\,.$$

Aus der linearen Algebra ist bekannt, dass das Zentrum von $K^{n \times n}$ die Vielfachen der Einheitsmatrizen bilden, sprich

$$Z(K^{n \times n}) = \{A \in K^{n \times n} \mid A\,B = B\,A \text{ für alle } B \in K^{n \times n}\} = \{\lambda\,E_n \mid \lambda \in K\}\,.$$

Der Vollständigkeit halber wiederholen wir diesen Beweis:

Die Inklusion $\supseteq$ ist klar. Es sei also $A = (a_{ij}) \in Z(K^{n \times n})$. Mit E_{kl} bezeichnen wir im Folgenden die Matrix aus $K^{n \times n}$, deren (k, l)-ter Eintrag eine Eins ist und deren restliche Einträge Nullen sind. Für alle $k, l = 1, 2, \ldots, n$ gilt dann: $A\,E_{kl} = E_{kl}\,A$, also $\sum_{i,j=1}^n a_{ij} E_{ij} E_{kl} = \sum_{i,j=1}^n a_{ij} E_{kl} E_{ij}$ und somit $\sum_{i,j=1}^n a_{ij} \delta_{jk} E_{il} = \sum_{i,j=1}^n a_{ij} \delta_{li} E_{kj}$, also $\sum_{i=1}^n a_{ik} E_{il} = \sum_{j=1}^n a_{lj} E_{kj}$. Also: $a_{ik} = 0$ für alle $i \neq k$ und $a_{kk} E_{kl} = a_{ll} E_{kl}$ für alle k, l. Also $a_{ij} = 0$ für alle $i \neq j$ und $a_{11} = \cdots = a_{nn}$.)

Wir zeigen nun:

$$Z(G) = \{\lambda\,E_n \mid \lambda \in K \setminus \{0\}\}\,.$$

$\supseteq$: Wegen $\lambda\,E_n\,B = B\,\lambda\,E_n$ für alle $B \in \mathrm{GL}_n(K)$ gilt diese Inklusion.

$\subseteq$: Es sei $A \in Z(G)$. Dann vertauscht A mit allen Matrizen $E_n + E_{ij}$ für alle $i \neq j \in \{1, \ldots, n\}$. Also vertauscht A auch mit allen Matrizen $E_n + E_{ij} - E_n = E_{ij}$ für alle $i \neq j \in \{1, \ldots, n\}$. Schließlich vertauscht A auch mit allen Matrizen $E_{ii} = E_{ij} E_{ji}$ für alle $i = 1, \ldots, n$. Also ist $A \in Z(K^{n \times n})$ und somit existiert ein $\lambda \in K \setminus \{0\}$ mit $A = \lambda\,E_n$.

6.12 Es sei G metazyklisch mit einem zyklischen Normalteiler N, für den G/N zyklisch ist. Wir wählen eine Untergruppe U von G und zeigen, dass U metazyklisch ist, d.h., dass sie einen zyklischen Normalteiler V enthält, für den U/V wieder zyklisch ist.

Für V bietet sich $U \cap N$ an, diese Untergruppe der zyklischen Gruppe N ist nämlich wieder zyklisch. Und nach dem 1. Isomorphiesatz 4.13 (Algebrabuch) ist $V = U \cap N$ ein Normalteiler von U. Zu zeigen bleibt, dass U/V zyklisch ist.

Wir schreiben U/V wieder aus: $U/V = U/U \cap N$ und beachten erneut den 1. Isomorphiesatz 4.13 (Algebrabuch). Es gilt hiernach

$$U/U \cap N \cong U\,N/N\,,$$

und $U\,N/N$ ist als Untergruppe der zyklischen Gruppe G/N natürlich wieder zyklisch, also auch U/V.

Es ist also z.B. jede Diedergruppe $D_n = \langle \alpha, \beta \rangle$ mit $o(\alpha) = 2$ und $o(\beta) = n$ metazyklisch, da $\langle \beta \rangle$ ein zyklischer Normalteiler von D_n mit zyklischer Faktorgruppe $D_n/\langle \beta \rangle$ ist.

6.13

(a) Es seien $A = \begin{pmatrix} a & b \\ 0 & c \end{pmatrix} \in G$ und $B = \begin{pmatrix} x & y \\ 0 & 1 \end{pmatrix} \in N$. Dann gilt:

$$ABA^{-1} = \begin{pmatrix} a & b \\ 0 & c \end{pmatrix} \begin{pmatrix} x & y \\ 0 & 1 \end{pmatrix} a^{-1}c^{-1} \begin{pmatrix} c & -b \\ 0 & a \end{pmatrix} = a^{-1}c^{-1} \begin{pmatrix} acx & -abx + a^2y + ab \\ 0 & ac \end{pmatrix}$$

$$= \begin{pmatrix} x & \tilde{y} \\ 0 & 1 \end{pmatrix} \in N,$$

hierbei haben wir $\tilde{y} := -bxc^{-1} + ayc^{-1} + bc^{-1} \in K$ gesetzt. Damit ist bereits gezeigt, dass N ein Normalteiler von G ist.

Nun zu U: Wir unterscheiden die Fälle $p = 2$ und $p \neq 2$.

1. *Fall:* $p = 2$. Dann gilt $U = \{E_2\}$ mit der Einheitsmatrix E_2. In diesem Fall ist U natürlich ein Normalteiler von G.

2. *Fall:* $p > 2$: In diesem Fall ist U kein Normalteiler von G, denn mit $A = \begin{pmatrix} 1 & 1 \\ 0 & 1 \end{pmatrix} \in G$ und $B = \begin{pmatrix} 2 & 0 \\ 0 & 1 \end{pmatrix} \in U$ gilt:

$$ABA^{-1} = \begin{pmatrix} 1 & 1 \\ 0 & 1 \end{pmatrix} \begin{pmatrix} 2 & 0 \\ 0 & 1 \end{pmatrix} \begin{pmatrix} 1 & -1 \\ 0 & 1 \end{pmatrix} = \begin{pmatrix} 2 & -1 \\ 0 & 1 \end{pmatrix} \notin U.$$

(b) Wir begründen diese Isomorphie mit dem Homomorphiesatz und benötigen dafür einen surjektiven Homomorphismus $\varphi : G \to K^\times$ mit $\ker(\varphi) = N$; betrachte die Abbildung:

$$\varphi : G \to K^\times, \quad \begin{pmatrix} a & b \\ 0 & c \end{pmatrix} \mapsto c.$$

Wegen $c \neq 0$ ist φ wohldefiniert. Diese Abbildung φ ist auch surjektiv, da für jedes $c \in K^\times$ mit der Matrix $A = \begin{pmatrix} 1 & 0 \\ 0 & c \end{pmatrix} \in G$ offenbar $\varphi(A) = c$ erfüllt ist. Weiter ist φ ein Homomorphismus: Für beliebige $\begin{pmatrix} a & b \\ 0 & c \end{pmatrix}, \begin{pmatrix} a' & b' \\ 0 & c' \end{pmatrix} \in G$ gilt:

$$\varphi\left(\begin{pmatrix} a & b \\ 0 & c \end{pmatrix} \begin{pmatrix} a' & b' \\ 0 & c' \end{pmatrix}\right) = \varphi\left(\begin{pmatrix} aa' & * \\ 0 & cc' \end{pmatrix}\right) = cc' = \varphi\left(\begin{pmatrix} a & b \\ 0 & c \end{pmatrix}\right) \varphi\left(\begin{pmatrix} a' & b' \\ 0 & c' \end{pmatrix}\right).$$

Und schließlich gilt $\ker(\varphi) = N$, da

$$\ker(\varphi) = \left\{ \begin{pmatrix} a & b \\ 0 & c \end{pmatrix} \in G \mid \varphi\left(\begin{pmatrix} a & b \\ 0 & c \end{pmatrix}\right) = 1 \right\} = \left\{ \begin{pmatrix} a & b \\ 0 & 1 \end{pmatrix} \mid a \in K^\times, b \in K \right\} = N.$$

Nun folgt die Behauptung mit dem Homomorphiesatz 4.11 (Algebrabuch).

(c) Zu bestimmen sind

$$UN = \{AB \in G \mid A \in U, B \in N\} \quad \text{sowie} \quad U \cap N = \{A \in G \mid A \in U \wedge A \in N\}.$$

Sind $A = \begin{pmatrix} a & 0 \\ 0 & c \end{pmatrix} \in U$ und $B = \begin{pmatrix} x & y \\ 0 & 1 \end{pmatrix} \in N$, so schöpft man wegen

$$A\,B = \begin{pmatrix} a & 0 \\ 0 & c \end{pmatrix} \begin{pmatrix} x & y \\ 0 & 1 \end{pmatrix} = \begin{pmatrix} ax & ay \\ 0 & c \end{pmatrix}$$

schnell den Verdacht, dass wegen der Invertierbarkeit von a die Gleichheit $G = U\,N$ gilt. Es folgt eine Begründung dieser Tatsache:

Natürlich gilt $U\,N \subseteq G$. Es sei nun $C = \begin{pmatrix} a & b \\ 0 & c \end{pmatrix} \in G$. Setze

$$A := \begin{pmatrix} a & 0 \\ 0 & c \end{pmatrix} \in U \quad \text{und} \quad B := \begin{pmatrix} 1 & a^{-1}b \\ 0 & 1 \end{pmatrix} \in N\,.$$

Dann gilt

$$A\,B = \begin{pmatrix} a & 0 \\ 0 & c \end{pmatrix} \begin{pmatrix} 1 & a^{-1}b \\ 0 & 1 \end{pmatrix} = \begin{pmatrix} a & b \\ 0 & c \end{pmatrix} = C\,.$$

Das begründet $G \subseteq U\,N$ und damit $G = U\,N$.

Für $U \cap N$ gilt offenbar

$$U \cap N = \left\{ \begin{pmatrix} a & 0 \\ 0 & 1 \end{pmatrix} \mid a \in K^\times \right\}\,.$$

(d) Nach (c) gilt $U\,N/N = G/N$. Wir bestimmen nun eine möglichst explizite Darstellung von $G/N = \{A\,N \mid A \in G\}$, also der Nebenklassen $A\,N$ mit $A = \begin{pmatrix} a & b \\ 0 & c \end{pmatrix} \in G$:

$$A\,N = \left\{ \begin{pmatrix} a & b \\ 0 & c \end{pmatrix} \begin{pmatrix} x & y \\ 0 & 1 \end{pmatrix} \mid x,y \in K, x \neq 0 \right\} = \left\{ \begin{pmatrix} ax & ay+b \\ 0 & c \end{pmatrix} \mid x,y \in K, x \neq 0 \right\}$$

$$= \left\{ \begin{pmatrix} x' & y' \\ 0 & c \end{pmatrix} \mid x',y' \in K, x' \neq 0 \right\} = \left\{ \begin{pmatrix} * & * \\ 0 & c \end{pmatrix} \right\}\,.$$

Also gilt:

$$G/N = \{A\,N \mid A \in G\} = \left\{ \left\{ \begin{pmatrix} x' & y' \\ 0 & c \end{pmatrix} \mid x',y' \in K, x' \neq 0 \right\} \mid c \in K^\times \right\}$$

$$= \left\{ \left\{ \begin{pmatrix} * & * \\ 0 & c \end{pmatrix} \right\} \mid c \in K^\times \right\}\,.$$

Wir bestimmen nun analog eine möglichst explizite Darstellung von $U/(U \cap N) = \{A\,(U \cap N) \mid A \in U\}$, also der Nebenklassen $A\,(U \cap N)$ mit $A = \begin{pmatrix} a & 0 \\ 0 & c \end{pmatrix} \in U$. Es gilt:

$$A\,(U \cap N) = \left\{ \begin{pmatrix} a & 0 \\ 0 & c \end{pmatrix} \begin{pmatrix} a' & 0 \\ 0 & 1 \end{pmatrix} \mid a' \in K^\times \right\} = \left\{ \begin{pmatrix} aa' & 0 \\ 0 & c \end{pmatrix} \mid a' \in K^\times \right\}$$

$$= \left\{ \begin{pmatrix} a'' & 0 \\ 0 & c \end{pmatrix} \mid a'' \in K^\times \right\} = \left\{ \begin{pmatrix} * & 0 \\ 0 & c \end{pmatrix} \right\}\,.$$

Also gilt:

$$U/(U \cap N) = \{A\,N \mid A \in G\} = \left\{\left\{\begin{pmatrix} a'' & 0 \\ 0 & c \end{pmatrix} \mid a''\right\} \mid c \in K^\times\right\}$$

$$= \left\{\left\{\begin{pmatrix} * & 0 \\ 0 & c \end{pmatrix}\right\} \mid c \in K^\times\right\}.$$

Der gemäß dem 1. Isomorphiesatz existierende Isomorphismus lautet in dieser Notation

$$\left\{\begin{pmatrix} * & * \\ 0 & c \end{pmatrix}\right\} \mapsto \left\{\begin{pmatrix} * & 0 \\ 0 & c \end{pmatrix}\right\}.$$

6.14 Nach dem kleinen Satz 3.11 (Algebrabuch) von Fermat gilt $a^{|G|} = e_G$ für jedes a einer endlichen Gruppe G. Da $[G : N]$ die Ordnung der endlichen Gruppe G/N ist, besagt der kleine Satz von Fermat $(a\,N)^{[G:N]} = a^{[G:N]}N = N$ für jedes $a \in G$, da N das neutrale Element in G/N ist. Das bedeutet aber $a^{[G:N]} \in N$.

6.15 Um eine Isomorphie der Art $G/U \cong H$ mithilfe des Homomorphiesatzes 4.11 (Algebrabuch) nachzuweisen, ist ein surjektiver Homomorphismus $G \to H$ mit Kern U anzugeben. Wir tun das bei den angegebenen Beispielen:

(a) Es ist $\det : \mathrm{GL}(n, K) \to K^\times$ ein surjektiver Homomorphismus mit $\mathrm{Kern}(\det) = \mathrm{SL}(n, K)$. Also gilt $\mathrm{GL}(n, K)/\mathrm{SL}(n, K) \cong (K^\times, \cdot)$.

(b) Es ist $\varphi : (\mathbb{C}, +) \to (\mathbb{C}^\times, \cdot)$ mit $z \mapsto e^{2\pi i z}$ ein surjektiver Homomorphismus mit $\mathrm{Kern}(\varphi) = \mathbb{Z}$, also gilt $(\mathbb{C}/\mathbb{Z}, +) \cong (\mathbb{C}^\times, \cdot)$.

(c) Es ist $\varphi : \mathbb{Z}^m \to \mathbb{Z}^{m-n}$, $(a_1, \ldots, a_m) \mapsto (a_{n+1}, \ldots, a_m)$ ein surjektiver Homomorphismus mit $\mathrm{Kern}(\varphi) = \{(a_1, \ldots, a_n, 0, \ldots, 0) \in \mathbb{Z}^m \mid a_i \in \mathbb{Z}\}$, wobei dieser per Identifikation als $\mathbb{Z}^n$ aufgefasst werden kann, also gilt $\mathbb{Z}^m/\mathbb{Z}^n \cong \mathbb{Z}^{m-n}$.

(d) Es ist $\varphi : \mathbb{C}^\times \to \mathbb{C}^\times$, $z \mapsto z^n$ ein surjektiver Homomorphismus mit $\mathrm{Kern}(\varphi) = E_n = \{z \in \mathbb{C} \mid z^n = 1\}$, also gilt $\mathbb{C}^\times/E_n \cong \mathbb{C}^\times$.

(e) Es ist $\varphi : \mathbb{R} \to \mathbb{R}/2\pi\mathbb{Z}$, $x \mapsto 2\pi x + 2\pi\mathbb{Z}$ ein surjektiver Homomorphismus mit

$$\mathrm{Kern}(\varphi) = \{x \in \mathbb{R} \mid \varphi(x) = 2\pi x + 2\pi\mathbb{Z} \in 2\pi\mathbb{Z}\} = \{x \in \mathbb{R} \mid x \in \mathbb{Z}\} = \mathbb{Z}.$$

Also ist $(\mathbb{R}/\mathbb{Z}, +) \cong (\mathbb{R}/2\pi\mathbb{Z}, +)$.

6.16 Wir schildern die Situation in einem Bild:

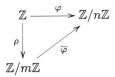

Es sei $\overline{\varphi} : \mathbb{Z}/m\mathbb{Z} \to \mathbb{Z}/n\mathbb{Z}$ ein Homomorphismus, und es bezeichne $k' := \overline{\varphi}(1 + m\mathbb{Z}) \in \mathbb{Z}/n\mathbb{Z}$. Für Homomorphismen und $x + m\mathbb{Z}$ gilt

$$\overline{\varphi}(x) = \overline{\varphi}(\underbrace{(1 + m\mathbb{Z}) + \cdots + (1 + m\mathbb{Z})}_{x \text{ mal}}) = \overline{\varphi}(1 + m\mathbb{Z}) + \cdots + \overline{\varphi}(1 + m\mathbb{Z}) = k'x + n\mathbb{Z}$$

und $\overline{\varphi}(-(x + m\mathbb{Z})) = -\overline{\varphi}((x + m\mathbb{Z}))$. Durch Vorgabe von k' ist somit $\overline{\varphi}$ bereits festgelegt.

Wir müssen allerdings sicherstellen, dass $\overline{\varphi}$ *wohldefiniert* ist, d. h. dass für $x, y \in \mathbb{Z}$ mit $x + m\mathbb{Z} = y + m\mathbb{Z}$ auch $\overline{\varphi}(x + m\mathbb{Z}) = \overline{\varphi}(y + m\mathbb{Z})$ gilt (also als gleich angesehene Urbilder auf dasselbe Bild abgebildet werden). Es muss also die Bedingung

$$x - y \in m\mathbb{Z} \quad \Rightarrow \quad k'(x - y) \in n\mathbb{Z},$$

erfüllt sein. Sie ist genau dann erfüllt (für die Richtung $\Rightarrow$ betrachte $x - y = m$), wenn

$$k'm \in n\mathbb{Z} \tag{4.1}$$

gilt, bzw., anders ausgedrückt, $k'm + n\mathbb{Z} = 0 + n\mathbb{Z}$. Wenn also k', m und n die Gl. (4.1) erfüllen, so ist $\overline{\varphi}$ wohldefiniert und auch ein Homomorphismus (denn $\overline{\varphi}(x + m\mathbb{Z} + y + m\mathbb{Z}) = (x + y)k' + n\mathbb{Z} = xk' + n\mathbb{Z} + yk' + n\mathbb{Z} = [xk']_n + [yk']_n = \overline{\varphi}(x + m\mathbb{Z}) + \overline{\varphi}(y + m\mathbb{Z}))$.

Jetzt soll außerdem $\varphi = \overline{\varphi} \circ \rho$ gelten. Das ist gewährleistet (für Homomorphismen) genau dann wenn $\varphi(1) = \overline{\varphi}(\rho(1))$ gilt, also für:

$$1 + n\mathbb{Z} = k' + n\mathbb{Z}. \tag{4.2}$$

Aus (2) erhalten wir $k' \in 1 + n\mathbb{Z}$, d.h. $k' = 1 + n\alpha$ mit einem $\alpha \in \mathbb{Z}$. Zusammen mit (1) erhalten wir $k'm = m + mn\alpha \in n\mathbb{Z}$ und damit $m/n \in \mathbb{Z}$ also $n \mid m$. Es gibt also einen Homomorphismus $\overline{\varphi} : \mathbb{Z}/m\mathbb{Z} \to \mathbb{Z}/n\mathbb{Z}$ mit $\varphi = \overline{\varphi} \circ \rho$ genau dann wenn $n \mid m$.

Zyklische Gruppen

5

5.1 Aufgaben

5.1 ●● Geben Sie einen weiteren Beweis von Lemma 5.1 (Algebrabuch) an.

5.2 ● Man bestimme den Untergruppenverband der additiven Gruppe $\mathbb{Z}/360$.

5.3 ●● Die Gruppe $\mathbb{Z}/54^{\times}$ ist zyklisch. Geben Sie ein erzeugendes Element a an und ordnen Sie jedem $x \in \mathbb{Z}/54^{\times}$ ein $k \in \mathbb{N}$ mit $0 \leq k < o(a)$ zu, für das $a^k = x$ gilt (der *Logarithmus zur Basis a*). Welche Elemente von $\mathbb{Z}/54^{\times}$ sind Quadrate?

5.4 ●● Welche der folgenden Restklassen sind invertierbar? Geben Sie eventuell das Inverse an.

(a) $222 + 1001\,\mathbb{Z}$,   (b) $287 + 1001\,\mathbb{Z}$,   (c) $1000 + 1001\,\mathbb{Z}$.

5.5 ● Berechnen Sie den größten gemeinsamen Teiler d von $33.511, 65.659$ und $2.072.323$ sowie ganze Zahlen r, s, t mit $33.511\,r + 65.659\,s + 2.072.323\,t = d$.

5.6 ●● Es sei G eine Gruppe mit dem Zentrum $Z(G)$. Zeigen Sie: Ist $G/Z(G)$ zyklisch, so ist G abelsch.

5.7 ●●● Begründen Sie:

(a) Jede endlich erzeugte Untergruppe von $(\mathbb{Q}, +)$ ist zyklisch.
(b) Für jedes Erzeugendensystem X von $\mathbb{Q}$ und jede endliche Teilmenge E von X ist auch $X \setminus E$ ein Erzeugendensystem. Insbesondere besitzt $\mathbb{Q}$ kein minimales Erzeugendensystem.

© Der/die Autor(en), exklusiv lizenziert durch Springer-Verlag GmbH, DE, ein Teil von Springer Nature 2021
C. Karpfinger, *Arbeitsbuch Algebra*,
https://doi.org/10.1007/978-3-662-61954-4_5

5.8 ••• Man zeige:

(a) Für jede natürliche Zahl n gilt $n = \sum \varphi(d)$, wobei über alle Teiler $d \in \mathbb{N}$ von n summiert wird. *Hinweis:* Man betrachte für jede zyklische Untergruppe U von $\mathbb{Z}/n$ die Menge $C(U)$ aller erzeugenden Elemente von U.

(b) Eine endliche Gruppe G der Ordnung n ist genau dann zyklisch, wenn es zu jedem Teiler d von n höchstens eine zyklische Untergruppe der Ordnung d von G gibt.

5.2   Lösungen

5.1 Es sei U eine Untergruppe von G. Im Fall $U = \{e\}$ ist U zyklisch, $U = \langle e \rangle$. Daher kümmern wir uns nun um den Fall $U \neq \{e\}$.

Es sei n die kleinste natürliche Zahl mit $e \neq a^n \in U$. Ein solches n existiert auch in der Tat. Ist nämlich $a^k \in U$ für ein $k \in \mathbb{Z}$, so ist auch $a^{-k} \in U$. Nun begründen wir $U = \langle a^n \rangle$, damit ist dann alles gezeigt.

Es gilt $\langle a^n \rangle \subseteq U$: Mit a^n sind nämlich auch alle Potenzen von a^n in U.

Es gilt $U \subseteq \langle a^n \rangle$: Aus $a^k \in U$ mit $k = q\,n + r \in \mathbb{Z}$ und $0 \leq r < t$ (Division mit Rest) folgt:

$$a^r = a^{k-q\,n} = a^k\,(a^n)^{-q} \in U\,,$$

sodass $r = 0$ gilt wegen der Minimalität von n; d. h.

$$a^k = a^{q\,n} = (a^n)^q \in \langle a^n \rangle\,.$$

Das beweist $U \subseteq \langle a^n \rangle$. Schließlich gilt die Gleichheit $U = \langle a^n \rangle$.

5.2 Es ist $\mathbb{Z}/360$ eine zyklische Gruppe der Ordnung 360. Nach Lemma 5.2 (Algebrabuch) ist der Untergruppenverband durch die Teiler von 360 bestimmt. Die Teiler von 360 sind: 1, 2, 3, 4, 5, 6, 8, 9, 10, 12, 15, 18, 20, 24, 30, 36, 40, 45, 60, 72, 90, 120, 180, 360. Also hat $\mathbb{Z}/360$ die 24 Untergruppen: $\langle \overline{0} \rangle$, $\langle \overline{180} \rangle$, $\langle \overline{120} \rangle$, $\langle \overline{90} \rangle$, $\langle \overline{72} \rangle$, $\langle \overline{60} \rangle$, $\langle \overline{45} \rangle$, $\langle \overline{40} \rangle$, $\langle \overline{36} \rangle$, $\langle \overline{30} \rangle$, $\langle \overline{24} \rangle$, $\langle \overline{20} \rangle$, $\langle \overline{18} \rangle$, $\langle \overline{15} \rangle$, $\langle \overline{12} \rangle$, $\langle \overline{10} \rangle$, $\langle \overline{9} \rangle$, $\langle \overline{8} \rangle$, $\langle \overline{6} \rangle$, $\langle \overline{5} \rangle$, $\langle \overline{4} \rangle$, $\langle \overline{3} \rangle$, $\langle \overline{2} \rangle$, $\langle \overline{1} \rangle$. Weitere Untergruppen gibt es nicht.

5.3 Die Tatsache, dass $\mathbb{Z}/54^\times$ zyklisch ist, wird sich im Laufe der Rechnung herausstellen. Auch die Bestimmung von $|\mathbb{Z}/54^\times| = \varphi(54)$ (die Euler'sche φ-Funktion) ergibt sich nebenbei. Natürlich könnte man auch einfach die Anzahl jener $k \leq 54$ aus $\mathbb{N}$ ermitteln, die zu $54 = 2 \cdot 3^3$ teilerfremd sind, wir tun das nicht.

Wie üblich setzen wir $\overline{x} := x + 54\,\mathbb{Z}$. Da wir ein erzeugendes Element a suchen, wählen wir ein $\overline{x} \in \mathbb{Z}/54^\times$ und ermitteln sukzessive die Potenzen $\overline{x}^k$, $k \in \mathbb{N}$. Wir beginnen mit $\overline{5}$ in $\mathbb{Z}/54^\times$ ($\overline{1}$ ist sicher kein erzeugendes Element, $\overline{2}$, $\overline{3}$ und $\overline{4}$ existieren in $\mathbb{Z}/54^\times$ nicht). Wir rechnen modulo 54 und erhalten

k	0	1	2	3	4	5	6	7	8	9	10	11	12	13	14	15	16	17	18
$\overline{5}^k$	$\overline{1}$	$\overline{5}$	$\overline{25}$	$\overline{17}$	$\overline{31}$	$\overline{47}$	$\overline{19}$	$\overline{41}$	$\overline{43}$	$-\overline{1}$	$-\overline{5}$	$-\overline{25}$	$-\overline{17}$	$-\overline{31}$	$-\overline{47}$	$-\overline{19}$	$-\overline{41}$	$-\overline{43}$	$\overline{1}$

Also gilt $o(\overline{5}) = 18$. Da wegen $\mathrm{ggT}(2\,n, 54) > 1$ für jedes $n \in \mathbb{N}$ die Gruppe $\mathbb{Z}/54^\times = \{\overline{a} \in \mathbb{Z}/54 \mid \mathrm{ggT}(a, 54) = 1\}$ höchstens $27 = 54/2$ Elemente haben kann, aber andererseits auch $o(\overline{5}) = 18$ ein Teiler der Gruppenordnung $|\mathbb{Z}/54^\times|$ gelten muss, erhalten wir $|\mathbb{Z}/54^\times| = 18$. Damit ist begründet, dass $a = \overline{5}$ ein erzeugendes Element von $\mathbb{Z}/54^\times$ ist: $\langle \overline{5} \rangle = \mathbb{Z}/54^\times$.

Obige Tabelle führt in der zweiten Zeile die verschiedenen Elemente aus $\mathbb{Z}/54^\times$ auf, es sind dies $\overline{1}, \overline{5}, \overline{7} = -\overline{47}, \overline{11} = -\overline{43}, \overline{13} = -\overline{41}, \overline{17}, \overline{19}, \overline{23} = -\overline{31}, \overline{25}, \overline{29} = -\overline{25}, \overline{31}, \overline{35} = -\overline{19}, \overline{37} = -\overline{17}, \overline{41}, \overline{43}, \overline{47}, \overline{49} = -\overline{5}, \overline{53} = -\overline{1}$. Das laut obiger Tabelle *zugehörige* k ist dann der *Logarithmus zur Basis a*, z. B. gilt mit $a = \overline{5}$:

$$k = 2 = \mathrm{Log}_a(\overline{25}), \; k = 13 = \mathrm{Log}_a(\overline{23}), \; \ldots$$

Es ist $\overline{x} \in \mathbb{Z}/54^\times$ genau dann ein Quadrat, wenn in der Darstellung $\overline{x} = \overline{5}^k$ mit $k \in \{0, \ldots, 17\}$ die Zahl k gerade ist. Damit erhalten wir die Quadrate $\overline{1}, \overline{25}, \overline{31}, \overline{19}, \overline{43}, -\overline{5}, -\overline{17}, -\overline{47}, -\overline{41}$.

Bemerkungen

(1) Die Zyklizität von $\mathbb{Z}/54^\times$ entnimmt man auch ganz einfach dem Korollar 14.12 (Algebrabuch) (mit $n = 2 \cdot 3^3$).

(2) Auch $\varphi(54)$ kann man ohne viel Aufwand ermitteln: Nach Lemma 6.10 (Algebrabuch) gilt $\varphi(54) = \varphi(2)\,\varphi(3^3) = 2 \cdot 3^3 \cdot \frac{1}{2} \cdot \frac{2}{3} = 18$.

5.4 Ein Element $\overline{x} \in \mathbb{Z}/n$ ist nach Lemma 5.13 (Algebrabuch) genau dann invertierbar, wenn $\mathrm{ggT}(n, x) = 1$ gilt. Diese Teilerfremdheit, d. h. $\mathrm{ggT}(n, x) = 1$, lässt sich leicht mit dem euklidischen Algorithmus (siehe Abschn. 5.3.3 (Algebrabuch)) verifizieren. Sind n und x teilerfremd, so bestimme man ganze Zahlen r und s mit $1 = r\,x + s\,n$. Modulo n besagt diese Gleichheit $\overline{1} = \overline{r}\,\overline{x}$. Somit ist $\overline{r}$ das Inverse von $\overline{x}$:

(a) Der euklidische Algorithmus liefert $\mathrm{ggT}(1001, 222) = 1 = -55 \cdot 1001 + 248 \cdot 222$. Somit gilt $222 + 1001\,\mathbb{Z} \in \mathbb{Z}/1001^\times$, und es gilt

$$(248 + 1001\,\mathbb{Z})\,(222 + 1001\,\mathbb{Z}) = 1 + 1001\,\mathbb{Z},$$

sodass $248 + 1001\,\mathbb{Z}$ das Inverse zu $222 + 1001\,\mathbb{Z}$ ist.

(b) Der euklidische Algorithmus liefert $\mathrm{ggT}(1001, 287) = 7$. Somit gilt $287 + 1001\,\mathbb{Z} \notin \mathbb{Z}/1001^\times$, d. h. $287 + 1001\,\mathbb{Z}$ ist nicht invertierbar.

(c) Es ist $1000 \equiv -1 \pmod{1001}$, sodass $1000 + 1001\,\mathbb{Z}$ in $\mathbb{Z}/1001^\times$ liegt und zu sich selbst invers ist.

5.5 Es gilt ggT(33.511, 65.659, 2.072.323) = ggT(ggT(33.511, 65.659), 2.072.323).
Der euklidische Algorithmus (siehe Abschn. 5.3.3 (Algebrabuch)) liefert:

$$\mathrm{ggT}(33.511,\ 65.659) = 47 = 295 \cdot 65.659 + (-578) \cdot 33.511$$

und dann

$$\mathrm{ggT}(2.072.323,\ 47) = 1 = (-1) \cdot 2.072.323 + 44.092 \cdot 47\,.$$

Damit erhalten wir

$$\mathrm{ggT}(33.511,\ 65.659,\ 2.072.323) = 1$$
$$= 13.007.140 \cdot 65.659 + (-25.485.176) \cdot 33.511 + (-1) \cdot 2.072.323\,.$$

5.6 Da $G/Z(G)$ zyklisch ist, existiert ein $a \in G$ mit $G/Z(G) = \langle a\,Z(G)\rangle$. Es seien $b, b' \in G$. Dann existieren $k, k' \in \mathbb{Z}$, $c, c' \in Z(G)$ mit $b = a^k\,c$ und $b' = a^{k'}\,c'$. Demnach gilt:

$$b\,b' = (a^k c)\,(a^{k'} c') = a^{k+k'} c\,c' = (a^{k'} c')\,(a^k c) = b'\,b\,.$$

Folglich ist G abelsch.

5.7

(a) Es sei $U = \langle a_1, \ldots, a_n\rangle$ eine endlich erzeugte Untergruppe der additiven Gruppe $(\mathbb{Q}, +)$. Da $\mathbb{Q}$ abelsch ist, sind nach dem Darstellungssatz 3.2 (Algebrabuch) die Elemente von U von der Form

$$u = v_1 a_1 + \cdots + v_n a_n \quad \text{mit} \quad v_i \in \mathbb{Z}\,.$$

Wir bringen diese Zahl u auf einen gemeinsamen Nenner s und erhalten $u \in \langle \frac{1}{s}\rangle$, genauer: Es seien $a_i = \frac{r_i}{s_i} \in \mathbb{Q}$ mit $r_i \in \mathbb{Z}$, $s_i \in \mathbb{N}$, $i = 1, \ldots, n$ gegeben. Für $s := s_1 \cdots s_n$ folgt nun:

$$a_1, \ldots, a_n \in \tfrac{1}{s}\mathbb{Z} = \left\{\tfrac{r}{s} \mid r \in \mathbb{Z}\right\} = \left\langle \tfrac{1}{s}\right\rangle\,.$$

Somit gilt $U = \langle a_1, \ldots, a_n\rangle \subseteq \langle \frac{1}{s}\rangle$. Als Untergruppe der zyklischen Gruppe $\langle \frac{1}{s}\rangle$ ist U wieder zyklisch (siehe auch Lemma 5.1 (Algebrabuch)).

(b) Es sei X ein Erzeugendensystem von $\mathbb{Q}$ und E vorerst einelementig, $E = \{x\}$. Es sei $x = \frac{r}{s}$, $r \in \mathbb{Z}$, $s \in \mathbb{N}$. Zu zeigen ist, dass $X \setminus E$ ein Erzeugendensystem von $\mathbb{Q}$ ist, d. h. $x \in \langle X\rangle$.

Nach dem Teil (a) gilt $\mathbb{Q} \neq \langle x \rangle = \frac{r}{s}\mathbb{Z}$. Daher existiert $x' = \frac{r'}{s'} \in X$ mit $r' \in \mathbb{Z}$, $s' \in \mathbb{N}$ und $x' \neq x$. Es existieren $x_1, \ldots, x_n \neq x$ in X und $k_1, \ldots, k_n, k$ mit

$$k_1 x_1 + \cdots + k_n x_n + k x = \frac{1}{s^2 r'}.$$

Es folgt

$$x = \frac{r}{s} = r' s r \frac{1}{s^2 r'} = \sum_{i=1}^{n} (k_i \, r' \, s \, r) \, x_i + k r' r^2 = \sum_{i=1}^{n} (k_i \, r' \, s \, r) \, x_i + (k \, r^2 s') \, x',$$

sodass $x \in \langle X \setminus \{x\} \rangle$, also $\mathbb{Q} = \langle X \rangle \subseteq \langle X \setminus \{x\} \rangle$.
Ist nun $E = \{y_1, \ldots, y_n\}$ eine endliche Teilmenge des Erzeugendensystems X, so sind nach dem eben Gezeigten auch

$$X_1 = X \setminus \{y_1\}, \ X_2 = X_1 \setminus \{y_2\}, \ldots, \ X_n = X_{n-1} \setminus \{y_n\} = X \setminus E$$

Erzeugendensysteme von $\mathbb{Q}$.

5.8 Die Hinweise zur Lösung dieser Aufgabe finden wir in Lemma 5.2 (Algebrabuch) und Korollar 5.12 (Algebrabuch). Einerseits gilt: Ist G eine zyklische Gruppe mit $|G| = n$, so gibt es n Elemente, die jeweils eine zyklische Untergruppe erzeugen. Andererseits gilt: Zu jedem Teiler d von n gibt es genau eine Untergruppe U_d von $\mathbb{Z}/n$ mit genau $\varphi(d)$ Erzeugenden.

Wir teilen die n Elemente von G auf in (disjunkte) *Klassen*, in denen jeweils die Elemente liegen, die ein und dieselbe Untergruppe U erzeugen. Etwas formaler: Für jede zyklische Untergruppe U einer Gruppe G sei $C(U)$ die Menge der erzeugenden Elemente von U. Dann gilt nach Korollar 5.12 (Algebrabuch) $|C(U)| = \varphi(d)$, wenn $|U| = d \in \mathbb{N}$. Bezeichnet $\mathcal{Z}$ die Menge der zyklischen Untergruppen von G, so bildet $\{C(U) \mid U \in \mathcal{Z}\}$ eine Partition von G: Jedes $a \in G$ erzeugt die zyklische Gruppe $\langle a \rangle$, sodass $a \in C(\langle a \rangle)$, und kein a erzeugt verschiedene Untergruppen, sodass die Klassen disjunkt sind. Es folgt $|G| = \sum |C(U)|$, wobei über die verschiedenen Klassen $C(U)$ summiert wird.

(a) Nach Lemma 5.2 (Algebrabuch) besitzt $\mathbb{Z}/n$ zu jedem Teiler $d \in \mathbb{N}$ von n genau eine zyklische Untergruppe U_d der Ordnung d. Es folgt

$$n = |\mathbb{Z}/n| = \sum_{0 < d \mid n} |C(U_d)| = \sum_{0 < d \mid n} \varphi(d) \, .$$

(b) Aufgrund von Lemma 5.2 (Algebrabuch) ist nur eine Richtung zu zeigen und zwar: Falls es zu jedem Teiler d von $n = |G|$ höchstens eine zyklische Untergruppe U mit $|U| = d$ gibt, so ist G zyklisch. Nach der Vorbemerkung gilt $|G| = \sum_{U \in \mathcal{Z}} |C(U)|$. Da es aber zu jedem Teiler d von $n = |G|$ höchstens eine Untergruppe dieser Ordnung d gibt, erhalten wir mit dem Teil (a) dieser Aufgabe:

$$n = |G| = \sum_{U \in \mathcal{Z}} |C(U)| \leq \sum_{0 < d \mid n} \varphi(d) = n \, ,$$

sodass also $=$ anstelle $\leq$ in dieser Ungleichung zu setzen ist. Und das bedeutet, dass eine zyklische Untergruppe der Ordnung n existiert. Somit ist G zyklisch.

Direkte Produkte

6

6.1 Aufgaben

6.1 • Begründen oder widerlegen Sie:

(a) $\mathbb{Z}/8 \cong \mathbb{Z}/2 \times \mathbb{Z}/4$.
(b) $\mathbb{Z}/8 \cong \mathbb{Z}/2 \times V$ für die Klein'sche Vierergruppe V.

6.2 • Man bestimme Gruppen U und N mit

(a) $\mathbb{Z}/4 \cong U \times N$.
(b) $\mathbb{Z}/pk \cong U \times N$ für eine natürliche Zahl k und Primzahl p.

6.3 • Man zeige: Jede Gruppe der Ordnung 4 ist entweder zu $\mathbb{Z}/4$ oder zu $\mathbb{Z}/2 \times \mathbb{Z}/2$ isomorph.

6.4 •• Es sei N ein Normalteiler einer Gruppe G. Man zeige: Es ist G genau dann das innere direkte Produkt $G = U \, N$, $U \cap N = \{e\}$, von N mit einem Normalteiler U, wenn es einen Homomorphismus $\beta : G \to N$ gibt, dessen Restriktion $\beta_N : N \to N$, $\beta_N(x) = \beta(x)$ ein Isomorphismus ist.

6.5 •• Es seien U, N Normalteiler der endlichen Gruppe G mit teilerfremden Ordnungen und $|G| = |U| \cdot |N|$. Zeigen Sie:

(a) $G = U \otimes N$.
(b) $\mathrm{Aut}(G) \cong \mathrm{Aut}(U) \times \mathrm{Aut}(N)$.

6.6 • Bestimmen Sie die Lösungsmenge des folgenden Systems simultaner Kongruenzen:

$$X \equiv 7 \,(\mathrm{mod}\ 11), \quad X \equiv 1 \,(\mathrm{mod}\ 5), \quad X \equiv 18 \,(\mathrm{mod}\ 21).$$

6.7 •• Es sei $\mathbb{S}^1 := \{z \in \mathbb{C} \mid z\,\bar{z} = 1\}$ der Einheitskreis. Zeigen Sie:

(a) $(\mathbb{S}^1, \cdot)$ ist eine Gruppe, die $E_n := \{z \in \mathbb{C} \mid z^n = 1\}$ für jedes $n \in \mathbb{N}$ als Untergruppe enthält.

(b) Für $\mathbb{R}_+ := \{x \in \mathbb{R} \mid x > 0\}$ gilt $\mathbb{C} \setminus \{0\} \cong \mathbb{R}_+ \times \mathbb{S}^1$.

(c) Es gibt einen Isomorphismus $\varphi : \mathbb{R}/\mathbb{Z} \to \mathbb{S}^1$.

(d) Bestimmen Sie die Elemente endlicher Ordnung in $\mathbb{R}/\mathbb{Z}$ und $\mathbb{S}^1$. Bilden sie eine Gruppe?

6.8 •• Die Gruppe G sei das direkte Produkt ihrer Untergruppen U und N; und H sei eine U umfassende Untergruppe von G. Man zeige, dass H das direkte Produkt der Untergruppen U und $H \cap N$ ist.

6.9 ••

(a) Es seien U eine Untergruppe und N ein Normalteiler einer Gruppe G mit $G = U N$ und $U \cap N = \{e_G\}$.
Begründen Sie, dass jedes Element a aus G auf genau eine Weise in der Form $u\, v$ mit $u \in U$ und $v \in N$ dargestellt werden kann und dass G/N zu U isomorph ist.

(b) Es seien ein Körper $K \neq \mathbb{Z}/2$ und die Teilmengen $G := \left\{ \begin{pmatrix} a & b \\ 0 & c \end{pmatrix} \mid a,\, c \in K \setminus \{0\} \right.$, $\left. b \in K \right\}$, $N := \left\{ \begin{pmatrix} 1 & b \\ 0 & 1 \end{pmatrix} \mid b \in K \right\}$ und $U := \left\{ \begin{pmatrix} a & 0 \\ 0 & c \end{pmatrix} \mid a,\, c \in K \setminus \{0\} \right\}$ von $\mathrm{GL}_2(K)$ gegeben.
Zeigen Sie, dass G, U und N die Bedingungen aus (a) erfüllen. Ist U ein Normalteiler von G?

6.10 •• Es sei

$$A_3 = \left\{ \begin{pmatrix} 1 & 2 & 3 \\ 1 & 2 & 3 \end{pmatrix}, \begin{pmatrix} 1 & 2 & 3 \\ 2 & 3 & 1 \end{pmatrix}, \begin{pmatrix} 1 & 2 & 3 \\ 3 & 1 & 2 \end{pmatrix} \right\}$$

die sogenannte *alternierende* Untergruppe der symmetrischen Gruppe S_3. Gibt es eine Untergruppe $H \subseteq S_3$, sodass $S_3 = H \otimes A_3$ ein inneres direktes Produkt ist?

6.11 •• Zeigen Sie, dass die Gruppe $\mathrm{GL}(n, K)$ für jedes $n \geq 2$ und für jeden Körper $K \neq \mathbb{Z}/2$ ein echtes internes semidirektes Produkt von $\mathrm{SL}(n, K)$ mit einer Untergruppe U von $\mathrm{GL}(n, K)$ ist.

6.12 •• Zeigen Sie, dass es ein nichtabelsches semidirektes Produkt $\mathbb{Z}/3 \rtimes_\varphi \mathbb{Z}/4$ gibt.

6.2   Lösungen

6.1 (a), (b) In der Gruppe $\mathbb{Z}/8$ gibt es ein Element der Ordnung 8, nämlich $\bar{1}$ ($\mathbb{Z}/8$ ist zyklisch). Die Elemente der Gruppe $\mathbb{Z}/2 \times \mathbb{Z}/4$ bzw. $\mathbb{Z}/2 \times V$ haben jedoch allesamt eine Ordnung ≤ 4 bzw. ≤ 2, d. h.

$$\mathbb{Z}/8 \not\cong \mathbb{Z}/2 \times \mathbb{Z}/4 \quad \text{und} \quad \mathbb{Z}/8 \not\cong \mathbb{Z}/2 \times V.$$

Auch Korollar 6.11 (Algebrabuch) zeigt unmittelbar, dass $\mathbb{Z}/8$ nicht isomorph zu $\mathbb{Z}/2 \times \mathbb{Z}/4$ bzw. $\mathbb{Z}/2 \times V$ ist.

6.2

(a) Es gilt etwa $\mathbb{Z}/4 \times \{0\} \cong \mathbb{Z}/4 \cong \{0\} \times \mathbb{Z}/4$. Wegen Korollar 6.11 (Algebrabuch) gibt es keine *nichttriviale* Zerlegung $\mathbb{Z}/4 \cong U \times N$ mit $|U|, |N| > 1$.

(b) *1. Fall:* $p \nmid k$. Dann gilt $\mathbb{Z}/pk \cong \mathbb{Z}/p \times \mathbb{Z}/k$ (beachte Korollar 6.7 (Algebrabuch)).

  2. Fall: $p \mid k$. Wir setzen $pk = p^r k'$ mit $p \nmid k'$. Dann gilt $\mathbb{Z}/pk \cong \mathbb{Z}/p^r \times \mathbb{Z}/k'$ (beachte Korollar 6.7 (Algebrabuch)).

6.3 Es sei G eine Gruppe der Ordnung 4.

1. Fall: Es sei G zyklisch. Dann gilt $G \cong \mathbb{Z}/4$ (siehe Satz 5.3 (Algebrabuch)).

2. Fall: Es sei G nicht zyklisch. Es gibt kein Element der Ordnung 4, also gilt nach dem Satz von Lagrange $a^2 = e_G$ für jedes Element $a \in G$ und das neutrale Element e_G von G. Nun können wir auf Aufgabe 2.9 zurückgreifen: G ist eine Klein'sche Vierergruppe, also $G \cong \mathbb{Z}/2 \times \mathbb{Z}/2$.

6.4 $\Rightarrow$: Es sei $G = U \otimes N$ das innere direkte Produkt der Normalteiler U und N von G. Dann ist jedes Element $x \in G$ auf genau eine Weise darstellbar als $x = u\,n$ mit $u \in U$ und $n \in N$. Dann ist

$$\beta : G = U \otimes N \to N, \quad x = u\,n \mapsto n$$

wegen

$$\beta(x\,y) = \beta(u\,n\,\tilde{u}\,\tilde{n}) = \beta(u\,\tilde{u}\,n\,\tilde{n}) = n\,\tilde{n} = \beta(x)\,\beta(y)$$

für $x = u\,n$, $y = \tilde{u}\,\tilde{n}$ mit $u, \tilde{u} \in U$ und $n, \tilde{n} \in N$ ein Homomorphismus. Die Restriktion $\beta_N : N \to N$ erfüllt $\beta_N(n) = n$ für alle N und ist somit ein Isomorphismus von N.

$\Leftarrow$: Nun sei β ein Homomorphismus mit den angegeben Eigenschaften. Motiviert durch den ersten Teil dieser Lösung, wählen wir U als Kern des Homomorphismus β. Wir begründen, dass $G = U \otimes N$ gilt.

- U ist ein Normalteiler von G, da U Kern eines Homomorphismus ist (siehe Lemma 4.3 (Algebrabuch)).
- $U \cap N = \{e_G\}$, da β_N ein Isomorphismus ist.

- $G = U\,N$: Zu jedem $a \in G$ existiert wegen $\beta(a) \in N$ ein $b \in N$ mit $\beta_N(b) = \beta(b) = \beta(a)$, d. h. $a\,b^{-1} \in U$. Folglich gilt $a \in U\,N$, womit $G \subseteq U\,N$ begründet ist. Die Inklusion $U\,N \subseteq G$ ist klar.

Damit ist $G = U \otimes N$ begründet.

6.5

(a) Nach Lemma 4.4 (Algebrabuch) ist $U\,N$ eine Untergruppe von G. Da U, N Untergruppen von $U\,N$ sind, sind nach dem Satz von Lagrange die Gruppenordnungen $|U|$, $|N|$ Teiler von $|U\,N|$, also $G = U\,N$ wegen der Teilerfremdheit von $|U|$ und $|N|$.
    Wir benutzen wieder den Satz von Lagrange: Es ist $|U \cap N|$ ein Teiler von $|U|$ und $|N|$, also $|U \cap N| = 1$ erneut wegen der Teilerfremdheit der Ordnungen von U und N. Es folgt $G = U \otimes N$.

(b) Nach der Aussage in (a) gilt $G = U \otimes N$. Es sei $\varphi \in \operatorname{Aut} G$. Dann gilt $\varphi(U) \leq U \otimes N$. Wegen $|\varphi(U)| = |U|$ gilt $\varphi(U) = U$ (man beachte die Teilerfremdheit der Ordnungen von U und N). Analog gilt $\varphi(N) = N$. Wir erhalten eine Abbildung

$$\Phi : \begin{cases} \operatorname{Aut} G \to \operatorname{Aut} U \times \operatorname{Aut} N \\ \varphi \mapsto (\varphi|_U, \varphi|_N) \end{cases}$$

Die Abbildung Φ ist offenbar ein Homomorphismus. Weiter ist Φ injektiv, da $(\varphi|_U, \varphi|_N) = (\operatorname{Id}_U, \operatorname{Id}_N)$ nur für $\varphi = \operatorname{Id}_G$ möglich ist. Außerdem ist Φ surjektiv, da für $\psi_U \in \operatorname{Aut} U$ und $\psi_N \in \operatorname{Aut} N$ die Abbildung

$$\psi : \begin{cases} U \otimes N \to \quad U \otimes N \\ u\,v \mapsto \psi_U(u)\,\psi_N(v) \end{cases} \quad (u \in U,\ v \in N)$$

ein Automorphismus von $G = U \otimes N$ ist. Es folgt $\operatorname{Aut} G \cong \operatorname{Aut} U \times \operatorname{Aut} N$.

6.6 In Abschn. 6.3.2 (Algebrabuch) haben wir ausführlich das Vorgehen zur Lösungsfindung eines solchen Kongruenzgleichungssystems beschrieben: Es ist $L = k + r\,\mathbb{Z}$ die gesuchte Lösungsmenge, wobei $r = r_1\,r_2\,r_3$ und $k = k_1\,s_1\,a_1 + k_2\,s_2\,a_2 + k_3\,s_3\,a_3$ mit den wie folgt gegebenen *Zutaten* gegeben sind:

- $r_1 = 11, r_2 = 5, r_3 = 21$
- $a_1 = 7, a_2 = 1, a_3 = 18$.
- $s_1 = \frac{r}{a_1} = 105, s_2 = \frac{r}{a_2} = 231, s_3 = \frac{r}{a_3} = 55$.
  - k_1 löst $s_1\,X \equiv 1 \pmod{r_1}$, etwa $k_1 = 2$,
  - k_2 löst $s_2\,X \equiv 1 \pmod{r_2}$, etwa $k_2 = 1$,
  - k_3 löst $s_3\,X \equiv 1 \pmod{r_3}$, etwa $k_3 = 13$.

Somit gilt $k = \sum_{i=1}^{3} k_i\, a_i\, s_i = 7 \cdot 2 \cdot 105 + 1 \cdot 1 \cdot 231 + 18 \cdot 13 \cdot 55 = 14571$, also

$$L = 14571 + 11 \cdot 5 \cdot 21\,\mathbb{Z} = 711 + 1155\,\mathbb{Z}.$$

6.7

(a) Es ist $\mathbb{C}^{\times} = \mathbb{C} \setminus \{0\}$ bekanntlich eine (multiplikative) Gruppe. Da $z \mapsto |z| = \sqrt{z\,\overline{z}}$ ein Homomorphismus ist, es gilt nämlich $|z\,w| = |z|\,|w|$, ist $\mathbb{S}^1$ als Kern dieses Homomorphismus eine (multiplikative) Untergruppe von $\mathbb{C}^{\times}$, insbesondere eine Gruppe. Für jedes $n \in \mathbb{N}$ gilt

$$a \in E_n \;\Rightarrow\; a^n = 1 \;\Rightarrow\; |a|^n = 1 \;\Rightarrow\; 1 = |a| = a\,\overline{a}.$$

Somit ist E_n für jedes $n \in \mathbb{N}$ in $\mathbb{S}^1$ enthalten.

(b) Wir benutzen Lemma 6.3 (Algebrabuch): Nach dem Teil (a) ist $\mathbb{S}^1$ eine Untergruppe und als solche ein Normalteiler von $\mathbb{C}^{\times}$. Weiter ist auch $\mathbb{R}_+$ ein Normalteiler von $\mathbb{C}^{\times}$. Wir setzen die Darstellung komplexer Zahlen in Polarkoordinaten (r, φ) als bekannt voraus: Jedes $z \in \mathbb{C}^{\times}$ hat die Form

$$z = r\,(\cos\varphi + \mathrm{i}\,\sin\varphi) \quad \text{mit} \quad r \in \mathbb{R}_+ \text{ und } \cos\varphi + \mathrm{i}\,\sin\varphi \in \mathbb{S}^1.$$

Das zeigt bereits

$$\mathbb{C}^{\times} = \mathbb{R}_+ \times \mathbb{S}^1.$$

Wegen $\mathbb{R}_+ \cap \mathbb{S}^1 = \{1\}$ ist damit $\mathbb{C}^{\times} = \mathbb{R}_+ \otimes \mathbb{S}^1$ begründet. Lemma 6.3 (Algebrabuch) zeigt nun $\mathbb{C}^{\times} \cong \mathbb{R}_+ \times \mathbb{S}^1$.

(c) Es ist $\varphi : x + \mathbb{Z} \mapsto \mathrm{e}^{2\pi \mathrm{i} x}$ ein (wohldefinierter) Isomorphismus von $\mathbb{R}/\mathbb{Z}$ auf $\mathbb{S}^1$:
Wohldefiniertheit und Injektivität:

$$\mathrm{e}^{2\pi \mathrm{i}(x-y)} = \mathrm{e}^{2\pi \mathrm{i} x}\,\mathrm{e}^{2\pi \mathrm{i}(-y)} = 1 \;\Leftrightarrow\; 2\,\pi\,\mathrm{i}\,(x - y) = 2\,k\,\pi\,\mathrm{i} \text{ für ein } k \in \mathbb{Z}$$

$$\Leftrightarrow\; x - y \in \mathbb{Z} \;\Leftrightarrow\; x + \mathbb{Z} = y + \mathbb{Z}.$$

Homomorphie: $\varphi((x + \mathbb{Z}) + (y + \mathbb{Z})) = \varphi((x + y) + \mathbb{Z}) = \mathrm{e}^{2\pi \mathrm{i}(x+y)} = \mathrm{e}^{2\pi \mathrm{i} x}\,\mathrm{e}^{2\pi \mathrm{i} y} = \varphi(x + \mathbb{Z})\,\varphi(y + \mathbb{Z})$.

Die Surjektivität ist klar.

(d) Definitionsgemäß ist $E = \bigcup_{n \in \mathbb{N}} E_n$ die Menge der Elemente endlicher Ordnung aus $\mathbb{S}^1$. Aus $a, b \in E$, etwa $a \in E_r$, $b \in E_s$, folgt $(a\,b^{-1})^{rs} = (a^r)^s (b^s)^{-r} = 1$. Folglich gilt $E \leq \mathbb{S}^1$.

Es ist $n\,(x + \mathbb{Z}) = 0 + \mathbb{Z} = \mathbb{Z}$ mit $n\,x \in \mathbb{Z}$, d. h. $x \in \frac{1}{n}\,\mathbb{Z}$ gleichwertig. Es hat also $x + \mathbb{Z}$ genau dann endliche Ordnung, wenn $x \in \bigcup_{n \in \mathbb{N}} \frac{1}{n}\,\mathbb{Z}$, d. h. $x \in \mathbb{Q}$, d. h. $x + \mathbb{Z} \in \mathbb{Q}/\mathbb{Z} \leq \mathbb{R}/\mathbb{Z}$.

6.8 Zu zeigen ist:

$$(i) \quad U, H \cap N \trianglelefteq H, \quad (ii) \quad H = U\,(H \cap N), \quad (iii) \quad U \cap (H \cap N) = \{e\}.$$

Wir sammeln erstmal Informationen aus den Voraussetzungen:

- $G = U \otimes N$, d.h. U, $N \trianglelefteq G$, $G = U\,N$, $U \cap N = \{e\}$.
- $U \subseteq H \leq G$.
- $H \cap N \subseteq H$, N.

Zu (i): Aus $U \trianglelefteq G$ folgt $U \trianglelefteq H$. Weiter gilt für $h \in H$:

$$h\,(H \cap N)\,h^{-1} = h\,H\,h^{-1} \cap h\,N\,h^{-1} = H \cap N,$$

sodass $H \cap N \trianglelefteq H$ (alternativ hätten wir auch den 1. Isomorphiesatz 4.13 (Algebrabuch) anwenden können).

Zu (ii): Da $H \subseteq G = U\,N$, hat jedes $a \in H$ die Form $a = u\,v$ mit $u \in U$, $v \in N$. Es folgt wegen $U \subseteq H$:

$$v = u^{-1}a \in U^{-1}H \subseteq H, \quad \text{d.h.} \quad v \in H \cap N.$$

Somit gilt $H \subseteq U\,(H \cap N)$. Wegen $U\,(H \cap N) \subseteq H$ gilt $H = U\,(H \cap N)$.

Zu (iii): Aus $U \cap N = \{e_G\}$ folgt $U \cap (H \cap N) = \{e_G\}$.

Damit ist alles gezeigt.

6.9

(a) Wegen $G = U\,N$ hat jedes Element $a \in G$ die angegebene Form. Aus $u\,v = u'v'$ mit u, $u' \in U$ und v, $v' \in N$ folgt: $u'^{-1}u = v'v^{-1} \in U \cap N$. Folglich gilt $u'^{-1}u = e_G = v'v^{-1}$, d.h. $u = u'$, $v = v'$.

Hiernach ist die Abbildung

$$\varphi : \begin{cases} G \;\to\; U \\ u\,v \;\mapsto\; u \end{cases} \quad \text{mit} \quad u \in U, \; v \in N$$

wohldefiniert und surjektiv. Es gilt

$$\varphi(u\,v\,u'v) = \varphi(u\,u'u'^{-1}v\,u'v) = u\,u' = \varphi(u\,v)\,\varphi(u'v'),$$

denn $u'^{-1}v\,u'v' \in N$. Somit ist φ ein Epimorphismus. Ferner gilt:

$$u\,v \in \operatorname{Kern} \varphi \;\Leftrightarrow\; u = e \;\Leftrightarrow\; u\,v \in N.$$

Mit dem Homomorphiesatz 4.11 (Algebrabuch) folgt $U = \varphi(G) \cong G/\operatorname{Kern}\varphi = G/N$.

(b) Offensichtlich sind $U \leq G$ und $N \trianglelefteq G$. Für $\left(\begin{smallmatrix} a & b \\ 0 & c \end{smallmatrix}\right) \in G$ gilt:

$$\begin{pmatrix} a & b \\ 0 & c \end{pmatrix} = \begin{pmatrix} a & 0 \\ 0 & c \end{pmatrix} \begin{pmatrix} 1 & b\,a^{-1} \\ 0 & 1 \end{pmatrix} \in U\,N,$$

also $G = U\,N$. Offensichtlich ist $U \cap N = \{E_2\}$. Also ist G semidirektes Produkt von N mit U.

Es ist U kein Normalteiler, also G nicht direktes Produkt von N mit U, da für $c \in K \setminus \{0, 1\}$:

$$\begin{pmatrix} 1 & -1 \\ 0 & 1 \end{pmatrix} \begin{pmatrix} 1 & 0 \\ 0 & c \end{pmatrix} \begin{pmatrix} 1 & 1 \\ 0 & 1 \end{pmatrix} = \begin{pmatrix} 1 & 1-c \\ 0 & c \end{pmatrix} \notin U.$$

6.10 Es gilt $[S_3 : A_3] = 2$. Also ist die Gruppe A_3 ein Normalteiler von S_3. Ferner gilt $|A_3| = 3$. Wegen $|S_3| = 3! = 6$ kommen also für H nur Gruppen der Ordnung 2 in Betracht. D.h. $H = \{\mathrm{Id}, \tau\}$ mit $\tau \in S_3$, wobei $\tau^2 = \mathrm{Id}$ gilt. Wegen $\tau^2 = \mathrm{Id}$ muss es zwei Elemente aus $\{1, 2, 3\}$ geben, die durch τ vertauscht werden. O.E. können wir annehmen, dass $\tau(1) = 2$ und $\tau(2) = 1$ gilt.

Wir zeigen jetzt, dass H kein Normalteiler von S_3 ist (damit kann $H \otimes A_3$ auch kein inneres direktes Produkt sein). Betrachte $\sigma \in S_3$ mit

$$\sigma = \begin{pmatrix} 1 & 2 & 3 \\ 2 & 3 & 1 \end{pmatrix}.$$

Es ist

$$\sigma^{-1} = \begin{pmatrix} 1 & 2 & 3 \\ 3 & 1 & 2 \end{pmatrix}.$$

Wir sehen allerdings, dass $\sigma \tau \sigma^{-1}$ die 2 auf die 3 abbildet. Da weder Id noch τ dieses machen, haben wir

$$\sigma H \sigma^{-1} \neq H,$$

und somit ist H kein Normalteiler von $\mathcal{S}_3$.

6.11 Bekanntlich ist für jedes $n \in \mathbb{N}$ und jeden Körper K die Gruppe $\mathrm{SL}(n, K) = \{A \in \mathrm{GL}(n, K) \mid \det(A) = 1\}$ der Kern des Homomorphismus

$$\det : \mathrm{GL}(n, K) \to K^{\times}.$$

Es folgt mit dem Homomorphiesatz $\mathrm{GL}(n, K)/\mathrm{SL}(n, K) \cong K^{\times}$. Wir wählen eine zu $K^{\times}$ isomorphe Untergruppe U von $\mathrm{GL}(n, K)$ (beachte, dass $G/N \cong U$ gelten muss, sofern $G = N \rtimes U$), etwa die Menge der Diagonalmatrizen

$$U = \{D_a := \begin{pmatrix} a & & & \\ & 1 & & \\ & & \ddots & \\ & & & 1 \end{pmatrix} \mid a \in K^\times \} \subseteq \mathrm{GL}(n, K).$$

Für diese Menge U (und $N = \mathrm{SL}(n, K)$) stellen wir nun fest:

- $\mathrm{SL}(n, K)$ ist als Kern des Homomorphismus det ein Normalteiler von $\mathrm{GL}(n, K)$.
- U ist offenbar eine Untergruppe von $\mathrm{GL}(n, K)$.
- $U \cap \mathrm{SL}(n, K) = \{E_n\}$, da nur die Matrix $E_n = D_1$ mit $a = 1$ aus U die Determinante 1 hat.
- $\mathrm{GL}(n, K) = \mathrm{SL}(n, K) \, U$, da für jedes $G \in \mathrm{GL}(n, K)$ mit Determinante $a = \det(G) \neq 0$ die Matrix $S := G \, D_{a^{-1}}$ in $\mathrm{SL}(n, K)$ liegt, d.h. $G = S \, D_a$ mit $S \in \mathrm{SL}(n, K)$ und $D_a \in U$.

Damit ist bereits gezeigt, dass $\mathrm{GL}(n, K) = \mathrm{SL}(n, K) \rtimes U$ internes semidirektes Produkt von $\mathrm{SL}(n, K)$ mit U ist. Nun beachten wir noch, dass U im Fall $n \geq 2$ und $K \neq \mathbb{Z}/2$ kein Normalteiler von $\mathrm{GL}(n, K)$ ist, da in diesem Fall bereits für die 2×2-Matrizen $D_a \in U$ mit $a \neq 0$, 1 und $G = \begin{pmatrix} 0 & -1 \\ 1 & 0 \end{pmatrix} \in \mathrm{GL}(n, K)$ gilt:

$$\begin{pmatrix} 0 & -1 \\ 1 & 0 \end{pmatrix} \begin{pmatrix} a & 0 \\ 0 & 1 \end{pmatrix} \begin{pmatrix} 0 & -1 \\ 1 & 0 \end{pmatrix}^{-1} = \begin{pmatrix} 1 & 0 \\ 0 & a \end{pmatrix} \notin U.$$

Man beachte $a \neq 1$. Somit ist das semidirekte Produkt echt, d.h. kein direktes Produkt.

6.12 Wir konstruieren aus den Gruppen $N = \mathbb{Z}/3$ und $U = \mathbb{Z}/4$ ein semidirektes Produkt mit einem nichttrivialen Homomorphismus $\varphi : \mathbb{Z}/4 \to \mathrm{Aut}(\mathbb{Z}/3)$. Dieses Produkt ist dann wegen $\varphi_u \neq \mathrm{Id}$ für mindestens ein $u \in \mathbb{Z}/4$ nichtabelsch. Wegen Satz 5.15 (Algebrabuch) gilt $\mathrm{Aut}(\mathbb{Z}/3) = \{\mathrm{Id}, \sigma\}$. Der nichttriviale Automorphismus $\sigma : \mathbb{Z}/3 \to \mathbb{Z}/3$ ist dabei gegeben durch $\sigma(\overline{a}) = 2\,\overline{a}$ und hat die Ordnung 2. Wir benötigen einen Homomorphismus $\varphi : \mathbb{Z}/4 = \{\overline{0}, \overline{1}, \overline{2}, \overline{3}\} \to \{\mathrm{Id}, \sigma\}$; da dieser durch das Bild des Erzeugers $\overline{1}$ von $\mathbb{Z}/4$ festgelegt ist und nichttrivial sein soll, haben wir keine Wahl:

$$\varphi : \begin{cases} \mathbb{Z}/4 \to & \mathrm{Aut}(\mathbb{Z}/3) \\ \overline{0} \mapsto & \varphi_{\overline{0}} = \mathrm{Id} \\ \overline{1} \mapsto & \varphi_{\overline{1}} = \sigma \\ \overline{2} \mapsto & \varphi_{\overline{2}} = \sigma^2 = \mathrm{Id} \\ \overline{3} \mapsto & \varphi_{\overline{3}} = \sigma^3 = \sigma \end{cases}.$$

Offenbar ist φ ein Homomorphismus und nichttrivial, da $\varphi_{\overline{1}} = \sigma \neq \mathrm{Id}$. Damit ist an sich alles erledigt: Wir haben bewiesen, dass ein semidirektes Produkt mit einem nichttrivialem

φ existiert, das semidirekte Produkt $G = \mathbb{Z}/3 \times_\varphi \mathbb{Z}/4$ ist damit nicht abelsch. Wir sind aber neugierig und wollen etwas herumrechnen: Wir setzen $a = (\bar{1}, \bar{0}) \in G$ und $b = (\bar{0}, \bar{1}) \in G$ und stellen fest:

$$o(a) = 3 \quad \text{und} \quad o(b) = 4$$

und weiter gilt $-b = (\bar{0}, \bar{3})$ wegen $(\bar{0}, \bar{1}) + (\bar{0}, \bar{3}) = (\bar{0} + \varphi_{\bar{1}}(0), \bar{1} + \bar{3}) = (\bar{0}, \bar{0})$. Damit erhalten wir beispielsweise:

$$\begin{aligned}
b + a - b &= (\bar{0}, \bar{1}) + (\bar{1}, \bar{0}) + (\bar{0}, \bar{3}) \\
&= (\bar{0} + \varphi_{\bar{1}}(\bar{1}), \bar{1}) + (\bar{0}, \bar{3}) = (\bar{2}, \bar{1}) + (\bar{0}, \bar{3}) \\
&= (\bar{2} + \varphi_{\bar{1}}(\bar{0}), \bar{0}) = (\bar{2}, \bar{0}) = 2\,a.
\end{aligned}$$

Gruppenoperationen

7

7.1 Aufgaben

7.1 •• Es operiere G auf der Menge X, und es sei $x \in X$. Begründen Sie: Der Stabilisator G_x ist genau dann ein Normalteiler von G, wenn $G_x = G_y$ für alle $y \in G \cdot x$ erfüllt ist.

7.2 • Es seien $X = \{1, 2, 3, 4\}$ und $G = V_4 := \{\mathrm{Id}, \sigma_1, \sigma_2, \sigma_3\}$ mit

$$\sigma_1 = \begin{pmatrix} 1 & 2 & 3 & 4 \\ 2 & 1 & 4 & 3 \end{pmatrix}, \ \sigma_2 = \begin{pmatrix} 1 & 2 & 3 & 4 \\ 3 & 4 & 1 & 2 \end{pmatrix}, \ \sigma_3 = \begin{pmatrix} 1 & 2 & 3 & 4 \\ 4 & 3 & 2 & 1 \end{pmatrix}.$$

Es operiert G auf X bezüglich $\sigma \cdot x := \sigma(x)$. Bestimmen Sie die Bahnen $G \cdot 2$ und $G \cdot 4$ und die Stabilisatoren G_2 und G_4.

7.3 •• Es sei G eine nichtabelsche Gruppe mit $|G| = p^3$ für eine Primzahl p. Man zeige: $|Z(G)| = p$. *Hinweis:* Benutzen Sie Aufgabe 5.6.

7.4 ••• Es seien G eine Gruppe und U eine Untergruppe. Weiter seien $\mathcal{L} := \{a \, U \mid a \in G\}$ und $\mathcal{R} := \{U \, a \mid a \in G\}$ die Mengen der Links- bzw. Rechtsnebenklassen. Zeigen Sie:

(a) G operiert transitiv auf $\mathcal{L}$ bzw. $\mathcal{R}$ durch

$$g \cdot (a \, U) = g \, a \, U \quad \text{bzw.} \quad g \cdot (U \, a) = U \, a \, g^{-1}.$$

Warum ist bei der zweiten Operation eine Inversion notwendig? Wäre auch $g \cdot (U \, a) := U \, a \, g$ eine gültige Operation?

(b) Für $a \in G$ gilt für die Stabilisatoren: $G_{a \, U} = a \, U \, a^{-1}$ und $G_{U \, a} = a^{-1} \, U \, a$.

(c) Geben Sie eine Bedingung an, wann die Operationen treu sind.

C. Karpfinger, *Arbeitsbuch Algebra,*
https://doi.org/10.1007/978-3-662-61954-4_7

7.5 ••• Bestimmen Sie bis auf Isomorphie alle nichtabelschen Gruppen der Ordnung 8.

7.6 ••• Es sei G eine p-Gruppe.

(a) Es sei $U \subsetneqq G$ eine echte Untergruppe von G. Zeigen Sie: $U \subsetneqq N_G(U)$. *Hinweis:* vollständige Induktion nach $|G|$.

(b) Es sei U eine maximale Untergruppe von G, d. h., es ist $U \subsetneqq G$ eine echte Untergruppe von G, und es gibt keine Untergruppe H mit $U \subsetneqq H \subsetneqq G$. Zeigen Sie, dass U ein Normalteiler von G ist.

7.7 •• Zeigen Sie, dass für die multiplikative Gruppe $G = (\mathbb{R} \setminus \{0\}, \cdot)$ durch

$$\cdot : G \times \mathbb{R}^2 \to \mathbb{R}^2, \quad (t, (x, y)) \mapsto t \cdot (x, y) := (tx, t^{-1}y)$$

eine Operation von G auf $\mathbb{R}^2$ gegeben ist. Skizzieren Sie die Bahnen dieser Operation.

7.8 ••• Für einen Körper K und eine natürliche Zahl n wird die **projektive spezielle lineare Gruppe** $\mathrm{PSL}_n(K) := \mathrm{SL}_n(K)/Z$ definiert, wobei

$$Z := \{a\, E_n \in K^{n \times n} \mid a \in K, \ a^n = 1\}.$$

Weiter sei

$$\mathbb{P}^{n-1} := \big\{\langle v \rangle \mid v \in K^n \setminus \{0\}\big\}$$

die Menge aller eindimensionalen Untervektorräume von K^n (man nennt $\mathbb{P}^{n-1}$ den $(n-1)$-dimensionalen **projektiven Raum** über K).

(a) Bestimmen Sie die Mächtigkeiten $|\mathrm{GL}_n(K)|$, $|\mathrm{SL}_n(K)|$, $|\mathrm{PSL}_2(K)|$ und $|\mathbb{P}^{n-1}|$, falls K ein endlicher Körper mit q Elementen ist.

(b) Zeigen Sie, dass

$$\cdot : \mathrm{PSL}_n(K) \times \mathbb{P}^{n-1} \to \mathbb{P}^{n-1}, \quad (A\,Z, \langle v \rangle) \mapsto A\,Z \cdot \langle v \rangle := \langle A\,v \rangle$$

mit $A \in \mathrm{SL}_n(K)$, $v \in K^n \setminus \{0\}$ eine Operation von $\mathrm{PSL}_n(K)$ auf $\mathbb{P}^{n-1}$ ist.

(c) Wir betrachten nun den Fall $n = 2$, $K = \mathbb{Z}/3$ und den durch die Operation $\cdot$ induzierten Homomorphismus $\lambda : \mathrm{PSL}_2(\mathbb{Z}/3) \to S_{\mathbb{P}^1}$. Wir setzen

$$\mathbb{P}^1 = \left\{ p_1 := \left\langle \begin{pmatrix} 1 \\ 0 \end{pmatrix} \right\rangle, \quad p_2 := \left\langle \begin{pmatrix} 0 \\ 1 \end{pmatrix} \right\rangle, \quad p_3 := \left\langle \begin{pmatrix} 1 \\ 1 \end{pmatrix} \right\rangle, \quad p_4 := \left\langle \begin{pmatrix} 1 \\ 2 \end{pmatrix} \right\rangle \right\}$$

und identifizieren $S_{\mathbb{P}^1}$ mit S_4 (indem wir etwa p_i mit i identifizieren). Berechnen Sie

$$\lambda \left(\left(\begin{smallmatrix} 1 & 1 \\ 0 & 1 \end{smallmatrix} \right) Z \right) \in S_4 \quad \text{und} \quad \lambda \left(\left(\begin{smallmatrix} 1 & 0 \\ 1 & 1 \end{smallmatrix} \right) Z \right) \in S_4,$$

und folgern Sie, dass $\lambda : \mathrm{PSL}_2(\mathbb{Z}/3) \to A_4$ ein Isomorphismus ist.

7.2 Lösungen

7.1 Die Idee zur Lösung dieser Aufgabe ist durch Lemma 7.3 (Algebrabuch) motiviert: Nach dem Teil (a) dieses Lemmas ist G_x eine Untergruppe von G, und nach dem Teil (b) gilt $a\,G_x a^{-1} = G_{a\cdot x}$ für jedes $a \in G$. Damit ist G_x genau dann ein Normalteiler, wenn $G_{a\cdot x} = G_x$ für alle $a \in G$ gilt. Nun können wir knapp die Lösung formulieren:

$$G_x = G_y \text{ für alle } y \in G \cdot x \Leftrightarrow G_x = G_{a\cdot x} \text{ für alle } a \in G$$
$$\Leftrightarrow G_x = a\,G_x\,a^{-1} \text{ für alle } a \in G$$
$$\Leftrightarrow G_x \trianglelefteq G.$$

7.2 Wegen
$$\mathrm{Id}(2) = 2,\ \sigma_1(2) = 1,\ \sigma_2(2) = 4,\ \sigma_3(2) = 3$$
gilt $G \cdot 2 = \{1, 2, 3, 4\} = X$. Analog erhält man $G \cdot 4 = X$.

Da die Elemente 2 und 4 nur unter der Identität *stabil* bleiben, aus $\sigma \cdot 2 = 2$ folgt nämlich $\sigma = \mathrm{Id}$, gilt $G_2 = \{\mathrm{Id}\} = G_4$.

Bemerkung Den zweiten Teil hätten wir auch aus dem ersten Teil mit der Bahnenformel aus Lemma 7.3 (Algebrabuch) folgern können: Da $G \cdot 2 = 4$, gilt $[G : G_2] = 4$, also $G_2 = \{\mathrm{Id}\}$, analog schließt man für G_4.

7.3 Man sammeln zuerst Informationen:

- $Z(G)$ ist ein Normalteiler von $G \Rightarrow |Z(G)| \mid p^3$ (siehe Lemma 4.12 (Algebrabuch) und den Satz von Lagrange).
- G ist nicht abelsch $\Rightarrow Z(G) \neq G$, d. h. $|Z(G)| \neq p^3$.
- G ist eine p-Gruppe $\Rightarrow Z(G) \neq \{e\}$, d. h. $|Z(G)| \neq 1$ (siehe Satz 7.7 (Algebrabuch)).
- $G/Z(G)$ zyklisch $\Rightarrow G$ abelsch (siehe Aufgabe 5.6).

Da 1, p, p^2, p^3 die einzigen Teiler von p^3 sind, muss nach der zweiten und dritten Bemerkung $|Z(G)| = p$ oder $|Z(G)| = p^2$ gelten.

Im Fall $|Z(G)| = p^2$ hätte die Gruppe $G/Z(G)$ die Ordnung p. Insbesondere wäre $G/Z(G)$ zyklisch, nach der vierten Bemerkung also G abelsch. Somit bleibt nur die Möglichkeit $|Z(G)| = p$.

7.4 (a) *Es ist $\cdot$ eine Operation von G auf $\mathcal{L}$:* Es gilt für alle a, g, $h \in G$:

- $e_G \cdot (a\,H) = (e_G\,a)\,U = a\,U$ und
- $(g\,h) \cdot a\,U = g\,h\,a\,U = g \cdot (h \cdot (a\,U))$.

Die Operation · ist transitiv: Es seien $a\,U$, $b\,U \in \mathcal{L}$. Dann erfüllt $g := b\,a^{-1} \in G$:

$$g \cdot (a\,U) = g\,a\,U = b\,U.$$

Es ist · eine Operation von G auf $\mathcal{R}$: Es gilt für alle a, g, $h \in G$:

- $e_G \cdot (U\,a) = U\,(a\,e_G^{-1}) = U\,a$ und
- $(g\,h) \cdot U\,a = (U\,a)\,(g\,h)^{-1} = U\,a\,h^{-1}\,g^{-1} = g \cdot (U\,a\,h^{-1}) = g \cdot (h \cdot (U\,a))$.

Die Operation · ist transitiv: Es seien $U\,a$, $U\,b \in \mathcal{R}$. Dann erfüllt $g := b^{-1}\,a \in G$:

$$g \cdot (U\,a) = U\,a\,g^{-1} = U\,b.$$

Ohne die Inversion erhält man im Allgemeinen keine Operation von G auf $\mathcal{R}$, denn es gilt für g, h, $a \in G$ (wenn man die Inversion weglässt):

- $(g\,h) \cdot (U\,a) = U\,a\,g\,h$,
- $g \cdot (h \cdot (U\,a)) = g \cdot (U\,a\,h) = U\,a\,h\,g$,

also im Allgemeinen $(g\,h) \cdot (U\,a) \neq g \cdot (h \cdot (U\,a))$. Somit ist durch $g \cdot (U\,a) := U\,g\,a$ im Allgemeinen keine Operation von G auf $\mathcal{R}$ definiert.

(b) Für jedes $a \in G$ gilt:

$$
\begin{aligned}
G_{a\,U} &= \{g \in G \mid g \cdot (a\,U) = a\,U\} & G_{U\,a} &= \{g \in G \mid g \cdot (U\,a) = U\,a\} \\
&= \{g \in G \mid g\,a\,U = a\,U\} & &= \{g \in G \mid U\,a\,g^{-1} = U\,a\} \\
&= \{g \in G \mid a^{-1}\,g\,a\,U = U\} & &= \{g \in G \mid U\,a\,g\,a^{-1} = U\} \\
&= \{g \in G \mid a^{-1}\,g\,a \in U\} & &= \{g \in G \mid a\,g\,a^{-1} \in U\} \\
&= \{g \in G \mid g \in a\,U\,a^{-1}\} & &= \{g \in G \mid g \in a^{-1}\,U\,a\} \\
&= a\,U\,a^{-1} & &= a^{-1}\,U\,a.
\end{aligned}
$$

(c) Wir betrachten ganz allgemein eine Operation · von G auf einer Menge X und den in Lemma 7.1 (Algebrabuch) erklärten Homomorphismus $\lambda : G \to S_X,\ a \mapsto \lambda_a$, wobei die Bijektion $\lambda_a : X \to X$ erklärt ist durch $\lambda_a(x) = a \cdot x$.

Diese Operation ist genau dann treu, wenn λ injektiv ist, also genau dann, wenn zu jedem $a \in G \setminus \{e_G\}$ ein $x \in X$ existiert mit $a \cdot x \neq x$, da λ_a im Fall $a \neq e$ nicht die Identität ist.

Nun kommt der Bezug zu den Stabilisatoren ins Spiel: Es gilt $G_x = \{a \in G \mid a \cdot x = x\}$, also

$$\bigcap_{x \in X} G_x = \{a \in G \mid a \cdot x = x \text{ für alle } x \in X\}.$$

Die Operation · ist somit genau dann treu, wenn der Durchschnitt aller Stabilisatoren trivial ist, d. h. wenn gilt:

$$\bigcap_{x \in X} G_x = \{e_g\}.$$

Angewandt auf die obigen beiden Operationen erhält man:

- G operiert genau dann treu auf $\mathcal{L}$, wenn $\bigcap_{a \in G} a \, U \, a^{-1} = \{e_G\}$.
- G operiert genau dann treu auf $\mathcal{R}$, wenn $\bigcap_{a \in G} a^{-1} \, U \, a = \{e_G\}$ ist.

7.5 Es sei G eine nichtabelsche Gruppe der Ordnung 8. Weil G eine 2-Gruppe ist, hat jedes Element die Ordnung 1, 2, 4 oder 8. Gäbe es ein Element der Ordnung 8, so wäre G zyklisch, insbesondere abelsch. Hätten alle Elemente von G eine Ordnung kleiner gleich 2, so wäre G nach Aufgabe 3.9 abelsch. Also existiert ein Element $b \in G$ der Ordnung 4.

Die Untergruppe $\langle b \rangle$ ist als Untergruppe vom Index 2 ein Normalteiler in G. Die disjunkte Linksnebenklassenzerlegung nach $\langle b \rangle$ sei:

$$G = \langle b \rangle \cup a \, \langle b \rangle = \{e_G, \, b, \, b^2, \, b^3\} \cup \{a, \, a\,b, \, a\,b^2, \, a\,b^3\},$$

wobei $a \in G \setminus \langle b \rangle$. Wir ermitteln $b\,a$: Angenommen, $b\,a \in \langle b \rangle$. Dann gilt auch $a = b^3 b a \in \langle b \rangle$, sodass $b\,a \notin \langle b \rangle$ gelten muss. Weiter ist klar, dass $b\,a \neq a$, da sonst $b = e_G$ gelten würde. Da G nicht abelsch ist, folgt auch $b\,a \neq a\,b$. Also bleibt nur $b\,a \in \{a\,b^2, \, a\,b^3\}$. Angenommen, $b\,a = a\,b^2$. Dann gilt $a = b^3 a\,b^2 = b\,b\,b\,a\,b^2 = b\,b\,a = b\,a\,b^2$. Es folgt der Widerspruch $b^3 a\,b^2 = b\,a\,b^2$ (hieraus folgt nämlich $b^2 = e_G$). Also gilt

$$b\,a = a\,b^3 = a\,b^{-1}.$$

1. Fall: $o(a) = 2$. Wir erhalten die Relationen:

$$a\,b\,a^{-1} = b^{-1}, \; a\,b = b^{-1}a, \; b\,a = a\,b^{-1}.$$

Damit ist $G \cong D_4$, vgl. Abschn. 3.1.5 (Algebrabuch).

2. Fall: $o(a) = 4$. Die Elemente von G sind $\{e_G, \, b, \, b^2, \, b^3\} \cup \{a, \, a\,b, \, a\,b^2, \, a\,b^3\}$ (siehe oben), und mit der Vertauschungsregel $b\,a = a\,b^{-1}$ (siehe auch oben) erhalten wir als Quadrate der Elemente $a\,b$, $a\,b^2$, $a\,b^3$:

$$(a\,b)^2 = a\,b\,a\,b = a\,a\,b^{-1}b = a^2,$$
$$(a\,b^2)^2 = a\,b^2 a\,b^2 = a\,a\,b^{-2}b^2 = a^2,$$
$$(a\,b^3)^2 = a\,b^3 a\,b^3 = a\,a\,b^{-3}b^3 = a^2.$$

Da a^2 ein Element der Ordnung 2 ist, muss $a^2 = b^2$ gelten, b^2 ist das einzige Element der Ordnung 2.

Wir schöpfen den Verdacht, dass G bis auf Isomorphie die Quaternionengruppe Q ist, vgl. Beispiel 2.1 (Algebrabuch) und Aufgabe 4.9. Einen Isomorphismus erhalten wir durch die Zuordnung

$$b \leftrightarrow J, \, a \leftrightarrow I.$$

Die restlichen Elemente von G gehören dann wie folgt zu den restlichen Elementen von Q:

$$e \leftrightarrow E, \, b^2 \leftrightarrow -E, \, b^3 \leftrightarrow -J, \, ab \leftrightarrow K, \, ab^2 \leftrightarrow -I, \, ab^3 \leftrightarrow -K.$$

7.6 Zu *Normalisatoren* vgl. Abschn. 4.2 (Algebrabuch): Für jede Untergruppe U einer Gruppe G ist die Untergruppe $N_G(U) = \{a \in G \mid a\,U = U\,a\}$ von G der Normalisator von U in G, es gilt

$$U \subseteq N_G(U) \leq G.$$

Es sei G nun eine p-Gruppe mit einer Untergruppe U. Zu zeigen ist:

$$U \subsetneq G \Rightarrow U \subsetneq N_G(U), \quad \text{d. h. } \exists\, a \in N_G(U) \setminus U.$$

Es sei $U \subsetneq G$ vorausgesetzt.

Fall 1. G ist abelsch. Dann gilt $N_G(U) = G$. Also gilt $U \subsetneq N_G(U)$.

Fall 2. G ist nicht abelsch. Wir sammeln vorab Informationen:

- $\{e_G\} \subsetneq Z(G) \subsetneq G$ (siehe Satz 7.7 (Algebrabuch)).
- $Z(G) \subseteq N_G(U)$.
- $U \subseteq N_G(U)$.

Damit können wir einen Unterfall schnell abhandeln:

Fall 2a. G ist nicht abelsch und es gilt $Z(G) \nsubseteq U$: Dann gibt es ein $a \in Z(G) \setminus U$. Es gilt $a\,U = U\,a$, also $a \in N_G(U) \setminus U$, also $U \subsetneq N_G(U)$.

Fall 2b. G ist nicht abelsch und es gilt $Z(G) \subseteq U$: Wir können in diesem Fall die Untergruppe $\overline{U} := U/Z(G)$ der Faktorgruppe $\overline{G} := G/Z(G)$ betrachten. Wir sammeln Informationen und setzen zur Vereinfachung der Schreibweise $Z := Z(G)$:

- $\overline{G}$ ist eine p-Gruppe, $|\overline{G}| < |G|$.
- $\overline{U} \subsetneq \overline{G}$.
- $a\,Z = Z\,a$ für jedes $a \in G$.

Angenommen, es gilt

$$\overline{U} \subsetneq N_{\overline{G}}(\overline{U}). \tag{$*$}$$

Dann existiert ein $\overline{a} = a\,Z \in \overline{G} \setminus \overline{U}$ mit $\overline{a}\,\overline{U} = \overline{U}\,\overline{a}$. Dies besagt aber wegen $\overline{a}\,\overline{U} = a\,Z\,U\,Z = a\,U$ und $\overline{U}\,\overline{a} = U\,Z\,a\,Z = U\,a$ und $a\,Z \notin U/Z$:

$$a \in N_G(U) \quad \text{und} \quad a \notin U, \quad \text{d. h. } a \in N_G(U) \setminus U.$$

Die Behauptung folgt also aus $(*)$, und $(*)$ können wir als Induktionsbehauptung voraussetzen.

(b) Es sei U eine maximale Untergruppe von G. Da U eine echte Untergruppe von G ist, können wir Teil (a) anwenden, es gilt somit $U \subsetneq N_G(U)$. Da nun aber $N_G(U)$ eine Untergruppe von G ist mit $U \subsetneq N_G(U) \subseteq G$ folgt aus der Maximalität von U, dass $N_G(U) = G$ gelten muss. Das bedeutet gerade $U \trianglelefteq G$ (siehe auch Lemma 4.6 (Algebrabuch)).

7.7 Wir zeigen zunächst, dass $\cdot$ eine Gruppenoperation ist: Für alle $a, b \in G$ und $(x, y) \in \mathbb{R}^2$ gilt

$$(ab) \cdot (x, y) = ((ab)x, (ab)^{-1}y) = a \cdot (bx, b^{-1}y) = a \cdot (b \cdot (x, y)),$$

und für das neutrale Element $1 \in G$ gilt

$$1 \cdot (x, y) = (1\,x, 1^{-1}y) = (x, y).$$

Also ist $\cdot$ tatsächlich eine Operation. Für ein $(x_0, y_0) \in \mathbb{R}^2$ ist die zugehörige Bahn

$$G \cdot (x_0, y_0) = \{t \cdot (x_0, y_0) \mid t \in G\} = \{(tx_0, t^{-1}y_0) \mid t \in \mathbb{R} \setminus \{0\}\}.$$

Im Fall $x_0 y_0 \neq 0$ ist das die Menge $\{(x, y) \in \mathbb{R}^2 \mid xy = x_0 y_0\}$. Die Bahnen (siehe Abb. 7.1) sind also

- im Fall $x_0 y_0 \neq 0$ der Graph der Hyperbel $\mathbb{R} \setminus \{0\} \to \mathbb{R}$, $\quad x \mapsto \frac{x_0 y_0}{x}$, welcher durch den Punkt (x_0, y_0) geht,
- im Fall $x_0 = 0$, $y_0 \neq 0$ die y-Achse ohne den Punkt $(0, 0)$,
- im Fall $x_0 \neq 0$, $y_0 = 0$ die x-Achse ohne den Punkt $(0, 0)$.
- im Fall $x_0 = y_0 = 0$, die Menge $\{(0, 0)\}$.

Man beachte, wie man so eine Partition von $\mathbb{R}^2$ in die Menge aller Bahnen erhält.

7.8 (a) Es seien K ein Körper mit q Elementen und $A = (a_1, \ldots, a_n) \in K^{n \times n}$ mit Spalten $a_i \in K^n$ für $i = 1, \ldots, n$. Wir überlegen uns, welche Bedingungen wir an die Spalten stellen müssen, damit A invertierbar ist. Genau dann ist die Matrix invertierbar, wenn für $i = 1, \ldots, n$ jeweils $a_i \in K^n \setminus \langle a_1, \ldots, a_{i-1} \rangle_K$ gilt. Daher gibt es bei schon gewählten $a_1, \ldots, a_{i-1}$ für die i-te Spalte jeweils $q^n - q^{i-1}$ Möglichkeiten, und damit insgesamt

$$|\mathrm{GL}_n(K)| = \prod_{i=0}^{n-1} (q^n - q^i) = q^{\frac{1}{2}n(n-1)} \prod_{i=1}^{n} (q^i - 1)$$

Möglichkeiten. Nun betrachten wir den Gruppenhomomorphismus $\det : \mathrm{GL}_n(K) \to (K \setminus \{0\}, \cdot)$. Dieser ist surjektiv und hat als Kern $\mathrm{SL}_n(K)$. Mit dem Homomorphiesatz und dem Satz von Lagrange folgt also

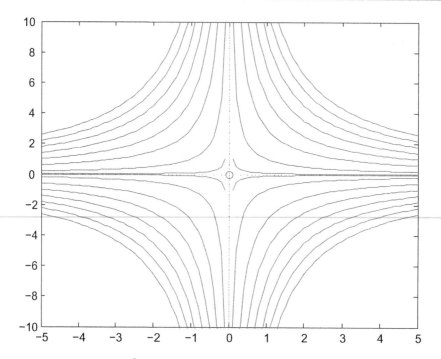

Abb. 7.1 Die Zerlegung des $\mathbb{R}^2$ in Bahnen der Operation ·

$$|\mathrm{SL}_n(K)| = \frac{|\mathrm{GL}_n(K)|}{|K \setminus \{0\}|} = \frac{\prod_{i=0}^{n-1}(q^n - q^i)}{q - 1} = q^{\frac{1}{2}n(n-1)} \prod_{i=2}^{n}(q^i - 1).$$

Weiter ist $\mathrm{PSL}_2(K) = \mathrm{SL}_2(K)/Z$ mit $Z = \{a\,E_2 \mid a^2 = 1\}$. Also ist $|Z| = 2$ für q ungerade und $|Z| = 1$ für q gerade. Es folgt

$$|\mathrm{PSL}_2(q)| = q\,(q^2 - 1)/2 \ \text{ für } q \text{ ungerade}$$

und

$$|\mathrm{PSL}_2(q)| = q\,(q^2 - 1) \ \text{ für } q \text{ gerade}.$$

Von den $q^n - 1$ Elementen aus $K^n \setminus \{0\}$ erzeugen je $q - 1$ den gleichen eindimensionalen Untervektorraum. Daher ist

$$|\mathbb{P}^{n-1}| = \frac{q^n - 1}{q - 1}\,.$$

(b) Zunächst zur Wohldefiniertheit: Es seien A, $A' \in \mathrm{SL}_2(K)$ und v, $v' \in K^n \setminus \{0\}$ mit $A\,Z = A'\,Z$ und $\langle v \rangle = \langle v' \rangle$. Dann gibt es $a \in K$ mit $a^2 = 1$ und $A = A'a$ sowie $\lambda \in K \setminus \{0\}$ mit $v' = \lambda v$. Es folgt

$$A\,Z \cdot \langle v \rangle = \langle A\,v \rangle = \langle A'a\,\lambda\,v' \rangle = \langle A'v' \rangle = A'\,Z \cdot \langle v' \rangle.$$

Damit ist · wohldefiniert. Weiter gilt für A, $B \in \mathrm{SL}_2$, $v \in K^n \setminus \{0\}$ offensichtlich

$$E_n \, Z \cdot \langle v \rangle = \langle E_n v \rangle = \langle v \rangle$$

sowie

$$(A \, Z \, B \, Z) \cdot \langle v \rangle = (A \, B \, Z) \cdot \langle v \rangle = \langle A \, B \, v \rangle = A \, Z \cdot \langle B \, v \rangle = A \, Z \cdot (B \, Z \cdot \langle v \rangle).$$

Damit ist · tatsächlich eine Operation.

(c) Wir schreiben $A := \left(\begin{smallmatrix} 1 & 1 \\ 0 & 1 \end{smallmatrix} \right)$ und $B := \left(\begin{smallmatrix} 1 & 0 \\ 1 & 1 \end{smallmatrix} \right)$. Wir erhalten

$$A \, Z \cdot p_1 = p_1, \quad A \, Z \cdot p_2 = p_3, \quad A \, Z \cdot p_3 = p_4, \quad A \, Z \cdot p_4 = p_2,$$

und damit nach Identifikation $\lambda(A \, Z) = (2 \, 3 \, 4) \in S_4$. Analog erhalten wir

$$B \, Z \cdot p_1 = p_3, \quad B \, Z \cdot p_2 = p_2, \quad B \, Z \cdot p_3 = p_4, \quad B \, Z \cdot p_4 = p_1,$$

und damit nach Identifikation $\lambda(B \, Z) = (1 \, 3 \, 4) \in S_4$.

Wir wollen $U := \mathrm{Bild}(\lambda)$ bestimmen, das schon mal die Elemente $(2 \, 3 \, 4)$ und $(1 \, 3 \, 4)$ enthält, also ist $W := \langle (2 \, 3 \, 4), (1 \, 3 \, 4) \rangle \leq U$. In W liegen auch die Elemente

$$(2 \, 3 \, 4)(1 \, 3 \, 4) = (1 \, 4)(3 \, 2) \quad \text{und} \quad (1 \, 3 \, 4)(2 \, 3 \, 4) = (2 \, 4)(1 \, 3).$$

Bekanntlich ist $\langle (1 \, 4)(3 \, 2), (2 \, 4)(1 \, 3) \rangle$ eine Untergruppe der Ordnung 4 (isomorph zur Klein'schen Vierergruppe) von W ist, also gilt $4 \mid |W|$ nach Lagrange. Weiter ist $\langle (2 \, 3 \, 4) \rangle$ eine Untergruppe der Ordnung 3 von W, also $3 \mid |W|$, und damit $12 \mid |W|$. Da also

$$12 \leq |W| \leq |U| = |\lambda(\mathrm{PSL}_2(\mathbb{Z}/3))| \leq |\mathrm{PSL}_2(\mathbb{Z}/3)| = 12$$

nach (a) gilt, muss $|W| = |U| = 12$ sein, und wegen $W \leq U$ also $W = U$. Da W von zwei Dreierzyklen ($\in A_4$) erzeugt wird, ist außerdem $W \leq A_4$, und wieder wegen $|W| = 12 = |A_4|$ also $W = A_4$.

Dies zeigt also $U = \mathrm{Bild}(\lambda) = W = A_4$. Es folgt auch, dass λ injektiv ist, denn $|\mathrm{Bild}(\lambda)| = 12 = |\mathrm{PSL}_2(\mathbb{Z}/3)|$, und damit liefert $\lambda : \mathrm{PSL}_2(\mathbb{Z}/3) \to A_4$ einen Isomorphismus.

Die Sätze von Sylow

8

8.1   Aufgaben

8.1 •• Es sei P eine p-Sylowgruppe der endlichen Gruppe G. Man begründe, dass p kein Teiler von $[N_G(P) : P]$ ist.

8.2 • Für $n = 3, \ldots, 7$ gebe man für jeden Primteiler p von $n!$ ein Element $\sigma \in S_n$ mit $o(\sigma) = p$ an.

8.3 •• Es sei G eine Gruppe der Ordnung 12, und n_2 bzw. n_3 bezeichne die Anzahl der 2- bzw. 3-Sylowgruppen in G.

(a) Welche Zahlen sind für n_2 und n_3 möglich?
(b) Man zeige, dass nicht gleichzeitig $n_2 = 3$ und $n_3 = 4$ vorkommen kann.
(c) Man zeige, dass im Fall $n_2 = n_3 = 1$ die Gruppe G abelsch ist und es zwei verschiedene Möglichkeiten für G gibt.

8.4 •• Man zeige, dass jede Gruppe der Ordnung 40 oder 56 einen nichttrivialen Normalteiler besitzt.

8.5 •• Es seien p, q verschiedene Primzahlen. Zeigen Sie, dass jede Gruppe der Ordnung $p^2 q$ eine invariante Sylowgruppe besitzt.

8.6 •• (a) Bestimmen Sie alle Sylowgruppen von S_3.

(b) Geben Sie eine 2-Sylowgruppe und eine 3-Sylowgruppe von S_4 an.
(c) Wie viele 2-Sylowgruppen besitzt S_5?

© Der/die Autor(en), exklusiv lizenziert durch Springer-Verlag GmbH, DE, ein Teil von
Springer Nature 2021
C. Karpfinger, *Arbeitsbuch Algebra*,
https://doi.org/10.1007/978-3-662-61954-4_8

8.7 •• Es sei G eine nichtabelsche Gruppe der Ordnung 93. Bestimmen Sie für jede Primzahl p mit $p \mid |G|$ die Anzahl ihrer p-Sylowuntergruppen.

8.8 ••• Es sei G eine Gruppe der Ordnung $|G| \in \{75, 80, 96, 105, 132, 700\}$. Zeigen Sie jeweils, dass G nicht einfach ist.

8.9 • Bestimmen Sie bis auf Isomorphie alle Gruppen der Ordnung 99.

8.10 ••• Es sei G eine Gruppe der Ordnung pqr, wobei p, q und r Primzahlen mit $p > q > r$ seien. Zeigen Sie, dass G auflösbar ist.

Hinweis. Beginnen Sie mit der Bestimmung der Anzahl n_p der p-Sylowgruppen, und zählen Sie, falls nötig, Elemente.

8.2   Lösungen

8.1 Wir sammeln Informationen aus der Aufgabenstellung:

- G ist endlich, $p \mid |G|$, es gelte $|G| = p^r m$ mit $p \nmid m$.
- P ist eine p-Sylowgruppe, $|P| = p^r$.
- $P \leq N_G(P) \leq G$.

Denken wir nun an den Satz von Lagrange, so ist die Lösung unseres Problems ganz naheliegend. Der Satz von Lagrange besagt für die Untergruppe P der endlichen Gruppe $N_G(P)$:

$$|N_G(P)| = [N_G(P) : P] \cdot |P|.$$

Wäre nun p ein Teiler von $[N_G(P) : P]$, so wäre wegen $|P| = p^r$ die Zahl p^{r+1} ein Teiler von $|N_G(P)|$. Da aber $N_G(P)$ eine Untergruppe von G ist, wäre das ein Widerspruch zum Satz von Lagrange. Somit kann p kein Teiler von $[N_G(P) : P]$ sein.

Wir geben eine alternative Lösung an: Wegen $|P| = p^r$ gilt $[G : P] = m$, weiter erhalten wir wegen $P \leq N_G(P)$ mit Satz 3.13 (Algebrabuch):

$$m = [G : P] = [G : N_G(P)] \cdot [N_G(P) : P],$$

sodass $[N_G(P) : P] \mid m$. Daher kann p kein Teiler von $[N_G(P) : P]$ sein.

8.2 Ist p ein Primteiler von $n!$, so existiert nach dem Satz 8.2 (Algebrabuch) von Cauchy in S_n ein Element σ mit $o(\sigma) = p$.

1. Fall: $n = 3$. Dann gilt $n! = 2 \cdot 3$, und es ist σ_2 bzw. σ_3 mit

$$\sigma_2 := \begin{pmatrix} 1 & 2 & 3 \\ 1 & 3 & 2 \end{pmatrix} \text{ bzw. } \sigma_3 := \begin{pmatrix} 1 & 2 & 3 \\ 2 & 3 & 1 \end{pmatrix}$$

ein Element der Ordnung 2 bzw. 3 in S_3.

2. Fall: $n = 4$. Dann gilt $n! = 2^3 \cdot 3$, und es ist σ_2 bzw. σ_3 mit

$$\sigma_2 := \begin{pmatrix} 1 & 2 & 3 & 4 \\ 1 & 3 & 2 & 4 \end{pmatrix} \text{ bzw. } \sigma_3 := \begin{pmatrix} 1 & 2 & 3 & 4 \\ 2 & 3 & 1 & 4 \end{pmatrix}$$

ein Element der Ordnung 2 bzw. 3 in S_4.

3. Fall: $n = 5$. Dann gilt $n! = 2^3 \cdot 3 \cdot 5$, und es ist σ_2 bzw. σ_3 bzw. σ_5 mit

$$\sigma_2 := \begin{pmatrix} 1 & 2 & 3 & 4 & 5 \\ 1 & 3 & 2 & 4 & 5 \end{pmatrix} \text{ bzw. } \sigma_3 := \begin{pmatrix} 1 & 2 & 3 & 4 & 5 \\ 2 & 3 & 1 & 4 & 5 \end{pmatrix}$$

$$\text{bzw. } \sigma_5 := \begin{pmatrix} 1 & 2 & 3 & 4 & 5 \\ 2 & 3 & 4 & 5 & 1 \end{pmatrix}$$

ein Element der Ordnung 2 bzw. 3 bzw. 5 in S_5.

4. Fall: $n = 6$. Dann gilt $n! = 2^4 \cdot 3^2 \cdot 5$, und es ist σ_2 bzw. σ_3 bzw. σ_5 mit

$$\sigma_2 := \begin{pmatrix} 1 & 2 & 3 & 4 & 5 & 6 \\ 1 & 3 & 2 & 4 & 5 & 6 \end{pmatrix} \text{ bzw. } \sigma_3 := \begin{pmatrix} 1 & 2 & 3 & 4 & 5 & 6 \\ 2 & 3 & 1 & 4 & 5 & 6 \end{pmatrix}$$

$$\text{bzw. } \sigma_5 := \begin{pmatrix} 1 & 2 & 3 & 4 & 5 & 6 \\ 2 & 3 & 4 & 5 & 1 & 6 \end{pmatrix}$$

ein Element der Ordnung 2 bzw. 3 bzw. 5 in S_6.

5. Fall: $n = 7$. Dann gilt $n! = 2^4 \cdot 3^2 \cdot 5 \cdot 7$, und es ist σ_2 bzw. σ_3 bzw. σ_5 bzw. σ_7 mit

$$\sigma_2 := \begin{pmatrix} 1 & 2 & 3 & 4 & 5 & 6 & 7 \\ 1 & 3 & 2 & 4 & 5 & 6 & 7 \end{pmatrix} \text{ bzw. } \sigma_3 := \begin{pmatrix} 1 & 2 & 3 & 4 & 5 & 6 & 7 \\ 2 & 3 & 1 & 4 & 5 & 6 & 7 \end{pmatrix}$$

$$\text{bzw. } \sigma_5 := \begin{pmatrix} 1 & 2 & 3 & 4 & 5 & 6 & 7 \\ 2 & 3 & 4 & 5 & 1 & 6 & 7 \end{pmatrix} \text{ bzw. } \sigma_7 := \begin{pmatrix} 1 & 2 & 3 & 4 & 5 & 6 & 7 \\ 2 & 3 & 4 & 5 & 6 & 7 & 1 \end{pmatrix}$$

ein Element der Ordnung 2 bzw. 3 bzw. 5 bzw. 7 in S_7.

8.3 (a) Wegen $12 = 2^2 \cdot 3$ folgt mit den Sätzen von Sylow:

$$n_2 = 1 + k \cdot 2, \ k \in \mathbb{N}_0, \text{ und } n_2 \mid 3 \ \Rightarrow \ n_2 \in \{1, 3\}$$

und

$$n_3 = 1 + k \cdot 3, \ k \in \mathbb{N}_0, \text{ und } n_3 \mid 4 \ \Rightarrow \ n_3 \in \{1, 4\}.$$

(b) Im Fall $n_3 = 4$ besitzt G vier zyklische Untergruppen der Ordnung 3. Diese vier Untergruppen besitzen nur das neutrale Element e_G gemeinsam. Damit erhalten wir $1 + 4 \cdot 2 = 9$ Elemente. Die verbleibenden drei Elemente können damit nur noch in einer 2-Sylowgruppe liegen, der Fall $n_2 = 3$ ist damit ausgeschlossen.

(c) Im Fall $n_2 = 1$ und $n_3 = 1$ sind die 2- und 3-Sylowgruppen Normalteiler von G und es gilt $G = U \otimes V$ für die einzige 2-Sylowgruppe U und einzige 3-Sylowgruppe V von G (vgl. Satz 8.6 (Algebrabuch) und auch Aufgabe 6.5).

Da U und V abelsch sind (es gilt nämlich $|U| = 4$ und $|V| = 3$), ist auch G als inneres direktes Produkt von U und V abelsch. V ist als zyklische Gruppe bis auf Isomorphie eindeutig bestimmt, es gilt $V \cong \mathbb{Z}/3$; für U gibt es bis auf Isomorphie zwei Möglichkeiten: $U \cong \mathbb{Z}/4$ oder $U \cong \mathbb{Z}/2 \times \mathbb{Z}/2$. Für G gibt es also die einzigen beiden Möglichkeiten:

$$G \cong \mathbb{Z}/2 \times \mathbb{Z}/2 \times \mathbb{Z}/3 \quad \text{oder} \quad G \cong \mathbb{Z}/4 \times \mathbb{Z}/3.$$

8.4 Wegen $40 = 2^3 \cdot 5$ folgt mit den Sätzen von Sylow:

$$n_2 = 1 + k \cdot 2, \; k \in \mathbb{N}_0, \; \text{und} \; n_2 \mid 5 \; \Rightarrow \; n_2 \in \{1, 5\}$$

und

$$n_5 = 1 + k \cdot 5, \; k \in \mathbb{N}_0, \; \text{und} \; n_5 \mid 8 \; \Rightarrow \; n_5 \in \{1\}.$$

Wegen $n_5 = 1$ ist die 5-Sylowgruppe ein nichttrivialer Normalteiler (siehe Satz 8.6 (Algebrabuch)).

Wegen $56 = 2^3 \cdot 7$ folgt mit den Sätzen von Sylow:

$$n_2 = 1 + k \cdot 2, \; k \in \mathbb{N}_0, \; \text{und} \; n_2 \mid 7 \; \Rightarrow \; n_2 \in \{1, 7\}$$

und

$$n_7 = 1 + k \cdot 7, \; k \in \mathbb{N}_0, \; \text{und} \; n_7 \mid 8 \; \Rightarrow \; n_7 \in \{1, 8\}.$$

Da verschiedene 7-Sylowgruppen nur das neutrale Element gemeinsam haben, gibt es im Fall $n_7 = 8$ bereits $1 + 8 \cdot 6 = 49$ Elemente in den 7-Sylowgruppen. Es folgt in diesem Fall also $n_2 = 1$. Damit ist aber die 2-Sylowgruppe ein nichttrivialer Normalteiler. Im Fall $n_7 = 1$ ist die 7-Sylowgruppe ein nichttrivialer Normalteiler.

8.5 Wir benutzen die Sylow'schen Sätze und erhalten für die Anzahl n_p der p- und n_q der q-Sylowgruppen der Gruppe G mit $|G| = p^2 q$:

$$n_p \in \{1, 1 + p, 1 + 2p, \ldots\}, \; n_p \mid q \quad \text{und} \quad n_q \in \{1, 1 + q, 1 + 2q, \ldots\}, \; n_q \mid p^2.$$

Da q eine Primzahl ist, gilt

$$n_p = 1 \quad \text{oder} \quad n_p = q.$$

Im Fall $n_p = 1$ ist die eindeutig bestimmte p-Sylowgruppe P nach Satz 8.6 (Algebrabuch) ein Normalteiler. Daher gelte $n_p = q$. Da nun außerdem $q = n_p = 1 + k \cdot p$ mit $k \geq 1$ gilt, erhalten wir $q > p$.

Aus $n_q \mid p^2$ folgt $n_q = 1$ oder $n_q = p$ oder $n_q = p^2$. Da nun auch $n_q = 1 + \tilde{k} \cdot q$ für ein $\tilde{k} \in \mathbb{N}_0$ gilt, kann $n_q = p$ nicht gelten, da $q > p$. Es folgt

$$n_q = 1 \quad \text{oder} \; n_q = p^2.$$

Im Fall $n_q = 1$ sind wir fertig, da ein nichttrivialer Normalteiler gefunden ist. Daher nehmen wir $n_q = p^2$ an. Es gibt nun p^2 Sylowgruppen von Primzahlordnung q in G. Da je zwei solche Sylowgruppen nur das neutrale Element gemeinsam haben, erhalten wir somit $p^2(q-1) = |G| - p^2$ Elemente der Ordnung q in G. Daher folgt $n_p = 1$. Das ist ein Widerspruch zu $n_p = q$. Somit kann $n_q = p^2$ nicht gelten. Die q-Sylowgruppe ist somit ein nichttrivialer Normalteiler.

8.6 (a) Die Untergruppen von S_3 sind aus Beispiel 3.7 (Algebrabuch) bekannt.

Die p-Sylowgruppen von S_3 sind:

- für $p = 2$: $\left\langle \begin{pmatrix} 1 & 2 & 3 \\ 2 & 1 & 3 \end{pmatrix} \right\rangle$, $\left\langle \begin{pmatrix} 1 & 2 & 3 \\ 3 & 2 & 1 \end{pmatrix} \right\rangle$, $\left\langle \begin{pmatrix} 1 & 2 & 3 \\ 1 & 3 & 2 \end{pmatrix} \right\rangle$,
- für $p = 3$: $\left\langle \begin{pmatrix} 1 & 2 & 3 \\ 2 & 3 & 1 \end{pmatrix} \right\rangle$.

(b) Es gilt $|S_4| = 4! = 2^3 \cdot 3$. Die Diedergruppe D (vgl. Aufgabe 3.11) ist eine Untergruppe der Ordnung 8 von S_4, also ist D eine 2-Sylowgruppe von S_4.

Weiterhin ist

$$U := \left\langle \begin{pmatrix} 1 & 2 & 3 & 4 \\ 2 & 3 & 1 & 4 \end{pmatrix} \right\rangle \leq S_4$$

eine Untergruppe der Ordnung 3 von S_4, da das erzeugende Element die Ordnung 3 hat. Somit ist U eine 3-Sylowgruppe von S_4.

(c) Es ist $|S_5| = 5! = 2^3 \cdot 3 \cdot 5$. Für die Anzahl n_2 der 2-Sylowgruppen von S_5 gilt somit nach den Sylow'schen Sätzen:

$$n_2 \equiv 1 \,(\mathrm{mod}\,2) \quad \text{und} \quad n_2 \mid 3 \cdot 5 = 15, \text{ also } n_2 \in \{1, 3, 5, 15\}.$$

Die Elemente der 2-Sylowgruppen sind gerade die Elemente von 2-Potenzordnung, und jede 2-Sylowgruppe enthält $2^3 = 8$ Elemente. Da es in der S_5 *viele* Elemente von 2-Potenzordnung gibt (siehe unten), ist dies ein Hinweis darauf, dass n_2 groß ist, also vermutlich $n_2 = 15$ gilt. Wir geben einen Überblick über die Elemente von 2-Potenzordnung in der S_5:

- Es gibt $\frac{5 \cdot 4}{2} = 10$ Transpositionen (Vertauschungen $a \leftrightarrow b$ zweier verschiedener Elemente $a, b \in \{1, 2, 3, 4\}$, die anderen Elemente bleiben fest – solche Transpositionen haben offenbar die Ordnung 2),
- $\frac{1}{2} \cdot \frac{5 \cdot 4}{2} \cdot \frac{3 \cdot 2}{2} = 15$ Doppeltranspositionen (Vertauschungen $a \leftrightarrow b$, $c \leftrightarrow d$ verschiedener Elemente $a, b, c, d \in \{1, 2, 3, 4\}$ – solche Doppeltranspositionen haben offenbar die Ordnung 2),
- $\frac{5 \cdot 4 \cdot 3 \cdot 2}{4} = 30$ 4-Zykel (Permutationen der Form $a \to b \to c \to d \to a$ für verschiedene a, b, c, d aus $\{1, 2, 3, 4\}$ – solche haben offenbar die Ordnung 4).

Damit sind $55 + 1 = 56$ Elemente in der S_5 von 2-Potenzordnung. Es ist somit ausgeschlossen, dass $n_2 \leq 5$ gilt. In diesem Fall besäße S_5 nämlich höchstens $5 \cdot 7 + 1 = 36$ Elemente von 2-Potenzordnung. Also ist $n_2 = 15$.

8.7 Es gilt $|G| = 3 \cdot 31$. Die beiden Sätze von Sylow liefern für die Anzahl n_3 der 3-Sylowgruppen bzw. n_{31} der 31-Sylowgruppen:

- $n_3 \in \{1, 4, 7 \ldots\}$ und $n_3 \mid 31$, also $n_3 = 1$ oder $n_3 = 31$.
- $n_{31} \in \{1, 32, 63 \ldots\}$ und $n_{31} \mid 3$, also $n_{31} = 1$.

Wir legen n_3 fest: Wäre $n_3 = 1$, so wäre nach Satz 8.6 (Algebrabuch) die Gruppe G das direkte Produkt der eindeutig bestimmten und aufgrund ihrer Primzahlordnung zyklischen Normalteiler der Ordnung 3 und 31. Damit wäre aber G abelsch, im Widerspruch zur Voraussetzung. Also ist $n_3 = 31$.

8.8 $|G| = 75 = 3 \cdot 5^2$: Mit den beiden Sylow'schen Sätzen erhalten wir:

$$n_5 \in \{1, 6, 11, \ldots\} \quad \text{und} \quad n_5 \mid 3, \quad \text{also} \quad n_5 = 1.$$

Damit ist die 5-Sylowgruppe ein nichttrivialer Normalteiler und G somit nicht einfach.

$|G| = 80 = 2^4 \cdot 5$: Mit den beiden Sylow'schen Sätzen erhalten wir:

$$n_5 \in \{1, 6, 11, \ldots\} \quad \text{und} \quad n_5 \mid 16, \quad \text{also} \quad n_5 = 1 \quad \text{oder} \quad n_5 = 16.$$

Im Fall $n_5 = 1$ ist die 5-Sylowgruppe ein nichttrivialer Normalteiler und G somit nicht einfach. Daher gelte $n_5 = 16$. Je zwei verschiedene 5-Sylowgruppen sind vom neutralen Element abgesehen disjunkt. Daher erhalten wir $4 \cdot 16 = 64$ Elemente der Ordnung 5. Es verbleiben $80 - 64 = 16$ Elemente für die damit einzige 2-Sylowgruppe, die damit ein nichttrivialer Normalteiler von G ist. Damit ist auch in diesem Fall G nicht einfach.

$|G| = 96 = 2^5 \cdot 3$: Mit den beiden Sylow'schen Sätzen erhalten wir:

$$n_2 \in \{1, 3, 5, \ldots\} \quad \text{und} \quad n_2 \mid 3, \quad \text{also} \quad n_2 = 1 \quad \text{oder} \quad n_2 = 3.$$

Im Fall $n_2 = 1$ ist die 2-Sylowgruppe ein nichttrivialer Normalteiler und G somit nicht einfach. Daher gelte $n_2 = 3$. Wir betrachten die folgende Operation von G auf der Menge Syl_2 der 2-Sylowgruppen von G:

$$\cdot : G \times \mathrm{Syl}_2 \to \mathrm{Syl}_2, \ (a, P) \mapsto a\,P\,a^{-1}.$$

Diese Operation liefert nach Lemma 7.1 (Algebrabuch) einen Homomorphismus $\lambda : G \to S_{\mathrm{Syl}_2}$. Für den Kern dieses Homomorphismus gilt:

- $\mathrm{Kern}\,\lambda \neq G$, denn sonst wäre $a\,P\,a^{-1} = P$ für jedes $a \in G$, im Widerspruch zu $n_2 \neq 1$.

- Kern $\lambda \neq \{e\}$, denn sonst wäre λ injektiv und somit G zu einer Untergruppe von S_{Syl_2} isomorph, im Widerspruch zu $|G| = 96 \nmid 3!$.

Damit ist der Kern von λ ein nichttrivialer Normalteiler von G und G daher nicht einfach.

$|G| = 105 = 3 \cdot 5 \cdot 7$: Mit den beiden Sylow'schen Sätzen erhalten wir:

$$n_3 \in \{1, 4, 7, \ldots\} \quad \text{und} \quad n_3 \mid 35, \text{ also } n_3 = 1 \quad \text{oder} \quad n_3 = 7,$$
$$n_5 \in \{1, 6, 11, \ldots\} \quad \text{und} \quad n_5 \mid 21, \text{ also } n_5 = 1 \quad \text{oder} \quad n_5 = 21,$$
$$n_7 \in \{1, 8, 15, \ldots\} \quad \text{und} \quad n_7 \mid 15, \text{ also } n_7 = 1 \quad \text{oder} \quad n_7 = 15.$$

Im Fall $n_3 = 1$ oder $n_5 = 1$ oder $n_7 = 1$ ist jeweils ein nichttrivialer Normalteiler gefunden und G somit nicht einfach. Daher gelte $n_3 = 7$ und $n_5 = 21$ und $n_7 = 15$. Da die p-Sylowgruppen Primzahlordnung haben sind je zwei verschiedene Sylowgruppen vom neutralen Element abgesehen disjunkt. Daher enthält G in diesem Fall mindestens

$$2 \cdot 7 + 4 \cdot 21 + 6 \cdot 16 = 188 \; (> 105)$$

Elemente der Ordnung 3 oder 5 oder 7. Das ist ein Widerspruch. Folglich ist G nicht einfach.

$|G| = 132 = 2^2 \cdot 3 \cdot 11$: Mit den beiden Sylow'schen Sätzen erhalten wir:

$$n_2 \in \{1, 3, 5, \ldots\} \text{ und } n_2 \mid 33, \text{ also } n_2 = 1 \text{ oder } n_2 = 3 \text{ oder } n_2 = 11 \text{ oder } n_2 = 33,$$
$$n_3 \in \{1, 4, 7, \ldots\} \text{ und } n_3 \mid 44, \text{ also } n_3 = 1 \text{ oder } n_3 = 4 \text{ oder } n_3 = 22,$$
$$n_{11} \in \{1, 12, 23, \ldots\} \text{ und } n_{11} \mid 12, \text{ also } n_{11} = 1 \text{ oder } n_{11} = 12.$$

Im Fall $n_{11} = 12$ und $n_3 = 4$ hat G mindestens (beachte, dass die p-Sylowgruppen Primzahlordnung haben und daher je zwei verschiedene Sylowgruppen vom neutralen Element abgesehen disjunkt sind)

$$10 \cdot 12 + 2 \cdot 4 = 128$$

Elemente der Ordnung 11 oder 3. Die verbleibenden vier Elemente müssen dann die einzige 2-Sylowgruppe bilden, die damit Normalteiler ist. Folglich ist G nicht einfach.

$|G| = 700 = 2^2 \cdot 5^2 \cdot 7$: Mit den beiden Sylow'schen Sätzen erhalten wir:

$$n_5 \in \{1, 6, 11, \ldots\} \quad \text{und} \quad n_5 \mid 28 \quad \text{also} \quad n_5 = 1.$$

Damit ist die 5-Sylowgruppe ein nichttrivialer Normalteiler und G somit nicht einfach.

8.9 Es ist $|G| = 99 = 3^2 \cdot 11$. Es gilt

$$n_{11} \equiv 1 \, (\mathrm{mod} \, 11) \quad \text{und} \quad n_{11} \mid 9, \quad \text{also} \quad n_{11} = 1.$$

Weiter ist

$$n_3 \equiv 1 \, (\mathrm{mod} \, 3) \quad \text{und} \quad n_3 \mid 11, \quad \text{also} \quad n_3 = 1.$$

Somit ist G nach Satz 8.6 (Algebrabuch) isomorph zum direkten Produkt ihrer Sylowgruppen, die hier von Primzahlordnung bzw. Ordnung vom Quadrat einer Primzahl, in jedem Fall also abelsch sind. Also ist G eine abelsche Gruppe der Ordnung 99, und daher vom Isomorphietyp $\mathbb{Z}/99$ oder $\mathbb{Z}/3 \times \mathbb{Z}/33$.

8.10 Für die Anzahl der p-Sylowgruppen von G gilt $n_p \mid qr$, also $n_p \in \{1, q, r, qr\}$. Aber auch $n_p \equiv 1 \mod p$, also $n_p \in \{1, 1+p, 1+2p \ldots\}$.

1. Fall: $n_p = 1$. Dann ist die einzige p-Sylow-Gruppe $P \subseteq G$ ein Normalteiler. Dieser ist auflösbar (als zyklische Gruppe der Ordnung p), und die Faktorgruppe G/P hat die Ordnung qr, ist also auch auflösbar: Gruppen, deren Gruppenordnung das Produkt von zwei Primzahlen ist, sind auflösbar. Somit ist dann auch G auflösbar und wir sind fertig.
2. Fall: $n_p > 1$. Wegen $n_p \equiv 1 \mod p$ ist also $n_p \geq 1 + p$. Das ist aber größer als q (und r). Wegen $n_p \mid qr$ ist dann also $n_p = qr$. Alle diese qr vielen p-Sylow-Gruppen sind zyklisch von der Ordnung p, enthalten also jeweils $p - 1$ (verschiedene!) Elemente der Ordnung p. Dann bleiben nur

$$pqr - qr(p-1) = qr$$

viele Elemente übrig.

Ist die Anzahl der q-Sylow-Gruppen $n_q = 1$, so folgt wie im 1. Fall, dass G auflösbar ist. Sei also $n_q > 1$. Wegen $n_q \mid pr$ ist $n_q \in \{1, p, r, pr\}$. Also ist nun $n_q \geq r$. Das liefert also mindestens $r(q-1)$ viele Elemente der Ordnung q. Dann bleiben nur höchstens

$$qr - r(q-1) = r$$

Elemente übrig. Also nur genug für eine r-Sylowgruppe, d. h. $n_r = 1$. Und jetzt folgt wiederum wie im 1. Fall, dass G auflösbar ist.

Symmetrische und alternierende Gruppen 9

9.1 Aufgaben

9.1 ●● Ist $\sigma = \sigma_1 \cdots \sigma_k$ die kanonische Zyklenzerlegung von $\sigma \in S_n$ mit $\ell(\sigma_1) \leq \cdots \leq \ell(\sigma_k)$, so nennt man das k-Tupel $(\ell(\sigma_1), \ldots, \ell(\sigma_k))$ den **Typ** von σ.

(a) Zeigen Sie, dass $o(\sigma) = \mathrm{kgV}(\ell(\sigma_1), \ldots, \ell(\sigma_k))$.
(b) Zeigen Sie, dass zwei Permutationen aus S_n genau dann (in S_n) konjugiert sind, wenn sie vom selben Typ sind.
(c) Bleibt (b) richtig, wenn S_n durch A_n ersetzt wird?

9.2 ● Ermitteln Sie die kanonischen Zyklenzerlegungen von

$$\sigma := \begin{pmatrix} 1\,2\,3\,4\,5\,6\,7\,8\,9 \\ 2\,4\,1\,3\,9\,7\,5\,8\,6 \end{pmatrix}, \tau := (1\,2\,3)(3\,7\,8)(4\,6\,7\,9\,8),\ \sigma\,\tau,\ \sigma^{-1},\ \tau^{-1}.$$

9.3 ●●● Zeigen Sie, dass A_n im Fall $n \geq 5$ der einzige nichttriviale Normalteiler von S_n ist.

9.4 ●● Wie viele ℓ-Zyklen ($\ell = 1, \ldots, n$) gibt es in S_n?

9.5 ●● Zeigen Sie:

(a) S_n wird von den speziellen Transpositionen $(i,\, i+1), i = 1, \ldots, n-1$ erzeugt.
(b) S_n wird von $(1\,2)$ und $(1\,2 \ldots n)$ erzeugt.

C. Karpfinger, *Arbeitsbuch Algebra*,
https://doi.org/10.1007/978-3-662-61954-4_9

9.6 • Man berechne die Konjugierten $\pi \, \sigma \pi^{-1}$ für

(a) $\pi = (1\,2), \sigma = (2\,3)\,(1\,4)$.

(b) $\pi = (2\,3)\,(3\,4), \sigma = (1\,2\,3)$.

(c) $\pi = (1\,3)\,(2\,4\,1), \sigma = (1\,2\,3\,4\,5)$.

(d) $\pi = (1\,2\,3), \sigma = (1\,2\,3\,4\,5)$.

9.7 ••• Man zeige, dass jede endliche Gruppe isomorph ist zu einer Untergruppe einer einfachen Gruppe.

9.8 ••• Zeigen Sie:

(a) Jede Untergruppe von S_n ($n > 2$), die eine ungerade Permutation enthält, besitzt einen Normalteiler vom Index 2.

(b) Es sei G eine endliche Gruppe der Ordnung $2\,m$ mit ungeradem m. Die Gruppe G enthält einen Normalteiler der Ordnung m.

9.9 ••• Bestimmen Sie alle Automorphismen der symmetrischen Gruppe S_3.

9.10 •••

(a) Es sei U eine echte Untergruppe der einfachen Gruppe G; und $\mathcal{L}$ bezeichne die Menge aller Linksnebenklassen von U in G. Zeigen Sie, dass G zu einer Untergruppe von $S_{\mathcal{L}}$ isomorph ist.

(b) Warum gibt es im Fall $n \geq 5$ keine echte Untergruppe mit einem Index $< n$ von A_n?

9.11 •••

(a) Begründen Sie, dass eine einfache, nichtabelsche Gruppe mit höchstens 100 Elementen eine der Ordnungen 40, 56, 60, 63, 72 oder 84 haben muss.

(b) Man zeige, dass Gruppen der Ordnungen 40, 56, 63, 72 oder 84 nicht einfach sind.

(c) Zeigen Sie: Jede einfache Gruppe der Ordnung 60 ist zu A_5 isomorph.

9.12 • Gibt es in der S_5 bzw. A_5 Elemente der Ordnung 6?

9.13 • Was ist die Ordnung von $\sigma = \begin{pmatrix} 1 & 2 & 3 & 4 & 5 & 6 & 7 & 8 & 9 & 10 & 11 \\ 3 & 9 & 8 & 4 & 5 & 7 & 11 & 1 & 2 & 6 & 10 \end{pmatrix} \in S_{11}$?

9.14 •• Geben Sie eine Untergruppe U der symmetrischen Gruppe S_7 mit $|U| = 21$ an.

9.15 •• Bestimmen Sie für alle $n \leq 10$ die maximale Ordnung eines Elements $\pi \in S_n$.

9.16 • Berechnen Sie für $\pi = (2\,3\,5)\,(4\,7\,8\,9\,\mathrm{X}) \in S_{10}$ (hierbei steht X für die Ziffer 10) das Element π^{1999}.

9.17 •• Zeigen Sie, dass die Gruppe S_n für jedes $n \geq 3$ ein echtes internes semidirektes Produkt von A_n mit einer Untergruppe U von S_n ist.

9.18 ••• Zeigen Sie, dass A_n im Fall $n \geq 5$ der einzige nichttriviale Normalteiler von S_n ist.

9.19 • Zeigen Sie, dass die alternierende Gruppe A_5 keine Untergruppe der Ordnung 30 besitzt.

9.2 Lösungen

9.1 Wir sammeln erst mal Informationen (beachte Lemma 9.1 (Algebrabuch)):

- Die Ordnung von $\sigma \in S_n$ ist die kleinste natürliche Zahl r mit $\sigma^r = \text{Id}$, und es gilt $\sigma^s = \text{Id}$ genau dann wenn $r \mid s$ (siehe Satz 3.5 (Algebrabuch)).
- Die Permutationen $\sigma_1, \ldots, \sigma_k$ der kanonischen Zyklenzerlegung $\sigma = \sigma_1 \cdots \sigma_k$ sind disjunkt, daher gilt $\sigma_i \, \sigma_j = \sigma_j \, \sigma_i$ und somit $(\sigma_i \, \sigma_j)^v = \sigma_i^v \sigma_j^v$.
- Die Ordnung eines Zyklus ist die Länge des Zyklus: $\ell(\sigma_i) = r_i \Rightarrow o(\sigma_i) = r_i$.

Es seien $(r_1, \ldots, r_k)$ der Typ und $\sigma = \sigma_1 \cdots \sigma_k$ die kanonische Zyklenzerlegung von σ mit $\ell(\sigma_i) = r_i$, $i = 1, \ldots, k$.

(a) Wir zeigen, dass $v := \text{kgV}(r_1, \ldots, r_k)$ die kleinste natürliche Zahl mit $\sigma^v = \text{Id}$ ist.

Zum einen gilt (beachte obige zweite Bemerkung): $\sigma^v = \sigma_1^v \cdots \sigma_k^v$. Da v für jedes i ein Vielfaches von $o(\sigma_i) = r_i$ ist, gilt $\sigma_i^v = \text{Id}$ und somit $\sigma^v = \text{Id}$. Folglich ist v ein Element mit $\sigma^v = \text{Id}$.

Gilt nun andererseits $\sigma^s = \text{Id}$ für ein $s \in \mathbb{N}$, so folgt wie oben zuerst

$$\sigma_1^s \cdots \sigma_k^s = \text{Id} \quad \text{und damit} \quad \sigma_i^s = \text{Id} \quad \text{für alle} \quad i$$

da $\sigma_i^s|_{T_{\sigma_i}} = \sigma^s|_{T_{\sigma_i}}$. Beachte nun obige erste Bemerkung: Es gilt: $r_i \mid s$ für $i = 1, \ldots, k$. Folglich gilt auch $v = \text{kgV}(r_1, \ldots, r_k) \mid s$. Somit ist $v \leq s$.

Da v die kleinste natürliche Zahl mit $\sigma^v = \text{Id}$ gilt, erhalten wir $o(\sigma) = \text{kgV}(r_1, \ldots, r_k)$.

(b) $\Rightarrow$: Wir betrachten zwei zueinander konjugierte Permutationen σ und $\tau \, \sigma \, \tau^{-1}$ aus S_n, wobei $\sigma = \sigma_1 \cdots \sigma_k$ die kanonische Zyklenzerlegung von σ sei. Es gilt

$$\tau \, \sigma \, \tau^{-1} = \tau \, (\sigma_1 \cdots \sigma_k) \, \tau^{-1} = \tau \, \sigma_1 \, \tau^{-1} \cdots \tau \, \sigma_k \, \tau^{-1}.$$

Nun beachten wir, dass wegen $\tau \, (a_1 \ldots a_s) \, \tau^{-1} = (\tau(a_1) \ldots \tau(a_s))$ (beachte die Aussage (d) in Lemma 9.1 (Algebrabuch)) der Zyklus $\tau \, \sigma_i \, \tau^{-1}$ dieselbe Länge hat wie der Zyklus σ_i für alle i. Somit sind σ und $\tau \, \sigma \, \tau^{-1}$ vom selben Typ.

$\Leftarrow$: Es seien σ, $\tau \in S_n$ vom selben Typ $(r_1, \ldots, r_k)$. Weiter seien $\sigma = \sigma_1 \cdots \sigma_k$, $\tau = \tau_1 \cdots \tau_k$ die kanonischen Zyklenzerlegungen von σ, τ mit $\ell(\sigma_i) = r_i = \ell(\tau_i)$, und $\sigma_i = (a_1^{(i)} \ldots a_{r_i}^{(i)})$, $\tau_i = (b_1^{(i)} \ldots b_{r_i}^{(i)})$ für $i = 1, \ldots, k$. Dann existiert $\pi \in S_n$ mit $\pi(a_j^{(i)}) = b_j^{(i)}$ für alle i, j. Mit dem Teil (d) von Lemma 9.1 (Algebrabuch) folgt:

$$\pi \sigma \pi^{-1} = \prod_i \pi \sigma_i \pi^{-1} = \prod_i \pi (a_1^{(i)} \ldots a_{r_i}^{(i)}) \pi^{-1} = \prod_i (b_1^{(i)} \ldots b_{r_i}^{(i)}) = \prod_i \tau_i = \tau .$$

(c) Kann man zu zwei Permutationen σ und $\tilde{\sigma}$ aus A_n stets ein τ aus A_n angeben mit $\tau \sigma \tau^{-1} = \tilde{\sigma}$? Nach dem Teil (b) finden wir auf jeden Fall ein τ in der S_n, das diese Eigenschaft erfüllt (beachte den Teil $\Leftarrow$ in der Begründung zu (b)). Man vermutet schnell, dass man nicht stets $\tau \in A_n$ erwarten kann. Ein Beispiel ist $\sigma = (1\,2\,3) \in A_3$ und $\tilde{\sigma} = (1\,3\,2) \in A_3$. Dass es kein $\tau \in A_3$ gibt mit $\tau \sigma \tau^{-1} = \tilde{\sigma}$ sieht man wie folgt: Die Gruppe A_3 ist abelsch, es gilt somit $\tau \sigma \tau^{-1} = \sigma \neq \tilde{\sigma}$ für alle $\tau \in A_3$.

9.2 *Zu* σ: Wegen $1 \mapsto 2 \mapsto 4 \mapsto 3 \mapsto 1$ und $5 \mapsto 9 \mapsto 6 \mapsto 7 \mapsto 5$ und $8 \mapsto 8$ gilt

$$\sigma = (1\,2\,4\,3)\,(5\,9\,6\,7).$$

Zu τ: Die Permutation τ ist zwar als Produkt von Zyklen gegeben, diese sind aber nicht disjunkt, daher liegt keine kanonische Zyklendarstellung vor. Wegen $1 \mapsto 2 \mapsto 3 \mapsto 7 \mapsto 9 \mapsto 1$ und $4 \mapsto 6 \mapsto 8 \mapsto 4$ und $5 \mapsto 5$ gilt

$$\tau = (1\,2\,3\,7\,9)\,(4\,6\,8).$$

Zu $\sigma \tau$: Wir erhalten analog
$$\sigma \tau = (1\,4\,7\,6\,8\,3\,5\,9\,2).$$

Zu σ^{-1} und τ^{-1}: Die Bestimmung der Inversen erfolgt mit dem Teil (a) von Lemma 9.1 (Algebrabuch):

$$\sigma^{-1} = (7\,6\,9\,5)\,(3\,4\,2\,1) \quad \text{und} \quad \tau^{-1} = (8\,6\,4)\,(9\,7\,3\,2\,1).$$

9.3 Dass A_n für $n \geq 2$ ein nichttrivialer Normalteiler von S_n ist, sollte jedem vertraut sein, ebenso wie eine Begründung dieser fundamentalen Aussage (A_n ist eine Untergruppe von S_n vom Index 2 und daher Normalteiler bzw. A_n ist als Kern des Homomorphismus $\sigma \mapsto \mathrm{sgn}(\sigma)$ ein Normalteiler). Nicht weniger berühmt, aber deutlich schwieriger zu begründen, ist die Tatsache, dass A_n für $n \geq 5$ einfach ist und somit keine nichttrivialen Normalteiler hat (siehe Satz 9.10 (Algebrabuch)).

Wir zeigen, dass im Fall $n \geq 5$ neben A_n keine weiteren nichttrivialen Normalteiler in der S_n existieren. Angenommen, N ist ein nichttrivialer Normalteiler von S_n. Wir zeigen, dass nur $N = A_n$ gelten kann. Dazu schneiden wir diesen Normalteiler N mit der A_n und erhalten einen Normalteiler in der A_n, der wegen der Einfachheit der A_n nur A_n selbst oder $\{e\}$ sein kann, präziser: Wegen des ersten Isomorphiesatzes 4.3 gilt $A_n \cap N \trianglelefteq A_n$, d.h. nach

Satz 9.10 (Algebrabuch):

$$\text{(i)} \quad A_n \cap N = A_n \quad \text{oder} \quad \text{(ii)} \quad A_n \cap N = \{e\}.$$

Im Fall (i) gilt $A_n \subseteq N \subseteq S_n$ und somit $N = A_n$, da $N \neq S_n$ vorausgesetzt ist und A_n den Index 2 in S_n hat. Dieser Fall ist damit abgehandelt.

Im Fall (ii) beachten wir, dass $A_n N = S_n$ wegen $A_n \subseteq A_n N \subseteq S_n$ gilt (beachte, dass N nichttrivial ist). Wir wenden nun den ersten Isomorphiesatz 4.13 (Algebrabuch) an und erhalten:

$$S_n/N = A_n N/N \cong A_n/A_n \cap N = A_n/\{e\} \cong A_n,$$

also $|N| = 2$, da aus $S_n/N \cong A_n$ folgt $|A_n| = |S_n/N| = |S_n|/|N|$. Es gelte $N = \{\text{Id}, \tau\}$. Wir müssen begründen, dass dieser Fall nicht möglich ist und suchen daher nach einem Widerspruch.

Da N ein Normalteiler ist, gilt

$$\sigma^{-1} \tau \sigma = \tau \text{ für jedes } \sigma \in S_n. \tag{*}$$

Aber nun lässt sich leicht ein Element a angeben, sodass $\tau(a) \neq \sigma^{-1} \tau \sigma(a)$ für ein $\sigma \in S_n$: Wähle dazu ein a mit $b := \tau(a) \neq a$ und $\sigma \in S_n$ mit $\sigma(a) = a, \sigma(b) \neq b$. Dann gilt

$$b = \tau(a) \overset{(*)}{=} \sigma^{-1} \tau \sigma(a) = \sigma^{-1} \tau(a) = \sigma^{-1}(b).$$

Dieser Widerspruch belegt, dass der Fall (ii) nicht eintreten kann. Es gilt $N = A_n$, womit gezeigt ist, dass A_n der einzige nichttriviale Normalteiler von S_n ist.

9.4 Ein ℓ-Zyklus $\sigma \in S_n$ hat die Form $\sigma = (a_1 \cdots a_\ell)$ mit $\ell \leq n$ und verschiedenen $a_1, \ldots, a_\ell \in \{1, \ldots, n\}$. Bekanntlich gilt:

- Es gibt genau $\binom{n}{\ell}$ verschiedene ℓ-elementige Teilmengen von $\{1, \ldots, n\}$, je zwei verschiedene Teilmengen liefern verschiedene ℓ-Zyklen.

Damit ist es aber noch nicht getan, denn z. B. sind die 3-Zyklen $(1\,2\,3)$ und $(1\,3\,2)$ verschieden, obwohl ihre *Träger*, nämlich $\{1,\,2,\,3\}$ gleich sind. Aber wegen

$$(a_1 \ldots a_\ell) = (a_2 \ldots a_\ell\, a_1) = \cdots = (a_\ell\, a_1 \ldots a_{\ell-1})$$

können wir uns bei jedem gegebenen Träger $T = \{a_1, \ldots, a_\ell\}$ auf einen *Startpunkt* $a \in T$ festlegen. Es gilt dann:

- Es gibt genau $\ell - 1$ Möglichkeiten für $\sigma(a)$, dann $\ell - 2$ Möglichkeiten für $\sigma(\sigma(a))$ usw. Folglich existieren $(\ell - 1)!$ Zyklen der Länge ℓ mit dem Träger T.

Insgesamt erhalten wir damit $\binom{n}{\ell}(\ell - 1)!$ Zyklen der Länge ℓ in S_n.

9.5 (a) Laut Korollar 9.5 (Algebrabuch) wird S_n von den Transpositionen erzeugt. Um nun zu zeigen, dass S_n von diesen speziellen Transpositionen erzeugt wird, reicht es aus zu zeigen, dass jede Transposition ein Konjugiertes einer solchen speziellen Transposition ist. Dabei können wir $n \geq 3$ voraussetzen. Wir machen die folgende Beobachtung: Für $s, i \in I_n := \{1, \dots, n\}$ mit $3 \leq s \leq n$ und $2 \leq i < s$ gilt

$$(i - 1, i)\,(i\,s)\,(i - 1, i)^{-1} = (i - 1, s).$$

Durch wiederholte Anwendung dieser Identität erhalten wir aus $(s - 1, s)$ jedes Element (j, s) für alle j mit $1 \leq j < s$ und somit schließlich alle Transpositionen. Die Behauptung folgt daher mit Korollar 9.5 (Algebrabuch).

(b) Nach dem Teil (a) reicht es aus zu zeigen, dass jede spezielle Transposition $(i, i + 1)$ erzeugt werden kann. Da schon mal die spezielle Transposition $(1\,2)$ gegeben ist, hilft uns die folgende Beobachtung weiter: Mit $\sigma := (1\,2\dots n)$ gilt

$$\sigma\,(i,\,i + 1)\,\sigma^{-1} = (i + 1,\,i + 2) \quad \text{für} \ \ 1 \leq i \leq n - 2.$$

Und damit erhalten wir jede Transposition der Form $(j,\,j + 1)$ mit $1 \leq j < n$. Die Behauptung folgt daher mit (a).

9.6 Die Konjugierten erhält man mit der Rechenregel (d) aus Lemma 9.1 (Algebrabuch),

$$\pi\,(a_1 \dots a_\ell)\,\pi^{-1} = (\pi(a_1) \cdots \pi(a_\ell)) \quad \text{für} \ \ \pi \in S_n,$$

und der *Homomorphie* $\pi\,(\sigma\,\tau)\,\pi^{-1} = (\pi\,\sigma\,\pi^{-1})\,(\pi\,\tau\,\pi^{-1})$:

(a) $\pi\,\sigma\,\pi^{-1} = (1\,3)\,(2\,4)$.
(b) $\pi\,\sigma\,\pi^{-1} = (1\,3\,4)$.

(c) $\pi\,\sigma\,\pi^{-1} = (1\,3\,5\,3\,4)$.
(d) $\pi\,\sigma\,\pi^{-1} = (1\,4\,5\,2\,3)$.

Beachte, dass der *Typ* von σ bei Konjugation erhalten bleibt.

9.7 Nach dem Satz 2.15 (Algebrabuch) von Cayley bzw. dem Korollar 2.16 (Algebrabuch) ist jede endliche Gruppe G mit $|G| = n$ isomorph zu einer Untergruppe von S_n. Wir bezeichnen mit λ den Monomorphismus von G in S_n. Weil wir wissen, dass die alternierenden Gruppen einfach sind, *verlängern* wir nun diesen Monomorphismus λ in eine alternierende Gruppe. Gesucht ist ein Monomorphismus φ von S_n in eine einfache Gruppe $A_m, m > n$, es ist dann $\varphi(\lambda(G)) \subseteq A_m$ isomorph zu G und eine Untergruppe der einfachen Gruppe A_m. Die Idee beruht auf der Beobachtung:

Ist $\tau = (a_1 \dots a_\ell)$ ein ℓ-Zyklus aus S_n, so ist $\tau' := (a_1 + n \dots a_\ell + n)$ aus S_{2n}, und es gilt dann $\tau\,\tau' \in A_{2n}$, da $\operatorname{sgn}(\tau) = \operatorname{sgn}(\tau')$. Wir wählen also $m = 2n$. Nun können wir eine Abbildung von S_n in die einfache Gruppe A_{2n} angeben:

Für $\sigma \in S_n$ sei $\sigma = \sigma_1 \cdots \sigma_k$ die kanonische Zyklenzerlegung. Betrachte nun die Abbildung

$$\varphi : \begin{cases} S_n \to & A_{2n} \\ \sigma \mapsto & \sigma_1 \sigma_1' \cdots \sigma_k \sigma_k' \end{cases}.$$

Die Abbildung φ ist ein Homomorphismus, und da σ_i, σ_j' jeweils elementfremd sind, auch injektiv, also ein Monomorphismus.

9.8 (a) Bekanntlich ist A_n ein Normalteiler vom Index 2 in S_n. Mit dem ersten Isomorphiesatz gelingt es, diese Tatsache für die zu betrachtende Untergruppe U zu nutzen: Wir setzen $N := U \cap A_n$ und ermitteln den Index $[U : N]$.

Der 1. Isomorphiesatz 4.3 (Algebrabuch) besagt $U\,A_n \leq S_n$, $N \trianglelefteq U$ und $U\,A_n / A_n \cong U/N$. Damit gilt $[U : N] = [U\,A_n : A_n]$.

Nun kommt die ungerade Permutation σ ins Spiel, die nach Voraussetzung in U liegt: $\sigma \in U \backslash A_n$. Insbesondere gilt also $A_n \subsetneq U\,A_n \leq S_n$, was wegen $[S_n : A_n] = 2$ offenbar $U\,A_n = S_n$ zur Folge hat. Es folgt $[U : N] = [U\,A_n : A_n] = [S_n : A_n] = 2$.

(b) Nach dem Satz von Cayley bzw. Korollar 2.16 (Algebrabuch) gibt es einen Monomorphismus $\phi : G \to S_{2m}$. Insbesondere ist $U := \phi(G) \leq S_{2m}$ eine zu G isomorphe Untergruppe von S_{2m}. Wegen $|G| = 2\,m$ existiert nach dem Satz von Cauchy ein $\sigma \in S_{2m}$ mit $o(\sigma) = 2$. Es ist σ ein Produkt von elementfremden Transpositionen, und zwar von genau m Stück, da nämlich σ keinen Fixpunkt hat. Also ist $\mathrm{sgn}(\sigma) = (-1)^m = -1$ und somit $\sigma \in U \backslash A_{2m}$. Nach Teil (a) existiert also ein $N \trianglelefteq U$ mit $[U : N] = 2$. Wegen $G \cong U$, besitzt also auch G einen Normalteiler vom Index 2. Das war zu zeigen.

9.9 Die Lösung dieser Aufgabe benutzt Schlüsse, die wir aus den Aufgaben zu den Sylowsätzen gut kennen: Die S_3 wird von den Transpositionen erzeugt (beachte Korollar 9.5 (Algebrabuch)). Die Menge der Transpositionen bezeichnen wir mit Z, $Z = \{(1\,2),\ (1\,3),\ (2\,3)\}$. Die zu bestimmende Gruppe $\mathrm{Aut}(S_3)$ operiert auf Z via

$$\cdot : \mathrm{Aut}(S_3) \times Z \to Z, \ (\varphi, (a\,b)) \mapsto (\varphi(a)\,\varphi(b)).$$

Nach Lemma 7.1 (Algebrabuch) liefert diese Operation einen Monomorphismus $\lambda :$ $\mathrm{Aut}(S_3) \to S_Z$ (beachte, dass für $\varphi \neq \mathrm{Id}$ stets eine Transposition t existiert mit $\varphi \cdot t \neq t$, sodass die Operation treu ist). Damit ist $\mathrm{Aut}(S_3)$ eine Untergruppe von S_Z. Wegen $|S_Z| = 3! = 6$ gilt somit $|\mathrm{Aut}(S_3)| \mid 6$.

Insbesondere gibt es höchstens 6 verschiedene Automorphismen von S_3.

Andererseits können wir 6 verschiedene Automorphismen von S_3 angeben, nämlich die inneren Automorphismen: Da bekanntlich das Zentrum der S_3 trivial ist, $Z(S_3) = \{\mathrm{Id}\}$, gilt nach Lemma 4.12 (Algebrabuch) $\mathrm{Inn}(G) \cong G/Z(G) = G/\{\mathrm{Id}\} \cong G$. Es folgt $|\mathrm{Inn}(G)| = |G| = 6$, also $\mathrm{Aut}(G) = \mathrm{Inn}(G)$, d.h. die Automorphismen von S_3 sind genau die inneren Automorphismen von S_3, und es gilt: $\mathrm{Aut}(S_3) \cong S_3$.

9.10 (a) Die Abbildung

$$\varphi : \begin{cases} G \to & S_{\mathcal{L}} \\ a \mapsto \varphi_a : \begin{cases} \mathcal{L} \to \mathcal{L} \\ x\,U \mapsto a\,x\,U \end{cases} \end{cases}$$

ist ein Homomorphismus. Für den Kern von φ gilt: Kern $\varphi = G$ oder $\{e_G\}$, weil G einfach ist. Im ersten Fall folgte $U = a\,U = \varphi_a(U)$, d. h. $a \in U$ für jedes $a \in G$, im Widerspruch zu $G \neq U$. Daher ist φ injektiv und somit ein Monomorphismus. Die Gruppe $\varphi(G) \leq S_{\mathcal{L}}$ ist zu G isomorph.

(b) Die Gruppe A_n ist einfach, daher können wir den Teil (a) mit $G = A_n$ anwenden: Ist U eine Untergruppe von A_n mit Index $d > 1$, so folgt mit dem Teil (a), dass G isomorph zu einer Untergruppe von $S_{\mathcal{L}}$ ist, die wiederum zu S_d isomorph ist. Wegen $|A_n| = \frac{1}{2}n!$ und $|S_d| = d!$ erhalten wir somit

$$\tfrac{1}{2}\,n! = |A_n| \leq d!, \quad \text{also} \quad n \leq d.$$

Also hat jede echte Untergruppe von A_n einen Index $\geq n$.

9.11 (a) Es sei G eine einfache nicht-abelsche Gruppe mit $|G| \leq 100$. Wegen der Aussagen in Satz 7.7 (Algebrabuch), Lemma 8.7 (Algebrabuch) und Aufgabe 9.8 gilt

- $|G|$ ist keine Primzahlpotenz.
- $|G|$ ist nicht Produkt zweier Primzahlen.
- $|G| \not\equiv 2 \pmod 4$.

Es folgt

$$|G| \in \{12,\ 20,\ 24,\ 28,\ 36,\ 40,\ 44,\ 45,\ 48,\ 52,\ 56,\ 60,\ 63,\ 68,\ 72,$$
$$75,\ 76,\ 80,\ 84,\ 85,\ 92,\ 96,\ 99,\ 100\}.$$

In der folgenden Tabelle sind H eine Gruppe mit einer dieser Ordnungen und d der größte Primzahlpotenzteiler von $|H|$:

$|H|$	12	20	24	28	36	40	44	45	48	52	56	60	63	68	72
d	4	5	8	7	9	8	11	9	16	13	8	5	9	17	9
$\left(\frac{|H|}{d}\right)!$	6	24	6	24	24	120	24	120	6	24	7!	12!	7!	24	8!

$|H|$	75	76	80	84	85	92	96	99	100
d	25	19	16	7	17	23	32	11	25
$\left(\frac{|H|}{d}\right)!$	6	24	120	12!	120	24	6	9!	24

H besitzt nach dem Satz 8.1 (Algebrabuch) von Frobenius eine Untergruppe der Ordnung d, also vom Index $\frac{|H|}{d}$. Wenn H einfach ist, folgt mit Aufgabe 9.10:

$$|H| \, | \, \left(\frac{|H|}{d}\right)!.$$

Es folgt

$$G \in \{40,\, 56,\, 60,\, 63,\, 72,\, 84\}.$$

(b) Für Gruppen der Ordnung 40 und 56 haben wir dies bereits ausführlich in Aufgabe 8.4 erledigt. Für die restlichen Zahlen erhalten wir mit der Bezeichnung n_p für die Anzahl der p-Sylowgruppen von G (beachte insbesondere die Sylow'schen Sätze und Satz 8.6 (Algebrabuch)):

Zu $|G| = 63$: Es gilt $63 = 3^2 \cdot 7$. Wegen $n_7 \mid 9$, $n_7 \equiv 1 \pmod 7$ gilt $n_7 = 1$, damit existiert ein nichttrivialer Normalteiler.

Zu $|G| = 72$: Es gilt $72 = 2^3 \cdot 3^2$. Wegen $n_3 \mid 8$, $n_3 \equiv 1 \pmod 3$ gilt $n_3 = 1$ oder $n_3 = 4$. Wie in Aufgabe 8.8 zu $|G| = 96$ folgt wegen $|G| \nmid 4!$, dass ein nichttrivialer Normalteiler existiert.

Zu $|G| = 84$: Es gilt $84 = 2^2 \cdot 3 \cdot 7$. Wegen $n_7 \mid 12$, $n_7 \equiv 1 \pmod 7$ gilt $n_7 = 1$, damit existiert ein nichttrivialer Normalteiler.

(c) Es sei G einfach und von der Ordnung 60. Es gilt $n_5 \mid 12$, $n_5 \equiv 1 \pmod 5$, also $n_5 = 6$, das liefert:

(1) G hat 24 Elemente der Ordnung 5.

Es gilt $n_2 \mid 15$, also $n_2 \in \{3, 5, 15\}$.

Im Fall $n_2 = 3$ folgte $[G : N_G(P_2)] = 3$ für eine 2-Sylowgruppe P_2, im Widerspruch zur Aufgabe 9.10 .

Es gelte $n_2 = 15$: Wäre $P \cap Q = \{e_G\}$ für je zwei 2-Sylowgruppen P, Q, so gäbe es 46 Elemente in den 2-Sylowgruppen im Widerspruch zu (1). Somit existieren 2-Sylowgruppen P, Q mit einem Element $z \neq e_G$ in $P \cap Q$. Wegen Lemma 7.8 (Algebrabuch) gilt P, $Q \subseteq Z := Z_G(\{z\})$. Es folgt $4 \mid |Z|$, $|Z| \geq 6$, $|Z| \mid 60$, also $|Z| \in \{12, 20, 60\}$.

Es ist $|Z| = 60$ nicht möglich: Dann folgte $z \in Z(G)$, also $\langle z \rangle \trianglelefteq G$.

Es ist $|Z| = 20$ nicht möglich: Es wäre $[G : Z] = 3$ entgegen Aufgabe 9.10.

Somit gilt $|Z| = 12$, d. h. $[G : Z] = 5$.

Im Fall $n_2 = 5$ hat $N_G(P_2)$ für jede 2-Sylowgruppe P_2 den Index 5 in G.

Somit existiert $U \leq G$ mit $[G : U] = 5$. Es folgt mit Aufgabe 9.10:

(2) G ist zu einer Untergruppe V von S_5 isomorph; und $[S_5 : V] = 2$.

Nun folgt die Behauptung mit Aufgabe 9.3, da V als Untergruppe vom Index 2 ein Normalteiler in S_5 ist.

Alternativ können wir auch wie folgt schließen: Für jeden 3-Zykel δ folgt $(\delta\, V)^2 \in V$, also $\delta^2 \in V$, sodass $\delta = \delta^{-2} \in V$. Nun folgt mit Lemma 9.9 (Algebrabuch) $A_5 \subseteq V$, also $G \cong V = A_5$.

9.12 In der S_5 gibt es Elemente der Ordnung 6: Jedes Produkt $(a\, b)\,(c\, d\, e)$ disjunkter 2- und 3-Zyklen hat die Ordnung 6, vgl. auch Aufgabe 9.1.

In der A_5 gibt es keine Elemente der Ordnung 6: Ein Element σ der Ordnung 6 wäre nach dem Satz 9.4 (Algebrabuch) ein Produkt $\sigma = (a\,b)\,(c\,d\,e)$ disjunkter 2- und 3-Zyklen. Jedes solche Produkt hat aber das Signum -1 und liegt somit nicht in der A_n.

9.13 Wir schreiben die Permutation σ als Produkt disjunkter Zyklen:

$$\sigma = \begin{pmatrix} 1 & 2 & 3 & 4 & 5 & 6 & 7 & 8 & 9 & 10 & 11 \\ 3 & 19 & 8 & 4 & 5 & 7 & 11 & 1 & 2 & 6 & 10 \end{pmatrix} = (1,\,3,\,8)\,(2,\,9)\,(6,\,7,\,11,\,10).$$

Mit Aufgabe 9.1 erhalten wir als Ordnung $o(\sigma) = \mathrm{kgV}(2, 3, 4) = 12$.

9.14 Wegen $21 = 3 \cdot 7$ wählen wir zwei Untergruppen U und N von S_7 mit $|U| = 3$ und $|N| = 7$ (und $U \cap N = \{e\}$) und $U\,N = N\,U$. Es ist dann $U\,N$ nach Lemma 4.4 (Algebrabuch) eine Untergruppe von S_7 mit $|U\,N| = 21$.

Wegen der Primzahlordnungen von U und N sind beide Gruppen zyklisch, $U = \langle \sigma \rangle$ und $N = \langle \tau \rangle$; und die Bedingung $U\,N = N\,U$ lautet dann: Zu (i, j) gibt es (r, s) mit

$$\sigma^i \tau^j = \tau^r \sigma^s.$$

Dies folgt bereits aus

$$\sigma \tau \sigma^{-1} = \tau^k \quad \text{für ein } k.$$

Wir wählen nun $\tau = (1\,2\,3\,4\,5\,6\,7)$ und bestimmen σ so, dass $\sigma \tau \sigma^{-1} = \tau^k$ für ein k gilt: Wir probieren es zuerst mit

$$\tau^2 = (1\,3\,5\,7\,2\,4\,6).$$

Wegen

$$\sigma \tau \sigma^{-1} = (\sigma(1)\,\sigma(2)\,\sigma(3)\,\sigma(4)\,\sigma(5)\,\sigma(6)\,\sigma(7)) = (1\,3\,5\,7\,2\,4\,6)$$

erhalten wir

$$\sigma = (2\,3\,5)\,(4\,7\,6),$$

ein Element der Ordnung 3.

Mit $U = \langle \sigma \rangle$ und $N = \langle \tau \rangle$ erhalten wir durch $U\,N$ eine Untergruppe der S_7 von der Ordnung 21.

9.15 Wir stellen ein $\pi \in S_n$ als Produkt disjunkter Zyklen dar: $\pi = \pi_1 \pi_2 \cdots \pi_r$. Dann gilt $o(\pi_i) = n_i$ für alle i und $o(\pi) = \mathrm{kgV}(n_1, n_2, \ldots, n_r)$ (beachte die Lösung zu Aufgabe 9.1). Weiterhin gilt $n_1 + n_2 + \cdots + n_r \le n$.

- $n = 1$: $\pi = (1)$ hat die Ordnung 1: $\max(o(\pi)) = 1$.
- $n = 2$: $\pi = (1\,2)$ hat die Ordnung 2: $\max(o(\pi)) = 2$.
- $n = 3$: $\pi = (1\,2\,3)$ hat die Ordnung 3: $\max(o(\pi)) = 3$.
- $n = 4$: $\pi = (1\,2\,3\,4)$ bzw. $\pi = (1\,2)\,(3\,4)$ hat die Ordnung 4: $\max(o(\pi)) = 4$.

- $n = 5$: $\pi = (1\,2)\,(3\,4\,5)$ hat die Ordnung 6: $\max(o(\pi)) = 6$.
- $n = 6$: $\pi = (1\,2)\,(4\,5\,6)$ hat die Ordnung 6: $\max(o(\pi)) = 6$.
- usw.

Nach Durchspielen aller möglichen Fälle für $n \leq 10$ ergibt sich die folgende Tabelle:

n	1	2	3	4	5	6	7	8	9	10
$\max(o(\pi))$	1	2	3	4	6	6	12	15	20	30
$\prod n_i$	1	2	3	4	$2 \cdot 3$	$2 \cdot 3$	$3 \cdot 4$	$3 \cdot 5$	$4 \cdot 5$	$2 \cdot 3 \cdot 5$

9.16 Wegen $(2\,3\,5)^3 = (1)$ und $(4\,7\,8\,9\,\mathrm{X})^5 = (1)$ dividieren wir 1999 durch 3 bzw. durch 5 mit Rest und erhalten:

$$\pi^{1999} = (235)^{1999}(4789X)^{1999} = (235)^{3 \cdot 666+1}(4789X)^{5 \cdot 399+4} = (235)^1(4789X)^4$$
$$= (235)(4X987).$$

9.17 Bekanntlich ist für jedes $n \in \mathbb{N}$ die Gruppe A_n der Kern des Homomorphismus

$$\mathrm{sgn} : S_n \to \{\pm 1\}.$$

Es folgt mit dem Homomorphiesatz $S_n/A_n \cong \{\pm 1\}$. Wir wählen eine zu $\{\pm 1\}$ isomorphe Untergruppe U von S_n (beachte, dass $G/N \cong U$ gelten muss, sofern $G = N \rtimes U$), etwa die Menge

$$U = \{(1),\ (12)\} \subseteq S_n.$$

Für diese Menge U (und $N = A_n$) stellen wir nun fest:

- A_n ist als Kern des Homomorphismus sgn ein Normalteiler von S_n.
- U ist offenbar eine Untergruppe von S_n.
- $U \cap A_n = \{(1)\}$, da nur das neutrale Element (1) aus U das Signum $+1$ hat.
- $S_n = A_n U$: Natürlich gilt die Inklusion $A_n U \subseteq S_n$. Es sei nun $\sigma \in S_n$. Im Fall $\sigma \in A_n$ gilt $\sigma \in A_n U$, da $(1) \in U$. Und im Fall $\sigma \notin A_n$ gilt $\tau := \sigma\,(12) \in A_n$, da $\mathrm{sgn}(12) = -1$ und sgn ein Homomorphismus ist. Es ist in diesem Fall (beachte $(12)^{-1} = (12)$) dann $\sigma = \tau\,(12)$ mit $\tau \in A_n$ und $(12) \in U$, also erneut $\sigma \in A_n U$. Also gilt auch in diesem Fall die Inklusion $S_n \subseteq A_n U$.

Damit ist bereits gezeigt, dass $S_n = A_n \rtimes U$ internes semidirektes Produkt von S_n mit U ist. Nun beachten wir noch, dass U im Fall $n \geq 3$ wegen der Rechenregel (d) in Lemma 9.1 (Algebrabuch) kein Normalteiler von S_n ist. Somit ist das semidirekte Produkt echt, d. h. kein direktes Produkt.

9.18 Für jedes $n \geq 2$ ist A_n als Untergruppe der S_n vom Index 2 ein Normalteiler der S_n. Da A_n für $n \geq 5$ einfach ist, hat A_n somit keine nichttrivialen Normalteiler.

Wir zeigen, dass im Fall $n \geq 5$ neben A_n keine weiteren nichttrivialen Normalteiler in der S_n existieren. Angenommen, N ist ein nichttrivialer Normalteiler von S_n. Wir zeigen, dass nur $N = A_n$ gelten kann. Dazu schneiden wir diesen Normalteiler N mit der A_n und erhalten einen Normalteiler in der A_n, der wegen der Einfachheit der A_n nur A_n selbst oder $\{e\}$ sein kann, präziser: Wegen des ersten Isomorphiesatzes gilt $A_n \cap N \trianglelefteq A_n$, d. h. wegen der Einfachheit von A_n:

$$\text{(i)} \quad A_n \cap N = A_n \quad \text{oder} \quad \text{(ii)} \quad A_n \cap N = \{e\}.$$

Im Fall (i) gilt $A_n \subseteq N \subseteq S_n$ und somit $N = A_n$, da $N \neq S_n$ vorausgesetzt ist und A_n den Index 2 in S_n hat. Damit ist in diesem Fall alles gezeigt.

Im Fall (ii) beachten wir, dass $A_n N = S_n$ wegen $A_n \subseteq A_n N \subseteq S_n$ gilt (beachte, dass N nichttrivial ist). Wir wenden nun den ersten Isomorphiesatz an und erhalten:

$$S_n/N = A_n N/N \cong A_n/A_n \cap N = A_n/\{e\} \cong A_n,$$

also $|N| = 2$, da aus $S_n/N \cong A_n$ folgt $|A_n| = |S_n/N| = |S_n|/|N|$. Es gelte $N = \{\text{Id}, \tau\}$. Wir müssen begründen, dass dieser Fall nicht möglich ist und suchen daher nach einem Widerspruch.

Da N ein Normalteiler ist, gilt

$$\sigma^{-1} \tau \sigma = \tau \quad \text{für jedes} \ \sigma \in S_n. \tag{9.1}$$

Aber nun lässt sich leicht ein Element a angeben, sodass $\tau(a) \neq \sigma^{-1} \tau \sigma(a)$ für ein $\sigma \in S_n$: Wähle dazu ein a mit $b := \tau(a) \neq a$ und $\sigma \in S_n$ mit $\sigma(a) = a$, $\sigma(b) \neq b$. Dann gilt

$$b = \tau(a) \overset{(9.1)}{=} \sigma^{-1} \tau \sigma(a) = \sigma^{-1} \tau(a) = \sigma^{-1}(b).$$

Dieser Widerspruch belegt, dass der Fall (ii) nicht eintreten kann. Es gilt $N = A_n$, womit gezeigt ist, dass A_n der einzige nichttriviale Normalteiler von S_n ist.

9.19 Die alternierende Gruppe A_5 ist eine Untergruppe der symmetrischen Gruppe S_5 mit $|A_5| = 60$. Angenommen, es gibt eine Untergruppe H von A_5 mit $|H| = 30$. Dann hat H den Index 2 in A_5 und ist somit ein nichttrivialer Normalteiler von A_5. Das ist ein Widerspruch, da A_5 einfach ist und somit keine nichttrivialen Normalteiler enthält.

Der Hauptsatz über endliche abelsche Gruppen 10

10.1 Aufgaben

10.1 • Bestimmen Sie bis auf Isomorphie alle endlichen abelschen Gruppen der Ordnung 36.

10.2 • Wie viele nichtisomorphe abelsche Gruppen der Ordnung $2^6 \cdot 3^4 \cdot 5^2$ gibt es?

10.3 •• Bestimmen Sie die Automorphismengruppe A der zyklischen Gruppe $\mathbb{Z}/40$ bzw. $\mathbb{Z}/35$ und schreiben Sie A als $A \cong \mathbb{Z}/d_1 \times \mathbb{Z}/d_2 \times \ldots \times \mathbb{Z}/d_r$ mit $d_i \mid d_{i+1}$ für $i = 1, \ldots, r-1$.

10.2 Lösungen

10.1 Es gilt $36 = 2^2 \cdot 3^2$. In der Primfaktorisierung der Gruppenordnung taucht also zweimal der Exponent 2 auf. Wegen $|P(2)| = 2$ gibt es daher nach Lemma 10.5 (Algebrabuch) bis auf Isomorphie genau $2 \cdot 2 = 4$ abelsche Gruppen der Ordnung 36. Es sind dies

$$
\begin{aligned}
\mathbb{Z}/4 \times \mathbb{Z}/9 \qquad\qquad &\cong \mathbb{Z}/36 \,, \\
\mathbb{Z}/2 \times \mathbb{Z}/2 \times \mathbb{Z}/9 \qquad\qquad &\cong \mathbb{Z}/2 \times \mathbb{Z}/18 \,, \\
\mathbb{Z}/4 \times \mathbb{Z}/3 \times \mathbb{Z}/3 \qquad\qquad &\cong \mathbb{Z}/3 \times \mathbb{Z}/12 \,, \\
\mathbb{Z}/2 \times \mathbb{Z}/2 \times \mathbb{Z}/3 \times \mathbb{Z}/3 &\cong \mathbb{Z}/6 \times \mathbb{Z}/6 \,.
\end{aligned}
$$

Dabei haben wir links die Zerlegung entsprechend der 1. Fassung und rechts die Zerlegung entsprechend der 2. Fassung des Hauptsatzes angegeben.

© Der/die Autor(en), exklusiv lizenziert durch Springer-Verlag GmbH, DE, ein Teil von Springer Nature 2021
C. Karpfinger, *Arbeitsbuch Algebra*,
https://doi.org/10.1007/978-3-662-61954-4_10

10.2 Die Exponenten der Primzahlen der (kanonischen) Primfaktorisierung sind 6, 4 und 2. Daher benötigen wir die Anzahl der Partitionen der Zahlen 6, 4 und 2; diese lauten:

- $6 = 5 + 1 = 4 + 2 = 4 + 1 + 1 = 3 + 3 = 3 + 2 + 1 = 3 + 1 + 1 + 1 = 2 + 2 + 2 = 2 + 2 + 1 + 1 = 2 + 1 + 1 + 1 + 1 = 1 + 1 + 1 + 1 + 1 + 1.$
- $4 = 3 + 1 = 2 + 2 = 2 + 1 + 1 = 1 + 1 + 1 + 1.$
- $2 = 1 + 1.$

Daher gilt $|P(6)| = 11$, $|P(4)| = 5$ und $|P(2)| = 2$. Nach Lemma 10.5 (Algebrabuch) ist die Anzahl nichtisomorpher abelscher Gruppen der Ordnung $2^6 \cdot 3^4 \cdot 5^2$ gleich dem Produkt der Anzahl der Partitionen von 6, 4 und 2. Die gesuchte Zahl ist somit $11 \cdot 5 \cdot 2 = 110$.

10.3 Wir bestimmen zunächst $A = \mathrm{Aut}(\mathbb{Z}/40)$. Nach Satz 5.15 (Algebrabuch) und Lemma 6.9 (Algebrabuch) gilt:

$$A = \mathrm{Aut}(\mathbb{Z}/40) \cong \mathbb{Z}/40^{\times} \cong \mathbb{Z}/8^{\times} \times \mathbb{Z}/5^{\times}.$$

Da alle Elemente von $\mathbb{Z}/8^{\times} = \{\overline{1}, \overline{3}, \overline{5}, \overline{7}\}$ eine Ordnung ≤ 2 haben, gilt $\mathbb{Z}/8^{\times} \cong \mathbb{Z}/2 \times \mathbb{Z}/2$. Wegen $\mathbb{Z}/5^{\times} = \{\overline{1}, \overline{2}, \overline{3}, \overline{4}\} = \langle \overline{2} \rangle$ ist $\mathbb{Z}/5^{\times} \cong \mathbb{Z}/4$. Also $A \cong \mathbb{Z}/2 \times \mathbb{Z}/2 \times \mathbb{Z}/4$.

Wir bestimmen nun noch $A = \mathrm{Aut}(\mathbb{Z}/35)$. Wie oben erhalten wir zunächst:

$$A = \mathrm{Aut}(\mathbb{Z}/35) \cong \mathbb{Z}/35^{\times} \cong \mathbb{Z}/5^{\times} \times \mathbb{Z}/7^{\times}.$$

Wegen $\mathbb{Z}/7^{\times} = \langle \overline{2} \rangle \cong \mathbb{Z}/6$ gilt:

$$A \cong \mathbb{Z}/4 \times \mathbb{Z}/6 \cong \mathbb{Z}/4 \times \mathbb{Z}/2 \times \mathbb{Z}/3 \cong \mathbb{Z}/2 \times \mathbb{Z}/12.$$

Auflösbare Gruppen

11

11.1 Aufgaben

11.1 •• Zeigen Sie: Jede abelsche Gruppe G, die eine Kompositionsreihe besitzt, ist endlich.

11.2 • Geben Sie zu den beiden Normalreihen

$$\mathbb{Z} \trianglerighteq 15\,\mathbb{Z} \trianglerighteq 60\,\mathbb{Z} \trianglerighteq \{0\} \quad \text{und} \quad \mathbb{Z} \trianglerighteq 12\,\mathbb{Z} \trianglerighteq \{0\}$$

äquivalente Verfeinerungen und die zugehörigen Faktoren an.

11.3 • Man gebe alle möglichen Kompositionsreihen der Gruppe $\mathbb{Z}/24$ mit den zugehörigen Faktoren an.

11.4 • Man gebe eine Kompositionsreihe für $\mathbb{Z}/p^k$ an (p eine Primzahl).

11.5 •• Man bestimme die abgeleitete Reihe

$$D_n^{(0)} \trianglerighteq D_n^{(1)} \trianglerighteq \cdots$$

für die Diedergruppe D_n, $n \in \mathbb{N}$. Für welche n ist die Diedergruppe D_n auflösbar?

11.6 •• Man bestimme die abgeleitete Reihe

$$Q^{(0)} \trianglerighteq Q^{(1)} \trianglerighteq \cdots$$

für die Quaternionengruppe Q (vgl. Beispiel 2.1 (Algebrabuch)). Ist die Quaternionengruppe auflösbar?

C. Karpfinger, *Arbeitsbuch Algebra*,
https://doi.org/10.1007/978-3-662-61954-4_11

11.7 •• Zeigen Sie, dass jede Gruppe G der Ordnung $p^2 q$ mit Primzahlen p, q auflösbar ist.

11.8 ••• Zeigen Sie, dass jede Gruppe G der Ordnung < 60 auflösbar ist.

11.9 • Zeigen Sie, dass die Gruppe S_4 auflösbar ist.

11.10 •• Bestimmen Sie die Kommutatorgruppe G' für die Gruppe G der invertierbaren oberen (2×2)-Dreiecksmatrizen über dem Körper $K = \mathbb{Z}/p$, p prim:

$$G = \left\{ \begin{pmatrix} a & b \\ 0 & c \end{pmatrix} \in K^{2 \times 2} \mid a,\, c \in K \setminus \{0\},\, b \in K \right\}.$$

11.11 •• Es sei G die Gruppe der invertierbaren oberen (2×2)-Dreiecksmatrizen über einem Körper K.

a) Begründen Sie, warum G auflösbar ist.
b) Es sei weiter H die Untergruppe von G, die aus allen Elementen von G mit Determinante 1 besteht. Ist H auflösbar?

11.12 • Was können Sie über das Zentrum $Z(G)$ und die Kommutatorgruppe G' einer einfachen Gruppe aussagen?

11.2 Lösungen

11.1 Es sei G eine abelsche Gruppe mit der Kompositionsreihe $\mathcal{G} = (G_0, \ldots, G_r)$. Wir begründen zuerst, dass die Kompositionsfaktoren, das sind die Faktorgruppen G_{i+1}/G_i, endlich sind: Da die Gruppe G abelsch ist, sind auch alle Faktorgruppen G_{i+1}/G_i abelsch. Es sei H eine dieser Faktorgruppen. Die Gruppe H ist einfach (und abelsch), da $\mathcal{G}$ eine Kompositionsreihe ist. Daher gilt $\langle a \rangle = H$ für jedes $a \in H \setminus \{e_H\}$, insbesondere ist H zyklisch. Somit muss H endlich sein, da sonst $H \cong \mathbb{Z}$ und $\mathbb{Z}$ ist nicht einfach (siehe Satz 5.3 (Algebrabuch)). Damit ist bereits begründet, dass sämtliche Kompositionsfaktoren einer abelschen Gruppe endlich sind. Folglich gilt für $i = 0, \ldots, r - 1$:

$$[G_{i+1} : G_i] = |G_{i+1}/G_i| \in \mathbb{N}.$$

Wir begründen nun, dass damit auch G endlich ist: Wegen $G_r = G$ und $G_0 = \{e\}$ erhalten wir nach dem Satz von Lagrange:

$$|G| = [G_r : G_{r-1}] \, |G_{r-1}|$$
$$= [G_r : G_{r-1}][G_{r-1} : G_{r-2}] \, |G_{r-2}| = \cdots$$
$$= [G_r : G_{r-1}] \cdots [G_1 : G_0] \, |G_0| = [G_r : G_{r-1}] \cdots [G_1 : G_0] \in \mathbb{N}.$$

Bemerkungen Wir können sogar begründen, dass jeder Kompositionsfaktor H Primzahlordnung hat: Als einfache und abelsche Gruppe gilt nämlich zunächst $H \cong \mathbb{Z}/p$ für ein $p \in \mathbb{N}$ (siehe Satz 5.3 (Algebrabuch)). Da H einfach ist, ist nach Lemma 5.2 (Algebrabuch) die Zahl p prim. Damit ist jede Faktorgruppe G_{i+1}/G_i isomorph zu $\mathbb{Z}/p_i$ mit einer Primzahl p_i.

11.2 Die gegebenen Reihen haben (bis auf Isomorphie) die Faktoren $\mathbb{Z}/15$, $\mathbb{Z}/4$, $\mathbb{Z}$ bzw. $\mathbb{Z}/12$, $\mathbb{Z}$. Als gemeinsame Faktoren bieten sich daher $\mathbb{Z}/5$, $\mathbb{Z}/3$, $\mathbb{Z}/4$, $\mathbb{Z}$ an. Wir verfeinern entsprechend die erste Reihe zu

$$\mathbb{Z} \trianglerighteq 5\,\mathbb{Z} \trianglerighteq 15\,\mathbb{Z} \trianglerighteq 60\,\mathbb{Z} \trianglerighteq \{0\}$$

und die zweite zu

$$\mathbb{Z} \trianglerighteq 3\,\mathbb{Z} \trianglerighteq 12\,\mathbb{Z} \trianglerighteq 60\,\mathbb{Z} \trianglerighteq \{0\}.$$

Die nun äquivalenten Reihen haben die Faktoren:

$$\mathbb{Z}/5, \ \mathbb{Z}/3, \ \mathbb{Z}/4, \ \mathbb{Z} \quad \text{und} \quad \mathbb{Z}/3, \ \mathbb{Z}/4, \ \mathbb{Z}/5, \ \mathbb{Z}.$$

11.3 Die zyklische Gruppe $\mathbb{Z}/nm$ besitzt genau eine Untergruppe der Ordnung n. Diese Untergruppe ist $m\,\mathbb{Z}/n\,m\,\mathbb{Z}$. Da $m\,\mathbb{Z}/n\,m\,\mathbb{Z} \cong \mathbb{Z}/n$, schreibt man häufig einfacher $\mathbb{Z}/n$ anstelle $m\,\mathbb{Z}/n\,m\,\mathbb{Z}$. So erhält man die viel einfachere Schreibweise $\mathbb{Z}/n \trianglelefteq \mathbb{Z}/nm$, wenngleich die Menge $\mathbb{Z}/n$ im Allgemeinen natürlich keine Teilmenge von $\mathbb{Z}/mn$ ist. Im Folgenden werden wir dennoch Gebrauch von dieser einfachen Schreibweise machen.

Wir erhalten die vier verschiedenen Kompositionsreihen für $\mathbb{Z}/24$

$$(\{\overline{0}\}, \ \mathbb{Z}/3, \ \mathbb{Z}/6, \ \mathbb{Z}/12, \ \mathbb{Z}/24) \quad \text{mit den Faktoren} \quad \mathbb{Z}/3, \ \mathbb{Z}/2, \ \mathbb{Z}/2, \ \mathbb{Z}/2,$$
$$(\{\overline{0}\}, \ \mathbb{Z}/2, \ \mathbb{Z}/6, \ \mathbb{Z}/12, \ \mathbb{Z}/24) \quad \text{mit den Faktoren} \quad \mathbb{Z}/2, \ \mathbb{Z}/3, \ \mathbb{Z}/2, \ \mathbb{Z}/2,$$
$$(\{\overline{0}\}, \ \mathbb{Z}/2, \ \mathbb{Z}/4, \ \mathbb{Z}/12, \ \mathbb{Z}/24) \quad \text{mit den Faktoren} \quad \mathbb{Z}/2, \ \mathbb{Z}/2, \ \mathbb{Z}/3, \ \mathbb{Z}/2,$$
$$(\{\overline{0}\}, \ \mathbb{Z}/2, \ \mathbb{Z}/4, \ \mathbb{Z}/8, \ \mathbb{Z}/24) \quad \text{mit den Faktoren} \quad \mathbb{Z}/2, \ \mathbb{Z}/2, \ \mathbb{Z}/2, \ \mathbb{Z}/3.$$

11.4 Mit der Schreibweise aus der Lösung zur Aufgabe 11.3 gilt

$$\{\overline{0}\} \trianglelefteq \mathbb{Z}/p \trianglelefteq \mathbb{Z}/p^2 \trianglelefteq, \ldots, \trianglelefteq \mathbb{Z}/p^k.$$

Da zudem die Faktoren $\mathbb{Z}/p^{i+1}/\mathbb{Z}/p^i \cong \mathbb{Z}/p$ einfach sind, ist

$$(\{\overline{0}\}, \ \mathbb{Z}/p, \ \mathbb{Z}/p^2, \ldots, \mathbb{Z}/p^k)$$

eine Kompositionsreihe.

11.5 Die Kommutatoren der Elemente der Diedergruppe $D_n = \{\alpha^i \beta^j \mid 0 \leq i \leq 1, 0 \leq j \leq n - 1\}$ haben die folgende Form (man beachte die Rechenregeln für die Elemente der Diedergruppe in Abschn. 3.1.5 (Algebrabuch)), wobei $0 \leq r, s \leq n$:

$$[\beta^r, \beta^s] = \beta^r \beta^s \beta^{-r} \beta^{-s} = e,$$
$$[\alpha \beta^r, \beta^s] = \alpha \beta^r \beta^s \beta^{-r} \alpha \beta^{-s} = \alpha \beta^s \beta^s \alpha = \beta^{-2s},$$
$$[\beta^r, \alpha \beta^s] = \beta^r \alpha \beta^s \beta^{-r} \beta^{-s} \alpha = \alpha \beta^{-r} \beta^{-r} \alpha = \beta^{2r},$$
$$[\alpha \beta^r, \alpha \beta^s] = \alpha \beta^r \alpha \beta^s \beta^{-r} \alpha \beta^{-s} \alpha = \beta^{-r} \beta^s \beta^{-r} \beta^s = \beta^{2(s-r)}.$$

Somit gilt $D_n' = \langle \beta^2 \rangle$. In den Fällen $n = 1$ und $n = 2$ besagt dies $D_n' = \{e\}$. Da $\langle \beta^2 \rangle$ abelsch ist, gilt $D_n'' = \{e\}$:

$$D_n \trianglerighteq \langle \beta^2 \rangle \trianglerighteq \{e\}.$$

In jedem Fall ist D_n auflösbar.

11.6 In $Q = \{\pm E, \pm I, \pm J, \pm K\}$ gilt $A^2 = -E$ für jedes $A \in Q \setminus \{\pm E\}$, also $A^{-1} = A^3 = -A$ für jedes $A \in Q \setminus \{\pm E\}$. Damit erhält man mit $K = I J = -J I$ und $-E \in Z(Q)$ die Gleichungen

$$[I, J] = I J I J = -E, \quad [I, K] = I K I K = -E, \quad [K, J] = K J K J = -E.$$

Es folgt $Q' = \{\pm E\}$, und weiter gilt $Q'' = \{E\}$. Folglich ist

$$Q \trianglerighteq \langle -E \rangle \trianglerighteq \{E\}$$

die abgeleitete Reihe. Insbesondere ist Q auflösbar. Das folgt aber auch schon aus der Tatsache, dass Q eine 2-Gruppe ist (beachte Lemma 11.16 (Algebrabuch)).

11.7 Nach Aufgabe 8.5 enthält G auf jeden Fall eine invariante Sylowgruppe.
1. Fall. Die p-Sylowgruppe P ist invariant: Es gilt $|P| = p^2$ und $|G/P| = q$.
2. Fall. Die q-Sylowgruppe Q ist invariant: Es gilt $|Q| = q$ und $|G/Q| = p^2$.
   Nun sind wir in der glücklichen Situation, dass in jedem Fall die *Faktoren*

$$P, \ G/P, \ Q, \ G/Q$$

alles p- bzw. q-Gruppen sind, p, q prim. Daher können wir Lemma 11.6 (Algebrabuch) anwenden: P, G/P, Q, G/Q sind auflösbar. Nun ist aber die Auflösbarkeit eine Eigenschaft, die sich von den *Faktoren* auf das *Produkt* überträgt: Nach Satz 11.11 (Algebrabuch) ist in jedem Fall auch G auflösbar.

11.8 Es sind alle Gruppen der Ordnungen

$$p^k, \ pq, \ p^2q$$

mit p, q prim und $k \in \mathbb{N}$ auflösbar (beachte Lemmata 11.16 (Algebrabuch) und 11.17 (Algebrabuch) und Aufgabe 11.7). Die Zahlen, die kleiner als 60 sind und nicht von dieser Form sind, sind

$$24, \ 30, \ 36, \ 40, \ 42, \ 48, \ 54, \ 56.$$

Nun haben wir aber in der Aufgabe 8.4 gezeigt, dass jede Gruppe der Ordnung 40 und 56 eine p-Sylowgruppe P als Normalteiler hat. Wie in der Lösung zu Aufgabe 11.7 folgt nun mit Lemma 11.16 (Algebrabuch) und Satz 11.11 (Algebrabuch), dass Gruppen dieser Ordnungen auflösbar sind.

Es verbleiben die Zahlen

$$24 = 2^3 \cdot 3, \ 30 = 2 \cdot 3 \cdot 5, \ 36 = 2^2 \cdot 3^2, \ 42 = 2 \cdot 3 \cdot 7, \ 48 = 2^4 \cdot 3, \ 56 = 2^3 \cdot 7.$$

Aber über Gruppen dieser Ordnung wissen wir nach Aufgabe 9.11, dass sie nicht einfach sind, folglich einen nichttrivialen Normalteiler N enthalten. Nun können wir erneut jeweils die *Faktoren* N und G/N betrachten und stellen fest, dass wegen $|N| \mid |G|$ diese Faktoren mit Ausnahme vom Fall $48 = 2^4 \cdot 3$ jeweils wieder Ordnungen von der Form p^k oder pq oder p^2q mit p und q prim haben. Erneutes Anwenden der Lemmata 11.16 (Algebrabuch), 11.17 (Algebrabuch) und Satz 11.17 (Algebrabuch) liefert die Auflösbarkeit von Gruppen G dieser Ordnungen.

Es bleibt der Fall $48 = 2^4 \cdot 3$: Falls nun tatsächlich eine Gruppe G der Ordnung 48 einen Normalteiler N der Ordnung 2 hat, so hat die Faktorgruppe G/N die Ordnung $2^3 \cdot 3$. Diese Zahl ist zwar nicht von der Form p^k oder pq oder p^2q, aber das ist kein Problem: Wir wissen ja längst, dass jede Gruppe der Ordnung $24 = 2^3 \cdot 3$ auflösbar ist. Anwenden oben genannter Ergebnisse liefert erneut die Auflösbarkeit von G.

11.9 Nach Lemma 11.12 (Algebrabuch) ist eine Gruppe genau dann auflösbar, wenn sie eine abelsche Normalreihe besitzt. Wir betrachten die folgende Normalreihe in der S_4:

$$\{(1)\} \trianglelefteq \{(1), (12)(34), (13)(24), (14)(23)\} \trianglelefteq A_4 \trianglelefteq S_4.$$

Da die Faktoren alle abelsch sind, ist dies eine abelsche Normalreihe, die Gruppe S_4 also auflösbar.

11.10 Bekanntlich (siehe Aufgabe 4.13) ist

$$U = \left\{ \begin{pmatrix} a & 0 \\ 0 & c \end{pmatrix} \mid a, c \in K \setminus \{0\} \right\}$$

eine abelsche Untergruppe von G. Wir betrachten den surjektiven Homomorphismus

$$\varphi : G \to U, \ \begin{pmatrix} a & b \\ 0 & c \end{pmatrix} \mapsto \begin{pmatrix} a & 0 \\ 0 & c \end{pmatrix}.$$

Für den Kern von φ gilt offenbar

$$\ker(\varphi) = \left\{ \begin{pmatrix} 1 & b \\ 0 & 1 \end{pmatrix} \mid b \in K \right\} \quad \text{mit} \quad |\ker(\varphi)| = |K| = p.$$

Laut dem Homomorphiesatz gilt nun

$$G/\ker(\varphi) \cong U.$$

Insbesondere ist $G/\ker(\varphi)$ abelsch. Nach Lemma 11.5 (Algebrabuch) gilt somit $G' \subseteq \ker(\varphi)$. Wegen $|\ker(\varphi)| = p$, p prim, kommen nach dem Satz von Lagrange nur $|G'| = 1$ oder $|G'| = p$ infrage.

1. Fall: $p = 2$: Dann ist G abelsch (vgl. Aufgabe 4.13). Es folgt $G' = \{E_2\}$ mit der Einheitsmatrix $E_2 \in G$.

2. Fall: $p > 2$. Dann ist G nicht abelsch. Es folgt $G' = \ker(\varphi)$.

11.11 Die Gruppe G lautet:

$$G = \left\{ \begin{pmatrix} a & b \\ 0 & c \end{pmatrix} \in K^{2 \times 2} \mid a,\, c \neq 0 \right\}.$$

(a) Die Teilmenge

$$N = \left\{ \begin{pmatrix} 1 & b \\ 0 & 1 \end{pmatrix} \in K^{2 \times 2} \mid b \in K \right\}$$

von G ist ein Normalteiler von G, da N der Kern des Homomorphismus

$$\varphi : G \to (K^\times)^2, \ \begin{pmatrix} a & b \\ 0 & c \end{pmatrix} \mapsto (a,\, c)$$

ist.

- N ist auflösbar, da N abelsch ist: Für alle $b,\, b' \in K$ gilt

$$\begin{pmatrix} 1 & b \\ 0 & 1 \end{pmatrix} \begin{pmatrix} 1 & b' \\ 0 & 1 \end{pmatrix} = \begin{pmatrix} 1 & b+b' \\ 0 & 1 \end{pmatrix} = \begin{pmatrix} 1 & b' \\ 0 & 1 \end{pmatrix} \begin{pmatrix} 1 & b \\ 0 & 1 \end{pmatrix}.$$

- G/N ist auflösbar, da G/N abelsch ist: Nach dem Homomorphiesatz gilt nämlich

$$G/N = G/\operatorname{Kern}(\varphi) \cong \operatorname{Bild}(\varphi) = ((K^\times)^2, \cdot).$$

Nach Satz 11.12 (Algebrabuch) ist G auflösbar.

(b) Da H Untergruppe der auflösbaren Gruppe G ist, ist H nach Lemma 11.10 (Algebrabuch) (a) ebenfalls auflösbar.

11.12 Das Zentrum $Z(G)$ und die Kommutatorgruppe G' einer Gruppe G sind Normalteiler von G. Ist G einfach, so gilt $G \neq \{e\}$, und G hat keine Normalteiler ungleich $\{e\}$ und G. Es gibt also nur die Möglichkeiten:

- Falls G abelsch ist, so gilt $Z(G) = G$ und $G' = \{e\}$.
- Falls G nicht abelsch ist, so gilt $Z(G) = \{e\}$ und $G' = G$.

Freie Gruppen 12

12.1 Aufgaben

12.1 • Man zeige, dass die Gruppen $\mathbb{Z} \times \mathbb{Z}$, $\mathbb{R}^{\times}$, S_n mit $n \in \mathbb{N}$ und $\mathbb{Q}$ nicht frei sind.

12.2 •• Begründen Sie die folgende **projektive Eigenschaft freier Gruppen:** Gegeben seien eine freie Gruppe F, zwei weitere Gruppen G, H und ein Homomorphismus α : $F \to H$ sowie ein Epimorphismus $\beta : G \to H$. Dann existiert ein Homomorphismus $\gamma : F \to G$ mit $\alpha = \beta \gamma$.

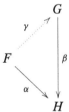

12.3 • **Die unendliche Diedergruppe.** Begründen Sie, warum die Gruppe

$$G = Gp \langle x, \, y \mid x^2 = 1, \; x \, y \, x^{-1} = y^{-1} \rangle$$

unendlich ist.

12.4 ••• In dieser Aufgabe geben wir eine alternative Konstruktion der über X freien Gruppe F an. Mit F bezeichnen wir die Menge der reduzierten Wörter über $X \cup X'$. Für jedes $x \in X$ und $\varepsilon \in \{1, \, -1\}$ sei die Abbildung $\overline{x^{\varepsilon}} : F \to F$ erklärt durch

© Der/die Autor(en), exklusiv lizenziert durch Springer-Verlag GmbH, DE, ein Teil von
Springer Nature 2021
C. Karpfinger, *Arbeitsbuch Algebra*,
https://doi.org/10.1007/978-3-662-61954-4_12

$$\overline{x^\varepsilon} : \begin{cases} 1 \neq x_1^{\varepsilon_1} \cdots x_r^{\varepsilon_r} \mapsto \begin{cases} x^\varepsilon x_1^{\varepsilon_1} \cdots x_r^{\varepsilon_r}, & \text{wenn } x^\varepsilon \neq x_1^{-\varepsilon_1} \\ x_2^{\varepsilon_2} \cdots x_r^{\varepsilon_r}, & \text{wenn } x^\varepsilon = x_1^{-\varepsilon_1} \end{cases} \\ \qquad\quad 1 \qquad\qquad \mapsto \qquad\qquad x^\varepsilon \end{cases}$$

mit der Vereinbarung $x_2^{\varepsilon_2} \cdots x_r^{\varepsilon_r} = 1$, wenn $r = 1$.

a) Zeigen Sie, dass die Untergruppe $\overline{F} := \langle \{\overline{x} \mid x \in X\} \rangle$ der symmetrischen Gruppe S_F frei über $\overline{X} := \{\overline{x} \mid x \in X\}$ ist.

b) Zeigen Sie, dass die Abbildung

$$\pi : \begin{cases} F \setminus \{1\} & \to \overline{F} \setminus \{\mathrm{Id}_F\} \\ x_1^{\varepsilon_1} \cdots x_r^{\varepsilon_r} & \mapsto \overline{x_1^{\varepsilon_1}} \cdots \overline{x_r^{\varepsilon_r}} \end{cases} \quad \text{und} \quad \pi(1) = \mathrm{Id}$$

eine Bijektion ist.

c) Zeigen Sie, dass $(F, \circ)$ mit $\circ : F \times F \to F$, definiert durch

$$v \circ w := \pi^{-1}(\pi(v) \cdot \pi(w)) \quad \text{für} \quad v, w \in F$$

eine über X freie Gruppe ist.

d) Folgern Sie: Zu jeder Menge X gibt es eine über X freie Gruppe.

12.2 Lösungen

12.1 Wir beachten die Bemerkungen nach Satz 12.6 (Algebrabuch) bzw. Satz 12.7 (Algebrabuch): Angenommen, die additive Gruppe $\mathbb{Z} \times \mathbb{Z}$ ist frei. Dann wird $\mathbb{Z} \times \mathbb{Z}$ nicht nur von einem Element erzeugt, da jede von nur einem Element erzeugte freie Gruppe zu $\mathbb{Z}$ isomorph ist. Als freie Gruppe, die von mehr als nur einem Element erzeugt wird, ist $\mathbb{Z} \times \mathbb{Z}$ dann aber nicht abelsch. Widerspruch, $\mathbb{Z} \times \mathbb{Z}$ kann daher nicht frei sein. Für die multiplikative (abelsche) Gruppe $\mathbb{R}^\times$ und die additive (abelsche) Gruppe $\mathbb{Q}$ schließt man analog. Die symmetrische Gruppe S_n ist endlich und kann daher schon nicht frei sein.

12.2 Es sei F frei über X. Da β surjektiv ist, existiert zu jedem $x \in X$ ein $\gamma_0(x) \in G$ mit $\beta \gamma_0(x) = \alpha(x)$. Die so definierte Abbildung $\gamma_0 : X \to G$ ist fortsetzbar zu einem Homomorphismus $\gamma : F \to G$. Dann gilt $\beta \gamma(x) = \alpha(x)$ für alle $x \in X$. Wegen $F = \langle X \rangle$ (siehe Satz 12.1 (Algebrabuch)) folgt $\beta \gamma = \alpha$.

12.3 Wegen Satz 12.10 (Algebrabuch) ist jede Diedergruppe homomorphes Bild von G, sodass $|G| \geq 2n$ für jedes $n \in \mathbb{N}$. Man beachte auch Beispiel 12.5 (Algebrabuch).

12.4 (a) Man beachte zuerst, dass $\overline{x^\varepsilon}$ ein reduziertes Wort auf ein ebensolches abbildet, sodass $\overline{x^\varepsilon}$ tatsächlich eine Abbildung von F in F ist.

Offenbar gilt $\overline{x^\varepsilon} \overline{x^{-\varepsilon}} = \mathrm{Id}_F = \overline{x^{-\varepsilon}} \overline{x^\varepsilon}$, sodass $\overline{x^\varepsilon}$ eine Bijektion von F in F, also eine Permutation von F ist, d. h. $\overline{x^\varepsilon}$ ist ein Element der symmetrischen Gruppe S_F, es gilt außerdem

$$\overline{x^{-\varepsilon}} = \overline{x^\varepsilon}^{-1}.$$

Es ist zu begründen, dass es zu jeder Gruppe G und zu jeder Abbildung $\alpha : \overline{X} \to G$ genau einen α fortsetzenden Homomorphismus $\beta : \overline{F} \to G$ gibt. Dazu benötigen wir die folgende eindeutige Darstellung der Elemente aus $\overline{F}$.

Jedes $\sigma \neq \mathrm{Id}_F$ aus $\overline{F}$ ist nach dem Darstellungssatz 3.2 (Algebrabuch) und wegen $\overline{x^{-\varepsilon}} = \overline{x^\varepsilon}^{-1}$ von der Form

$$\sigma = \overline{x_1^{\varepsilon_1}} \cdots \overline{x_r^{\varepsilon_r}} \quad \text{mit} \quad x_{i+1}^{\varepsilon_{i+1}} \neq x_i^{-\varepsilon_i} \quad \text{für} \quad i = 1, \ldots, r-1, \qquad (*)$$

andernfalls kann $\overline{x_i^{\varepsilon_i}} \, \overline{x_i^{\varepsilon_{i+1}}} = \mathrm{Id}_F$ weggelassen werden. Diese Produktdarstellung von σ ist eindeutig, denn $\sigma(1) = x_1^{\varepsilon_1} \cdots x_r^{\varepsilon_r}$ ist ein reduziertes Wort, sodass die Faktoren $x_i^{\varepsilon_i}$ eindeutig bestimmt sind.

Ist nun G eine (beliebige) Gruppe und $\alpha : \overline{X} \to G$ eine (beliebige) Abbildung, so definieren wir eine Abbildung $\beta : \overline{F} \to G$ durch

$$\beta(\mathrm{Id}_F) = 1 \quad \text{und} \quad \beta(\overline{x_1^{\varepsilon_1}} \cdots \overline{x_r^{\varepsilon_r}}) = \alpha(\overline{x_1})^{\varepsilon_1} \cdots \alpha(\overline{x_r})^{\varepsilon_r},$$

wobei das Element $\overline{x_1^{\varepsilon_1}} \cdots \overline{x_r^{\varepsilon_r}} \in \overline{F}$ wie in (*) gegeben ist. Wegen der Eindeutigkeit dieser Darstellung ist die Abbildung β wohldefiniert und offenbar eine Fortsetzung von α. Und β ist wegen $\overline{x^{-\varepsilon}} = \overline{x^\varepsilon}^{-1}$ auch ein Homomorphismus. Zu zeigen bleibt die Eindeutigkeit von β.

Für jeden α fortsetzenden Homomorphismus $\beta' : \overline{F} \to G$ gilt

$$\beta'(\overline{x_1^{\varepsilon_1}} \cdots \overline{x_r^{\varepsilon_r}}) = \beta'(\overline{x_1})^{\varepsilon_1} \cdots \beta'(\overline{x_r})^{\varepsilon_r} = \alpha(\overline{x_1})^{\varepsilon_1} \cdots \alpha(\overline{x_r})^{\varepsilon_r},$$

sodass $\beta = \beta'$. Damit ist bewiesen, dass $\overline{F}$ frei über $\overline{X}$ ist.

(b) Die Abbildung

$$\pi : \begin{cases} F \setminus \{1\} & \to \overline{F} \setminus \{\mathrm{Id}_F\} \\ x_1^{\varepsilon_1} \cdots x_r^{\varepsilon_r} & \mapsto \overline{x_1^{\varepsilon_1}} \cdots \overline{x_r^{\varepsilon_r}} \end{cases} \quad \text{und} \quad \pi(1) = \mathrm{Id}$$

ist wegen der Eindeutigkeit der Darstellungen der Elemente $x_1^{\varepsilon_1} \cdots x_r^{\varepsilon_r} \in F$ und $\overline{x_1^{\varepsilon_1}} \cdots \overline{x_r^{\varepsilon_r}} \in \overline{F}$ eine Bijektion, und $\pi(X) = \overline{X}$.

(c) Durch die Definition $\circ : F \times F \to F$ mit

$$v \circ w := \pi^{-1}(\pi(v) \cdot \pi(w)) \quad \text{für} \quad v, \, w \in F$$

wird mit π^{-1} die Multiplikation $\cdot$ auf $\overline{F}$ zu einer Multiplikation $\circ$ auf F *übertragen*: Es wird v mit w in F multipliziert, indem man $\pi(v)$ mit $\pi(w)$ in $\overline{F}$ multipliziert und dann das Ergebnis mit π^{-1} in F überträgt.

Wendet man die Bijektion π auf $v \circ w$ an, so erhält man

$$\pi(v \circ w) = \pi(v) \cdot \pi(w) \quad \text{für alle} \quad v,\ w \in F.$$

Das besagt, dass π ein Isomorphismus von $(F, \circ)$ auf die Gruppe $(\overline{F}, \cdot)$ ist. Somit ist $(F, \circ)$ eine Gruppe. Zu begründen bleibt, dass F frei ist über X.

Dazu betrachten wir eine (beliebige) Gruppe G und eine (beliebige) Abbildung $\alpha : X \to G$. Mithilfe von π^{-1} erklären wir nun die Abbildung $\overline{\alpha} := \alpha\, \pi^{-1}|_{\overline{X}}$ von $\overline{X}$ in die gegebene Gruppe G (man beachte die untenstehende Skizze).

Da die Gruppe $\overline{F}$ frei über $\overline{X}$ ist (siehe (a)) existiert genau ein Homomorphismus $\overline{\beta} : \overline{F} \to G$, der $\overline{\alpha}$ fortsetzt. Dann ist $\beta := \overline{\beta}\, \pi$ ein Homomorphismus von F in G (man beachte die untenstehende Skizze).

Dieser Homomorphismus β setzt die Abbildung $\alpha : X \to G$ fort, da für jedes $x \in X$ wegen $\pi(X) = \overline{X}$ gilt $\beta(x) = \overline{\beta}\,\pi(x) = \overline{\alpha}\,\pi(x) = \alpha(x)$. Zu begründen bleibt die Eindeutigkeit von β.

Dazu betrachten wir einen α fortsetzenden Homomorphismus $\gamma : F \to G$. Erklärt man hierzu die Abbildung $\overline{\gamma} := \gamma\, \pi^{-1}$, so ist dies ein $\overline{\alpha}$ fortsetzender Homomorphismus von $\overline{F}$ in G (beachte die untenstehende Skizze).

Wegen der Eindeutigkeit von $\overline{\beta}$ folgt nun $\overline{\gamma} = \overline{\beta}$. Damit erhalten wir

$$\gamma = \overline{\gamma}\, \pi = \overline{\beta}\, \pi = \beta.$$

Somit ist β eindeutig. Das begründet, dass F frei über X ist. (d) Bei dieser Konstruktion war die Menge X beliebig, damit erhalten wir, dass es zu jeder Menge X eine über X freie Gruppe F gibt.

Grundbegriffe der Ringtheorie

13

13.1 Aufgaben

13.1 •• Es sei V ein endlichdimensionaler Vektorraum über einem Körper K, und $R :=$ End(V) bezeichne den Endomorphismenring von V. Man zeige für $\varphi \in R$:

(a) φ ist *linksinvertierbar* $\Leftrightarrow$ φ ist *rechtsinvertierbar* $\Leftrightarrow$ φ ist invertierbar.
   (Dabei heißt φ *links-* bzw. *rechtsinvertierbar*, wenn ein $\psi \in R$ mit $\psi \varphi = \text{Id}$ bzw. $\varphi \psi = \text{Id}$ existiert.)
(b) In R ist jeder Nichtnullteiler $\varphi \neq 0$ invertierbar.

13.2 • Man zeige: In $\mathbb{Z}/n$ ist jedes Element $\neq 0$ entweder ein Nullteiler oder invertierbar.

13.3 • Man gebe die Charakteristiken der Ringe $\mathbb{Z}/4 \times \mathbb{Z}/3$, $(\mathbb{Z}/6)^{2 \times 2}$, $(\mathbb{Z}/3)^{2 \times 2}$ an.

13.4 • Begründen Sie: In einem Integritätsbereich R der Charakteristik $p \neq 0$ gilt $(a + b)^{p^k} = a^{p^k} + b^{p^k}$ für alle $a, b \in R$ und $k \in \mathbb{N}$.

13.5 •• Es sei $R \neq \{0\}$ ein kommutativer Ring ohne Nullteiler, in dem jeder Teilring nur endlich viele Elemente enthält. Zeigen Sie, dass R ein Körper ist.

13.6 •• Es sei $R \neq \{0\}$ ein Ring mit der Eigenschaft $a^2 = a$ für alle $a \in R$. Beweisen Sie:

(a) In R gilt $a + a = 0$ für alle $a \in R$.
(b) R ist kommutativ.
(c) Hat R keine Nullteiler, so gilt $R \cong \mathbb{Z}/2$.

13.7 ••• Zeigen Sie: $|\text{Aut}\,\mathbb{Q}| = 1$ und $|\text{Aut}\,\mathbb{R}| = 1$.

© Der/die Autor(en), exklusiv lizenziert durch Springer-Verlag GmbH, DE, ein Teil von
Springer Nature 2021
C. Karpfinger, *Arbeitsbuch Algebra*,
https://doi.org/10.1007/978-3-662-61954-4_13

13.8 ••• *Der Quaternionenschiefkörper.* Man zeige:

(a) $\mathbb{H} := \left\{ \left(\begin{smallmatrix} a & b \\ -\bar{b} & \bar{a} \end{smallmatrix} \right) \mid a, b \in \mathbb{C} \right\}$ ist ein Teilring von $\mathbb{C}^{2 \times 2}$ mit 1.

(b) Die Abbildung $\varepsilon : z \mapsto \left(\begin{smallmatrix} z & 0 \\ 0 & \bar{z} \end{smallmatrix} \right)$ von $\mathbb{C}$ in $\mathbb{H}$ ist eine Einbettung.

(c) Mit den Abkürzungen $\mathrm{j} := \left(\begin{smallmatrix} 0 & 1 \\ -1 & 0 \end{smallmatrix} \right)$ und $\mathrm{k} = \mathrm{i}\,\mathrm{j}$ gilt $\mathbb{H} = \mathbb{C} + \mathbb{C}\,\mathrm{j} = \mathbb{R} + \mathbb{R}\,\mathrm{i} + \mathbb{R}\,\mathrm{j} + \mathbb{R}\,\mathrm{k}$.

(d) $\mathbb{R} = Z(\mathbb{H}) := \{ z \in \mathbb{H} \mid x\,z = z\,x$ für alle $x \in \mathbb{H} \}$.

(e) Die Abbildung $x = a + b\,\mathrm{i} + c\,\mathrm{j} + d\,\mathrm{k} \mapsto \bar{x} := a - b\,\mathrm{i} - c\,\mathrm{j} - d\,\mathrm{k}$ ist ein Antiautomorphismus von $(\mathbb{H}, \cdot)$ (d. h. $\overline{x\,y} = \bar{y}\,\bar{x}$ statt $\overline{x\,y} = \bar{x}\,\bar{y}$ für alle $x, y \in \mathbb{H}$).

(f) Für alle $x \in \mathbb{H}$ gilt $N(x) := x\,\bar{x} \in \mathbb{R}$, $S(x) := x + \bar{x} \in \mathbb{R}$ und $x^2 - S(x)\,x + N(x) = 0$.

(g) Mit (f) folgere man, dass $\mathbb{H}$ ein Schiefkörper ist.

(h) Die Gleichung $X^2 + 1 = 0$ hat in $\mathbb{H}$ unendlich viele Lösungen.

13.9 ••• Man bestimme die Kardinalzahl der Menge aller Teilringe des Körpers $\mathbb{Q}$ der rationalen Zahlen. *Hinweis:* Betrachten Sie für jede Menge A von Primzahlen die Menge R_A aller rationalen Zahlen $\frac{z}{n}$ mit $z \in \mathbb{Z}$, $n \in \mathbb{N}$ und der Eigenschaft, dass alle Primteiler von n in A liegen.

13.10 •• Es sei K ein Körper, $s \in K$ und $K_s := \left\{ \left(\begin{smallmatrix} a & s\,b \\ b & a \end{smallmatrix} \right) \mid a, b \in K \right\}$. Zeigen Sie:

(a) K_s ist ein kommutativer Teilring von $K^{2 \times 2}$. Wann ist K_s ein Körper?

(b) $\mathbb{R}_{-1}$ ist zu $\mathbb{C}$ isomorph.

(c) Für jede Primzahl $p \neq 2$ gibt es einen Körper mit p^2 Elementen.

13.11 ••• Es sei $d \in \mathbb{Z} \setminus \{1\}$ quadratfrei (d. h.: $x \in \mathbb{N}$, $x^2 \mid d \Rightarrow x = 1$) und

$$\mathbb{Z}[\sqrt{d}] := \{ a + b\,\sqrt{d} \mid a, b \in \mathbb{Z} \}, \quad \mathbb{Q}[\sqrt{d}] := \{ a + b\,\sqrt{d} \mid a, b \in \mathbb{Q} \}.$$

Zeigen Sie:

(a) $\mathbb{Z}[\sqrt{d}]$ und $\mathbb{Q}[\sqrt{d}]$ sind Teilringe von $\mathbb{C}$.

(b) Die Abbildung $z = a + b\,\sqrt{d} \mapsto \bar{z} := a - b\,\sqrt{d}$ ($a, b \in \mathbb{Z}$ bzw. $a, b \in \mathbb{Q}$) ist ein Automorphismus von $\mathbb{Z}[\sqrt{d}]$ bzw. von $\mathbb{Q}[\sqrt{d}]$.

(c) Es ist $N : z \mapsto z\,\bar{z}$ eine Abbildung von $\mathbb{Q}[\sqrt{d}]$ in $\mathbb{Q}$, die $N(z\,z') = N(z)\,N(z')$ für alle $z, z' \in \mathbb{Q}[\sqrt{d}]$ erfüllt; und für $z \in \mathbb{Z}[\sqrt{d}]$ gilt: $z \in \mathbb{Z}[\sqrt{d}]^{\times} \Leftrightarrow N(z) \in \{1, -1\}$.

(d) $\mathbb{Q}[\sqrt{d}]$ ist ein Körper, $\mathbb{Z}[\sqrt{d}]$ jedoch nicht.

(e) Ermitteln Sie die Einheiten von $\mathbb{Z}[\sqrt{d}]$, falls $d < 0$.

(f) Zeigen Sie, $\mathbb{Z}[\sqrt{5}]^{\times} = \{ \pm (2 + \sqrt{5})^k \mid k \in \mathbb{Z} \}$.

13.12 •• Es sei $K := \{0, 1, a, b\}$ eine Menge mit vier verschiedenen Elementen. Füllen Sie die folgenden Tabellen unter der Annahme aus, dass $(K, +, \cdot)$ ein Schiefkörper (mit dem neutralen Element 0 bezüglich + und dem neutralen Element 1 bezüglich ·) ist.

+	0	1	a	b
0				
1				
a				
b				

·	0	1	a	b
0				
1				
a				
b				

13.13 • Es sei $R \neq \{0\}$ ein Ring mit Einselement 1, in dem jedes Element $a \neq 0$ ein Linksinverses besitzt. Zeigen Sie, dass R ein Körper ist.

13.14 •• Es sei R ein Ring mit Einselement 1.

(a) Aus $a^n \in R^\times$ für irgendein $n \in \mathbb{N}$ folgt $a \in R^\times$.

(b) Ist $a \in R$ linksinvertierbar und kein rechter Nullteiler (d. h. $b\,a = 0 \Rightarrow b = 0$), so ist $a \in R^\times$.

(c) Ist R nullteilerfrei oder endlich, so folgt aus $a\,b = 1$ stets $b\,a = 1$. Zeigen Sie an einem Beispiel, dass diese Implikation nicht für alle Ringe mit Einselement gilt.

13.15 •• Es seien R ein Ring mit Einselement und $a, b \in R$. Zeigen Sie, dass aus der Invertierbarkeit von $1 - ab$ die Invertierbarkeit von $1 - ba$ folgt.

13.2 Lösungen

13.1

(a) Diese Aussage sollte aus der linearen Algebra bekannt sein, zumindest wird sie dort vielfach benutzt: Nach Wahl einer Basis B kann nämlich jeder Endomorphismus $\varphi \in R$ mit seiner Darstellungsmatrix A bzgl. der Basis B identifiziert werden. Die Aussage in (a) lautet im Matrizenkalkül dann mit der Einheitsmatrix E in etwa: Aus $A\,B = E$ folgt $B\,A = E$ (und umgekehrt).

Die Endlichkeit der Dimension von V spielt eine wesentliche Rolle. Wir denken an den wichtigen Satz der linearen Algebra: *Für einen Endomorphismus eines endlichdimensionalen Vektorraumes gilt: φ ist injektiv $\Leftrightarrow$ φ ist surjektiv $\Leftrightarrow$ φ ist bijektiv.* Nun zur Lösung der Aufgabe:

Es sei φ linksinvertierbar. Dann existiert ein $\psi \in R$ mit $\psi\,\varphi = \mathrm{Id}$. Bekanntlich folgt hieraus, dass φ injektiv ist. Als Endomorphismus eines endlichdimensionalen Vektorraums ist φ somit auch surjektiv bzw. bijektiv: φ ist rechtsinvertierbar und invertierbar.

Es sei φ rechtsinvertierbar. Dann existiert ein $\psi \in R$ mit $\varphi \psi = \mathrm{Id}$. Bekanntlich folgt hieraus, dass φ surjektiv ist. Als Endomorphismus eines endlichdimensionalen Vektorraums ist φ somit auch injektiv bzw. bijektiv: φ ist linksinvertierbar und invertierbar.

(b) Es sei $\varphi \neq 0$ ein Nichtnullteiler. Zu zeigen ist, dass φ invertierbar ist. Angenommen, das ist nicht der Fall, φ ist also nicht invertierbar.

Wir geben zwei Lösungen an:

1. Lösung Wir holen uns eine Motivation aus der linearen Algebra: Der Endomorphismus φ lässt sich nach Wahl einer Basis durch eine Matrix A darstellen. Mit φ ist auch A nicht invertierbar, also gibt es einen Vektor $v \in K^n$, $n = \dim(V)$, $v \neq 0$, mit $A v = 0$. Nun betrachten wir die Matrix $B = (v, \ldots, v)$, in jeder Spalte steht v. Es gilt dann $A B = 0$, sodass A wegen $B \neq 0$ Nullteiler ist. Nun müssen wir nur diese Formulierung mit Matrizen in eine Formulierung mit Endomorphismen übersetzen:

Da φ nicht invertierbar ist, ist φ nach (a) nicht injektiv. Also gibt es ein $v \in V$, $v \neq 0$, mit $\varphi(v) = 0$. Wir betrachten zu φ den Endomorphismus $\psi : V \to V$, den wir durch lineare Fortsetzung von $b_1 \mapsto v, \ldots, b_n \mapsto v$ für eine beliebige Basis $B = (b_1, \ldots, b_n)$ von V erhalten. Offenbar gilt $\psi \neq 0$, und wir erhalten $\varphi \psi = 0$. Also ist φ ein Nullteiler, ein Widerspruch, der belegt, dass jeder Nichtnullteiler φ invertierbar ist.

2. Lösung Da φ nicht invertierbar ist, ist φ nach (a) nicht surjektiv. Also gilt $\varphi(V) \neq V$. Es sei $U \neq \{0\}$ das Komplement von $\varphi(V)$ in V, also $V = \varphi(V) \oplus U$. Jedes $x \in V$ hat somit eine eindeutige Darstellung der Form $x = v + u$ mit $v \in \varphi(V)$ und $u \in U$. Die Projektion

$$\pi : \begin{cases} \varphi(V) \oplus U \to U \\ v + u \quad \mapsto u \end{cases}$$

erfüllt: $\pi \neq 0$, $\pi \varphi = 0$, sodass φ ein Nullteiler ist.

13.2 Aus Lemma 5.13 (Algebrabuch) wissen wir längst, dass die invertierbaren Elemente in $\mathbb{Z}/n$ genau jene $\bar{k}$ sind mit $\mathrm{ggT}(k, n) = 1$. Ist nun $\bar{k} \neq \bar{0}$ nicht invertierbar, so ist $d = \mathrm{ggT}(k, n) \neq 1$. Zu zeigen ist nun, dass ein Element $\bar{0} \neq \bar{l} \in \mathbb{Z}/n$ existiert mit $\bar{k}\bar{l} = \bar{0}$; anders ausgedrückt: Gesucht ist ein $l \in \{1, \ldots, n - 1\}$ mit $k l \in n \mathbb{Z}$. Hierfür bietet sich $l := \frac{n}{d}$ an. Es gilt nämlich:

$$\bar{k} \overline{\left(\frac{n}{d}\right)} = \overline{\left(\frac{k}{d}\right)} \bar{n} = \bar{0},$$

also ist $\bar{k}$ ein Nullteiler.

In $\mathbb{Z}/12$ gilt beispielhaft

$$\bar{2} \cdot \bar{6} = \bar{0}, \ \bar{3} \cdot \bar{4} = \bar{0}, \ \bar{8} \cdot \bar{3} = \bar{0}, \ \bar{9} \cdot \bar{4} = \bar{0} \ \text{bzw.} \ \bar{5} \cdot \bar{5} = \bar{1}, \ \bar{7} \cdot \bar{7} = \bar{7} \ \text{und} \ \overline{11} \cdot \overline{11} = \bar{1}.$$

13.3 Zu $\mathbb{Z}/4 \times \mathbb{Z}/3$: Es ist $(\overline{1}, \overline{1})$ das Einselement von $\mathbb{Z}/4 \times \mathbb{Z}/3$. Wegen $12 \cdot (\overline{1}, \overline{1}) = (\overline{0}, \overline{0})$ und $k \cdot (\overline{1}, \overline{1}) \neq (\overline{0}, \overline{0})$ für alle natürlichen $k \leq 11$ gilt Char $\mathbb{Z}/4 \times \mathbb{Z}/3 = 12$.

Analog gilt $\text{Char}(\mathbb{Z}/6)^{2 \times 2} = 6$ und $\text{Char}(\mathbb{Z}/3)^{2 \times 2} = 3$, wobei jeweils das Einselement die (2×2)-Einheitsmatrix $\left(\frac{\overline{1}\ \overline{0}}{\overline{0}\ \overline{1}} \right)$ ist.

13.4 Bekannt ist der Frobeniusmonomorphismus, siehe Lemma 13.5 (Algebrabuch): Für alle $a, b \in R$ gilt:

$$(a + b)^p = a^p + b^p.$$

Wir benutzen diese (wahre) Aussage als Induktionsanfang. Gilt nun $(a + b)^{p^k} = a^{p^k} + b^{p^k}$ für ein $k \in \mathbb{N}$ und alle $a, b \in R$, so folgt weiter für alle $a, b \in R$:

$$(a + b)^{p^{k+1}} = \left((a + b)^{p^k} \right)^p = \left(a^{p^k} + b^{p^k} \right)^p = a^{p^{k+1}} + b^{p^{k+1}}.$$

Damit ist die Behauptung per Induktion begründet.

13.5 Man beachte die Ähnlichkeit und den Unterschied zu der Aussage in Lemma 13.6 (Algebrabuch), wonach jeder endliche nullteilerfreie Ring mit 1 ein Schiefkörper ist. In der vorliegenden Aufgabe haben wir zusätzlich die Kommutativität vorausgesetzt, jedoch fehlt die Existenz eines Einselements. Nachdem aber R ein Körper sein soll, muss die Existenz eines Einselements aus den anderen Voraussetzungen folgen. Motiviert durch den Beweis zu Lemma 13.6 (Algebrabuch) betrachten wir die Abbildung

$$\rho_a : \begin{cases} R \to R\,a \\ x \mapsto x\,a \end{cases}$$

für $a \in R \setminus \{0\}$. Da R nullteilerfrei ist, ist die Abbildung ρ_a injektiv. Da $R\,a \subseteq R$ ein Teilring von R ist und $R\,a$ somit nur endlich viele Elemente enthält, gilt also $|R| = |R\,a|$ und damit $R = R\,a$. Folglich gibt es ein Element $e \in R$ mit $a = a\,e = e\,a$. Es folgt:

$$(b\,e - b)\,a = b\,e\,a - b\,a = b\,a - b\,a = 0$$

für alle $b \in R$. Damit gilt $b\,e - b = 0$, d.h. $b\,e = b$ für alle $b \in R$, da R nullteilerfrei ist. Somit ist e ein Einselement bzgl. der Multiplikation.

Da für jedes $a \in R \setminus \{0\}$ mit $a \neq 0$ wegen $R\,a = R$ ein $b \in R$ mit $b\,a = e$ existiert, ist a invertierbar. Damit ist begründet, dass R ein Körper ist.

13.6

(a) Für jedes $a \in R$ gilt:

$$a + a = (a + a)^2 = a^2 + a^2 + a^2 + a^2 = a + a + a + a,$$

also $a + a = 0$.

(b) Es seien a, $b \in R$. Aus

$$a + b = (a + b)^2 = a^2 + b^2 + ab + ba = a + b + ab + ba$$

folgt: $ab = -ba$. Nach (a) gilt $x = -x$ für alle $x \in R$. Somit gilt für alle a, $b \in R$:

$$ab = -ba = ba.$$

(c) Es sei $0 \neq e \in R$. Aus $e^2 = e$ folgt

$$(be - b)e = be^2 - be = be - be = 0$$

für alle $b \in R$. Da R nullteilerfrei ist, gilt $be = b$ für alle $b \in R$. Somit ist e Einselement in R. Da jedes von Null verschiedene Element Einselement ist, ein solches aber eindeutig bestimmt ist, ist e das einzige von Null verschiedene Element. Es folgt $R = \{0, e\}$. Und als Ring ist dieser isomorph zu $\mathbb{Z}/2$.

13.7 Es besagt $|\operatorname{Aut}\mathbb{Q}| = 1$ gerade, dass es genau einen Automorphismus von $\mathbb{Q}$ gibt. Da die Identität $\operatorname{Id}_\mathbb{Q}$ ein Automorphismus von $\mathbb{Q}$ ist, ist somit zu zeigen: Aus $\tau \in \operatorname{Aut}(\mathbb{Q})$ folgt $\tau = \operatorname{Id}_\mathbb{Q}$. Es sei also $\tau \in \operatorname{Aut}\mathbb{Q}$. Bekanntlich gilt $\tau(0) = 0$, $\tau(1) = 1$, $\tau(-1) = -1$. Es folgt für $n \in \mathbb{N}$:

$$\tau(n) = \tau(\underbrace{1 + \cdots + 1}_{n\text{-mal}}) = \underbrace{\tau(1) + \cdots + \tau(1)}_{n\text{-mal}} = n, \quad \text{und hieraus folgt } \tau(-n) = -n.$$

Das zeigt $\tau(k) = k$ für jedes $k \in \mathbb{Z}$, sodass

$$\tau\left(\frac{z}{n}\right) = \frac{\tau(z)}{\tau(n)} = \frac{z}{n}$$

für alle $z \in \mathbb{Z}$, $n \in \mathbb{N}$. Damit ist gezeigt: $\tau = \operatorname{Id}_\mathbb{Q}$, also $|\operatorname{Aut}\mathbb{Q}| = 1$.

Wir gehen analog bei $\operatorname{Aut}(\mathbb{R})$ vor: Wir wählen ein $\tau \in \operatorname{Aut}\mathbb{R}$ und zeigen $\tau = \operatorname{Id}_\mathbb{R}$. Das ist bei $\mathbb{R}$ aber etwas komplizierter als bei $\mathbb{Q}$. Wir nehmen an, τ ist nicht die Identität. Dann gibt es ein $x \in \mathbb{R}$ mit $\tau(x) \neq x$, sodass $x < \tau(x)$ oder $x > \tau(x)$.

Bevor wir weitermachen, tragen wir Informationen zusammen:

- Für die Einschränkung $\tau|_\mathbb{Q}$ gilt nach dem ersten Teil $\tau|_\mathbb{Q} = \operatorname{Id}_\mathbb{Q}$.
- $\mathbb{Q}$ liegt dicht in $\mathbb{R}$, d. h. zu x, $y \in \mathbb{R}$, $x < y$, gibt es ein $r \in \mathbb{Q}$ mit $x < r < y$.
- Wegen $\tau(x^2) = \tau(x)^2$ ist τ isoton, da für a, $b \in \mathbb{R}$ mit $a < b$ gilt:

$$b > a \Rightarrow b - a > 0 \Rightarrow \exists\, y \in \mathbb{R} : b - a = y^2 > 0$$
$$\Rightarrow \tau(b - a) = \tau(y^2) = \tau(y)^2 > 0 \Rightarrow \tau(b) > \tau(a).$$

Nun können wir fortfahren und betrachten die zwei Fälle $x < \tau(x)$ oder $x > \tau(x)$ nacheinander:

1. *Fall* $x < \tau(x)$. Dann existiert ein $r \in \mathbb{Q}$ mit $x < r < \tau(x)$, und folglich gilt $\tau(x) < \tau(r) = r < \tau(x)$ – ein Widerspruch.
2. *Fall* $\tau(x) < x$. Dann existiert ein $r \in \mathbb{Q}$ mit $\tau(x) < r < x$, und folglich gilt $\tau(x) < r = \tau(s) < \tau(x)$ – ein Widerspruch.

Damit gilt $\tau(x) = x$ für alle $x \in \mathbb{R}$, d.h. $\tau = \mathrm{Id}_{\mathbb{R}}$, d.h. $|\operatorname{Aut} \mathbb{R}| = 1$.

13.8

(a) Da mit $x, y \in \mathbb{H}$ auch $x - y$ und $x\,y$ in $\mathbb{H}$ liegen, ist $\mathbb{H}$ ein Teilring von $\mathbb{C}^{2\times 2}$. Die Einheitsmatrix E_2 ist das Einselement. (Man kann direkt nachweisen, dass jedes von Null verschiedene Element in $\mathbb{H}$ ein Inverses hat, $\mathbb{H}$ also ein Schiefkörper ist. Dieser Nachweis ist aber mit (f) deutlich einfacher zu führen.)

(b) Eine Einbettung ist ein Ringmonomorphismus. Offenbar gilt für alle $z, z' \in \mathbb{C}$:

$$\varepsilon(z + z') = \begin{pmatrix} z + z' & 0 \\ 0 & \overline{z + z'} \end{pmatrix} = \begin{pmatrix} z & 0 \\ 0 & \overline{z} \end{pmatrix} + \begin{pmatrix} z' & 0 \\ 0 & \overline{z'} \end{pmatrix} = \varepsilon(z) + \varepsilon(z') \quad \text{und}$$

$$\varepsilon(z\,z') = \begin{pmatrix} z\,z' & 0 \\ 0 & \overline{z\,z'} \end{pmatrix} = \begin{pmatrix} z & 0 \\ 0 & \overline{z} \end{pmatrix} \begin{pmatrix} z' & 0 \\ 0 & \overline{z'} \end{pmatrix} = \varepsilon(z)\,\varepsilon(z')\,,$$

sodass ε ein Homomorphismus ist, der wegen

$$\varepsilon(z) = 0 \;\Rightarrow\; \begin{pmatrix} z & 0 \\ 0 & \overline{z} \end{pmatrix} = \begin{pmatrix} 0 & 0 \\ 0 & 0 \end{pmatrix} \;\Rightarrow\; z = 0$$

auch injektiv ist.

Da ε eine Einbettung von $\mathbb{C}$ in $\mathbb{H}$ ist, können wir also $\mathbb{C}$ als einen Teilkörper von $\mathbb{H}$ auffassen (diese Idee steckt hinter dem Begriff der *Einbettung*). Das werden wir gleich in den nächsten Aufgabenteilen nutzen.

(c) Für $a, b \in \mathbb{C}$ gilt

$$a + b\,\mathrm{j} = \varepsilon(a) + \varepsilon(b)\,\mathrm{j} = \begin{pmatrix} a & b \\ -\overline{b} & \overline{a} \end{pmatrix}\,,$$

sodass $\mathbb{H} = \mathbb{C} + \mathbb{C}\,\mathrm{j}$. Da nun bekanntlich $\mathbb{C} = \mathbb{R} + \mathbb{R}\,\mathrm{i}$ gilt, erhalten wir $\mathbb{H} = \mathbb{C} + \mathbb{C}\,\mathrm{j} = \mathbb{R} + \mathbb{R}\,\mathrm{i} + \mathbb{R}\,\mathrm{j} + \mathbb{R}\,\mathrm{k}$.

(d) Wir weisen nach, dass $\mathbb{R}$ das Zentrum $Z(\mathbb{H})$ von $\mathbb{H}$ ist. Hierbei benutzen wir die Identifikation via ε aus dem Teil (a):

$Z(\mathbb{H}) \subseteq \mathbb{R}$: Aus $A = \begin{pmatrix} a & b \\ -\overline{b} & \overline{a} \end{pmatrix} \in Z(\mathbb{H})$ folgt

$$A\,\mathrm{j} = \mathrm{j}\,A \;\Leftrightarrow\; \begin{pmatrix} -b & a \\ -\overline{a} & -\overline{b} \end{pmatrix} = \begin{pmatrix} -\overline{b} & \overline{a} \\ -a & -b \end{pmatrix}\,.$$

Es folgt $a, b \in \mathbb{R}$, und weiter folgt

$$A\, \varepsilon(\mathrm{i}) = \varepsilon(\mathrm{i})\, A \;\Leftrightarrow\; \begin{pmatrix} a\,\mathrm{i} & -b\,\mathrm{i} \\ -b\,\mathrm{i} & -a\,\mathrm{i} \end{pmatrix} = \begin{pmatrix} a\,\mathrm{i} & b\,\mathrm{i} \\ b\,\mathrm{i} & -a\,\mathrm{i} \end{pmatrix}.$$

Dies liefert $b = 0$, also $A = \varepsilon(a) \in \mathbb{R}$.

$Z(\mathbb{H}) \supseteq \mathbb{R}$: Andererseits gilt $\varepsilon(a) = a \begin{pmatrix} 1 & 0 \\ 0 & 1 \end{pmatrix}$ für $a \in \mathbb{R}$, sodass $\varepsilon(a)\, M = M\varepsilon(a)$ für jedes $M \in \mathbb{H}$, also $\mathbb{R} \subseteq Z(\mathbb{H})$.

(e) Wegen (a) ist $x \mapsto \overline{x}$ additiv, und es gilt offenbar

$$\overline{\alpha\, x} = \alpha\, \overline{x} \text{ für } \alpha \in \mathbb{Z},\ x \in \mathbb{H}.$$

Man rechnet nach (mit $\mathrm{k} := \mathrm{i}\,\mathrm{j}$):

$$\mathrm{i}^2 = -1 = \mathrm{j}^2,\ \mathrm{i}\,\mathrm{j} = -\mathrm{j}\,\mathrm{i} \;\Rightarrow\; \mathrm{k}^2 = \mathrm{i}\,\mathrm{j}\,\mathrm{i}\,\mathrm{j} = -1,$$

$$\mathrm{i}\,\mathrm{k} = \mathrm{i}\,\mathrm{i}\,\mathrm{j} = -\mathrm{i}\,\mathrm{j}\,\mathrm{i} = -\mathrm{k}\,\mathrm{i},\ \mathrm{j}\,\mathrm{k} = \mathrm{j}\,\mathrm{i}\,\mathrm{j} = -\mathrm{i}\,\mathrm{j}\,\mathrm{j} = -\mathrm{k}\,\mathrm{j}.$$

Damit erhalten wir

$$x, y \in \{\mathrm{i}, \mathrm{j}, \mathrm{k}\},\ x \neq y \;\Rightarrow\; x^2 = -1,\ x\,y = -y\,x,\ \overline{x} = -x. \qquad (*)$$

Ferner gilt $\overline{x\,x} = -1 = \overline{x}\,\overline{x},\ \overline{x\,y} = -(x\,y) = y\,x = \overline{y}\,\overline{x}$:

$$x, y \in \{\mathrm{i}, \mathrm{j}, \mathrm{k}\} \;\Rightarrow\; \overline{x\,y} = \overline{y}\,\overline{x}.$$

Für $c_0 := 1,\ c_1 := \mathrm{i},\ c_2 := \mathrm{j},\ c_3 := \mathrm{k}$ und $x = \sum_{i=0}^{3} \alpha_i\, c_i,\ y = \sum_{i=0}^{3} \beta_i\, c_i$ mit $\alpha_i,\ \beta_i \in \mathbb{R}$ folgt

$$\overline{x\,y} = \sum_{i,j=0}^{3} \alpha_i\, \beta_j\, \overline{c_i\, c_j} = \sum_{i,j=0}^{3} \alpha_i\, \beta_j\, \overline{c_j}\,\overline{c_i} = \left(\sum_{j=0}^{3} \overline{\beta_j\, c_j} \right) \left(\sum_{i=0}^{3} \overline{\alpha_i\, c_i} \right) = \overline{y}\,\overline{x}.$$

(f) Man rechnet nach:

$$N(x) = N\left(\alpha_0 + \sum_{i=1}^{3} \alpha_i\, c_i \right) = \left(\alpha_0 + \sum_{i=1}^{3} \alpha_i\, c_i \right) \left(\alpha_0 - \sum_{i=1}^{3} \alpha_i\, c_i \right)$$

$$= \alpha_0^2 + \alpha_0 \left(\sum_{i=1}^{3} \alpha_i\, c_i - \sum_{i=1}^{3} \alpha_i\, c_i \right) - \sum_{i=1}^{3} \alpha_i^2 - \sum_{1 \le i < j \le 3} \alpha_i\, \alpha_i\, (c_i\, c_j + c_j\, c_i)$$

$$= \sum_{i=0}^{3} \alpha_i^2.$$

Es folgt hieraus für alle x, $y \in \mathbb{H}$:

$$N(x\,y) = (x\,y)\,\overline{(x\,y)} = x\,y\,\overline{y}\,\overline{x} = x\,N(y)\,\overline{x} = x\,\overline{x}\,N(y) = N(x)\,N(y)$$

und

$$x^2 + N(x) = x\,(x + \overline{x}) = x\,S(x);$$

und $S(x) \in \mathbb{R}$ nach Definition von $\overline{x}$.

(g) Es sei $0 \neq x \in \mathbb{H}$. Dann gilt

$$x\,\overline{x} = N(x) > 0 \;\Rightarrow\; x\,\big(\overline{x}\,N(x)^{-1}\big) = 1\,,$$

d.h. x ist invertierbar, und $x^{-1} = N(x)^{-1}\,\overline{x}$.

(h) Es sind i, j, k nach (*) in (e) drei verschiedene Lösungen der Gleichung $X^2 + 1 = 0$. Jetzt schöpft man schnell den Verdacht, dass auch *Linearkombinationen* von i, j und k Lösungen sein können. Man testet zuerst

$$(\mathrm{i} + \mathrm{j})^2 = -1 - 1 + \mathrm{i}\,\mathrm{j} + \mathrm{j}\,\mathrm{i} = -2$$

und korrigiert dann

$$\big(\tfrac{1}{\sqrt{2}}\mathrm{i} + \tfrac{1}{\sqrt{2}}\mathrm{j}\big)^2 = -\tfrac{1}{2} - \tfrac{1}{2} + \tfrac{1}{2}\mathrm{i}\,\mathrm{j} + \tfrac{1}{2}\mathrm{j}\,\mathrm{i} = -1$$

und stellt dann allgemeiner fest, dass jeder Punkt der Einheitssphäre im $\mathbb{R}^3$, d.h. $(\alpha_1, \alpha_2, \alpha_3) \in \mathbb{R}^3$ mit

$$\alpha_1^2 + \alpha_2^2 + \alpha_3^2 = 1$$

eine Lösung $x = \alpha_1\,\mathrm{i} + \alpha_2\,\mathrm{j} + \alpha_3\,\mathrm{k}$ von $X^2 + 1 = 0$ liefert.

13.9 Wir stellen zuerst fest, dass R_A für jede Menge $A \subseteq \mathbb{P}$ von Primzahlen ein Teilring von $\mathbb{Q}$ ist: Das gilt wegen der Regeln

$$\frac{z}{n} \pm \frac{z'}{n'} = \frac{z\,n' \pm z'\,n}{n\,n'}\,,\; \frac{z}{n}\,\frac{z'}{n'} = \frac{z\,z'}{n\,n'}\,.$$

Nun begründen wir, dass verschiedene Teilmengen A, $B \subseteq \mathbb{P}$ auch zu verschiedenen Teilringen R_A, R_B führen: O.E. gelte $B \not\subseteq A$, und $p \in B \setminus A$. Dann gilt $\frac{1}{p} \in R_B$. Aus $\frac{1}{p} \in R_A$ folgt $\frac{1}{p} = \frac{z}{n}$ mit $z \in \mathbb{Z}$, $n \in \mathbb{N}$, wobei n nur Primteiler aus A besitzt. Aus $p\,z = n$ folgt aber $p \mid n$ – ein Widerspruch. Somit gilt $R_A \neq R_B$.

Damit haben wir eine (große) Menge verschiedener Teilringen von $\mathbb{Q}$ gefunden: Es gibt mindestens so viele verschiedene Teilringe von $\mathbb{Q}$ wie es verschiedene Teilmengen von $\mathbb{P}$ gibt. Die Menge aller verschiedener Teilmengen von $\mathbb{P}$ ist die Potenzmenge $\mathcal{P}(\mathbb{P})$. Für die Kardinalzahl ω der Menge aller Teilringe von $\mathbb{Q}$ gilt also $\omega \geq |\mathcal{P}(\mathbb{P})| = c := |\mathbb{R}|$. Wegen $|\mathbb{Q}| = |\mathbb{N}|$ gilt aber andererseits $|\mathcal{P}(\mathbb{Q})| = |\mathcal{P}(\mathbb{N})| = c$, sodass es also auch nicht mehr als c verschiedene Teilringe von $\mathbb{Q}$ geben kann. Damit gilt $\omega = c = |\mathbb{R}|$.

Bemerkung Für A, $B \subseteq \mathbb{P}$, $A \neq B$ gilt sogar $R_A \not\cong R_B$: Für einen Isomorphismus $\varphi : R_B \to R_A$ folgte $\varphi(1) = 1$ und daher $\varphi(p) = p$ für jedes $p \in B$, also

$$1 = \varphi\left(p\,\frac{1}{p}\right) = \varphi(p)\,\varphi\left(\frac{1}{p}\right) = p\,\varphi\left(\frac{1}{p}\right),$$

somit $R_A \ni \varphi(\frac{1}{p}) = \frac{1}{p}$. Damit ist die folgende Verschärfung bewiesen: Es gibt genau c paarweise nichtisomorphe Teilringe von $\mathbb{Q}$.

13.10

(a) Für a, b, c, $d \in K$ gilt

$$\begin{pmatrix} a & s\,b \\ b & a \end{pmatrix} \pm \begin{pmatrix} c & s\,d \\ d & c \end{pmatrix} = \begin{pmatrix} a \pm c & s\,(b \pm d) \\ b \pm d & a \pm c \end{pmatrix} \in K_s$$

und

$$\begin{pmatrix} a & s\,b \\ b & a \end{pmatrix}\begin{pmatrix} c & s\,d \\ d & c \end{pmatrix} = \begin{pmatrix} a\,c + s\,b\,d & s\,(b\,c + a\,d) \\ b\,c + a\,d & a\,c + s\,b\,d \end{pmatrix} \in K_s.$$

Daher ist K_s ein Teilring von $K^{2\times 2}$; und $(K_s, \cdot)$ ist offenbar abelsch.

Da eine Matrix $A \in K^{2\times 2}$ bekanntlich genau dann invertierbar ist, wenn $\det A \neq 0$ gilt, ist somit genau dann jedes von der Nullmatrix verschiedene Element $A = \begin{pmatrix} a & s\,b \\ b & a \end{pmatrix}$ aus K_s in $K^{2\times 2}$ invertierbar, wenn $\det A = a^2 - s\,b^2 \neq 0$ für alle $(a, b) \neq (0, 0)$ aus K^2. Das ist genau dann der Fall, wenn $s \neq \frac{a^2}{b^2}$, d. h., genau dann wenn s kein Quadrat in K ist. In diesem Fall gilt

$$\begin{pmatrix} a & s\,b \\ b & a \end{pmatrix}^{-1} = (a^2 - s\,b^2)^{-1}\begin{pmatrix} a & -s\,b \\ -b & a \end{pmatrix} \in K_s$$

für jedes $(a, b) \neq (0, 0)$ aus K^2.

Wir fassen zusammen: Genau dann ist K_s ein Körper, wenn s kein Quadrat in K ist.

(b) In $K = \mathbb{R}$ ist -1 kein Quadrat, sodass wegen (a) der Ring $\mathbb{R}_{-1}$ ein Körper ist. Die Elemente von $\mathbb{R}_{-1}$ haben die Form $\begin{pmatrix} a & -b \\ b & a \end{pmatrix}$. Diese *Darstellung* der komplexen Zahl $a + i\,b$ als (2×2)-Matrix sollte bekannt sein, es ist

$$\begin{pmatrix} a & -b \\ b & a \end{pmatrix} \mapsto a + i\,b \quad (a, b \in \mathbb{R})$$

(bekanntlich) ein Isomorphismus von $\mathbb{R}_{-1}$ auf $\mathbb{C}$.

(c) Wir können zu jeder Primzahl p einen Körper mit p Elementen angeben, nämlich $K = \mathbb{Z}/p$. Enthält nun K ein Element s, das kein Quadrat ist, so ist K_s ein Körper mit

$$|K_s| = \left|\left\{\begin{pmatrix} a & s\,b \\ b & a \end{pmatrix} \mid a, b \in \mathbb{Z}/p\right\}\right| = p^2$$

Elementen.

Wegen $(-a)^2 = a^2$ ist die Abbildung *Quadrieren* $\mathbb{Z}/p \to \mathbb{Z}/p$ für $p \neq 2$ nicht injektiv und somit auch nicht surjektiv: Somit besitzt $K = \mathbb{Z}/p$ für jede Primzahl $p \neq 2$ ein Nichtquadrat s und K_s ist ein Körper mit p^2 Elementen.

13.11

(a) Offensichtlich gilt $z - z' \in \mathbb{Z}[\sqrt{d}]$ bzw. $\in \mathbb{Q}[\sqrt{d}]$ für alle z, $z' \in \mathbb{Z}[\sqrt{d}]$ bzw. $\in \mathbb{Q}[\sqrt{d}]$. Wir begründen die Abgeschlossenheit bzgl. der komplexen Multiplikation: Für alle x, y, x', $y' \in \mathbb{Z}$ (bzw. in $\mathbb{Q}$) gilt:

$$(x + y\sqrt{d})(x' + y'\sqrt{d}) = (x\,x' + d\,y\,y') + (x\,y' + x'\,y)\sqrt{d} \in \mathbb{Z}[\sqrt{d}] \text{ (bzw. } \in \mathbb{Q}[\sqrt{d}]).$$

Somit sind $\mathbb{Z}[\sqrt{d}]$ und $\mathbb{Q}[\sqrt{d}]$ Teilringe von $\mathbb{C}$.

(b) Da d quadratfrei ist, sind 1, $\sqrt{d}$ linear unabhängig über $\mathbb{Q}$. Also lässt sich jedes Element z von $\mathbb{Q}[\sqrt{d}]$ in eindeutiger Weise in der Form $z = x + y\sqrt{d}$ mit x, $y \in \mathbb{Q}$ schreiben. Somit ist die Abbildung $z \mapsto \bar{z}$ wohldefiniert. Offensichtlich ist diese Abbildung sogar ein selbstinverser Homomorphismus der additiven Gruppe $\mathbb{Z}[\sqrt{d}] \to \mathbb{Z}[\sqrt{d}]$ (bzw. $\mathbb{Q}[\sqrt{d}] \to \mathbb{Q}[\sqrt{d}]$). Für alle x, x', y, $y' \in \mathbb{Q}$ gilt ferner:

$$\overline{(x + y\sqrt{d})(x' + y'\sqrt{d})} = (x\,x' + d\,y\,y') - (x\,y' + x'\,y)\sqrt{d}$$
$$= \overline{(x + y\sqrt{d})}\,\overline{(x' + y'\sqrt{d})}.$$

Also ist die Abbildung $z \mapsto \bar{z}$ ein Ringautomorphismus.

(c) Es sei $z = x + y\sqrt{d} \in \mathbb{Q}[\sqrt{d}]$. Dann ist $N(z) = z\bar{z} = x^2 - d\,y^2 \in \mathbb{Q}$ (bzw. $\in \mathbb{Z}$, falls $z \in \mathbb{Z}[\sqrt{d}]$). Also ist N eine Abbildung von $\mathbb{Q}[\sqrt{d}]$ in $\mathbb{Q}$. Für alle $z = x + y\sqrt{d}$, $z' = x' + y'\sqrt{d} \in \mathbb{Q}[\sqrt{d}]$ gilt ferner:

$$N(z\,z') = (x\,x' + d\,y\,y')^2 - d\,(x\,y' + x'\,y)^2 = (x^2 - d\,y^2)(x'^2 - d\,y'^2) = N(z)\,N(z').$$

Wir zeigen nun noch die Aussage über die Einheiten. Es sei $z \in \mathbb{Z}[\sqrt{d}]^{\times}$. Dann existiert ein $z' \in \mathbb{Z}[\sqrt{d}]$ mit $z\,z' = 1$. Es gilt weiter: $N(z)\,N(z') = N(z\,z') = N(1) = 1$. Da $N(z)$, $N(z')$ ganzzahlig sind, folgt $N(z) = \pm 1$. Es sei umgekehrt $z \in \mathbb{Z}[\sqrt{d}]$ mit $N(z) = \pm 1$. Dann gilt $z\bar{z} = N(z) = \pm 1$, also $z \in \mathbb{Z}[\sqrt{d}]^{\times}$.

(d) Wir zeigen zunächst, dass $\mathbb{Q}[\sqrt{d}]$ ein Körper ist. Nach Teil (a) genügt es zu zeigen, dass $\frac{1}{z} \in \mathbb{Q}[\sqrt{d}]$ ist für alle $z \in \mathbb{Q}[\sqrt{d}] \setminus \{0\}$. Es sei also $z = x + y\sqrt{d} \in \mathbb{Q}[\sqrt{d}] \setminus \{0\}$. Dann gilt:

$$\frac{1}{z} = \frac{\bar{z}}{N(z)} = \frac{\bar{z}}{x^2 - dy^2} \in \mathbb{Q}[\sqrt{d}].$$

Also ist $\mathbb{Q}[\sqrt{d}]$ ein Körper. Wegen $\frac{1}{2} \notin \mathbb{Z}[\sqrt{d}]$ ist $\mathbb{Z}[\sqrt{d}]$ kein Körper.

(e) Es sei $z = x + y\sqrt{d} \in \mathbb{Z}[\sqrt{d}]$ und $d < 0$. Nach Teil (c) ist z genau dann eine Einheit, wenn $N(z) = x^2 + |d|\,y^2 = \pm 1$ ist.

1. Fall $d < -1$: Es folgt $y = 0$ und $x = \pm 1$. Also: $\mathbb{Z}[\sqrt{d}]^{\times} = \{1, -1\}$.

2. Fall $d = -1$: Es folgt $(x, y) \in \{(0, \pm 1), (\pm 1, 0)\}$, also $\mathbb{Z}[\sqrt{d}]^{\times} = \{1, -1, i, -i\}$.

(f) Es sei $E = \mathbb{Z}[\sqrt{5}]^{\times}$. Wegen $N(2 + \sqrt{5}) = 4 - 1 \cdot 5 = -1$ und $N(-1) = 1$ liegen $-1, 2 + \sqrt{5}$ in E. Da E eine Gruppe ist, folgt $\pm(2 + \sqrt{5})^k \in E$ für alle $k \in \mathbb{Z}$.

Nun sei $a \in E$, und $\varepsilon := 2 + \sqrt{5}$. Zum Nachweis von $a \in \{\pm\varepsilon^k \mid k \in \mathbb{Z}\}$ dürfen wir wegen $\pm a$, $\pm a^{-1} \in E$ offenbar $a \geq 1$ annehmen. Wegen $\varepsilon > 1$ existiert ein $m \in \mathbb{N}_0$ mit $\varepsilon^m \leq a < \varepsilon^{m+1}$. Es folgt $1 \leq a\varepsilon^{-m} < \varepsilon$, und $b := a\varepsilon^{-m} \in E$.

Wir zeigen $a\varepsilon^{-m} = 1$, d. h. $a = \varepsilon^m$ (womit der Beweis erbracht wäre).

Annahme: $1 < b = x + y\sqrt{5}$ mit $x, y \in \mathbb{Z}$.

Dann gilt

$$(i) \qquad 1 < x + y\sqrt{5} < 2 + \sqrt{5}.$$

Wegen $b\,\overline{b} = N(b) = \pm 1$ (beachte (d)) gilt $|b| < 1$, d. h.

$$(ii) \qquad -1 < x - y\sqrt{5} < 1.$$

Addition von (i) und (ii) liefert $0 < 2x < 3 + \sqrt{5} < 6$, d. h. $x \in \{1, 2\}$.

1. *Fall:* $x = 1$. Es folgt mit (i): $y = 1$. Also gilt $N(b) = -4$ – ein Widerspruch zu (d).

2. *Fall:* $x = 2$. Es folgt mit (i): $y = 0$. Also gilt $N(b) = 4$ – ein Widerspruch zu (d).

13.12

+	0	1	a	b
0	0	1	a	b
1	1	0	b	a
a	a	b	0	1
b	b	a	1	0

·	0	1	a	b
0	0	0	0	0
1	0	1	a	b
a	0	a	b	1
b	0	b	1	a

Die Tafel für die Multiplikation: $a \cdot b \in K \setminus \{0\}$. Aus $a \cdot b = a$ folgte $b = 1$ (kann also nicht sein). Aus $a \cdot b = b$ folgte $a = 1$ (kann also auch nicht sein): Es muss also $a \cdot b = 1$ gelten. Damit kann aber nicht $a \cdot a = 1$ gelten (das Inverse zu a ist ja eindeutig bestimmt), und weil aus $a \cdot a = a$ die Gleichung $a = 1$ folgte, muss $a \cdot a = b$ gelten. Weiter muss auch $b \cdot a = 1$ gelten. Es bleibt noch $b \cdot b$ zu bestimmen. Das ist nun aber klar: $b \cdot b = 1$ und $b \cdot b = b$ sind ausgeschlossen, es muss also $b \cdot b = a$ gelten.

Bei der Addition beachte man: $1 + a \in \{0, b\}$ und $1 + b \in \{0, a\}$ (man kann kürzen).

Angenommen, $1 + a = 0$. Dann muss $1 + b = a$, da inverse Elemente eindeutig bestimmt sind. Es folgt dann:

$$b = a \cdot a = a \cdot (1 + b) = a + a \cdot b = a + 1.$$

Und das ist ein Widerspruch.

Damit ist gezeigt: $1 + a = b$. Ebenso gilt (vertausche die Rollen von a und b) $1 + b = a$.

Es folgt weiter: $1 + 1 = 0$, da ein Inverses zu 1 existieren muss, und damit gilt auch $a + a = a \cdot (1 + 1) = 0 = b \cdot (1 + 1) = b + b$.

Bemerkung Damit ist gezeigt, dass es nur einen (Schief-)Körper mit 4 Elementen geben kann, und dieser ist zwangsläufig kommutativ, also ein Körper. Nach einem berühmten Satz von Wedderburn (siehe Satz 29.7 (Algebrabuch)) ist jeder endliche Schiefkörper kommutativ, also ein Körper.

13.13 Es sei $b\,a = 1$, wobei $a, b \in R$. Wir müssen $a\,b = 1$ zeigen. Zu b existiert ein $c \in R$ mit $c\,b = 1$, woraus $c = c\,(b\,a) = (c\,b)\,a = a$ folgt, d. h. tatsächlich $a\,b = 1$.

13.14

(a) Da a^n invertierbar ist, existiert ein $c \in R$ mit $c\,a^n = a^n c = 1$. Umgeklammert heißt das $(c\,a^{n-1})\,a = a\,(a^{n-1}c) = 1$. Also ist a invertierbar mit $a^{-1} = c\,a^{n-1} = a^{n-1}\,c$.

(b) Aus $b\,a = 1$ folgt $a\,b\,a = a$, d. h. $(a\,b - 1)\,a = 0$. Da a kein rechter Nullteiler ist, ist $a\,b = 1$ und somit $a \in R^\times$ mit Inversem $a^{-1} = b$.

(c) Für einen nullteilerfreien Ring R ist das eine direkte Konsequenz von (b). Es sei nun $|R| < \infty$, und $\rho_a \colon R \to R$, $x \mapsto x\,a$ sei die Rechtsmultiplikation mit $a \in R$. Aus $b\,a = 1$ folgt $(y\,b)\,a = y\,(b\,a) = y$ für $y \in R$, also ist ρ_a surjektiv und wegen $|R| < \infty$ auch injektiv. Aus $x\,a = \rho_a(x) = 0$ folgt also $x = 0$ und mit (b) dann die Behauptung.

Ein Ring R mit Einselement heißt *Dedekind-endlich*, wenn aus $a\,b = 1$ stets $b\,a = 1$ folgt. Wir geben nun ein Beispiel eines nicht Dedekind-endlichen Ringes an: Es sei $R = \mathrm{End}(V)$ der Endomorphismenring eines unendlichdimensionalen K-Vektorraums V. Ist $g \in \mathrm{End}(V)$ injektiv, aber nicht surjektiv, so existiert $f \in \mathrm{End}(V)$ mit $f\,g = 1$, aber kein $h \in \mathrm{End}(V)$ mit $g\,h = 1$. Also ist $\mathrm{End}(V)$ nicht Dedekind-endlich.

13.15 Aus der Analysis ist die Potenzreihendarstellung für das Inverse von $1 - ba$ bekannt: $(1 - ab)^{-1} = \sum_{j=0}^{\infty} (ab)^j$. Es lohnt sich, mal in diese Richtung etwas zu probieren.

1. Lösung Es sei $u = (1 - ab)^{-1}$. Ohne über Konvergenz nachzudenken, schreiben wir $u = (1 - ab)^{-1} = \sum_{j=0}^{\infty} (ab)^j$, also $bua = \sum_{j=0}^{\infty} b(ab)^j a = \sum_{j=0}^{\infty} (ba)^{j+1}$. Als Kandidaten für $(1 - ba)^{-1}$ haben wir damit $\sum_{j=0}^{\infty} (ba)^j = 1 + bua$, und nun geht's seriös weiter:

$$(1 - ba)(1 + bua) = 1 - ba + bua - babua = 1 - ba + b(1 - ab)ua = 1 - ba + ba = 1,$$
$$(1 + bua)(1 - ba) = 1 - ba + bua - buaba = 1 - ba + bu(1 - ab)a = 1 - ba + ba = 1.$$

Also ist $1 - ba$ tatsächlich invertierbar mit Inversem $1 + bua = 1 + b(1 - ab)^{-1}a$.

2. Lösung Diese Lösung benutzt Ideale (siehe Kap. 15 (Algebrabuch)). Die entsprechende Aussage für die Links- bzw. Rechtsinvertierbarkeit von $1 - ab$ und $1 - ba$ ist ebenfalls richtig: Es sei etwa $u(1 - ab) = 1$. Dann ist $ua(1 - ba) = u(a - aba) = u(1 - ab)a = a$, also enthält das Linksideal $R(1 - ba)$ sowohl $1 - ba$ als auch a und damit $1 = (1 - ba) + ba$, woraus die Linksinvertierbarkeit von $1 - ba$ folgt. Explizite Rechnung ergibt wie vorhin $1 = (1 - ba) + b\big(ua(1 - ba)\big) = (1 + bua)(1 - ba)$.

Polynomringe

14

14.1 Aufgaben

14.1 ••• Es sei R ein kommutativer Ring mit 1. Begründen Sie, dass die Menge $R[[X]] :=$ $\{P \mid P : \mathbb{N}_0 \to R\}$ mit den Verknüpfungen $+$ und $\cdot$, die für P, $Q \in R[[X]]$ wie folgt erklärt sind:

$$(P + Q)(m) := P(m) + Q(m), \quad (P\,Q)(m) := \sum_{i+j=m} P(i)\, Q(j),$$

ein kommutativer Erweiterungsring mit 1 von $R[X]$ ist – der **Ring der formalen Potenzreihen** oder kürzer **Potenzreihenring** über R. Wir schreiben $P = \sum_{i \in \mathbb{N}_0} a_i\, X^i$ oder $\sum_{i=0}^{\infty} a_i\, X^i$ (also $P(i) = a_i$) für $P \in R[[X]]$ und nennen die Elemente aus $R[[X]]$ **Potenzreihen**. Begründen Sie außerdem:

(a) $R[[X]]$ ist genau dann ein Integritätsbereich, wenn R ein Integritätsbereich ist.
(b) Eine Potenzreihe $P = \sum_{i \in \mathbb{N}_0} a_i\, X^i \in R[[X]]$ ist genau dann invertierbar, wenn $a_0 \in R^{\times}$ gilt, d. h. $R[[X]]^{\times} = \{\sum_{i=0}^{\infty} a_i\, X^i \mid a_0 \in R^{\times}\}$.
(c) Bestimmen Sie in $R[[X]]$ das Inverse von $1 - X$ und $1 - X^2$.

14.2 • In $\mathbb{Q}[X]$ dividiere man mit Rest:

(a) $2\,X^4 - 3\,X^3 - 4\,X^2 - 5\,X + 6$ durch $X^2 - 3\,X + 1$.
(b) $X^4 - 2\,X^3 + 4\,X^2 - 6\,X + 8$ durch $X - 1$.

14.3 •• Zeigen Sie, dass $\sqrt{2} + \sqrt[3]{2}$ algebraisch über $\mathbb{Z}$ ist.

14.4 •• *Die Automorphismen von $R[X]$.* Es seien R ein Integritätsbereich und $R[X]$ der Polynomring über R. Zeigen Sie:

© Der/die Autor(en), exklusiv lizenziert durch Springer-Verlag GmbH, DE, ein Teil von
Springer Nature 2021
C. Karpfinger, *Arbeitsbuch Algebra*,
https://doi.org/10.1007/978-3-662-61954-4_14

(a) Zu $a \in R^\times$ und $b \in R$ gibt es genau einen Automorphismus φ von $R[X]$ mit $\varphi|_R = \mathrm{Id}_R$ und $\varphi(X) = a X + b$.
(b) Jeder Automorphismus φ von $R[X]$ mit $\varphi|_R = \mathrm{Id}_R$ erfüllt $\varphi(X) = a X + b$ mit $a \in R^\times$ und $b \in R$, ist also von der in (a) angegebenen Form.
(c) Bestimmen Sie $\mathrm{Aut}(\mathbb{Z}[X])$ und $\mathrm{Aut}(\mathbb{Q}[X])$.

14.5 • Ist die Gruppe $\mathbb{Z}/54^\times$ zyklisch? Geben Sie eventuell ein erzeugendes Element an.

14.6 • Prüfen Sie auf algebraische Unabhängigkeit:

(a) $\sqrt{2}$ und $\sqrt{5}$ über $\mathbb{Q}$.
(b) X^2 und X über $\mathbb{R}$ für eine Unbestimmte X über $\mathbb{R}$.

14.7 •• Es seien R ein Integritätsbereich und $P \in R[X]$. Zeigen Sie, dass die Abbildung

$$\varepsilon_P : \begin{cases} R[X] \to R[X] \\ Q \mapsto Q(P) \end{cases}$$

genau dann ein Automorphismus von $R[X]$ ist, wenn $\deg(P) = 1$ gilt und der höchste Koeffizient von P eine Einheit in R ist.

14.8 •• Im Folgenden sind jeweils Polynome $P, Q \in R[X]$ über einem Ring R gegeben. Untersuchen Sie, ob Polynome $S, T \in R[X]$ mit $P = S Q + T$ mit $\deg(T) < \deg(Q)$ existieren, und berechnen Sie diese gegebenenfalls (bzw. begründen Sie, warum diese nicht existieren).

(a) $P = \bar{4}X^4 + \bar{2}X + 1$, $Q = \bar{3}X^2 - X \in \mathbb{Z}/8[X]$.
(b) $P = X^3 + 2$, $Q = 3X^2 + 1 \in \mathbb{Q}[X]$.
(c) $P = 3X^3 + 2X^2$, $Q = 3X^2 + 1 \in \mathbb{Z}[X]$.
(d) $P = 6X^4 - 2X^3 + 3X^2$, $Q = 2X^2 + 1 \in \mathbb{Z}[X]$.
(e) $P = \bar{3}X^3 + \bar{2}X + \bar{1}$, $Q = \bar{6}X^2 + X \in \mathbb{Z}/8[X]$.

14.2 Lösungen

14.1 Man beachte die Ähnlichkeit bzw. den Unterschied von $R[X]$ und $R[[X]]$:

• $R[X]$ ist die Menge aller Folgen in R mit endlichem Träger,

$$R[X] = \{P \mid P : \mathbb{N}_0 \to R, \ P(i) = 0 \text{ für fast alle } i \in \mathbb{N}_0\},$$

• $R[[X]]$ ist die Menge aller Folgen in R.

$$R[[X]] = \{P \mid P : \mathbb{N}_0 \to R\},$$

Damit gilt $R[X] \subseteq R[[X]]$. Da die Verknüpfungen $+$ und $\cdot$ in $R[[X]]$ analog (bzw. verallgemeinernd) zu den Verknüpfungen $+$ und $\cdot$ in $R[X]$ erklärt sind, können wir auf den Nachweis der Ringaxiome für $(R[[X]], +, \cdot)$ auf den entsprechenden Nachweis der Ringaxiome für $(R[X], +, \cdot)$ verweisen (siehe Lemma 14.1 (Algebrabuch)). Damit ist $(R[[X]], +, \cdot)$ ein kommutativer Erweiterungsring mit 1 von $R[X]$, das Einselement ist:

$$1 : \begin{cases} \mathbb{N}_0 \to & R \\ n \mapsto & \begin{cases} 1, & \text{falls } n = 0. \\ 0, & \text{falls } n \neq 0 \end{cases} \end{cases}$$

(a) Ein Integritätsbereich ist ein nullteilerfreier, kommutativer Ring mit 1. Da sowohl R als auch $R[[X]]$ kommutative Ringe mit 1 sind, ist in dieser Aufgabenstellung alleine die Nullteilerfreiheit zu betrachten:

$\Rightarrow$: Ist $R[[X]]$ ein Integritätsbereich, so ist $R[[X]]$ nullteilerfrei. Wegen $R \subseteq R[[X]]$ (nach Identifikation) ist dann auch R nullteilerfrei und daher ein Integritätsbereich.

$\Leftarrow$: Es sei R ein Integritätsbereich, also nullteilerfrei. Wir multiplizieren zwei Elemente P, Q ungleich dem Nullelement aus $R[[X]]$ und zeigen, dass auch das Produkt ungleich 0 ist: Es seien $P = \sum_{i=m}^{\infty} a_i X^i$, $Q = \sum_{j=n}^{\infty} b_j X^j \in R[[X]]$ mit a_m, $b_n \neq 0$. Dann ist

$$P Q = a_m b_n X^{m+n} + \text{evtl. Terme höherer Potenz.}$$

Da R nullteilerfrei ist, ist $a_m b_n \neq 0$, also $P Q \neq 0$. Folglich ist $R[[X]]$ nullteilerfrei und somit ein Integritätsbereich.

(b) Wir zeigen $R[[X]]^{\times} = \{\sum_{i=0}^{\infty} a_i X^i \mid a_0 \in R^{\times}\}$:

$\subseteq$: Es sei $P = \sum_{i=m}^{\infty} a_i X^i \in R[[X]]^{\times}$, $a_m \neq 0$. Dann gibt es ein $Q = \sum_{j=n}^{\infty} b_j X^j \in R[[X]]$, $b_n \neq 0$ mit $P Q = 1$. Wie in (a) gezeigt, gilt dann:

$$1 = P Q = a_m b_n X^{m+n} + \text{evtl. Terme höherer Potenz.}$$

Ein Koeffizientenvergleich liefert $m = n = 0$ und damit $a_0 b_0 = 1$, also $a_0 \in R^{\times}$.

$\supseteq$: Es sei $P = \sum_{i=0}^{\infty} a_i X^i$, $a_0 \in R^{\times}$. Wir definieren $Q = \sum_{j=0}^{\infty} b_j X^j \in R[[X]]$ rekursiv durch:

$$b_0 := a_0^{-1} \quad \text{und} \quad b_j := -a_0^{-1}(a_j b_0 + a_{j-1} b_1 + \cdots + a_1 b_{j-1})$$

für $j > 0$. Dann gilt $P Q = Q P = 1$, also $P \in R[[X]]^{\times}$.

(c) Aus der Formel in (b) folgt

$$(1 - X)^{-1} = \sum_{i \in \mathbb{N}_0} X^i \quad \text{und} \quad (1 - X^2)^{-1} = \sum_{i \in \mathbb{N}_0} X^{2i}.$$

14.2 Die wohlbekannte Division mit Rest (siehe Lemma 14.6 (Algebrabuch)) liefert:

(a) $2X^4 - 3X^3 - 4X^2 - 5X + 6 = (2X^2 + 3X + 3)(X^2 - 3X + 1) + (X + 3)$.
(b) $X^4 - 2X^3 + 4X^2 - 6X + 8 = (X^3 - X^2 + 3X - 3)(X - 1) + 5$.

14.3 Gesucht ist ein Polynom $P = a_n X^n + \cdots a_1 X + a_0 \in \mathbb{Z}[X]$, das $a := \sqrt{2} + \sqrt[3]{2}$ als Nullstelle hat, $P(a) = 0$. Wir bestimmen ein solches Polynom P wie folgt durch geschicktes, sukzessives Potenzieren, um die Wurzeln zu eliminieren. Es gilt:

$$a := \sqrt{2} + \sqrt[3]{2} \Rightarrow (a - \sqrt{2})^3 = 2.$$

Nun schreiben wir diese dritte Potenz mit der Binomialformel aus und erhalten

$$(a - \sqrt{2})^3 = a^3 - 3\sqrt{2}a^2 + 3 \cdot 2a - 2\sqrt{2} = 2.$$

Wir sortieren die Terme: Alle Terme, in denen $\sqrt{2}$ vorkommt, kommen nach rechts, der Rest nach links:

$$a^3 + 6a - 2 = \sqrt{2}(3a^2 + 2).$$

Nun wird quadriert:

$$(a^3 + 6a - 2)^2 = 2(3a^2 + 2)^2.$$

Wir multiplizieren aus und schaffen alles nach links:

$$a^6 + 36a^2 + 4 + 12a^4 - 4a^3 - 24a = 18a^4 + 24a^2 + 8 \Leftrightarrow$$
$$a^6 - 6a^4 - 4a^3 + 12a^2 - 24a - 4 = 0.$$

Also ist $a = \sqrt{2} + \sqrt[3]{2}$ Nullstelle des Polynoms

$$P = X^6 - 6X^4 - 4X^3 + 12X^2 - 24X - 4 \in \mathbb{Z}[X].$$

14.4

(a) Die Existenz eines eindeutig bestimmten Endomorphismus φ mit den gewünschten Eigenschaften folgt sofort aus Satz 14.3 (Algebrabuch). Dann ist aber noch zu begründen, dass dieser Endomorphismus bijektiv ist. Das machen wir nach bekannter Manier, indem wir zeigen, dass es einen Endomorphismus ψ mit $\varphi\psi = \mathrm{Id}_{R[X]} = \psi\varphi$ gibt, aber eines nach dem anderen:
Nach Satz 14.3 (Algebrabuch) existiert genau ein Endomorphismus φ von $R[X]$ mit $\varphi|_R = \mathrm{Id}_R$ und $\varphi(X) = aX + b$. Um das gesuchte ψ zu bestimmen, lösen wir nach X auf: Es gilt

$$X = a^{-1}(\varphi(X) - b) = \varphi(a^{-1}X - a^{-1}b).$$

Erneut wegen Satz 14.3 (Algebrabuch) gibt es einen Endomorphismus ψ von $R[X]$ mit

$$\psi(X) = a^{-1} X - a^{-1} b, \ \psi|_R = \mathrm{Id}_R \, .$$

Es folgt

$$\varphi \, \psi|_R = \mathrm{Id}_R = \psi \, \varphi|_R \ \text{und} \ \varphi \, \psi(X) = X$$

sowie

$$\psi \, \varphi(X) = \psi(a \, X + b) = a \, (a^{-1} X - a^{-1} b) + b = X \, .$$

Aufgrund der Eindeutigkeitsaussage in Satz 14.3 (Algebrabuch) gilt

$$\varphi \, \psi = \mathrm{Id}_{R[X]} = \psi \, \varphi \, ,$$

sodass $\varphi \in \mathrm{Aut}\, R[X]$.

Alternative: Wegen $\varphi(a^{-1} X - a^{-1} b) = X$ ist φ surjektiv: $\varphi(\sum a_i (a^{-1} X - a^{-1} b)^i) = \sum a_i \, X^i$; und φ ist injektiv: $0 = \varphi(\sum_{i=0}^n a_i \, X^i)$ mit $a_n \neq 0$, d.h. $\sum_{i=0}^n a_i \, (a \, X + b)^i = 0$ liefert $a_n \, a^n = 0$, somit $a_n = 0$.

(b) Es sei $\varphi \in \mathrm{Aut}\, R[X]$ und $\varphi(X) =: Y$. Es existiert $A = \sum_{i=0}^n a_i \, X^i \in R[X]$ mit

$$X = \varphi(A) = \sum_{i=0}^n a_i \, Y^i. \tag{*}$$

Wegen $\deg Y^i = i \deg Y$ (vgl. die Gradformel in Lemma 14.4 (Algebrabuch)) folgt $\deg Y = 1$, also $Y = a \, X + b$ mit $a, b \in R$, $a \neq 0$, und $a_i = 0$ für $i \geq 2$ in (*), d.h. $X = a_0 + a_1 \, (a \, X + b)$. Dies hat $a_1 \, a = 1$, also $a \in R^\times$ zur Folge.

(c) Für $\varphi \in \mathrm{Aut}\, \mathbb{Z}[X]$ und $\varphi \in \mathrm{Aut}\, \mathbb{Q}[X]$ gilt $\varphi(1) = 1$ und damit $\varphi(n) = \varphi(1 + \cdots + 1) = n$, $\varphi(-n) = -\varphi(n) = -n$ für $n \in \mathbb{N}$ sowie im zweiten Fall, also für $\varphi \in \mathrm{Aut}\, \mathbb{Q}[X]$, $\varphi(\frac{z}{n}) = \frac{\varphi(z)}{\varphi(n)} = \frac{z}{n}$ für $z \in \mathbb{Z}$, $n \in \mathbb{N}$. Das begründet:

$$\varphi|_{\mathbb{Z}} = \mathrm{Id}_{\mathbb{Z}} \ \text{bzw.} \ \varphi|_{\mathbb{Q}} = \mathrm{Id}_{\mathbb{Q}} \, .$$

Jetzt können wir die Aussagen in (a) und (b) anwenden, es folgt:

$$\mathrm{Aut}\, \mathbb{Z}[X] = \{\varphi_Y \mid Y = \pm X + z, \ z \in \mathbb{Z}\} \, ,$$
$$\mathrm{Aut}\, \mathbb{Q}[X] = \{\varphi_Y \mid Y = a \, X + b, \ a, b \in \mathbb{Q}, \ a \neq 0\},$$

wobei

$$\varphi_Y : \sum_{i=0}^n a_i \, X^i \mapsto \sum_{i=0}^n a_i \, Y^i.$$

14.5 Wegen $54 = 2 \cdot 3^3$ ist $\mathbb{Z}/54^\times \cong \mathbb{Z}/2^\times \times \mathbb{Z}/27^\times \cong \mathbb{Z}/27^\times$ nach Korollar 14.12 (Algebrabuch) zyklisch.

Ein erzeugendes Element haben wir bereits in der Lösung zur Aufgabe 5.3 angegeben: $\mathbb{Z}/54^\times = \langle \overline{5} \rangle$. Wegen $\varphi(54) = \varphi(2)\,\varphi(3^3) = 18$ gilt $|\mathbb{Z}/54^\times| = 18$ (hier bezeichnet φ natürlich die Euler'sche φ-Funktion).

Bemerkung Mit dem Korollar 14.12 (Algebrabuch) ist es einfach zu entscheiden, ob $\mathbb{Z}/n^\times$ zyklisch ist oder nicht. Das Korollar liefert aber keinen (effizienten) *Algorithmus,* um ein erzeugendes Element zu bestimmen. Hier ist man tatsächlich im Allgemeinen auf Probieren angewiesen: Sind $\overline{a}_1, \overline{a}_2, \ldots$ die *ersten* Elemente von $\mathbb{Z}/n^\times$, so testet man sukzessive, ob die Elemente $\overline{a}_i$ die Ordnung $\varphi(n)$ haben. Ist aber erst mal ein Element $\overline{a}$ der Ordnung $\varphi(n)$, sprich ein Erzeuger $\overline{a}$ von $\mathbb{Z}/n^\times$, gefunden, so kennt man nach Korollar 5.11 (Algebrabuch) alle Erzeuger; es sind dies dann $\{\overline{a}^k \mid \mathrm{ggT}(\varphi(n), k) = 1\}$.

14.6

(a) Die Frage ist, ob es ein Polynom $0 \neq P \in \mathbb{Q}[X_1, X_2]$ gibt mit $P(\sqrt{2}, \sqrt{5}) = 0$. Durch Probieren findet man schnell die *(polynomiale)* Relation $(\sqrt{2})^2 - \frac{2}{5}(\sqrt{5})^2 = 0$. Damit sind $\sqrt{2}$ und $\sqrt{5}$ über $\mathbb{Q}$ algebraisch abhängig: Es ist nämlich $0 \neq P := X_1^2 - \frac{2}{5} X_2^2 \in \mathbb{Q}[X_1, X_2]$ ein Polynom mit $P(\sqrt{2}, \sqrt{5}) = 0$.

(b) Wie im Teil (a) findet man durch Probieren, dass X^2 und X über $\mathbb{R}$ algebraisch abhängig sind: Es ist $0 \neq P = X_1 - X_2^2 \in \mathbb{R}[X_1, X_2]$ ein Polynom mit $P(X^2, X) = 0$.

14.7 Bei der Abbildung ε_P wird in das Polynom $Q \in R[X]$ das Polynom P *eingesetzt.* Daher betrachten wir den Satz 14.5 (Algebrabuch) zum Einsetzhomomorphismus: Nach diesem Satz ist ε_P mit mit $R' = R[X]$ ein Ringendomorphismus. Es sei $P = \sum_{i=0}^{n} a_i X^i$, $\deg P = n$. Zu zeigen ist nun:

$$\varepsilon_P \text{ ist genau dann bijektiv, wenn } n = 1 \text{ und } a_n = a_1 \in R^\times.$$

$\Rightarrow$: Es sei ε_P bijektiv. Dann muss es ja auch ein Polynom Q geben mit $Q(P) = X$. Hier bietet es sich an, den Grad links und rechts zu vergleichen: Rechts ist der Grad 1, also muss er das links auch sein, somit haben P und Q den Grad 1, genauer: Es existiert $Q = \sum_{i=0}^{k} b_i X^i$ mit $\deg Q = k$ in $R[X]$, sodass

$$\sum_{i=0}^{k} b_i P^i = Q(P) = X.$$

Wegen $\deg P^i = i\,n$ (beachte die Gradformel in Lemma 14.4 (Algebrabuch)) folgt $n = 1 = k$, d. h.

$$P = a_0 + a_1 X, \quad Q = b_0 + b_1 X, \quad Q(P) = b_0 + b_1 (a_0 + a_1 X) = X.$$

Nun liefert ein Koeffizientenvergleich $b_1 a_1 = 1$, also $a_1 \in R^\times$, und $b_1 = a_1^{-1}$, sowie $b_0 + b_1 a_0 = 0$, d.h. $b_0 = -a_0 a_1^{-1}$, d.h. $Q = -a_1^{-1} a_0 + a_1^{-1} X$.

Insbesondere gilt $n = 1$ und $a_n = a_1 \in R^\times$.

$\Leftarrow$: Es gelte $n = 1$ und $a_n = a_1 \in R^\times$, d.h. $P = a_0 + a_1 X$ mit $a_1 \in R^\times$. Für $Q := -a_1^{-1} a_0 + a_1^{-1} X$ folgt

$$(*) \quad Q(P) = X \quad \text{und} \quad (**) \quad P(Q) = X.$$

Behauptung: $\varepsilon_P \, \varepsilon_Q = \mathrm{Id}_{R[X]} = \varepsilon_Q \, \varepsilon_P$ (womit die Bijektivität von ε_P bewiesen ist).

Begründung: Offenbar gilt $\varepsilon_P \, \varepsilon_Q|_R = \mathrm{Id}_R = \varepsilon_Q \, \varepsilon_P|_R$. Wegen $(*)$, $(**)$ folgt die Behauptung mit Satz 14.3 (Algebrabuch).

Bemerkung Den zweiten Teil hätten wir mit einem Hinweis auf die Lösung zu Aufgabe 14.4 wesentlich verkürzen können.

14.8 Wir führen (mit Ausnahme bei (e)) jeweils eine Polynomdivision durch:

(a) Der Leitkoeffizient von Q ist invertierbar, sodass Polynomdivision in jedem Fall klappt. Wir erhalten

$$S = \bar{4}X^2 + \bar{4}X + \bar{4}, \qquad T = \bar{6}X + \bar{1}.$$

(b) Auch hier ist der Leitkoeffizient (in $\mathbb{Q}$) invertierbar, und es ist

$$S = \frac{1}{3}X, \ T = -\frac{1}{3}X + 2.$$

(c) Wir ignorieren vorläufig die Tatsache, dass wir eine Division mit Rest über $\mathbb{Z}$ durchzuführen haben, und führen eine solche über $\mathbb{Q}$ durch: Wir erhalten

$$\tilde{S} = X + \frac{2}{3} \in \mathbb{Q}[X] \quad \text{und} \quad \tilde{T} = -X - \frac{2}{3} \in \mathbb{Q}[X].$$

Angenommen, es gibt auch $S, T \in \mathbb{Z}[X]$ mit $P = SQ + T$ und $\deg(T) < \deg(Q)$. Da $\mathbb{Z}[X] \subseteq \mathbb{Q}[X]$ und die Elemente S und T, die man bei der Division mit Rest erhält, offenbar eindeutig bestimmt sind, gälte also $S = \tilde{S}$ und $T = \tilde{T}$. Damit existieren also keine $S, T \in \mathbb{Z}[X]$ mit den genannten Eigenschaften.

(d) Eine Polynomdivision über $\mathbb{Q}$ liefert $S = 3X^2 - X$, $T = X \in \mathbb{Z}[X]$.

(e) Aus Gradgründen gilt $S = aX + b$ und $T = cX + d$ mit $a, b, c, d \in \mathbb{Z}/8$, woraus durch einen Koeffizientenvergleich $\bar{3} = \bar{6}a$ folgt. Diese Gleichung ist aber in $\mathbb{Z}/8$ nicht lösbar, sodass es keine Polynome $S, T \in \mathbb{Z}/8[X]$ mit den gewünschten Eigenschaften gibt.

Ideale

15

15.1 Aufgaben

15.1 • Bestimmen Sie für die folgenden Ideale A von R ein Element $a \in R$ mit $A = (a)$:

(a) $R = \mathbb{Z}$, $A = (3, 8, 9)$.

(b) $R = \mathbb{Z}/18$, $A = (\overline{3}, \overline{8}, \overline{9})$.

15.2 •• Zeigen Sie: Für eine nichtleere Teilmenge M eines Ringes R besteht (M) aus allen endlichen Summen von Elementen der Form $n\,a, r\,a, a\,s, r\,a\,s$ mit $a \in M, r, s \in R$ und $n \in \mathbb{Z}$. Folgern Sie:

(a) Besitzt R ein Einselement, so gilt

$$(M) = \left\{ \sum_{i=1}^{n} r_i\, a_i\, s_i \mid r_i,\, s_i \in R,\, a_i \in M,\, n \in \mathbb{N} \right\}.$$

(b) Ist R kommutativ, so gilt

$$(M) = \left\{ \sum_{i=1}^{n} r_i\, a_i + n_i\, b_i \mid r_i \in R,\, a_i,\, b_i \in M,\, n_i \in \mathbb{Z},\, n \in \mathbb{N} \right\}.$$

15.3 •• *Lokalisierung.* Es sei R ein Integritätsbereich mit dem Primideal P. Zeigen Sie:

(a) $S := R \setminus P$ ist eine Unterhalbgruppe von $(R, \cdot)$.
(b) $M := \{\frac{p}{s} \mid p \in P, s \in S\}$ ist die Menge der Nichteinheiten des Ringes $R_S := \{\frac{a}{s} \mid a \in R,\, s \in S\}$.
(c) M ist ein Ideal von R_S, das alle Ideale $\neq R_S$ von R_S umfasst.
(d) Im Fall $R := \mathbb{Z}$, $P := p\,\mathbb{Z}$ für eine Primzahl p, gilt $R_S/M \cong \mathbb{Z}/p$.

C. Karpfinger, *Arbeitsbuch Algebra*,
https://doi.org/10.1007/978-3-662-61954-4_15

15.4 •• Es sei R ein kommutativer Ring mit dem Ideal A. Man nennt $\sqrt{A} := \{a \in R \mid a^n \in A$ für ein $n \in \mathbb{N}\}$ das **Radikal** von A. Man nennt A **reduziert**, wenn $A = \sqrt{A}$ gilt. Zeigen Sie:

(a) $\sqrt{A}$ ist ein Ideal in R.
(b) A ist genau dann reduziert, wenn R/A keine nilpotenten Elemente $\neq 0$ besitzt. Dabei heißt ein Element a eines Ringes **nilpotent**, wenn $a^n = 0$ für ein $n \in \mathbb{N}$.
(c) Primideale sind reduziert.
(d) Bestimmen Sie das sogenannte **Nilradikal** $N := \sqrt{(0)}$ in $\mathbb{Z}/n$ sowie $(\mathbb{Z}/n)/N$.

15.5 ••• Es seien R ein kommutativer Ring mit 1, H eine Unterhalbgruppe von $(R, \cdot)$ mit $0 \notin H$ und A ein Ideal von R mit $A \cap H = \emptyset$. Man zeige:

(a) Die Menge $\mathfrak{X}$ aller A umfassenden, zu H disjunkten Ideale von R besitzt bzgl. $\subseteq$ maximale Elemente. *Hinweis:* Zorn'sches Lemma.
(b) Die maximalen Elemente von $\mathfrak{X}$ sind Primideale.

15.6 •• Führen Sie einen direkten Beweis von Lemma 15.18 (Algebrabuch): Jedes maximale Ideal eines kommutativen Ringes R mit 1 ist ein Primideal.

15.7 •• Geben Sie einen weiteren Beweis von Korollar 15.17 (Algebrabuch) an: Ein Ideal $M \neq R$ eines kommutativen Ringes R mit 1 ist genau dann maximal, wenn R/M ein Körper ist.

15.8 •• Begründen Sie: Ein kommutativer Ring R mit 1 ist genau dann ein lokaler Ring, wenn die Menge $R \setminus R^{\times}$ der Nichteinheiten ein Ideal in R ist.

15.9 •• Zeigen Sie: Jede Untergruppe der additiven Gruppe $\mathbb{Z}/n$ ($n \in \mathbb{N}$) ist ein Ideal des Ringes $\mathbb{Z}/n$. Bestimmen Sie die maximalen Ideale von $\mathbb{Z}/n$.

15.10 •• In jedem kommutativen Ring ist das Nilradikal $N := \sqrt{(0)}$ der Durchschnitt D aller Primideale. *Hinweis:* Verwenden Sie Aufgabe 15.5.

15.11 • Verifizieren Sie die folgenden Gleichungen für Idealprodukte in $\mathbb{Z}[\sqrt{-5}]$:

(a) $(2, 1 + \sqrt{-5}) \cdot (2, 1 - \sqrt{-5}) = (2)$.
(b) $(2, 1 - \sqrt{-5}) \cdot (3, 1 - \sqrt{-5}) = (1 - \sqrt{-5})$.

15.12 ••• Beweisen Sie die folgende Verallgemeinerung des chinesischen Restsatzes 6.8 (Algebrabuch): Es sei R ein Ring mit 1, und es seien $A_1, \ldots, A_n$ Ideale von R mit $A_i + A_j = R$ für alle $i \neq j$ (*paarweise Teilerfremdheit*). Dann ist die Abbildung

$$\psi : \begin{cases} R/(A_1 \cap \cdots \cap A_n) \to R/A_1 \times \cdots \times R/A_n \\ a + A_1 \cap \cdots \cap A_n \mapsto (a + A_1, \ldots, a + A_n) \end{cases}$$

ein Ringisomorphismus.

15.13 •• Wir betrachten den Ring $R = \mathbb{Z}[X]$ und die Ideale

- $I := \{f \in R \mid f(1) \equiv 0 \,(\mathrm{mod}\,3)\}$,
- $L := \{3\,p + (X - 1)\,q \mid p,\,q \in R\}$,
- $J := (3)$,
- $K := (X - 1)$,
- $M := (10, X)$.

(a) Zeigen Sie, dass I und L tatsächlich Ideale von R sind.

(b) Zeigen Sie: $J \nsubseteq K$, $K \nsubseteq J$, J, $K \subseteq L \subseteq I$.

(c) Geben Sie ein Element in $(J \cap K) \setminus \{0\}$ an.

(d) Bestimmen Sie ein Erzeugendensystem von $L \cdot M$.

(e) Geben Sie einen surjektiven Ringhomomorphismus $\phi : R \to \mathbb{Z}$ an mit Kern $\phi = K$. Wie lautet der Homomorphiesatz? Ist K Primideal bzw. maximales Ideal?

(f) Geben Sie einen surjektiven Ringhomomorphismus $\psi : R \to \mathbb{Z}/3[X]$ an mit Kern $\psi = J$. Wie lautet der Homomorphiesatz? Ist J Primideal bzw. maximales Ideal?

(g) Geben Sie einen surjektiven Ringhomomorphismus $\rho : R \to \mathbb{Z}/3$ an mit Kern $\rho = I$. Wie lautet der Homomorphiesatz? Ist I Primideal bzw. maximales Ideal?

(h) Zeigen Sie $I = L$.

(i) Zu welchem bekannten Ring ist R/M isomorph? Ist M Primideal bzw. maximales Ideal?

15.14 •• Im Folgenden ist im kommutativen Ring $R = \mathbb{Z}[X]$ jeweils ein Ideal I gegeben. Untersuchen Sie, ob I prim, maximal, oder keines von beiden ist. Geben Sie jeweils eine **kurze** Begründung an.

(a) $I = (3, X + 3)$.

(b) $I = (8, X + 1)$.

(c) $I = (2X + 3, X + 1)$.

(d) $I = (X^5)$.

(e) $I = (X - 2)$.

(f) $I = (21, 28)$.

15.15 •• Es sei D der Ring der differenzierbaren Funktionen $f : \mathbb{R} \to \mathbb{R}$, mit punktweise definierter Addition und Multiplikation.

(a) Zeigen Sie, dass die Menge $I := \{f \in D \mid f(0) = f'(0) = 0\}$ ein Ideal in D ist.

(b) Wir betrachten nun den Polynomring $\mathbb{R}[X]$ und das von X^2 erzeugte Ideal $(X^2) = \{p \cdot X^2 \mid p \in \mathbb{R}[X]\}$ in $\mathbb{R}[X]$. Geben Sie einen surjektiven Ringhomomorphismus $\phi : \mathbb{R}[X] \to D/I$ an, und folgern Sie $\mathbb{R}[X]/(X^2) \cong D/I$ mit dem Homomorphiesatz.

15.16 ••• Es sei R ein kommutativer Ring. Wir betrachten die Teilmenge

$$A := \left\{ \sum_{i=0}^{n} a_i X^i \in R[X] \mid n \in \mathbb{N},\ a_i \in R,\ a_1 = 0 \right\} \subseteq R[X]$$

des Polynomrings über R in der Variablen X.

(a) Zeigen Sie: A ist ein Teilring von $R[X]$.
(b) Es sei weiter $R[X_1, X_2]$ der Polynomring über R in den beiden Variablen X_1 und X_2. Zeigen Sie, dass durch

$$\phi: \quad R[X_1, X_2] \to A, \quad f(X_1, X_2) \mapsto f(X^2, X^3)$$

ein surjektiver Ringhomomorphismus gegeben ist.
(c) Folgern Sie $A \cong R[X_1, X_2]/(X_1^3 - X_2^2)$ mit dem Homomorphiesatz.

15.17 • Es seien R der Ring aller 2×2-Matrizen $\begin{pmatrix} a & 0 \\ b & c \end{pmatrix}$ mit $a, b, c \in \mathbb{R}$, $I \subseteq R$ die Menge aller Matrizen $\begin{pmatrix} 0 & 0 \\ b & 0 \end{pmatrix}$ mit $b \in \mathbb{R}$ und $S \subseteq R$ die Menge aller Matrizen $\begin{pmatrix} a & 0 \\ 0 & c \end{pmatrix}$ mit $a, c \in \mathbb{R}$. Zeigen Sie, dass I ein Ideal und S ein Teilring in R ist mit $S \cong R/I$.

15.18 ••
(a) Es seien R ein beliebiger Ring, I ein Ideal in R und $n \in \mathbb{N}$. Begründen Sie, warum $I^{n \times n}$ ein Ideal in $R^{n \times n}$ ist, und zeigen Sie $R^{n \times n}/I^{n \times n} \cong (R/I)^{n \times n}$.
(b) Es sei R ein Ring mit Einselement. Zu jedem Ideal $J \subseteq R^{n \times n}$ gibt es ein Ideal $I \subseteq R$ mit $J = I^{n \times n}$. Folgern Sie daraus, dass volle Matrizenringe über Körpern einfach sind.
   Hinweis: Es sei $I \subseteq R$ die Menge aller Einträge von Matrizen aus J. Zeigen Sie durch Rechnen mit den *Matrixeinheiten* $E_{ij} = (\delta_{ik}\delta_{jl})_{k,l}$, dass $I = \{r \in R \mid r = a_{11}$ für ein $A \in J\}$ gilt. Damit sieht man, dass I ein Ideal in R ist.

15.19 •• Es seien $B_1, B_2, \ldots, B_r$ Ideale eines Ringes R derart, dass $R = B_1 \oplus B_2 \oplus \cdots \oplus B_r$ innere direkte Summe der additiven Gruppen der B_j ist.

(a) Es gilt $R \cong B_1 \times B_2 \times \cdots \times B_r$.
   Hinweis: $B_i B_j = \{0\}$.
(b) Hat R ein Einselement, so hat jedes Ideal von R die Form $I = I_1 + \cdots + I_r$ mit Idealen $I_j \subseteq B_j$.
   Hinweis: Die Projektion auf B_j hat die Form $x \mapsto e_j x$ für geeignetes $e_j \in R$.

(c) Zeigen Sie an einem Beispiel, dass die entsprechenden Aussagen für Linksideale im allgemeinen falsch sind.

15.20 ••• Jeder endliche Ring ist direktes Produkt von Ringen von Primzahlpotenzordnung.

15.2 Lösungen

15.1
(a) Wegen 9, 8 ∈ A gilt auch $9 - 8 = 1 \in A$. Somit gilt $A = \mathbb{Z}$, genauer $A = (1) = \mathbb{Z}$.
(b) Analog zu (a) erhalten wir $A = (\bar{1}) = \mathbb{Z}/18$.

15.2 Ist A ein Ideal, das M enthält, dann enthält es mit $a \in M$ per Definition eines Ideals auch alle Vielfachen $n\,a$ mit $n \in \mathbb{Z}$ und $r\,a, a\,s, r\,a\,s$ mit r, $s \in R$; dann auch alle endlichen Summen von solchen Elementen. Andererseits ist aber die Menge

$$S = \left\{ \sum_{\text{endl.}} r_i\,a_i\,s_i + \sum_{\text{endl.}} r_i'\,a_i' + \sum_{\text{endl.}} a_i''\,s_i'' + \sum_{\text{endl.}} n_i\,a_i''' \mid \right.$$

$$\left. r_i,\, s_i,\, r_i',\, s_i' \in R,\, a_i,\, a_i',\, a_i'',\, a_i''' \in M,\, n_i \in \mathbb{Z} \right\}$$

ein Ideal in R, denn die Differenz zweier Elemente aus S ist wieder eine Summe der angegebenen Art, und offensichtlich ist S auch invariant unter Links- und Rechtsmultiplikationen. Damit ist S das kleinste Ideal, das M enthält, d. h. $(M) = S$.

(a) Hat R ein Einselement, dann kann man $r\,a = r\,a\,1, a\,r = 1\,a\,r$ und für $n \in \mathbb{Z}$ ebenfalls $n\,a = n\,(1\,a) = (n\,1)\,a\,1$ setzen. Wir sehen, dass die Summen aus $(M) = S$ sich alle in der Form $\sum_{\text{endl.}} r_i\,a_i\,s_i, a_i \in M, r_i,\, s_i \in R$ schreiben lassen.
(b) Ist R kommutativ, dann sind wegen $r\,a\,s = (r\,s)\,a$ und $a\,r = r\,a$ die Summen aus S alle von der Form $\sum_i r_i\,a_i + \sum_i n_i\,a_i'$.

15.3
(a) Zu zeigen ist die Abgeschlossenheit der Multiplikation, d. h. a, $b \in S \;\Rightarrow\; a\,b \in S$. Angenommen, $a\,b \notin S$ für a, $b \in S$. Dann gilt aber $a\,b \in P$. Da P aber ein Primideal ist, folgt $a \in P$ oder $b \in P$; das widerspricht a, $b \in S = R \setminus P$.
(b) Offenbar ist $R_S := \{\frac{a}{s} \mid a \in R,\, s \in S\}$ mit $+$ und $\cdot$ (die wie üblich erklärte Addition bzw. Multiplikation von Brüchen) ein Ring, da S nach (a) multiplikativ abgeschlossen ist. Zu zeigen ist:

$$M = R_S \setminus R_S^{\times}.$$

$\subseteq$: Es sei $\frac{p}{s} \in M$. Dann gilt $\frac{p}{s} \in R_S$. Angenommen, $\frac{p}{s} \in R_S^\times$. Dann existieren $b \in R$, $t \in S$ mit

$$\frac{1}{1} = \frac{p}{s}\frac{b}{t} = \frac{p\,b}{s\,t}, \text{ d.h. } p\,b = s\,t \in S,$$

sodass $s\,t \in P$, also $s \in P$ oder $t \in P$ gilt. Dieser Widerspruch belegt: $\frac{p}{s} \in R_S \setminus R_S^\times$.

$\supseteq$: Es sei $\frac{a}{s} \in R_S \setminus R_S^\times$. Angenommen, $\frac{a}{s} \notin M$. Dann gilt $a \notin P$ und daher $\frac{s}{a} \in R_S$. Es folgt

$$\frac{a}{s}\frac{s}{a} = \frac{a\,s}{s\,a} = \frac{1}{1},$$

sodass $\frac{a}{s} \in R_S^\times$. Dieser Widerspruch zeigt $\frac{a}{s} \in M$.

(c) Für $\frac{p}{s}, \frac{p'}{s'} \in M$ und $\frac{a}{t} \in R_S$ mit p, $p' \in P$, $a \in R$, s, $s' \in S$ gilt

$$\frac{p}{s} - \frac{p'}{s'} = \frac{ps' - sp'}{ss'} \in M \text{ und } \frac{a}{t}\frac{p}{s} = \frac{ap}{ts} \in M,$$

weil $p\,s - s\,p' \in P$ und $a\,p \in P$. Somit ist M ein Ideal in R_S.

Ein Ideal $A \neq R_S$ von R_S enthält nach Lemma 15.4 (Algebrabuch) keine Einheit. Mit dem Teil (b) folgt $A \subseteq M$.

(d) Gesucht ist ein Isomorphismus zwischen $\mathbb{Z}/p$ und R_S/M. Bei der Suche nach Isomorphismen eines Faktorringes in einen Ring ist oftmals der Homomorphiesatz nützlich. Nach dem Homomorphiesatz 15.12 (Algebrabuch) erhalten wir einen solchen Isomorphismus aus einem Epimorphismus $\pi : \mathbb{Z} \to R_S/M$ mit Kern $p\,\mathbb{Z}$. Wir betrachten die Abbildung

$$\pi : \begin{cases} \mathbb{Z} \to R_S/M \\ z \mapsto \frac{z}{1} + M \end{cases}.$$

- Die Abbildung π ist offenbar ein Ringhomomorphismus.
- Wir bestimmen den Kern von π: Es gilt

$$\frac{z}{1} + M = M \Leftrightarrow \frac{z}{1} \in M \Leftrightarrow z \in p\,\mathbb{Z}.$$

Damit ist $p\,\mathbb{Z}$ der Kern von π.

- Die Abbildung π ist surjektiv: Zu zeigen ist hierzu, dass zu $\frac{a}{s} \in R_S$, d.h. $a \in R$, $s \in S$, ein $z \in \mathbb{Z}$ existiert mit

$$\frac{a}{s} + M = \frac{z}{1} + M, \text{ d.h. } \frac{a - zs}{s} = \frac{a}{s} - \frac{z}{1} \in M.$$

Wir haben damit die Surjektivität von π gezeigt, wenn wir nur nachweisen können, dass zu $a \in \mathbb{Z}$ und $s \in S = \mathbb{Z} \setminus p\,\mathbb{Z}$ ein $z \in \mathbb{Z}$ existiert mit $a - zs \in p\,\mathbb{Z}$, d.h. $a = zs + pk$ für ein $k \in \mathbb{Z}$. An dieser letzten Gleichung erkennt man nun leicht, wie man vorgehen kann: Nach Korollar 5.5 (Algebrabuch) existieren wegen der

Teilerfremdheit von s und p ganze Zahlen x, $y \in \mathbb{Z}$ mit $x\,s + y\,p = 1$. Multiplikation dieser Gleichung mit a liefert

$$a - (a\,x)\,s = (a\,y)\,p \in p\,\mathbb{Z} = P.$$

Mit der Wahl $z = a\,x$ folgt die Surjektivität von π.

Damit liefert der Homomorphiesatz die zu zeigende Isomorphie $\mathbb{Z}/p \cong \mathbb{Z}_{\mathbb{Z}\setminus p\mathbb{Z}}/M$.

15.4

(a) Wir gehen wie folgt vor: Wir wählen x, $y \in \sqrt{A}$ und $z \in R$ und zeigen $x + y \in \sqrt{A}$ und $x\,z \in \sqrt{A}$. Dann ist $\sqrt{A}$ ein Ideal. Da der Ring R kommutativ ist und ein Einselement hat, ist dann nämlich auch $-x \in \sqrt{A}$, also $\sqrt{A}$ eine Untergruppe von $(R, +)$: Zu x, $y \in \sqrt{A}$ existieren r, $s \in \mathbb{N}$ mit x^r, $y^s \in A$. Es folgt

$$(x + y)^{r+s} = \sum_{i=0}^{r+s} \binom{r+s}{i} x^i\, y^{r+s-i} \in A,$$

also $x + y \in \sqrt{A}$, denn

$$\text{falls } i \geq r : x^i\, y^{r+s-i} = x^r\,(x^{i-r}\, y^{r+s-i}) \in A,$$

$$\text{falls } i \leq r : r + s - i \geq s \ \Rightarrow\ x^i\, y^{r+s-i} = (x^i\, y^{r+s-i-s})\, y^s \in A.$$

Und $(x\,z)^r = x^r\,z^r \in A$, d.h. $x\,z \in \sqrt{A}$.

(b) $\Rightarrow$: Es sei A reduziert, also $\sqrt{A} = A$. Angenommen, es gibt in R/A ein nilpotentes Element $x + A$ ungleich 0, d.h. $x + A \neq A$ und $(x + A)^n = x^n + A = A$. Dann gilt aber $x \notin A$ und $x^n \in A$, sodass $x \in \sqrt{A} \setminus A$. Dieser Widerspruch belegt, dass R/A kein nilpotentes Element $\neq 0$ enthält.
$\Leftarrow$: R/A enthalte kein nilpotentes Element $\neq 0$. Angenommen, A ist nicht reduziert. Dann existiert ein $x \in \sqrt{A} \setminus A$. Es folgt $x^n \in A$ für ein $n \in \mathbb{N}$ und $x \notin A$. Damit ist aber das Element $x + A$ ungleich 0 und nilpotent. Dieser Widerspruch zeigt, dass A reduziert ist.
Man beachte, dass man die Behauptung auch kurz und bündig wie folgt begründen kann:

$$x + A \neq A \ \text{ nilpotent } \ \Leftrightarrow\ x \notin A \text{ und } x^n + A = (x + A)^n = A \ \Leftrightarrow\ x \in \sqrt{A} \setminus A.$$

(c) Zum Nachweis bietet sich die Aussage in (b) an, da der Faktorring R/A nach einem Primideal A nach Lemma 15.15 (Algebrabuch) nullteilerfrei ist, insbesondere gilt $x^n \neq 0$ für alle $x \neq 0$. Folglich enthält R/A keine nilpotenten Elemente $\neq 0$. Nach (b) ist A somit reduziert.

(d) Für $x \in \mathbb{Z}$ existiert genau dann $k \in \mathbb{N}$ mit $x^k \in n\mathbb{Z}$, d.h. $n \mid x^k$, wenn jeder Primteiler von n ein Teiler von x ist. Wenn $p_1, \ldots, p_r$ die verschiedenen Primteiler von n sind, gilt somit $\sqrt{(0)} = \{x + n\mathbb{Z} \mid p_1 \cdots p_r \mid x\}$. Beispielsweise gilt $\sqrt{(0)} = \{\overline{0}, \overline{10}\}$ in $\mathbb{Z}/20$.

Wegen $\sqrt{N} = N$ (allgemeiner gilt offenbar $\sqrt{\sqrt{A}} = \sqrt{A}$) ist N reduziert. Nach (b) enthält $(\mathbb{Z}/n)/N$ daher keine nilpotenten Elemente $\neq 0$. Da das Nilradikal von $\mathbb{Z}/n/N$ aber gerade die Menge aller nilpotenten Elemente von $(\mathbb{Z}/n)/N$ ist, ist somit dieses Nilradikal gerade $\{0\}$, sprich $\{N\}$.

15.5 Wir benutzen das Zorn'sche Lemma und gehen analog vor wie im Beweis zum Satz von Krull, siehe Satz 15.19 (Algebrabuch):

Die Menge $\mathfrak{X}$ aller A umfassenden, zu H disjunkten Ideale von R ist nicht leer, $\mathfrak{X} \neq \emptyset$, weil $A \in \mathfrak{X}$ und bzgl. der Inklusion $\subseteq$ eine geordnete Menge.

(a) Es sei $\mathfrak{K} \neq \emptyset$ eine Kette in $\mathfrak{X}$, d.h.:

$$C, C' \in \mathfrak{K} \;\Rightarrow\; C \subseteq C' \text{ oder } C' \subseteq C.$$

Wir zeigen, dass $B := \bigcup_{C \in \mathfrak{K}} C$ ein Ideal von R ist: Zu x, $y \in B$ existieren C, $C' \in \mathfrak{K}$ mit $x \in C$, $y \in C'$ und o.E. $C \subseteq C'$, sodass $x\,r \in C \subseteq B$ für jedes $r \in R$ und $x - y \in C' \subseteq B$.

Weiter ist B zu H disjunkt: Wegen $C \cap H = \emptyset$ für jedes $C \in \mathfrak{K}$ gilt nämlich auch $B \cap H = \emptyset$.

Damit ist also B ein zu H disjunktes Ideal von R und somit ein Element von $\mathfrak{X}$, $B \in \mathfrak{X}$. Weiterhin ist B offensichtlich eine obere Schranke von $\mathfrak{K}$ in $(\mathfrak{X}, \subseteq)$. Somit ist $(\mathfrak{X}, \subseteq)$ induktiv geordnet und besitzt nach dem Lemma von Zorn ein maximales Element.

(b) Es sei $M \in \mathfrak{X}$ maximal in $(\mathfrak{X}, \subseteq)$. Wir begründen, dass M ein Primideal ist: Angenommen, es gilt $a\,b \in M$, aber $a \notin M$, $b \notin M$. Dann gilt $M \subsetneqq (a) + M$, $M \subsetneqq (b) + M$, also wegen der Maximalität von M notwendig $((a)+M) \cap H \neq \emptyset$, $((b)+M) \cap H \neq \emptyset$, etwa $h = r\,a + m \in H$, $h' = r'\,b + m' \in H$ mit r, $r' \in R$ und m, $m' \in M$. Es folgt

$$H \ni h\,h' = (r\,a + m)\,(r'\,b + m') = r\,r'\,a + r\,a\,m' + r'\,b\,m + m\,m' \in M$$

im Widerspruch zu $H \cap M = \emptyset$. Dieser Widerspruch belegt, dass M ein Primideal ist.

15.6 Es sei M ein maximales Ideal von R. Für a, $b \in R$ gelte $a\,b \in M$. Es sei o.E. $a \notin M$. Dann gilt wegen der Maximalität von M (beachte Lemma 15.8 (Algebrabuch) (a)):

$$(a) + M = R\,a + M = R.$$

Es existiert also ein $r \in R$ und $m \in M$ mit

$$1 = r\,a + m, \quad \text{also} \quad b = r\,a\,b + m\,b.$$

Wegen $r\,a\,b \in M$ und $m\,b \in M$ gilt $b \in M$. Folglich ist M ein Primideal.

15.7 $\Leftarrow$: Es sei R/M ein Körper. Dann gilt $M \neq R$, da R/M als Körper mindestens zwei Elemente enthält. Es sei A ein Ideal, das M enthält, $M \subseteq A \subseteq R$. Wir zeigen $A = M$ oder $A = R$, dann ist M maximal.

Es ist A/M ein Ideal des Körpers R/M. Da ein Körper aber nur die trivialen Ideale (0) und (1) enthält, gilt $A/M = (0)$ oder $A/M = R/M$, d.h. $A = M$ oder $A = R$. Damit ist diese Richtung bewiesen.

$\Rightarrow$: Es sei M ein maximales Ideal. Zu zeigen ist, dass R/M ein Körper ist. Dazu reicht es aus zu zeigen, dass jedes $0 \neq a + M \in R/M$ invertierbar ist: Es sei $a + M \neq 0$, d.h. $a \in R \setminus M$. Wegen der Maximalität von M ist nun $(a) + M$ ein Ideal, das M echt umfasst, also $(a) + M = R$. Folglich existieren $m \in M$ und $r \in R$ mit

$$1 = r\,a + m.$$

Aber das bedeutet gerade

$$(r + M)\,(a + M) = 1 + M.$$

Somit ist $a + M$ invertierbar (das Inverse ist $r + M$).

15.8 $\Leftarrow$: Ist die Menge $M = R \setminus R^{\times}$ ein Ideal des kommutativen Ringes R mit 1, so ist dieses Ideal M

- maximal, da jedes Ideal A mit $M \subsetneq A \subseteq R$ nämlich eine Einheit enthält und somit $A = R$ erfüllt (beachte Lemma 15.4 (Algebrabuch)), und
- das einzige maximale Ideal von R, da jedes (maximale) Ideal $A \subsetneq R$ keine Einheiten enthält und somit $A \subseteq M$ erfüllt.

Somit ist R ein lokaler Ring.

$\Rightarrow$: Der kommutative Ring R mit 1 sei ein lokaler Ring mit einzigem maximalen Ideal M. Wir zeigen die Gleichheit $M = R \setminus R^{\times}$:

$M \subseteq R \setminus R^{\times}$: Da M ein maximales Ideal in R ist, gilt $M \subsetneq R$. Somit enthält M keine Einheiten von R, es gilt also $M \subseteq R \setminus R^{\times}$.

$R \setminus R^{\times} \subseteq M$: Für jede Nichteinheit $a \in R \setminus R^{\times}$ ist $(a) = R\,a$ ein von R verschiedenes Ideal. Nach dem Satz 15.19 (Algebrabuch) von Krull liegt (a) in einem maximalen Ideal, das nur M sein kann: $(a) \subseteq M$. Wegen $a \in (a)$ gilt $a \in M$, d.h. $R \setminus R^{\times} \subseteq M$.

15.9 Wir sammeln erst mal Informationen:

- Die additive Gruppe $\mathbb{Z}/n$ ist zyklisch, $\mathbb{Z}/n = \langle \overline{1} \rangle = \{\overline{0}, \overline{1}, \ldots, \overline{n-1}\}$.
- Jede Untergruppe U der zyklischen Gruppe $\mathbb{Z}/n$ ist zyklisch, $U = \langle \overline{d} \rangle$ (siehe Lemma 5.1 (Algebrabuch)).

- Eine endliche zyklische Gruppe hat zu jedem Teiler d der Gruppenordnung n genau eine Untergruppe der Ordnung d (siehe Lemma 5.2 (Algebrabuch)).

Ist nun U eine Untergruppe der additiven Gruppe $\mathbb{Z}/n$, so gilt $U = \langle \overline{d} \rangle$ für einen Teiler d von n. Für jedes $\overline{u} \in U$ und $\overline{a} \in \mathbb{Z}/n$ gilt $\overline{u} = k\,d + n\,\mathbb{Z}$ mit $k \in \mathbb{Z}$ und $\overline{a} = a + n\,\mathbb{Z}$ und daher $\overline{a}\,\overline{u} \in U$. Somit ist U ein Ideal.

Damit sind die Ideale von $\mathbb{Z}/n$ genau die Untergruppen von $(\mathbb{Z}/n, +)$. Die maximalen Ideale finden wir nun als die maximalen Untergruppen, und das sind offenbar genau jene Untergruppen vom Primzahlindex. Sind also $p_1, \dots, p_r$ die Primteiler von n, so sind die maximalen Ideale von $\mathbb{Z}/n$ genau die Gruppen bzw. Ideale:

$$\langle \overline{p}_i \rangle = (\overline{p}_i), \quad i = 1, 2, \dots, r.$$

15.10 Wir beachten die Definition aus Aufgabe 15.4 und zeigen $D = N$, wobei

- $N = \sqrt{(0)} = \{a \in R \mid a^n = 0 \text{ für ein } n \in \mathbb{N}\}$.
- $D = \bigcap_{P \subseteq R} P$ der Durchschnitt aller Primideale P von R.

$D \subseteq N$: Es sei $a \in D$. Angenommen, $a \notin N$, d.h. $a^n \neq 0$ für alle $n \in \mathbb{N}$. Dann ist die Menge $H := \{a, a^2, a^3, \dots\}$ eine Unterhalbgruppe von $(R, \cdot)$ mit $0 \notin H$. Nach Aufgabe 15.5 existiert ein Primideal P von R mit $P \cap H = \emptyset$. Da $a \in H$, gilt also $a \notin P$, folglich $a \notin D$. Dieser Widerspruch belegt $a \in N$, d.h. $D \subseteq N$.

$N \subseteq D$: Es sei $a \in N$. Dann existiert ein $n \in \mathbb{N}$ mit $a^n = 0$. Da für jedes Primideal P natürlich $0 \in P$ gilt, erhalten wir also $a^n \in P$ für jedes Primideal P. Es folgt $a \in P$ oder $a^{n-1} \in P$, also $a \in P$ oder $a^{n-2} \in P$, ... schließlich folgt $a \in P$ für jedes Primideal P von R. Dies impliziert $a \in D$, d.h. $N \subseteq D$.

15.11 Wir nutzen im Folgenden den Darstellungssatz 15.3 (Algebrabuch) und Lemma 15.9 (Algebrabuch), wonach

$$(a, b) = (a) + (b).$$

Außerdem beachten wir Lemmata 15.8 (Algebrabuch) und 15.9 (Algebrabuch), wonach:

$$[(a) + (b)] \cdot [(c) + (d)] = (a)\,(c) + (b)\,(c) + (a)\,(d) + (b)\,(d) = (a\,c) + (b\,c) + (a\,d) + (b\,d).$$

(a) Es gilt:

$$
\begin{aligned}
(2, 1 + \sqrt{-5}) \cdot (2, 1 - \sqrt{-5}) &= [(2) + (1 + \sqrt{-5})] \cdot [(2) + (1 - \sqrt{-5})] \\
&= (2) \cdot (2) + (2) \cdot (1 + \sqrt{-5}) + (2) \cdot (1 - \sqrt{-5}) \\
&\quad + (1 + \sqrt{-5}) \cdot (1 - \sqrt{-5}) \\
&= (4) + (6) + (2\,(1 + \sqrt{-5})) + (2\,(1 - \sqrt{-5})) = (2).
\end{aligned}
$$

Zur Begründung des letzten Gleichheitszeichens beachte man, dass die Inklusion $\subseteq$ offensichtlich ist und die Inklusion $\supseteq$ wegen $2 = 6 - 4$ gilt.

(b) Es gilt:

$$(2, 1 - \sqrt{-5}) \cdot (3, 1 - \sqrt{-5}) = (6) + ((1 - \sqrt{-5})^2) + (2(1 - \sqrt{-5})) + (3(1 - \sqrt{-5}))$$
$$= ((1 + \sqrt{-5}) \cdot (1 - \sqrt{-5})) + ((1 - \sqrt{-5})^2)$$
$$+ (2(1 - \sqrt{-5})) + (3(1 - \sqrt{-5}))$$
$$= (1 - \sqrt{-5}).$$

Zur Begründung des letzten Gleichheitszeichens beachte man, dass die Inklusion $\subseteq$ offensichtlich ist und die Inklusion $\supseteq$ wegen $1 - \sqrt{-5} = 3(1 - \sqrt{-5}) - 2(1 - \sqrt{-5})$ gilt.

15.12 Zu zeigen ist, dass ψ ein (wohldefinierter) surjektiver und injektiver Homomorphismus ist. Wie üblich zeigen wir die Injektivität und Wohldefiniertheit in einem Zug:

$$a + A_1 \cap \cdots \cap A_n = b + A_1 \cap \cdots \cap A_n$$
$$\Leftrightarrow a - b \in A_i \text{ für alle } i = 1, \ldots, n$$
$$\Leftrightarrow (a + A_1, \ldots, a + A_n) = (b + A_1, \ldots, b + A_n).$$

Somit ist ψ wohldefiniert und injektiv.

Wegen

$$\psi((a + A_1 \cap \cdots \cap A_n)(b + A_1 \cap \cdots \cap A_n))$$
$$= \psi(a\,b + A_1 \cap \cdots \cap A_n)$$
$$= (a\,b + A_1, \ldots, a\,b + A_n)$$
$$= (a + A_1, \ldots, a + A_n)(b + A_1, \ldots, b + A_n)$$
$$= \psi(a + A_1 \cap \cdots \cap A_n)\,\psi(b + A_1 \cap \cdots \cap A_n)$$

ist ψ multiplikativ. Analog (mit $+$ anstelle $\cdot$) zeigt man, dass ψ auch additiv ist. Somit ist ψ ein Homomorphismus.

Nun kommen wir zum Nachweis der Surjektivität. Zu zeigen ist: Zu beliebigen $b_1, \ldots,$ $b_n \in R$ existiert ein $a \in R$ mit

$$\psi(a + A_1 \cap \cdots \cap A_n) = (a + A_1, \ldots, a + A_n) = (b_1 + A_1, \ldots, b_n + A_n),$$

d. h.

$$a + A_i = b_i + A_i \quad \text{für alle} \quad i = 1, \ldots, n.$$

Wir begründen die Existenz eines solchen a, indem wir vorab die folgende Gleichheit zeigen:

$$R = A_j + \bigcap_{i \neq j} A_i \text{ für } j = 1, \ldots, n. \tag{*}$$

Wegen der paarweisen Teilerfremdheit existieren $a_i \in A_j$ und $c_i \in A_i$ für $i = 1, \ldots, n$, $i \neq j$ mit

$$1 = a_i + c_i, \quad \text{folglich gilt} \quad 1 = (a_1 + c_1) \cdots (a_n + c_n).$$

Daher folgt (*) mit Lemma 15.4 (Algebrabuch).

Nun seien $b_1, \ldots, b_n \in R$ vorgegeben. Zu jedem j existieren wegen (*) Elemente $a_j \in A_j$ und $x_j \in \bigcap_{i \neq j} A_j$ mit $a_j + x_j = b_j$.

Für $a = x_1 + \cdots + x_n$ und jedes i folgt

$$a - b_i = \left(\sum_{j \neq i} x_j \right) + (x_i - b_i) = \left(\sum_{j \neq i} x_j \right) - a_i \in A_i - A_i = A_i,$$

also $a + A_i = b_i + A_i$. Folglich ist ψ auch surjektiv.

15.13

(a) I ist ein Ideal von R, denn: Offenbar gilt $0 \in I$. Sind $f, g \in I$, so gilt $f(1) \equiv 0 \pmod 3$ und $g(1) \equiv 0 \pmod 3$. Damit gilt auch $(f + g)(1) = f(1) + g(1) \equiv 0 \pmod 3$, also $f + g \in I$. Für beliebiges $h \in \mathbb{Z}[X]$ gilt weiter $(h f)(1) \equiv h(1) f(1) \equiv 0 \pmod 3$. Somit gilt $f + g, \, h f \in I$. Folglich ist I ein Ideal.

Es ist L das von 3 und $X - 1$ erzeugte Ideal in R, $L = (3, X - 1)$. Als solches ist L insbesondere ein Ideal von R.

(b) Da $3 \in J \setminus K$, gilt $J \not\subseteq K$. Da $X - 1 \in K \setminus J$, gilt $K \not\subseteq J$. Da $(3), (X - 1) \subseteq (3, X - 1)$, gilt $J, K \subseteq L$. Da $3, X - 1 \in I$, gilt $L = (3, X - 1) \subseteq I$.

(c) Es gilt $J \cdot K \subseteq J \cap K$, sodass etwa $3 (X - 1) \in (J \cap K) \setminus \{0\}$.

(d) Es gilt $L \cdot M = (3, X - 1) \cdot (10, X) = (30, 3 X, 10 X - 10, X^2 - X)$.

(e) Die Abbildung $\phi : R \to \mathbb{Z}, \, f \mapsto f(1)$ ist ein surjektiver Ringhomomorphismus. Es gilt

$$f \in \text{Kern} \, \phi \Leftrightarrow f(1) = 0 \Leftrightarrow \exists q \in \mathbb{Z}[X] : \, f = (X - 1) q \Leftrightarrow f \in (X - 1) = K.$$

Damit gilt Kern $\phi = K$. Der Homomorphiesatz besagt hier $R/K \cong \mathbb{Z}$.

Da $\mathbb{Z}$ ein Integritätsbereich ist, ist K somit ein Primideal. Da $\mathbb{Z}$ kein Körper ist, ist K nicht maximal. Beachte Lemma 15.15 (Algebrabuch) und Korollar 15.17 (Algebrabuch).

(f) Wir betrachten den Ringhomomorphismus

$$\psi : R \to \mathbb{Z}/3[X], \, f = \sum_{i=0}^{n} a_i X^i \mapsto \psi(f) = \sum_{i=0}^{n} \overline{a}_i X^i \quad \text{mit} \quad \overline{a}_i = a_i + 3 \mathbb{Z} \in \mathbb{Z}/3.$$

Wir bestimmen den Kern von ψ, es gilt

$$f = \sum_{i=0}^{n} a_i X^i \in \operatorname{Kern} \psi \; \Leftrightarrow \; \overline{a}_i = 0 \; \forall i = 0, \ldots, n$$

$$\Leftrightarrow \; 3 \mid a_i \; \forall i = 0, \ldots, n$$

$$\Leftrightarrow \; f = 3\,g \quad \text{mit einem} \; g \in \mathbb{Z}[X]$$

$$\Leftrightarrow \; f \in (3) = J.$$

Da ψ surjektiv ist, erhalten wir mit dem Homomorphiesatz

$$\mathbb{Z}[X]/(3) \cong \mathbb{Z}/3[X], \quad \text{kurz} \quad R/J \cong \mathbb{Z}/3[X].$$

Da $\mathbb{Z}/3[X]$ ein Integritätsbereich aber kein Körper ist, ist J ein Primideal aber nicht maximal (beachte Lemma 15.15 (Algebrabuch) und Korollar 15.17 (Algebrabuch)).

(g) Wir betrachten den Homomorphismus

$$\rho : R \to \mathbb{Z}/3, \; f \mapsto \overline{f(1)} = f(1) + 3\mathbb{Z} \in \mathbb{Z}/3.$$

Für den Kern von ρ gilt:

$$f \in \operatorname{Kern} \rho \; \Leftrightarrow \; \overline{f(1)} = \overline{0} \; \Leftrightarrow \; f(1) \equiv 0 \bmod 3 \; \Leftrightarrow \; f \in I.$$

Damit gilt $\operatorname{Kern} \rho = I$. Der Homomorphiesatz liefert $R/I \cong \mathbb{Z}/3$. Da $\mathbb{Z}/3$ ein Körper ist, ist I ein maximales Ideal und daher auch ein Primideal (beachte Korollar 15.17 (Algebrabuch) und Korollar 15.18 (Algebrabuch)).

(h) Nach (a) gilt $L \subseteq I$. Zu zeigen bleibt damit $I \subseteq L$: Es sei $f \in I$. Polynomdivision durch $X - 1$ liefert $f = q\,(X - 1) + r$ mit $q \in \mathbb{Z}[X], r \in \mathbb{Z}$. Nun gilt

$$q(1)\,(1 - 1) + r = f(1) \equiv 0 \bmod 3,$$

sodass $r \equiv 0 \bmod 3$, d. h., es gibt ein $l \in \mathbb{Z}$ mit $r = 3\,l$. Damit erhalten wir

$$f = q\,(x - 1) + l\,3 \in (X - 1, 3) = L.$$

(i) Betrachte den Homomorphismus

$$\theta : \mathbb{Z}[X] \to \mathbb{Z}/10, \; f \mapsto \overline{f(0)} = f(0) + 10\,\mathbb{Z}.$$

Wir zeigen $M = (10, X) = \operatorname{Kern} \theta$: Die Inklusion $M \subseteq \operatorname{Kern} \theta$ ist klar. Es sei $f \in \operatorname{Kern} \theta$. Division von f mit Rest durch X liefert $f = q\,X + r$ mit $r \in \mathbb{Z}$. Damit gilt $\theta(f) = q(0)\,0 + r + 10\,\mathbb{Z} = 0 + 10\,\mathbb{Z}$. Es folgt $r \in 10\,\mathbb{Z}$, sodass $f \in (X, 10) = M$. Also gilt $\operatorname{Kern} \theta = M$. Mit dem Homomorphiesatz erhalten wir

$$R/M = R/\operatorname{Kern} \theta \cong \mathbb{Z}/10.$$

Da $\mathbb{Z}/10$ kein Integritätsbereich ist, ist M nicht prim und nicht maximal.

15.14

(a) Wir behaupten: I ist Kern des surjektiven Homomorphismus

$$\phi : \mathbb{Z}[X] \to \mathbb{Z}/3, \ f \mapsto \overline{f(-3)} = f(-3) + 3\mathbb{Z}.$$

und begründen dies nochmals ganz ausführlich:

(i) ϕ ist Homomorphismus: Für alle $f, g \in \mathbb{Z}[X]$ gilt

$$\phi(f \cdot g) = \overline{(f \cdot g)(-3)} = \overline{f(-3)} \cdot \overline{g(-3)} = \phi(f) \cdot \phi(g)$$

und

$$\phi(f + g) = \overline{(f + g)(-3)} = \overline{f(-3)} + \overline{g(-3)} = \phi(f) + \phi(g).$$

Dies zeigt, dass ϕ Ringhomomorphismus ist.

(ii) ϕ ist surjektiv, denn für ein $\overline{m} \in \mathbb{Z}/3\mathbb{Z}$ mit $m \in \mathbb{Z}$ ist $\phi(m \cdot 1_{\mathbb{Z}[X]}) = \overline{m}$.

(iii) Es gilt $(3, X + 3) = \mathrm{Kern}(\phi)$: Wegen $\phi(3) = \overline{3} = \overline{0}$ und $\phi(X + 3) = \overline{-3 + 3} = \overline{0}$ gilt die Inklusion $(3, X + 3) \subseteq \mathrm{Kern}(\phi)$. Es sei umgekehrt $f(X) \in \mathrm{Kern}(\phi)$. Wir machen Polynomdivision mit Rest von $f(X)$ durch $X + 3$. Es gibt also Polynome $q(X), r(X) \in \mathbb{Z}[X]$ mit $f(X) = q(X)(X + 3) + r(X)$ und $\deg(r(X)) < \deg(X + 3) = 1$, also ist $r(X) = r \in \mathbb{Z}$ eine Konstante. Wegen $f(X) \in \mathrm{Kern}(\phi)$ gilt $\phi(f(X)) = \overline{f(-3)} = \overline{0}$, also

$$\overline{0} = \phi(f(X)) = \overline{f(-3)} = \overline{q(-3)((-3) + 3) + r} = \overline{q(-3) \cdot 0 + r} = \overline{r}.$$

Also ist $\overline{r} = \overline{0}$, also $r + 3\mathbb{Z} = 0 + 3\mathbb{Z} = 3\mathbb{Z}$, so dass es $l \in \mathbb{Z}$ gibt mit $r = 3l$. Wir erhalten somit:

$$f(X) = q(X)(X + 3) + r(X) = q(X)(X + 3) + l \cdot 3 \in (X + 3, 3) = I,$$

was die Inklusion $\mathrm{Kern}(\phi) \subseteq (3, X + 3)$ beweist, also gilt insgesamt $I = (3, X + 3) = \mathrm{Kern}(\phi)$.

Nun, da $I = \mathrm{Kern}(\phi)$ nachgewiesen ist, können wir den Homomorphiesatz anwenden: Er liefert

$$\mathbb{Z}[X]/(3, X + 3) = \mathbb{Z}[X]/I = \mathbb{Z}[X]/\mathrm{Kern}(\phi) \cong \mathrm{Bild}(\phi) = \mathbb{Z}/3.$$

Damit ist $\mathbb{Z}[X]/I$ ein Körper (nämlich isomorph zum Körper $\mathbb{Z}/3$), und damit I ein maximales Ideal, also erst recht prim.

Bemerkungen

(1) Man kann sich auch überlegen, dass $I = (3, X + 3) = (3, X)$ gilt, deshalb ist I auch Kern des surjektiven Homomorphismus $\phi' : \mathbb{Z}[X] \to \mathbb{Z}/3$, $f(X) \mapsto f(0) + 3\mathbb{Z}$. Wieder erhält man, dass $R/I \cong \mathbb{Z}/3$ ein Körper und damit I ein maximales Ideal ist.

(2) Genauso gut ist jeder Homomorphismus $\phi_k : \mathbb{Z}[X] \to \mathbb{Z}/3$, $f \mapsto f(k) + 3\mathbb{Z}$ mit $k \in 3\mathbb{Z}$ (diese Bedingung braucht man, damit $\phi_k(X) = k + 3\mathbb{Z} = 0 + 3\mathbb{Z}$ gilt).

(b) Es ist I Kern des surjektiven Homomorphismus

$$\phi : R \to \mathbb{Z}/8, \ f \mapsto f(-1) + 8\mathbb{Z}.$$

Zur Begründung: Klar ist $\phi(8) = \phi(X + 1) = 0$, und damit $I \subseteq \mathrm{Kern}(\phi)$. Umgekehrt schreibe man ein $f \in \mathrm{Kern}(\phi)$ mittels Polynomdivision durch $X + 1$ in der Form $f = q(X)(X+1)+r$ mit $r \in \mathbb{Z}$. Es folgt $\phi(f) = q(-1)(-1+1)+r+8\mathbb{Z} = 0+8\mathbb{Z}$, also $r \in 8\mathbb{Z}$. Es gibt also $l \in \mathbb{Z}$ mit $r = 8l$ und damit $f = q(X)(X+1)+8l \in (X+1, 8) = I$. Da nun also $R/I \cong \mathbb{Z}/8$ kein Integritätsbereich ist, folgt, dass I kein Primideal ist.

(c) Es ist $2X + 3 - 2(X + 1) = 1 \in I$, also $I = R$. Damit ist I nicht prim und nicht maximal.

(d) Es gilt $X \cdot X^4 \in I$, aber $X, X^4 \notin I$. Damit ist I nicht prim und nicht maximal.

(e) Es ist I Kern des surjektiven Homomorphismus $\phi : R \to \mathbb{Z}$, $f(X) \mapsto f(2)$. Die Inklusion $I \subseteq \mathrm{Kern}(\phi)$ ist offensichtlich, die andere gewinnt man wie in (b) mittels Division mit Rest durch $X - 2$. Es folgt dass $R/I \cong \mathbb{Z}$ ein Integritätsring (aber kein Körper) ist und damit I ein Primideal (und nicht maximal).

(f) Offensichtlich ist $I = (7)$. Es ist I Kern des surjektiven Homomorphismus

$$\phi : R \to \mathbb{Z}/7[X], \quad f = \sum_{k=0}^{n} a_k X^k \mapsto \phi(f) = \sum_{k=0}^{n} (a_k + 7\mathbb{Z})X^k,$$

d. h. Reduktion der Koeffizienten modulo 7: Genau dann liegt f im Kern, wenn alle Koeffizienten durch sieben teilbar sind, also wenn $f \in I$ gilt. Dies zeigt $R/I \cong \mathbb{Z}/7[X]$. Da $\mathbb{Z}/7$ ein Integritätsring (sogar Körper) ist, ist auch $\mathbb{Z}/7[X]$ ein Integritätsring, allerdings aber kein Körper. Daher ist I Primideal, aber nicht maximal.

15.15

(a) Die Nullfunktion $0_D : \mathbb{R} \to \mathbb{R}$, $x \mapsto 0$ liegt wegen $0_D(0) = 0'_D(0) = 0$ in I. Es seien $f, g \in I$ und $h \in D$. Offenbar ist auch $(f + g)(0) = (f + g)'(0) = 0$, also $f + g \in I$ und $h g(0) = 0 = (h g)'(0) = h(0) g'(0) + h'(0) g(0)$, also $h g \in I$. Dies zeigt $I \trianglelefteq D$.

(b) Es sei $\pi : D \to D/I$ der kanonische Epimorphismus und $\psi : \mathbb{R}[X] \to D$ der Ringhomomorphismus, der jedem Polynom f die Polynomfunktion $x \mapsto f(x)$ zuordnet. Wir setzen

$$\phi := \pi \circ \psi : \ \mathbb{R}[X] \to D/I.$$

ϕ *ist surjektiv:* Für ein $f \in D$ ist

$$\phi(f(0) + f'(0)X) = f + I,$$

denn für die Funktion $g := \psi(f(0) + f'(0)\,X) \in D$ gilt $g(x) = f(0) + f'(0)\,x$ für alle $x \in \mathbb{R}$, also ist

$$(g - f)(0) = f(0) - f(0) = 0 = (g - f)'(0) = f'(0) - f'(0),$$

also $g - f \in I$, d. h. $\phi(f(0) + f'(0)\,X) = \pi(g) = g + I = f + I$.
Es sei nun $f = \sum_{k=0}^{n} a_k X^k \in \mathbb{R}[X]$ mit $a_k \in \mathbb{R}$ für alle k. Dann gilt

$$f \in \text{Kern}(\phi) \Leftrightarrow \psi(f) \in I \Leftrightarrow \psi(f)(0) = a_0 = 0 = \psi(f)'(0) = a_1 \Leftrightarrow f \in (X^2).$$

Es folgt $\text{Kern}(\phi) = (X^2)$. Mit dem Homomorphiesatz folgt die Behauptung

$$\mathbb{R}[X]/\text{Kern}(\phi) = \mathbb{R}[X]/(X^2) \cong D/I.$$

15.16

(a) Mit $f, g \in A$ sind auch $f - g$, $f g \in A$, damit ist A ein Teilring von $R[X]$.

(b) Offenbar gilt $R \subseteq A$ und $X^2, X^3 \in A$, und da A ein Teilring ist, folgt somit $f(X^2, X^3) \in A$ für alle $f \in R[X_1, X_2]$. Damit ist ϕ wohldefiniert.
Als Einsetzhomomorphismus ist ϕ jedenfalls ein Homomorphismus.
Für die Surjektivität genügt es offenbar zu zeigen, dass jedes X^n mit $n \neq 1$ im Bild von ϕ liegt, denn jedes Element aus A ist eine R-Linearkombination dieser X^n's, und es gilt $\phi|_R = \text{Id}_R$. Es gilt

$$X^{2n} = (X^2)^n = \phi(X_1^n) \quad \text{für} \quad n \geq 0$$

und

$$X^{2n+1} = (X^2)^{n-1}(X^3) = \phi(X_1^{n-1}X_2) \text{ für } n \geq 1.$$

Damit folgt also $A = \text{Bild}(\phi)$.

(c) Wir zeigen $\ker\phi = (X_1^2 - X_2^3) =: I$. Gemäß dem Homomorphiesatz gilt dann

$$A \cong R[X_1, X_2]/I.$$

Da $\phi(X_1^3 - X_2^2) = X^6 - X^6 = 0$ gilt $I \subseteq \ker\phi$, also bleibt die Inklusion $\supseteq$ zu zeigen. Es sei also $f(X_1, X_2) \in \ker\phi$. Da $X_1^3 - X_2^2 \in I$ gilt $X_1^3 + I = X_2^2 + I$. Die Restklasse $f(X_1, X_2) + I$ ändert sich also nicht, wenn man jedesmal, wenn X_2 in einer Potenz > 1 auftaucht, $X_2^2 + I$ durch $X_1^3 + I$ ersetzt. Am Ende bleiben dann $X_2 + I$'s nur in maximal erster Potenz übrig. Also gibt es Polynome $p(X_1), q(X_1) \in R[X_1]$ mit

$$f(X_1, X_2) + I = p(X_1) + X_2\,q(X_1) + I.$$

Da $f \in \ker \phi$ und $I \subseteq \ker \phi$, gilt also

$$0 = \phi(f) = \phi(p(X_1) + X_2\,q(X_1)) = p(X^2) + X^3\,q(X^2).$$

In $p(X^2)$ kommen nur gerade Potenzen von X vor, in $X^3 q(X^2)$ nur ungerade Potenzen von X. Also muss $p(X^2) = 0$ und $X^3 q(X^2) = 0$ gelten, was $p(X_1) = 0 = q(X_1)$ impliziert. Also gilt $f + I = 0 + I$ und damit $f \in I$.

15.17 Da Summe, Produkt und auch das Negative unterer Dreiecksmatrizen wieder untere Dreiecksmatrizen ergeben, ist R ein Ring. Es ist klar, dass $(I, +)$ eine Untergruppe von $(R, +)$ ist. Aus

$$\begin{pmatrix} 0 & 0 \\ u & 0 \end{pmatrix}\begin{pmatrix} a & 0 \\ b & c \end{pmatrix} = \begin{pmatrix} 0 & 0 \\ ua & 0 \end{pmatrix}, \quad \begin{pmatrix} a & 0 \\ b & c \end{pmatrix}\begin{pmatrix} 0 & 0 \\ u & 0 \end{pmatrix} = \begin{pmatrix} 0 & 0 \\ cu & 0 \end{pmatrix}$$

entnimmt man $I\,R \subseteq I$, $R\,I \subseteq I$. Also ist I ein Ideal in R. Ebenso ist $(S, +) \le (R, +)$ klar. Aus

$$\begin{pmatrix} a_1 & 0 \\ 0 & c_1 \end{pmatrix}\begin{pmatrix} a_2 & 0 \\ 0 & c_2 \end{pmatrix} = \begin{pmatrix} a_1 a_2 & 0 \\ 0 & c_1 c_2 \end{pmatrix}$$

entnimmt man $S^2 \subseteq S$, d. h. S ist ein Teilring von R. Diese Multiplikationsregel für S zeigt offenbar auch $S \cong \mathbb{R} \times \mathbb{R}$. Um $S \cong R/I$ nachzuweisen, ist es naheliegend, die Abbildung

$$\phi \colon R \to S, \quad \begin{pmatrix} a & 0 \\ b & c \end{pmatrix} \mapsto \begin{pmatrix} a & 0 \\ 0 & c \end{pmatrix}$$

zu betrachten. Wieder ist $\phi(A + B) = \phi(A) + \phi(B)$ völlig klar. Aus

$$\begin{pmatrix} a_1 & 0 \\ b_1 & c_1 \end{pmatrix}\begin{pmatrix} a_2 & 0 \\ b_2 & c_2 \end{pmatrix} = \begin{pmatrix} a_1 a_2 & 0 \\ b_1 a_2 + c_1 b_2 & c_1 c_2 \end{pmatrix}$$

folgt $\phi(AB) = \phi(A)\phi(B)$ für $A, B \in R$, also ist ϕ ein Ringhomomorphismus. Man sieht direkt, dass $\ker \phi = I$ gilt. Der Homomorphiesatz ergibt $R/I = R/\ker \phi \cong \phi(R) = S$.

15.18

(a) Es sei $A = (a_{ij}) \in I^{n \times n}$, $B = (b_{ij}) \in R^{n \times n}$. Die Einträge von AB und BA sind von der Bauart $\sum_{j=1}^{n} a_{ij} b_{jk}$ bzw. $\sum_{j=1}^{n} b_{ij} a_{jk}$, liegen also in I, da I ein (zweiseitiges) Ideal in R ist. Also haben wir $AB \in I^{n \times n}$, $BA \in I^{n \times n}$. Da $I^{n \times n}$ offenbar auch eine additive Untergruppe von $R^{n \times n}$ ist, ist $I^{n \times n}$ ein Ideal in $R^{n \times n}$. Den gesuchten Isomorphismus $R^{n \times n}/I^{n \times n} \cong (R/I)^{n \times n}$ findet man durch *Faktorisieren* von

$$\phi \colon \begin{cases} R^{n \times n} \to (R/I)^{n \times n}, \\ (a_{ij}) \mapsto (a_{ij} + I) \end{cases}$$

nach dem Kern (Homomorphiesatz): Eine einfache Rechnung ergibt, dass ϕ ein Ring-homomorphismus ist; kern $\phi = I^{n\times n}$, Bild$\phi = (R/I)^{n\times n}$ ist klar.

(b) Zuerst die Folgerung: Es sei D ein Körper und $J = I^{n\times n}$ ein Ideal in $D^{n\times n}$. Da es in D nur die Ideale $\{0\}$ und D gibt, ist entweder $J = \{0\}^{n\times n} = \{0\}$ oder $J = D^{n\times n}$. Also ist $D^{n\times n}$ ein einfacher Ring.

Nun zum Beweis der angegebenen Aussage: Hat $A \in J$ den Eintrag r in der Position (i, j), so hat $E_{1i}AE_{j1} \in J$ den Eintrag r in der Position $(1, 1)$. Also gilt $I = \{r \in R \mid r = a_{11}$ für ein $A \in J\}$. Wir bezeichnen die Einheitsmatrix in $R^{n\times n}$ mit E. Mit A, B liegen auch $A + B$ und für beliebiges $r \in R$ die Matrizen $rA = (rE)A$, $Ar = A(rE)$ in J. Sie haben die Einträge $a_{11} + b_{11}, ra_{11}$ bzw. $a_{11}r$ in der Position $(1, 1)$. Also ist I ein Ideal in R, und offensichtlich ist $J \subseteq I^{n\times n}$. Es sei nun umgekehrt $A = (a_{ij}) \in I^{n\times n}$. Wegen $a_{ij} \in I$ existiert $B \in J$ mit $b_{11} = a_{ij}$. Es folgt $a_{ij}E_{ij} = E_{i1}BE_{1j} \in J$, also auch $A = \sum_{i,j=1}^{n} a_{ij}E_{ij} \in J$. Wir haben damit $I^{n\times n} = J$ gezeigt, sind also fertig.

15.19

(a) Wegen der Kommutativität von $(R, +)$ gilt trivialerweise $(B_j, +) \trianglelefteq (R, +)$. Somit ist $\phi: B_1 \times \cdots \times B_r \to R, x = (x_1, x_2, \ldots, x_r) \mapsto x_1 + x_2 + \cdots + x_r$ ein Isomorphismus der additiven Gruppen. Da die B_j zweiseitige Ideale sind, gilt $B_i B_j \subseteq B_i \cap B_j = \{0\}$ für $i \neq j$, also $xy = 0$ für $x \in B_i$, $y \in B_j$. Somit ist $\phi(x)\phi(y) = \sum_{i,j=1}^{r} x_i y_j = \sum_{i=1}^{r} x_i y_i = \phi(xy)$, d. h., ϕ ist sogar ein Ringisomorphismus.

(b) Es sei $I_j := I \cap B_j$. Die Menge I_j ist ein Ideal in R, und es gilt gewiss $I_1 + \cdots + I_r \subseteq I$. Nun sei $x \in I$. Es existieren $e_j, x_j \in B_j$ mit $1 = e_1 + \cdots + e_r$, $x = x_1 + \cdots + x_r$. Wegen $B_i B_j = \{0\}$ gilt $x_j = 1x_j = e_j x_j = e_j x \in I \cap B_j = I_j$, also $x \in I_1 + \cdots + I_r$. Insgesamt haben wir $I = I_1 + \cdots + I_r$ gezeigt.

(c) Wir betrachten die folgenden Linksideale in $\mathbb{R}^{n\times n}$:

$$I_1 = \left\{ \begin{pmatrix} a & 0 \\ b & 0 \end{pmatrix} \mid a, b \in \mathbb{R} \right\}, \quad I_2 = \left\{ \begin{pmatrix} 0 & c \\ 0 & d \end{pmatrix} \mid c, d \in \mathbb{R} \right\}, \quad I_3 = \left\{ \begin{pmatrix} a & a \\ b & b \end{pmatrix} \mid a, b \in \mathbb{R} \right\}.$$

Es gilt $\mathbb{R}^{n\times n} = I_1 \oplus I_2$, aber nicht $\mathbb{R}^{n\times n} \cong I_1 \times I_2$, denn I_1 und I_2 haben kein Einselement während $\mathbb{R}^{n\times n}$ natürlich eins hat. Das Linksideal I_3 von $\mathbb{R}^{n\times n}$ ist wegen $I_1 \cap I_3 = I_2 \cap I_3 = \{0\}$ nicht von der in (b) geforderten Bauart.

15.20 Es sei $n = |R|$, und $n = \prod_{i=1}^{r} p_i^{\alpha_i}$ sei die Primfaktorzerlegung von n. Für die Zahlen $n_i := n/p_i^{\alpha_i}$ gilt $\mathrm{ggT}(n_1, n_2, \ldots, n_r) = 1$, also existieren $a_i \in \mathbb{Z}$ mit $1 = \sum_{i=1}^{r} a_i n_i$. Für $z \in R$ heißt das $z = \sum_{i=1}^{r} a_i n_i z = \sum_{i=1}^{r} z_i$ mit $z_i \in n_i R$. Es sei nun $B_i := n_i R$. Gerade haben wir $R = \sum_{i=1}^{r} B_i$ gezeigt. Es gilt $p_i^{\alpha_i} B_i = nR = \{0\}$, d. h. der Exponent von $(B_i, +)$ ist ein Teiler von $p_i^{\alpha_i}$. Wäre $q \neq p_i$ ein Primteiler von $|B_i|$, so gäbe es nach dem Satz von Cauchy ein Element z der Ordnung q in $(B_i, +)$, für das nicht $p_i^{\alpha_i} z = 0$ gelten könnte. Also ist $|B_i|$ eine p_i-Potenz. Für $z \in B_i \cap \sum_{j\neq i} B_j$ gilt $p_i^{\alpha_i} z = 0$, und es existieren $z_j \in B_j$ mit $z = \sum_{j\neq i} z_j$. Da n_i für $j \neq i$ ein Vielfaches von $p_j^{\alpha_j}$ ist, gilt $n_i z_j = 0$ für $j \neq i$, also auch $n_i z = 0$. Wegen $o(z) \mid \mathrm{ggT}(n_i, p_i^{\alpha_i}) = 1$ ist $z = 0$, also insgesamt $R = \bigoplus_{i=1}^r B_i$. Schließlich gilt für $y, z \in R$ offenbar

$$y(n_i z) = y(\underbrace{z + \cdots + z}_{n_i \text{ mal}}) = \underbrace{yz + \cdots + yz}_{n_i \text{ mal}} = n_i(yz) \in B_i$$

und ebenso $(n_i z)y \in B_i$, d. h. B_i ist ein Ideal in R. Alle Voraussetzungen von Aufgabe 15.19 sind also erfüllt, und es folgt $R \cong \prod_{i=1}^r B_i$.

Teilbarkeit in Integritätsbereichen   **16**

16.1   Aufgaben

16.1 • Man zeige, dass für $a,\, b \in R$ (R ein Integritätsbereich) gilt: $a \mid b$, $a \not\sim b$ $\Leftrightarrow$ $(b) \subsetneq (a)$.

16.2 • Man beschreibe die Äquivalenzklassen bezüglich $\sim$ der Elemente a eines Integritätsbereiches R mit $a^2 = a$.

16.3 • Für welche natürlichen Zahlen $n > 1$ gilt in $\mathbb{Z}/n[X]$ die Teilbarkeitsrelation $X^2 + \overline{2}\, X \mid X^5 - \overline{10}\, X + \overline{12}$?

16.4 • Ist $X^2 - 2 \in \mathbb{Z}[X]$ irreduzibel?

16.5 •• Sind die folgenden Polynome irreduzibel?
(a) $X^2 + X + \overline{1}$ in $\mathbb{Z}/2[X]$.   (b) $X^2 + \overline{1}$ in $\mathbb{Z}/7[X]$.   (c) $X^3 - \overline{9}$ in $\mathbb{Z}/11[X]$.

16.2   Lösungen

16.1 Die Behauptung folgt unmittelbar aus den Aussagen (a) und (b) in Lemma 16.5 (Algebrabuch):
$$a \mid b,\ a \not\sim b \ \Leftrightarrow\ (b) \subseteq (a),\ (a) \ne (b).$$

16.2 In einem Integritätsbereich gilt wegen der Nullteilerfreiheit
$$a^2 = a \ \Leftrightarrow\ a^2 - a = 0 \ \Leftrightarrow\ a\,(a - 1) = 0 \ \Leftrightarrow\ a = 0 \text{ oder } a = 1.$$

C. Karpfinger, *Arbeitsbuch Algebra*,
https://doi.org/10.1007/978-3-662-61954-4_16

Bezeichnet $[a]_\sim$ die Äquivalenzklasse von a bzgl. $\sim$, so gilt: $[0]_\sim = \{0\}$, da die Null das einzige zu null assoziierte Element ist, und $[1]_\sim = R^\times$, da genau die Einheiten e zu 1 assoziiert sind, $1 \mid e$ und $e \mid 1$.

16.3 Division von $P := X^5 - \overline{10}\,X + \overline{12}$ durch $Q := X^2 + \overline{2}X$ mit Rest liefert:

$$P = Q\,(X^3 - \overline{2}\,X^2 + \overline{4}\,X - \overline{8}) + (\overline{6}\,X + \overline{12}).$$

Es folgt:

$$Q \mid P \;\Leftrightarrow\; \overline{6}\,X + \overline{12} = \overline{0} \;\Leftrightarrow\; \overline{6} = \overline{0} \;\Leftrightarrow\; n \in \{2,\, 3,\, 6\}.$$

16.4 Es ist $X^2 - 2$ eine Nichteinheit ungleich 0. Aus Gradgründen ist höchstens eine Zerlegung der Art

$$X^2 - 2 = a\,(b\,X^2 + c\,X + d) \quad \text{oder} \quad X^2 - 2 = (a\,X + b)\,(c\,X + d)$$

möglich. Im ersten Fall folgte $a\,b = 1$, woraus $a \in \mathbb{Z}[X]^\times = \mathbb{Z}^\times$ folgte.

Im zweiten Fall erhalten wir durch Koeffizientenvergleich:

$$a\,c = 1, \quad b\,d = -2, \quad a\,d + b\,c = 0.$$

Hieraus folgt $a = c = \pm 1$, $b = -1$, $d = 2$ oder $b = 1$, $d = -2$. Aber damit ist die Gleichung $a\,d + b\,c = 0$ nicht erfüllbar. Also ist $X^2 - 2$ irreduzibel.

16.5 Aus Gradgründen und da $\mathbb{Z}/p[X]^\times = \mathbb{Z}/p \setminus \{\overline{0}\}$ gilt, ist eine *echte* Zerlegung jeweils durch eine Nullstelle gegeben.

(a) Da das Polynom $P = X^2 + X + \overline{1}$ keine Nullstelle in $\mathbb{Z}/2$ hat, es gilt nämlich $P(\overline{0}) = \overline{1}$, $P(\overline{1}) = \overline{1}$, ist es irreduzibel.

(b) Da das Polynom $P = X^2 + \overline{1}$ keine Nullstelle in $\mathbb{Z}/7$ hat, es gilt nämlich $P(\overline{0}) = \overline{1}$, $P(\overline{1}) = \overline{2}$, $P(\overline{2}) = \overline{5}$, $P(\overline{3}) = \overline{3}$, $P(\overline{4}) = \overline{3}$, $P(\overline{5}) = \overline{5}$, $P(\overline{6}) = \overline{2}$, ist es irreduzibel.

(c) Da das Polynom $P = X^3 - \overline{9}$ in $\mathbb{Z}/11[X]$ die Nullstelle $\overline{4}$ hat, es gilt nämlich $P(\overline{4}) = \overline{4}^3 - \overline{9} = \overline{55} = \overline{5 \cdot 11} = \overline{0}$, ist $P = X^3 - \overline{9}$ über $\mathbb{Z}/11$ reduzibel. Wir erhalten mit der Polynomdivision:

$$X^3 - \overline{9} = (X - \overline{4})\,(X^2 + \overline{4}\,X + \overline{5}).$$

Faktorielle Ringe   17

17.1 Aufgaben

17.1 •• Es sei G der Ring der ganzen Funktionen einer komplexen Veränderlichen z. Man zeige:

(a) G ist ein Integritätsbereich.
(b) $G^\times = \{f \in G \mid \text{Es gibt } h \in G \text{ mit } f(z) = e^{h(z)}\}$.
(c) Für $f \in G$ gilt: f ist Primelement $\Leftrightarrow$ f ist unzerlegbar $\Leftrightarrow$ Es gibt $c \in \mathbb{C}$ und $g \in G^\times$ mit $f(z) = (z - c)\, g(z)$,
(d) G ist nicht faktoriell.

17.2 •• Zeigen Sie, dass die Elemente 9 und $3\,(2 + \sqrt{-5})$ aus $\mathbb{Z}[\sqrt{-5}]$ kein kgV besitzen.

17.3 ••

(a) Beweisen Sie, dass das Polynom $a\,X^2 + b\,X + c$ vom Grad 2 über einem Körper K mit Char $K \neq 2$ genau dann irreduzibel ist, wenn $b^2 - 4\,a\,c$ kein Quadrat in K ist.
(b) Zeigen Sie, dass $3\,X^2 + 4\,X + 3$ als Polynom über $\mathbb{Z}[\sqrt{-5}]$ irreduzibel, aber reduzibel über $\mathbb{Q}[\sqrt{-5}]$ ist.

17.4 •• Man begründe: Die Elemente 2, 3, $4 + \sqrt{10}$, $4 - \sqrt{10}$ sind im Ring $\mathbb{Z}[\sqrt{10}]$ unzerlegbar, aber keine Primelemente.

17.5 •• Wir betrachten den Ring $R = \mathbb{Z}[\sqrt{-3}]$. Zeigen Sie:

(a) $R^\times = \{\pm 1\}$.
(b) Das Element $2 \in R$ ist irreduzibel, aber nicht prim.

© Der/die Autor(en), exklusiv lizenziert durch Springer-Verlag GmbH, DE, ein Teil von   145
Springer Nature 2021
C. Karpfinger, *Arbeitsbuch Algebra*,
https://doi.org/10.1007/978-3-662-61954-4_17

(c) Der Ring R ist nicht faktoriell.

17.6 •• Es sei R ein Integritätsbereich. Wir betrachten den Unterring

$$A := \left\{ \sum_{i=0}^{n} a_i X^i \in R[X] \mid n \in \mathbb{N},\ a_i \in R,\ a_1 = 0 \right\} \subseteq R[X]$$

des Polynomrings über R in der unabhängigen Variablen X, vgl. Aufgabe 15.16.

(a) Zeigen Sie, dass die Elemente $X^2, X^3 \in A$ beide irreduzibel sind.
(b) Zeigen Sie, dass $X^2, X^3 \in A$ beide nicht prim sind. Ist A faktoriell? *Hinweis: Betrachten Sie Zerlegungen von $X^6 \in A$.*

17.2 Lösungen

17.1 Bei dieser Aufgabe setzen wir voraus, dass der Leser mit Grundkenntnissen der Funktionentheorie, sprich der Theorie von Funktionen einer komplexen Veränderlichen vertraut ist. Unter einer ganzen Funktion versteht man eine Funktion f, die auf ganz $\mathbb{C}$ holomorph ist. Die Menge G der ganzen Funktionen ist ein Ring, da die Differenz und das Produkt ganzer Funktionen wieder eine ganze Funktion ist.

(a) Das Einselement des Ringes G ist die Funktion $f : \mathbb{C} \to \mathbb{C}$, $f(z) = 1$ für alle $z \in \mathbb{C}$. Der Ring G ist natürlich kommutativ. Wir begründen die Nullteilerfreiheit von G: Es sei $f \neq 0$. Dann existiert ein $a \in \mathbb{C}$ mit $f(a) \neq 0$. Weiter gibt es wegen des Identitätssatzes für holomorphe Funktionen eine Umgebung U von a mit $f(z) \neq 0$ für alle $z \in U$. Angenommen, $g f = 0$ für ein $g \in G$. Dann folgt $g(z) = 0$ für alle $z \in U$. Damit gilt erneut nach dem Identitätssatz für holomorphe Funktionen $g = 0$. Somit ist G ein Integritätsbereich.
(b) Wir setzen $M = \{ f \in G \mid$ Es gibt $h \in G$ mit $f(z) = e^{h(z)} \}$ und zeigen $G^\times = M$.
    $G^\times \subseteq M$: Es sei $f \in G^\times$. Wir müssen zeigen, dass eine ganze Funktion h existiert mit $f(z) = e^{h(z)}$, d.h. $f(z) e^{-h(z)} = 1$. Aus dieser letzten Gleichung erhalten wir durch beidseitiges Differenzieren, wobei wir die Produktregel anwenden, einen Hinweis, welche Funktion wir für h wählen können, es gilt:

$$f'(z)\, e^{-h(z)} - f(z)\, h'(z)\, e^{-h(z)} = 0, \quad \text{also} \quad (f'(z) - f(z)h'(z))\, e^{-h(z)} = 0. \quad (*)$$

Da f invertierbar ist, existiert ein $g \in G$ mit

$$g(z)\, f(z) = 1 \quad \text{für alle} \quad z \in \mathbb{C}.$$

Folglich hat f keine Nullstellen in $\mathbb{C}$. Wir können somit die Gleichung in (*) durch f dividieren und erhalten $h' = f'/f$ wegen $\mathrm{e}^{-h(z)} \neq 0$ für alle $z \in \mathbb{C}$. Damit haben wir die entscheidende Idee zur Lösung gefunden, die sich nun kurz wie folgt formulieren lässt:

Mit f ist auch f'/f in G und besitzt eine Stammfunktion h_0. Da $(f\,\mathrm{e}^{-h_0})' = \mathrm{e}^{-h_0}\,(f' - f\,h_0') = 0$ gilt, ist die Funktion $f\,\mathrm{e}^{-h_0}$ konstant, d. h. $f(z) = \mathrm{e}^{h(z)}$ mit einer geeigneten Funktion h, d. h. $f \in M$.

$M \subseteq G^\times$: Es sei $f \in M$, dann gilt $f(z) = \mathrm{e}^{h(z)}$ für eine ganze Funktion h. Es ist auch g mit $g(z) = \mathrm{e}^{-h(z)}$ ganz, außerdem gilt $f(z)\,g(z) = 1$ für alle $z \in \mathbb{C}$, sodass f invertierbar ist, es gilt $g = f^{-1}$. Dies belegt $f \in G^\times$.

(c) Wir machen einen Ringschluss und beginnen ganz links:

Ist f ein Primelement, so ist f unzerlegbar.

Nun sei $f \in G$ unzerlegbar. Weil f keine Einheit ist, hat f eine Nullstelle c (siehe Lösung zu (b)). Eine Potenzreihenentwicklung von f um c liefert

$$f(z) = \sum_{i=1}^{\infty} a_i (z-c)^i = (z-c)\,g(z), \ g \in G.$$

Wäre g keine Einheit, so wäre f zerlegbar. Also gilt $g \in G^\times$.

Nun gebe es zu $f \in G$ ein $c \in \mathbb{C}$ und ein $g \in G^\times$ mit $f(z) = (z-c)\,g(z)$. Wir begründen, dass $z - c$ ein Primelement ist (wegen $g \in G^\times$ ist dann auch f ein Primelement und somit alles bewiesen). Es gelte $(z-c) \mid h\,\tilde{h}$ für $h, \tilde{h} \in G$. Dann gilt $h(c)\,\tilde{h}(c) = 0$, d. h. $h(c) = 0$ oder $\tilde{h}(c) = 0$. Eine Potenzreihenentwicklung liefert $(z-c) \mid h$ oder $(z-c) \mid \tilde{h}$. Damit ist $z - c$ ein Primelement, also auch f.

(d) Nach (c) hat jedes endliche Produkt von Primelementen nur endlich viele Nullstellen. Die Sinusfunktion ist aber eine ganze Funktion mit unendlich vielen verschiedenen Nullstellen, insbesondere also kein Produkt von endlich vielen Primelementen. Folglich ist G nicht faktoriell.

17.2 Angenommen, es existiert ein kgV $v = c + d\sqrt{-5}$ von 9 und $s := 3\,(2 + \sqrt{-5})$. Wegen

$$(2 + \sqrt{-5})\,(2 - \sqrt{-5}) = 9$$

ist $2 + \sqrt{-5}$ ein Teiler von 9. Daher sind $9\,(2 + \sqrt{-5})$ und $3 \cdot 9$, also auch $3 \cdot 9 - 9\,(2 + \sqrt{-5}) = 9\,(1 - \sqrt{-5})$ Vielfache von 9 und s. Damit haben wir

$$9 \mid v \mid 3 \cdot 9 \quad \text{und} \quad v \mid 9\,(1 - \sqrt{-5}).$$

Wir wenden nun die multiplikative Normfunktion $N : a + b\sqrt{-5} \mapsto a^2 + 5\,b^2$ an und erhalten

$$3^4 = N(9) \mid N(v) \mid N(3 \cdot 9) = 3^6 \quad \text{und} \quad N(v) \mid N(9\,(1 - \sqrt{-5})) = 3^4 \cdot 6 = 3^5 \cdot 2,$$

sodass $N(v) \in \{3^4, 3^5\}$.

Wir begründen nun, dass $N(v) = 3^5$ nicht möglich ist: Angenommen, $N(v) = 3^5$. Dann gilt

$$3^5 \equiv N(v) \equiv c^2 + 5\,d^2 \equiv c^2 + d^2 \not\equiv 3 \,(\text{mod } 4),$$

da die Summe zweier Quadrate ganzer Zahlen kongruent 0, 1 oder 2 modulo 4 ist. Wegen $3^5 \equiv 3 \,(\text{mod } 4)$ ist das aber ein Widerspruch. Somit gilt

$$N(v) = 3^4 = N(s),$$

sodass $v = \pm 9$ und $v = \pm s$ (beachte die Aussage (8) in Lemma 17.5 (Algebrabuch)) – ein Widerspruch, die Elemente s und 9 haben kein kleinstes gemeinsames Vielfaches.

17.3

(a) Das Polynom $P = a\,X^2 + b\,X + c$ sei irreduzibel. Angenommen, $b^2 - 4\,a\,c$ ist ein Quadrat in K, d.h. $b^2 - 4\,a\,c = d^2$ für ein $d \in K$. Wir setzen nun

$$v_{1,2} := \pm\frac{d}{2a} - \frac{b}{2a} = -\frac{1}{2a}(b \mp d) \in K.$$

(Auf diese Darstellung kommt man leicht, wenn man an die *Mitternachtsformel* aus der Schulzeit denkt, nach der man die Nullstellen eines Polynoms vom Grad 2 ermittelt.) Es folgt

$$P(v_{1,2}) = a\,\frac{1}{4a^2}(b \mp d)^2 + b\left(\frac{-1}{2a}(b \mp d)\right) + c$$

$$= \frac{1}{4a}(b^2 \mp 2\,b\,d + (b^2 - 4\,a\,c)) - \frac{b^2}{2a} \pm \frac{bd}{2a} + c = 0.$$

Somit hat P eine Nullstelle in K und ist damit reduzibel über K. Widerspruch. Es ist $b^2 - 4\,a\,c$ somit kein Quadrat.

Nun sei $b^2 - 4\,a\,c$ kein Quadrat in K. Angenommen, das Polynom $P = a\,X^2 + b\,X + c$ ist reduzibel über K. Es hat dann eine Nullstelle $v \in K$, d.h. $P(v) = a\,v^2 + b\,v + c = 0$, also

$$0 = v^2 + \frac{b}{a}v + \frac{c}{a} = \left(v + \frac{b}{2a}\right)^2 + \left(\frac{c}{a} - \frac{b^2}{4a^2}\right), \quad \text{d.h.} \quad \frac{b^2 - 4ac}{4a^2} = \left(v + \frac{b}{2a}\right)^2.$$

Somit ist $b^2 - 4\,a\,c = \left(2\,a\,(v + \frac{b}{2a})\right)^2$ ein Quadrat in K. Widerspruch. Das Polynom P ist somit irreduzibel über K.

(b) Man beachte: Da $\mathbb{Q}[\sqrt{-5}]$ ein Körper ist, können wir den Teil (a) anwenden; da $\mathbb{Z}[\sqrt{-5}]$ jedoch kein Körper ist, müssen wir das Problem in diesem Fall auf anderem Wege lösen. In dem Körper $K := \mathbb{Q}[\sqrt{-5}]$ ist $P = 3\,X^2 + 4\,X + 3$ nach (a) reduzibel, weil

$4^2 - 4 \cdot 3 \cdot 3 = -20 = (2\sqrt{-5})^2$ ein Quadrat in K ist. Die Nullstellen von P sind $-\frac{2}{3} \pm \frac{1}{3}\sqrt{-5}$, sodass

$$P = 3\left(X + \frac{2}{3} - \frac{1}{3}\sqrt{-5}\right)\left(X + \frac{2}{3} + \frac{1}{3}\sqrt{-5}\right).$$

Angenommen, P ist in $R := \mathbb{Z}[\sqrt{-5}]$ reduzibel. Aus Gradgründen folgt

$$P = a\,(b\,X^2 + c\,X + d) \quad \text{oder} \quad P = (a\,X + b)\,(c\,X + d)$$

mit $a, b, c, d \in R$, wobei nach Teil (c) von Lemma 14.4 (Algebrabuch) im 1. Fall $a \notin R^{\times} = \{\pm 1\}$ (vgl. Aufgabe 13.11 (e)).
1. Fall: $3\,X^2 + 4\,X + 3 = a\,(b\,X^2 + c\,X + d)$. Es folgt $a\,b = 3$, $a\,c = 4$. Da 3 nach Lemma 17.5 (Algebrabuch) unzerlegbar ist, folgt $a = \pm 3$, also $c = \pm\frac{4}{3}$ im Widerspruch zu $\frac{4}{3} \notin \mathbb{Z}[\sqrt{-5}]$.
2. Fall: $3\,X^2 + 4\,X + 3 = (a\,X + b)\,(c\,X + d)$. Es folgt $a\,c = 3$, $a\,d + b\,c = 4$, $b\,d = 3$, also wegen Lemma 17.5 (Algebrabuch) o.E. $a = 3$, $c = 1$ (man gehe notfalls zu $P = (-a\,X - b)\,(-c\,X - d)$ über), sodass $3\,d + b = 4$. Das ist aber mit $b\,d = 3$, d.h. $(b, d) \in \{\pm(3, 1),\ \pm(1, 3)\}$, nicht verträglich.

17.4 Es sei $N : u + v\sqrt{10} \mapsto u^2 - 10\,v^2$ die (multiplikative) Norm auf $\mathbb{Z}[\sqrt{10}]$ (vgl. Lemma 17.5 (Algebrabuch)).

- 2 und 3 sind unzerlegbar: Ist $p = a\,b$ eine Zerlegung einer Primzahl p mit Elementen $a, b \in \mathbb{Z}[\sqrt{10}]$, so gilt $p^2 = N(a)\,N(b)$, also

$$N(a) = \pm 1 \quad \text{oder} \quad N(a) = \pm p^2 \quad \text{oder} \quad N(a) = \pm p.$$

Im Fall $N(a) = \pm 1$ ist a eine Einheit (also $p = a\,b$ keine echte Zerlegung), im Fall $N(a) = \pm p^2$ ist b eine Einheit (also $p = a\,b$ keine echte Zerlegung) und im Fall $N(a) = \pm p$ ist a unzerlegbar. Höchstens in diesem letzten Fall erhalten wir eine echte Zerlegung. Es sei $a = u + v\sqrt{10} \in \mathbb{Z}[\sqrt{10}]$, $u, v \in \mathbb{Z}$. Die Gleichungen $N(a) = a\,\bar{a} = \pm p$ lauten in den Fällen $p = 2$ und $p = 3$:

$$\pm 2 = u^2 - 10\,v^2 \quad \text{und} \quad \pm 3 = u^2 - 10\,v^2.$$

Offenbar sind diese Gleichungen in $\mathbb{Z}$ nicht lösbar. Somit sind 2 und 3 unzerlegbar.
- $4 + \sqrt{10}$ und $4 - \sqrt{10}$ sind unzerlegbar: Ist $4 \pm \sqrt{10} = a\,b$ eine Zerlegung von $4 \pm \sqrt{10}$ mit Elementen $a, b \in \mathbb{Z}[\sqrt{10}]$, so gilt $N(4 \pm \sqrt{10}) = 6 = N(a)\,N(b)$, also

$$N(a) \in \{\pm 1,\ \pm 2,\ \pm 3,\ \pm 6\}.$$

Da $N(a) \in \{\pm 2, \pm 3\}$ nach dem ersten Teil der Lösung dieser Aufgabe nicht vorkommen kann, ist a oder b eine Einheit, also sind auch $4 + \sqrt{10}$ und $4 - \sqrt{10}$ unzerlegbar.

- 2 und 3 sind keine Primelemente: Wegen

$$2 \cdot 3 = (4 + \sqrt{10})(4 - \sqrt{10})$$

ist 2 ein Teiler des Produkts $(4 + \sqrt{10})(4 - \sqrt{10})$. Aber 2 teilt keinen der Faktoren. Somit ist 2 kein Primelement; das gilt ebenso für 3.

- $4 + \sqrt{10}$ und $4 - \sqrt{10}$ sind keine Primelemente: Wegen

$$(4 + \sqrt{10})(4 - \sqrt{10}) = 2 \cdot 3$$

ist $4 + \sqrt{10}$ ein Teiler des Produkts $2 \cdot 3$. Aber $4 + \sqrt{10}$ teilt keinen der Faktoren. Somit ist $4 + \sqrt{10}$ kein Primelement; das gilt ebenso für $4 - \sqrt{10}$.

17.5

(a) Wegen $1 \cdot 1 = 1 = (-1) \cdot (-1)$ sind ± 1 Einheiten in R. Wir zeigen, dass es keine weiteren Einheiten gibt: Ist x eine Einheit in R, so existiert ein $y \in R$ mit $x\, y = 1$, wegen der Multiplikativität der Normabbildung

$$N : R \setminus \{0\} \to \mathbb{N}, \; x = a + b\sqrt{-3} \mapsto a^2 + 3\,b^2$$

folgt $N(x) = a^2 + 3\,b^2 = 1$ für die Einheit $x = a + b\sqrt{-3}$. Es folgt somit $b = 0$ und $a = \pm 1$, d. h. $x = \pm 1$.

(b) Angenommen, die $2 \in R$ ist reduzibel, $2 = x\, y$ mit Nichteinheiten $x, y \in R$. Anwenden der Norm liefert $4 = N(x)\, N(y)$, also $N(x) = 2$. Das ist aber für $x = a + b\sqrt{-3}$ nicht möglich, da die Gleichung $2 = a^2 + 3\,b^2$ keine Lösung in $\mathbb{Z}^2$ hat. Somit ist die 2 irreduzibel in R.

Die 2 ist ein Teiler von 4, also gilt

$$2 \mid (1 + \sqrt{-3})(1 - \sqrt{-3}).$$

Aber die 2 teilt weder $1 + \sqrt{-3}$ noch $1 - \sqrt{-3}$; damit ist die 2 kein Primelement in R.

(c) Wäre R faktoriell, so wäre jedes irreduzible Element auch ein Primelement. Das ist nach (b) nicht der Fall in R, also ist R nicht faktoriell.

17.6

(a) Es ist klar, dass $R^\times \subseteq A^\times \subseteq R[X]^\times = R^\times$ gilt, und damit $A^\times = R^\times$. Damit sind X^2, X^3 jedenfalls beide keine Einheiten und natürlich beide nicht Null. Angenommen, es gilt $X^2 = fg$ mit $f, g \in A$. Da $\deg(f) + \deg(g) = 2$ haben entweder beide Polynome Grad 1, was aber in A nach Definition nicht geht, oder ein Polynom hat Grad 0 und das andere hat Grad 2. Wir nehmen o. E. an, dass $f = a_0 \in R$ und $g = b_2 X^2 + b_0 \in A$ gilt, mit $a_0, b_0, b_2 \in R$. Aus $fg = a_0 b_2 X^2 + a_0 b_0 = X^2$ folgt $a_0 b_2 = 1$, also ist $f = a_0 \in R^\times = A^\times$ eine Einheit. Es folgt, dass X^2 irreduzibel ist. Analog folgt aus $X^3 = fg$, dass entweder ein Polynom Grad 1 haben muss, was aber in A nicht geht, oder eben ein Polynom Grad 0 und das andere Grad 3. O.E. also $f = a_0 \in R$ und $g = b_3 X^3 + b_2 X^2 + b_0$, und aus $fg = X^3$ folgt wieder $a_0 b_3 = 1$, so dass $f = a_0 \in R^\times = A^\times$ Einheit ist.

(b) Es sind X^2 und X^3 ein Teiler von $X^6 = X^2 \cdot X^4 = X^3 \cdot X^3$. Wäre X^2 prim , so müsste wegen $X^2 \mid X^3 \cdot X^3$ auch X^2 ein Teiler von X^3 (in A) sein, was es wegen $X \notin A$ aber nicht ist. Also ist X^2 nicht prim. Analog: Wäre X^3 prim, so müsste es wegen $X^3 \mid X^2 \cdot X^4$ ein Teiler von X^2 oder X^4 sein, was es aber beides nicht ist.

Hauptidealringe. Euklidische Ringe   **18**

18.1   Aufgaben

18.1 •• Es seien R ein Hauptidealring und $c, a_1, \ldots, a_n \in R$.

(a) Zeigen Sie, dass die **Diophantische Gleichung** $a_1 X_1 + \cdots + a_n X_n = c$ genau dann in R lösbar ist, wenn c durch einen ggT d von $a_1, \ldots, a_n$ teilbar ist.
(b) Die Gleichung $a X + b Y = c$ mit $a, b \in R \setminus \{0\}$ besitze eine Lösung $(x, y) \in R^2$. Beschreiben Sie alle Lösungen dieser Diophantischen Gleichung.
(c) Bestimmen Sie alle Lösungen $(x, y) \in \mathbb{Z}^2$ von $102\,X + 90\,Y = 108$.

18.2 •• Bestimmen Sie mithilfe des euklidischen Algorithmus in $\mathbb{Z}[\mathrm{i}]$ einen ggT von $a = 31 - 2\,\mathrm{i}$ und $b = 6 + 8\,\mathrm{i}$ und stellen Sie ihn in der Form $r\,a + s\,b$ mit $r, s \in \mathbb{Z}[\mathrm{i}]$ dar.

18.3 • Bestimmen Sie die Einheiten in $\mathbb{Z}[\sqrt{-6}]$.

18.4 •• Man zeige, dass $\mathbb{Z}[\sqrt{26}]$ unendlich viele Einheiten hat.

18.5 •• Man bestimme in $\mathbb{Z}[\sqrt{-6}]$ alle Teiler von 6.

18.6 •• Man bestimme in $\mathbb{Z}[\sqrt{-5}]$ alle Teiler von 21.

18.7 •• Man zerlege in $\mathbb{Z}[\mathrm{i}]$ die Zahlen 3, 5, 7, 70 und $1 + 3\mathrm{i}$ in Primelemente.

18.8 •• Gegeben ist der euklidische Ring $\mathbb{Z}[\mathrm{i}]$ mit dem euklidischen Betrag $N : z \to z\,\overline{z}$. Bestimmen Sie jeweils zu $a, b \in \mathbb{Z}[\mathrm{i}]$ Elemente $q, r \in \mathbb{Z}[\mathrm{i}]$ mit $a = q\,b + r$ und der Eigenschaft $N(r) < N(b)$ (Division mit Rest), wobei

© Der/die Autor(en), exklusiv lizenziert durch Springer-Verlag GmbH, DE, ein Teil von   153
Springer Nature 2021
C. Karpfinger, *Arbeitsbuch Algebra*,
https://doi.org/10.1007/978-3-662-61954-4_18

(a) $a = 10 + 11i, b = 2 + 3i$.
(b) $a = 4 + 7i, b = 1 + 2i$.
(c) $a = 137, b = 35$.

18.9 •• Begründen Sie jeweils, ob die angegebene Aussage richtig oder falsch ist. Es ist jeweils R ein Teilring des Integritätsbereichs S.

(a) Ist R faktoriell, so auch S.
(b) Ist S faktoriell, so auch R.
(c) Ist $a \in R$ irreduzibel (bzw. prim) in R, so auch in S.
(d) Ist $a \in R$ irreduzibel (bzw. prim) in S, so auch in R.
(e) Ist S euklidisch mit einem euklidischen Betrag $\varphi : S \setminus \{0\} \to \mathbb{N}_0$, so auch R mit der entsprechend eingeschränkten Funktion $\varphi|_R$.

18.10 •• Es sei $R = \mathbb{Z}[i]$ der euklidische Ring der ganzen Gauß'schen Zahlen.

(a) Begründen Sie, warum 11 ein Primelement und 13 kein Primelement in R ist.
(b) Begründen Sie, warum $(11) = 11 R$ ein maximales Ideal in R ist.
(c) Zerlegen Sie das Ideal $(13) = 13 R$ in ein Produkt zweier maximaler Ideale.

18.11 ••• Es sei

$$R := \left\{ \tfrac{a}{b} \in \mathbb{Q} \mid a, b \in \mathbb{Z}, \ \mathrm{ggT}(30, b) = 1 \right\} \subseteq \mathbb{Q}.$$

(a) Zeigen Sie, dass R ein Unterring von $\mathbb{Q}$ ist.
(b) Bestimmen Sie die Menge der Einheiten $R^\times$. Gilt $R \cap \mathbb{Q}^\times = R^\times$?
(c) Zeigen Sie, dass R ein Hauptidealring ist, und bestimmen Sie alle Ideale von R. Welche Ideale sind maximal, welche prim?
(d) Bestimmen Sie (bis auf Einheiten) alle irreduziblen Elemente von R. Sind diese auch prim?

18.12 •• Bestimmen Sie einen ggT von $26 + 13i$ und $14 - 5i$ im Ring $\mathbb{Z}[i]$.

18.13 •• Begründen Sie, warum eine natürliche Zahl der Form $4n + 3$ mit $n \in \mathbb{N}$ nicht als Summe zweier Quadrate ganzer Zahlen darstellbar ist.

18.14 ••• Sind A, B, C paarweise teilerfremde natürliche Zahlen mit $2 \mid B$ und $A^2 + B^2 = C^2$, so nennt man (A, B, C) ein *primitives Pythagoräisches Tripel*. Beweisen Sie: Es gibt (eindeutig bestimmte) $u, v \in \mathbb{N}$ mit $\mathrm{ggT}(u, v) = 1$ und

$$A = u^2 - v^2, \quad B = 2uv, \quad C = u^2 + v^2,$$

und genau eine der beiden Zahlen u, v ist gerade. Geben Sie mit dieser Information die 5 kleinsten – nach der Größe von C geordneten – primitiven Pythagoräischen Tripel an.

18.15 Zeigen Sie: Der Ring $R = \mathbb{Z}[\sqrt{-3}] = \{a + b\sqrt{-3} \mid a, b \in \mathbb{Z}\}$ ist nicht faktoriell. *Hinweis:* Untersuchen Sie das Element $2 \in R$ auf Irreduzibilität bzw. auf Primalität.

18.16 ••• Bestimmen Sie ein Ideal $I \subseteq \mathbb{Z}[\sqrt{-3}]$, das kein Hauptideal ist.

18.17 Wir betrachten den bezüglich der Normfunktion $N : z \mapsto z\bar{z}$ euklidischen Ring

$$R = \mathbb{Z}[\frac{1 + \sqrt{-7}}{2}] \subseteq \mathbb{C}.$$

(a) Bestimmen Sie $R^{\times}$.
(b) Zerlegen Sie 3, 5 und 7 in Primelemente in R.

18.18 •• Zeigen Sie: Die beiden Ringe $\mathbb{Z}[\sqrt{-10}]$ und $\mathbb{Z}[\sqrt{10}]$ sind nicht euklidisch bzgl. der Normfunktion N.

18.2 Lösungen

18.1

(a) Wir benutzen den Hauptsatz 18.3 (Algebrabuch) über den ggT, hiernach gilt für $d \in$ $\mathrm{ggT}(a_1, \ldots, a_n)$:

$$a_1 R + \cdots + a_n R = (a_1, \ldots, a_n) = (d) = d\,R.$$

Damit erhalten wir:

- Ist die Diophantische Gleichung $a_1 X_1 + \cdots + a_n X_n = c$ in R lösbar, so existieren $r_1, \ldots, r_n \in R$ mit

$$c = a_1 r_1 + \cdots + a_n r_n \in d\,\mathbb{Z}.$$

  Somit ist c ein Vielfaches von d, d.h. $d \mid c$.
- Gilt $d \mid c$, so ist $c \in d\,R = a_1 R + \cdots + a_n R$, also ist die Diophantische Gleichung $a_1 X_1 + \cdots + a_n X_n = c$ in R lösbar.

(b) Es sei $L \subseteq R^2$ die Lösungsmenge von $a\,X + b\,Y = c$. Für $(x', y') \in R^2$ gilt:

$$(x', y') \in L \Leftrightarrow a\,x' + b\,y' = c \Leftrightarrow a\,(x' - x) = b\,(y - y').$$

Es sei $d \in \mathrm{ggT}(a, b)$ und $a = d\,a_0, b = d\,b_0$. Es sind a_0, b_0 teilerfremd. Kürzen durch d führt zu

$$a_0\,(x' - x) = b_0\,(y - y').$$

Mit Lemma 17.4 (Algebrabuch) (c) folgt

$$b_0 \mid (x' - x), \quad \text{d.h.} \quad x' - x = t\,b_0 \quad \text{für ein } t \in R,$$

und

$$a_0\,t\,b_0 = b_0\,(y - y'), \quad \text{d.h.} \quad y - y' = t\,a_0.$$

Es folgt

$$(x', y') = (x + t\,b_0, y - t\,a_0).$$

Umgekehrt gilt für beliebige $t \in R$ und $(x', y') = (x + t\,b_0, y - t\,a_0)$:

$$a\,x' + b\,y' = a\,(x + t\,b_0) + b\,(y - t\,a_0) = c + t\,(a\,b_0 - b\,a_0) = c + t\,(d\,a_0\,b_0 - d\,b_0\,a_0) = c.$$

Das beweist $L = \{(x + t\,b_0, y - t\,a_0) \mid t \in R\}$.

Bemerkung Um also die Lösungsmenge L der Diophantischen Gleichung $a\,X + b\,Y = c$ zu bestimmen, braucht man nur eine Lösung (x, y) zu kennen. Eine solche kann man oft erraten, falls nicht, so liefert der euklidische Algorithmus aus Satz 5.7 (Algebrabuch) (beachten Sie die Bemerkung im Anschluss an diesen Satz) eine Lösung (x, y) durch Bestimmen von $d \in \mathrm{ggT}(a, b) = a\,r + b\,s, r, s \in \mathbb{Z}$. Multiplikation dieser Gleichung mit $\frac{c}{d}$ liefert $x = \frac{c}{d}r$ und $y = \frac{c}{d}s$.

(c) Wegen $6 \in \mathrm{ggT}(102, 90)$ und $6 \mid 108$ ist $102\,X + 90\,Y = 108$ in $\mathbb{Z}$ lösbar und die Lösungsmenge $L \subseteq \mathbb{Z}^2$ stimmt mit der von $17\,X + 15\,Y = 18$ überein. Wir stellen $1 \in \mathrm{ggT}(17, 15)$ in der Form $1 = 17\,r + 15\,s$ mit dem euklidischen Algorithmus dar:

$$17 = 1 \cdot 15 + 2, \; 15 = 7 \cdot 2 + 1$$

liefert:

$$1 = 15 - 7 \cdot 2 = 15 - 7 \cdot (17 - 15) = (-7) \cdot 17 + 8 \cdot 15.$$

Es folgt $18 = (-7 \cdot 18) \cdot 17 + (8 \cdot 18) \cdot 15$, d.h.

$$(-126, 144) \in L.$$

Nach (b) ist $L = \{(-126 + 15\,t, 144 - 17\,t) \mid t \in \mathbb{Z}\}$. Die *kleinste* Lösung erhält man für $t = 8$, nämlich $(-6, 8)$.

18.2 Die Idee zur Lösung dieser Aufgabe wird durch den Beweis von Lemma 18.8 (Algebrabuch) nahegelegt: In $\mathbb{C}$ gilt

$$\frac{a}{b} = \frac{31 - 2\,\mathrm{i}}{6 + 8\,\mathrm{i}} = \frac{17}{10} - \frac{13}{5}\,\mathrm{i}.$$

Der zu $\frac{a}{b}$ nächstgelegene *Gitterpunkt* aus $\mathbb{Z}[\mathrm{i}]$ ist somit $q_1 := 2 - 3\,\mathrm{i}$. Es ist

$$r_1 = a - q_1\,b = (31 - 2\,\mathrm{i}) - (2 - 3\,\mathrm{i})\,(6 + 8\,\mathrm{i}) = -5;$$

und

$$\frac{b}{r_1} = \frac{6 + 8\,\mathrm{i}}{-5} = -\frac{6}{5} - \frac{8}{5}\,\mathrm{i}.$$

Der zu $\frac{b}{r_1}$ nächstgelegene Gitterpunkt aus $\mathbb{Z}[\mathrm{i}]$ ist $q_2 := -1 - 2\,\mathrm{i}$. Es ist

$$r_2 = b - q_2\,r_1 = (6 + 8\,\mathrm{i}) - 5\,(1 + 2\,\mathrm{i}) = 1 - 2\,\mathrm{i},$$

und

$$\frac{r_1}{r_2} = \frac{-5}{1 - 2\,\mathrm{i}} = -1 - 2\,\mathrm{i} \in \mathbb{Z}[\mathrm{i}].$$

Somit gilt $d := 1 - 2\,\mathrm{i} \in \mathrm{ggT}(a, b)$, und schließlich erhalten wir durch Rückwärtssubstitution

$$\begin{aligned}
d = 1 - 2\,\mathrm{i} &= b - 5\,(1 + 2\,\mathrm{i}) \\
&= b + (a - (2 - 3\,\mathrm{i})\,b)\,(1 + 2\,\mathrm{i}) \\
&= (1 + 2\,\mathrm{i})\,a + (1 - (2 - 3\,\mathrm{i})\,(1 + 2\,\mathrm{i}))\,b \\
&= (1 + 2\,\mathrm{i})\,a + (-7 - \mathrm{i})\,b.
\end{aligned}$$

18.3 Man vgl. auch Aufgabe 13.11: Ist $x = a + b\,\sqrt{-6} \in \mathbb{Z}[\sqrt{-6}]$ eine Einheit, so gibt es ein $y \in \mathbb{Z}[\sqrt{-6}]$ mit $x\,y = 1$. Anwenden der multiplikativen Norm $N : z \mapsto z\,\bar{z}$ ergibt

$$1 = N(1) = N(x\,y) = N(x)\,N(y) = (a^2 + 6\,b^2)\,N(y) \quad \text{mit} \quad N(y) \in \mathbb{N}.$$

Somit muss $a^2 + 6\,b^2 = 1$ gelten, d.h. $b = 0$ und $a = \pm 1$. Damit ist gezeigt: Ist x eine Einheit, so gilt $x = \pm 1$. Da umgekehrt 1 und -1 Einheiten sind, erhalten wir $\mathbb{Z}[\sqrt{-6}]^\times = \{\pm 1\}$.

18.4 Die Lösung zu Aufgabe 18.3 bringt uns auf die Idee, ein Element $u + v\sqrt{26}$ mit seinem *Konjugierten* $u - v\sqrt{26}$ zu multiplizieren:

$$(u + v\sqrt{26})\,(u - v\sqrt{26}) = u^2 - 26\,v^2.$$

Da die Gleichung $\pm 1 = u^2 - 26\,v^2$ etwa die Lösung $(u, v) = (5, 1)$ hat, erhält man nun, dass $s := 5 + \sqrt{26} \in \mathbb{Z}[\sqrt{26}]$ eine Einheit ist, es gilt nämlich

$$(5 + \sqrt{26})\,(-5 + \sqrt{26}) = 1.$$

Mit s ist aber auch s^k für jedes $k \in \mathbb{Z}$ eine Einheit. Das liefert unendlich viele verschiedene Einheiten.

18.5 Wegen der Multiplikativität der Normabbildung $N : z \mapsto z\,\overline{z}$ gilt (mit einem $b \in \mathbb{Z}[\sqrt{-6}]$):

$$a \mid 6 \;\Rightarrow\; 6 = a\,b \;\Rightarrow\; N(6) = N(a)\,N(b) \;\Rightarrow\; N(a) \mid N(6).$$

Die Teiler a von 6 finden wir somit unter jenen Elementen aus $\mathbb{Z}[\sqrt{-6}]$, deren Normen Teiler von $N(6) = 36$ sind. Wir bestimmen erst mal alle Elemente $a = u + \sqrt{-6}\,v \in \mathbb{Z}[\sqrt{-6}]$ mit $N(a) = u^2 + 6\,v^2 \in \{1, 2, 3, 4, 6, 9, 12, 18, 36\}$:

$$N(a) = 1 \;\Rightarrow\; a = \pm 1,$$
$$N(a) \in \{2, 3, 12, 18\} \;\Rightarrow\; N(a) = u^2 + 6\,v^2 \text{ ist nicht lösbar,}$$
$$N(a) = 4 \;\Rightarrow\; a = \pm 2,$$
$$N(a) = 6 \;\Rightarrow\; a = \pm\sqrt{-6},$$
$$N(a) = 9 \;\Rightarrow\; a = \pm 3,$$
$$N(a) = 36 \;\Rightarrow\; a = \pm 6.$$

Folglich sind ± 1, ± 2, $\pm\sqrt{-6}$, ± 3, ± 6 die Kandidaten für die Teiler von 6. Wegen $6 = -\sqrt{-6}^2 = 2 \cdot 3$ ist $\{\pm 1,\ \pm 2 \pm \sqrt{-6},\ \pm 3,\ \pm 6\}$ die Menge aller Teiler von 6.

18.6 Die Motivation für das folgende Vorgehen entnehmen wir der Lösung zu Aufgabe 18.5. Wir listen zuerst die $a = u + \sqrt{-5}\,v \in \mathbb{Z}[\sqrt{-5}]$ auf, deren Normen Teiler von $N(21) = 441$ sind, es gilt also $N(a) = u^2 + 5\,v^2 \in \{1, 3, 7, 9, 21, 49, 63, 147, 441\}$.

$$N(a) = 1 \;\Rightarrow\; a = \pm 1,$$
$$N(a) \in \{3, 7, 63, 147\} \;\Rightarrow\; N(a) = u^2 + 5\,v^2 \text{ ist nicht lösbar,}$$
$$N(a) = 9 \;\Rightarrow\; a \in \{\pm 3,\ \pm(2 \pm \sqrt{-5})\},$$
$$N(a) = 21 \;\Rightarrow\; a \in \{\pm(4 \pm \sqrt{-5}),\ \pm(1 \pm 2\sqrt{-5})\},$$
$$N(a) = 49 \;\Rightarrow\; a\{\pm 7,\ \pm(2 \pm 3\sqrt{-5}),$$
$$N(a) = 441 \;\Rightarrow\; a = \pm 21.$$

Wegen

$$21 = 3 \cdot 7 = (4 + \sqrt{-5})\,(4 - \sqrt{-5}) = (1 + 2\sqrt{-5})\,(1 - 2\sqrt{-5})$$

sind ± 1, ± 3, ± 7, $\pm(4 \pm \sqrt{-5})$, $\pm(1 \pm 2\sqrt{-5})$, ± 21 Teiler von 21.

Aber $\pm(2 \pm \sqrt{-5})$, $\pm(2 \pm 3\sqrt{-5})$ sind keine Teiler von 21, da z. B. $21 = (2 + \sqrt{-5})\,(u + v\sqrt{-5})$ auf die in $\mathbb{Z}$ nicht lösbare Gleichung $-9\,v = 21$ führt.

18.7 Die Primzahlen 3 und 7 sind nicht Summe von zwei Quadraten, die Primzahl $5 = 2^2 + 1^2$ hingegen schon. Nach Lemma 18.8 (Algebrabuch) sind damit die Primzahlen 3 und 7 Primelemente in $\mathbb{Z}[i]$ und $5 = (2 + i)(2 - i)$ eine Zerlegung der Primzahl 5 in Primelemente. Als Zerlegung der Zahl 70 erhalten wir

$$70 = 2 \cdot 5 \cdot 7 = (1 + i)(1 - i)(2 + i)(2 - i)\, 7,$$

wobei diese Faktoren alles Primelemente sind. Und schließlich erhalten wir für $1 + 3i$

$$(1 + 3i)(1 - 3i) = 10 = 2 \cdot 5 = (1 + i)(1 - i)(2 + i)(2 - i),$$

wobei nun rechts die Kandidaten für Primteiler von $1+3i$ stehen, wir testen $1-i$ per Division (mit Rest):

$$\frac{1 + 3i}{1 - i} = \frac{(1 + 3i)(1 + i)}{2} = \frac{-2 + 4i}{2} = -1 + 2i.$$

Damit erhalten wir die Primzerlegung $1 + 3i = (1 - i)(-1 + 2i)$.

18.8 Wir dividieren jeweils a durch b in $\mathbb{C}$ und erhalten $\frac{a}{b} = c + di$. Sodann wählen wir die ganzen Zahlen $\tilde{c}$ und $\tilde{d}$, die am nächsten zu c und d liegen (beachte den Beweis zur ersten Aussage in Lemma 18.8 (Algebrabuch)):

(a) Es gilt

$$\frac{a}{b} = \frac{10 + 11i}{2 + 3i} = \frac{(10 + 11i)(2 - 3i)}{13} = \frac{53 - 8i}{13} = \left(4 + \frac{1}{13}\right) - \left(1 - \frac{2}{13}\right)i.$$

Damit erhalten wir $q = 4 - i$ und damit

$$r = a - q\,b = (10 + 11i) - (4 - i)(2 + 3i) = -1 + i.$$

(b) Es gilt

$$\frac{a}{b} = \frac{4 + 7i}{1 + 2i} = \frac{(4 + 7i)(1 - 2i)}{5} = \frac{19 - i}{5} = \left(4 - \frac{1}{5}\right) - \frac{1}{5}i.$$

Damit erhalten wir $q = 4$ und damit

$$r = a - q\,b = (4 + 7i) - 4(1 + 2i) = -i.$$

(c) Es gilt

$$\frac{a}{b} = \frac{137}{35} = 4 - \frac{3}{35}.$$

Damit erhalten wir $q = 4$ und damit

$$r = a - q\,b = 137 - 4 \cdot 35 = -3.$$

18.9

(a) und (b). In den Ringinklusionen

$$\mathbb{Z} \subseteq \mathbb{Z}[\sqrt{-5}] \subseteq \mathbb{C}$$

oder auch

$$K \subseteq K[X^2, X^3] \subseteq K[X], \quad K \text{ ein beliebiger Körper,}$$

ist jeweils der mittlere Ring nicht faktoriell (beachte Abschn. 17.2 (Alglinkebrabuch) bzw. Aufgabe 17.6) und die beiden äußeren Ringe sind jeweils faktoriell. Also sind (a) und

(b) beide falsch.

(c) Die Aussage ist falsch, wie man etwa an den Beispielen

$$2 \in \mathbb{Z} \subseteq \mathbb{Q} \quad \text{oder} \quad X^2 + 1 \in \mathbb{R}[X] \subseteq \mathbb{C}[X]$$

sieht: Es ist 2 irreduzibel in $\mathbb{Z}$, aber Einheit in $\mathbb{Q}$. Es ist $X^2 + 1$ irreduzibel in $\mathbb{R}[X]$, aber Produkt der Nichteinheiten $X + \mathrm{i}$, $X - \mathrm{i}$ in $\mathbb{C}[X]$.

(d) Auch diese Aussage ist falsch: Das Element $2\,X \in \mathbb{Z}[X] \subseteq \mathbb{Q}[X]$ ist in $\mathbb{Q}[X]$ assoziiert zu X, also irreduzibel. In $\mathbb{Z}[X]$ ist $2\,X$ als Produkt der irreduziblen Elemente 2 und X selbst nicht irreduzibel.

(e) Wieder falsch: Der Ring $S = \mathbb{Q}[X]$ ist euklidisch (mit dem euklidischen Betrag deg), aber der Teilring $R = \mathbb{Q}[X^2, X^3]$ ist nicht einmal faktoriell, also erst recht nicht euklidisch (mit keinem euklidischen Betrag). Oder auch der Ring $\tilde{R} := \mathbb{Z}[X] \subseteq S$ ist nicht euklidisch (mit keinem euklidischen Betrag), da $\tilde{R}$ kein Hauptidealring ist.

18.10

(a) Die Einheiten von R sind 1, -1, i, $-\mathrm{i}$ (siehe Lemma 18.8 (Algebrabuch)). Der Ring R ist euklidisch, somit sind Primelemente und unzerlegbare Elemente ein und dasselbe. Ein Element ist also genau dann ein Primelement, wenn es sich nicht als Produkt von zwei Nichteinheiten schreiben lässt.

Für das Element $13 \in R$ gilt

$$13 = 3^2 + 2^2 = (3 + 2\mathrm{i})\,(3 - 2\mathrm{i}).$$

Da $3 \pm 2\mathrm{i}$ keine Einheiten sind, ist 13 kein Primelement.

Für das Element $11 \in R$ gelte

$$11 = (a + b\mathrm{i})\,(c + d\mathrm{i}).$$

Dann gälte

$$121 = 11 \cdot 11 = N(11) = (a^2 + b^2)\,(c^2 + d^2),$$

sodass 11 ein Teiler von $a^2 + b^2$ bzw. von $c^2 + d^2$ wäre, was offenbar nicht möglich ist, somit ist 11 unzerlegbar, also ein Primelement.

(b) Da 11 ein Primelement ist, ist 11 unzerlegbar. Als unzerlegbares Element erzeugt 11 nach Lemma 16.5 (Algebrabuch) in dem Hauptidealring $R = \mathbb{Z}[i]$ ein maximales Ideal $(11) = 11\,R$.

(c) Wegen $13 = (3 + 2i)(3 - 2i)$ liegt die Vermutung nahe, dass

$$(13) = (3 + 2i)(3 - 2i)$$

eine Zerlegung des Ideals (13) in ein Produkt von maximalen Idealen ist. Wir begründen das: Nach Lemma 15.9 (Algebrabuch) gilt die Gleichheit $(13) = (3+2i)(3-2i)$. Und da die Elemente $3 \pm 2i$ wegen $N(3 \pm 2i) = 13$ prim und somit auch unzerlegbar sind (eine echte Zerlegung hätte Faktoren, deren Normen echte Teiler von 13 wären), sind die Ideale, die von $3 \pm 2i$ erzeugt werden, maximal.

18.11 Wir sammeln für die Lösung dieser Aufgabe wichtige Ergebnisse: Ist R ein Hauptidealring, so gilt für ein Ideal $\{0\} \neq A \subseteq R$ die Äquivalenz

A maximales Ideal $\Leftrightarrow$ A Primideal $\Leftrightarrow$ $A = (a)$, wobei $a \in R$ unzerlegbar ist.

Es sei nun $R := \left\{ \frac{a}{b} \in \mathbb{Q} \mid a,\, b \in \mathbb{Z},\, \mathrm{ggT}(30, b) = 1 \right\} \subseteq \mathbb{Q}$.

(a) Mit $\frac{a}{b}$, $\frac{c}{d} \in R$ sind auch

$$\frac{a}{b} - \frac{c}{d} = \frac{ad - bc}{bd} \quad \text{und} \quad \frac{a}{b} \frac{c}{d} = \frac{ac}{bd}$$

Elemente von R. Somit ist R ein Unterring von $\mathbb{Q}$.

(b) Wir zeigen:

$$R^\times = \left\{ \frac{a}{b} \in \mathbb{Q} \mid a,\, b \in \mathbb{Z},\, \mathrm{ggT}(30, b) = \mathrm{ggT}(30, a) = 1 \right\}.$$

$\subseteq$: Es sei $\frac{a}{b} \in R^\times$ mit $\mathrm{ggT}(30, b) = 1$. Dann gibt es $\frac{c}{d} \in R$ mit $\frac{ac}{bd} = 1$ und $\mathrm{ggT}(30, d) = 1$. Aus $ac = bd$ und $\mathrm{ggT}(30, bd) = 1$ folgt auch $\mathrm{ggT}(30, a) = 1$.
$\supseteq$: Ist umgekehrt $\frac{a}{b} \in R$ mit $\mathrm{ggT}(30, a) = 1$, so ist auch $\frac{b}{a} \in R$ und damit $\frac{a}{b} \in R^\times$.
Zum Zusatz: Nein, die angegebene Gleichung gilt nicht, da $R \cap \mathbb{Q}^\times = R \setminus \{0\} \neq R^\times$.

(c) Es sei $A \subseteq R$ ein Ideal. Dann ist $A \cap \mathbb{Z} \subseteq \mathbb{Z}$ ein Ideal, und da $\mathbb{Z}$ Hauptidealring ist, gibt es $d \in \mathbb{Z}$ mit $A \cap \mathbb{Z} = (d)$. Dann gilt auch $A = (d)$: Die Inklusion $\supseteq$ ist klar. Es sei umgekehrt $\frac{a}{b} \in A$ mit $\mathrm{ggT}(30, b) = 1$. Dann ist $b\frac{a}{b} = a \in A \cap \mathbb{Z} = (d)$, also gibt es $r \in \mathbb{Z}$ mit $a = rd$. Da $\frac{r}{b} \in R$ wegen $\mathrm{ggT}(30, b) = 1$ folgt $\frac{a}{b} = \frac{r}{b}d \in (d)$.
Also ist R ein Hauptidealring, und alle Ideale sind von der Form (a) mit einem $a \in \mathbb{Z}$. Dabei lässt sich a im Fall $a \neq 0$ eindeutig schreiben als $a = 2^i 3^j 5^k b$ mit $\mathrm{ggT}(30, b) = 1$, und dann ist offenbar $(a) = (2^i 3^j 5^k)$. Die Ideale von R sind also das Nullideal und

die Ideale

$$(2^i 3^j 5^k) \quad \text{mit } i, j, k \in \mathbb{N}_0.$$

Diese sind paarweise verschieden, denn für $i', j', k' \in \mathbb{N}_0$ mit $(i, j, k) \neq (i', j', k')$ ist $2^{i-i'} 3^{j-j'} 5^{k-k'} \notin R^\times$ nach (b). Maximal sind offenbar genau die drei Ideale $(2), (3), (5)$, und das sind dann nach der Vorbemerkung auch alle von Null verschiedenen Primideale. Das Nullideal ist das einzige noch fehlende Primideal.

(d) Aus der Vorbemerkung und (c) folgt, dass (bis auf Einheiten) durch $2, 3, 5$ ein vollständiges Repräsentantensystem an unzerlegbaren Elementen gegeben ist, und da R als Hauptidealring faktoriell ist, sind diese unzerlegbaren Elemente auch prim.

18.12 Zur Bestimmung des ggT benutzen wir den euklidischen Algorithmus: Mit $\alpha = 26 + 13i$ und $\beta = 14 - 5i$ gilt $\alpha \cdot \beta^{-1} = \frac{1}{221}(26 + 13i)(14 + 5i) = \frac{1}{221}(299 + 312i)$. Der zu $\alpha \beta^{-1}$ nächstgelegene Gitterpunkt aus $\mathbb{Z}[i]$ ist $\delta = 1 + i$, es gilt:

$$26 + 13i = (14 - 5i)(1 + i) + (7 + 4i);$$

beachte, dass $N(7 + 4i) < N(14 - 5i)$.

Wir führen eine weitere Division mit Rest durch: Mit $\alpha = 14 - 5i$ und $\beta = 7 + 4i$ gilt $\alpha \cdot \beta^{-1} = \frac{1}{65}(14 - 5i)(7 - 4i) = \frac{1}{65}(78 - 91i)$. Mit $\delta = 1 - i$ gilt

$$14 - 5i = (7 + 4i)(1 - i) + (3 - 2i);$$

beachte, dass $N(3 - 2i) < N(7 + 4i)$.

Wir führen eine weitere Division mit Rest durch: Mit $\alpha = 7 + 4i$ und $\beta = 3 - 2i$ gilt $\alpha \cdot \beta^{-1} = \frac{1}{13}(7 + 4i)(3 + 2i) = 1 + 2i$. Mit $\delta = 0$ gilt

$$7 + 4i = (2 - 3i)(1 + 2i) + 0;$$

Damit ist $3 - 2i$ der ggT der angegebenen Zahlen.

18.13 Angenommen, eine Zahl der Form $4n + 3$ mit $n \in \mathbb{N}$ ist Summe zweier Quadrate:

$$4n + 3 = x^2 + y^2 \quad \text{mit} \quad x, y \in \mathbb{Z}.$$

Dann gilt modulo 4 eine Gleichheit der Form

$$3 \equiv x^2 + y^2 \,(\mathrm{mod}\, 4) \quad \text{mit} \quad x, y \in \mathbb{Z}.$$

Es gilt aber

$$0^2 \equiv 0 \,(\mathrm{mod}\, 4), \ 1^2 \equiv 1 \,(\mathrm{mod}\, 4), \ 2^2 \equiv 0 \,(\mathrm{mod}\, 4), \ 3^2 \equiv 1 \,(\mathrm{mod}\, 4).$$

Die Summe zweier Quadrate ist somit niemals kongruent 3 modulo 4. Zahlen der Form $4\,n + 3$ sind nicht Summe zweier Quadrate.

18.14 Sind A, B, C paarweise teilerfremd mit $A^2 + B^2 = C^2$, so ist C ungerade und von den Zahlen A, B genau eine gerade, also lässt sich die Zusatzbedingung $2 \mid B$ stets durch eventuelles Vertauschen von A, B erfüllen. Wir benutzen im Folgenden ohne Kommentar, dass $\mathbb{Z}[\mathrm{i}]$ faktoriell ist, also im Wesentlichen wie für ganze Zahlen argumentiert werden darf.

Für $\alpha = A + B\mathrm{i} \in \mathbb{Z}[\mathrm{i}]$ gilt $\alpha\,\overline{\alpha} = C^2$. Ein gemeinsamer Teiler δ von α und $\overline{\alpha}$ teilt sowohl $\alpha + \overline{\alpha} = 2\,A$ als auch $-\mathrm{i}\,(\alpha - \overline{\alpha}) = 2\,B$. Wegen $\mathrm{ggT}(A, B) = 1$ gibt es $S, T \in \mathbb{Z}$ mit $S\,A + T\,B = 1$, also sind A, B auch in $\mathbb{Z}[\mathrm{i}]$ teilerfremd. Es folgt $\delta \mid 2$.

Andererseits gilt wegen $\alpha\,\overline{\alpha} = C^2$ auch $\delta \mid C^2$, wegen $\mathrm{ggT}(2, C^2) = 1$ also $\delta \in \mathbb{Z}[\mathrm{i}]^\times$. Somit ist $\mathrm{ggT}(\alpha, \overline{\alpha}) = 1$, genauer $1 \in \mathrm{ggT}(\alpha, \overline{\alpha})$. Daraus folgt zusammen mit $\alpha\,\overline{\alpha} = C^2$, dass α selbst zu einem Quadrat in $\mathbb{Z}[\mathrm{i}]$ assoziiert ist, d.h. es gibt $\beta = u + v\mathrm{i} \in \mathbb{Z}[\mathrm{i}]$ und $\epsilon \in \mathbb{Z}[\mathrm{i}]^\times = \{\pm 1 \pm \mathrm{i}\}$ mit $\alpha = \varepsilon\,\beta^2 = \varepsilon\,(u^2 - v^2 + 2\,u\,v\mathrm{i})$. Wegen $2 \mid B$ ist $\varepsilon = \pm 1$. Indem wir nötigenfalls β durch $\mathrm{i}\beta$ ersetzen, können wir $\alpha = \beta^2$, d.h. $A = u^2 - v^2$, $B = 2\,u\,v$ annehmen. Dann ist

$$C^2 = (u^2 - v^2)^2 + (2\,u\,v)^2 = (u^2 + v^2)^2,$$

also $C = u^2 + v^2$. Wegen $\mathrm{ggT}(A, B) = 1$ gilt $\mathrm{ggT}(u, v) = 1$ und genau eine der beide Zahlen u, v ist gerade. Die Eindeutigkeit von u, v oder – was dasselbe ist – von β folgt aus der Tatsache, dass von den beiden infrage kommenden Wurzeln $\pm\beta$ nur β positiven Real- und Imaginärteil hat. Die 5 kleinsten primitiven Pythagoräischen Tripel sind

(u, v)	A	B	C
$(2, 1)$	3	4	5
$(3, 2)$	5	12	13
$(4, 1)$	15	8	17
$(4, 3)$	7	24	25
$(5, 2)$	21	20	29

Das Tripel $(7, 24, 25)$ ist allerdings nur *zur Hälfte primitiv*, da es aus $(3, 4, 5)$ durch Quadrieren entsteht: $(3 + 4\mathrm{i})^2 = -7 + 24\mathrm{i}$. Man kann das auch so ausdrücken: $2 + \mathrm{i}$, $3 + 2\mathrm{i}$, $4 + \mathrm{i}$ und $5 + 2\mathrm{i}$ sind Primelemente in $\mathbb{Z}[\mathrm{i}]$ während $4 + 3\mathrm{i} = \mathrm{i}(2 - \mathrm{i})^2$ kein Primelement ist.

18.15 Wir zeigen, dass das Element 2 in R ein irreduzibles Element ist, das nicht prim ist. Nach Satz 17.1 (Algebrabuch) ist der Ring R dann nicht faktoriell.

- *Das Element* $2 = 2 + 0\sqrt{-3} \in \mathbb{Z}[\sqrt{-3}]$ *ist unzerlegbar:* Das von null verschiedene Element 2 hat die Norm $N(2) = 4 \neq 1$ und ist somit keine Einheit nach dem Teil (d) von Lemma (Algebrabuch). Angenommen, 2 ist zerlegbar in $\mathbb{Z}[\sqrt{-3}]$. Dann gibt es

Nichteinheiten u, $v \in \mathbb{Z}[\sqrt{-3}]$, $N(u)$, $N(v) \neq 1$, mit:

$$2 = u\,v, \quad \text{und folglich } N(2) = N(u)\,N(v) = 4 = 2 \cdot 2.$$

Somit gilt $N(u) = 2$ oder $N(v) = 2$. Das ist aber nicht möglich, da $N(a + b\sqrt{-3}) = a^2 + 3b^2 = 2$ für a, $b \in \mathbb{Z}$ nicht lösbar ist. Dieser Widerspruch zeigt, dass 2 unzerlegbar ist.

- *Das Element $2 \in \mathbb{Z}[\sqrt{-3}]$ ist kein Primelement:* Angenommen, 2 ist ein Primelement. Mit etwas Probieren erhalten wir die Gleichung:

$$(1 + \sqrt{-3})\,(1 - \sqrt{-3}) = 4 = 2 \cdot 2.$$

Damit ist 2 ein Teiler des Produktes $(1 + \sqrt{-3})\,(1 - \sqrt{-3})$. Da 2 ein Primelement ist, teilt 2 einen der Faktoren $1 + \sqrt{-3}$ oder $1 - \sqrt{-3}$. Wir erhalten:

$$2 \mid 1 \pm \sqrt{-3} \ \Rightarrow\ \exists c \in R : 2c = 1 \pm \sqrt{-3}.$$

Anwenden der Norm auf die letzte Gleichheit liefert:

$$N(2)\,N(c) = N(1 \pm \sqrt{-3}), \quad \text{wobei } N(2) = 4 = N(1 \pm \sqrt{-3}).$$

Somit gilt $N(c) = 1$, sodass c nach dem Teil (d) von Lemma (Algebrabuch) eine Einheit in R ist. Nun besagt der Teil (e) von dem eben genannten Lemma $c = \pm 1$, sodass gilt $\pm 2 = 1 \pm \sqrt{-3}$. Dieser Widerspruch belegt: 2 ist kein Primelement.

Der Ring $\mathbb{Z}[\sqrt{-3}]$ ist somit kein faktorieller Ring.

18.16 Da $\mathbb{Z}[\sqrt{-3}]$ kein faktorieller Ring ist, kann $\mathbb{Z}[\sqrt{-3}]$ kein Hauptidealring sein. Demnach gibt es ein Ideal $I \subseteq \mathbb{Z}[\sqrt{-3}]$, das kein Hauptideal ist. Wir bestimmen explizit ein derartiges Ideal.

Wir wissen aus obiger Aufgabe:

- $\mathbb{Z}[\sqrt{-3}]^\times = \{\pm 1\}$.
- $2 \in \mathbb{Z}[\sqrt{-3}]$ ist unzerlegbar.
- $1 + \sqrt{-3} \in \mathbb{Z}[\sqrt{-3}]$ ist unzerlegbar (zeigt man analog wie die Unzerlegbarkeit von 2).

Wir betrachten das Ideal

$$I := (2, 1 + \sqrt{-3}) = \{2x + (1 + \sqrt{-3})y \mid x, y \in \mathbb{Z}[\sqrt{-3}]\},$$

und nehmen an, dass I ein Hauptideal und somit $I = (z)$ für ein $z \in \mathbb{Z}[\sqrt{-3}]$ ist. Damit muss insbesondere $2 \in (z)$ also $2 = z\alpha$ und $1 + \sqrt{-3} \in (z)$ also $1 + \sqrt{-3} = z\beta$ mit

$\alpha, \beta \in \mathbb{Z}[\sqrt{-3}]$ gelten. Wegen der Unzerlegbarkeit von 2 bedeutet das aber, dass z oder α eine Einheit sein muss.

Ist z keine Einheit, so sind α und β Einheiten und damit ± 1. Das führt zu dem Widerspruch $2 = \pm(1 + \sqrt{-3})$.

Somit ist z eine Einheit, also $z = 1$ oder $z = -1$. In jedem Fall gilt $1 \in I$. Somit gilt eine Gleichung

$$2x + (1 + \sqrt{-3})y = 1 \text{ mit } x := a + b\sqrt{-3}, y := c + d\sqrt{-3} \in \mathbb{Z}[\sqrt{-3}].$$

Aus dieser Gleichung folgt durch einen Koeffizientenvergleich

$$2a - 3d + c = 1 \Leftrightarrow d + c = 1 - 2a + 4d \Rightarrow d + c \equiv 1 \pmod 2,$$
$$2b + d + c = 0 \Leftrightarrow d + c = -2b \qquad \Rightarrow d + c \equiv 0 \pmod 2.$$

Eine Zahl $d + c$ kann nicht gleichzeitig gerade und ungerade sein. Widerspruch! Das Ideal I ist somit kein Hauptideal.

18.17 Wir dürfen voraussetzen, dass R ein euklidischer Ring ist. Somit ist R auch ein faktorieller Ring und in diesem sind die Begriffe *irreduzibel* und *prim* gleichbedeutend.

(a) Es sei $v = a + b\frac{1+\sqrt{-7}}{2} \in R$, $v \neq 0$ (insbesondere sind $a, b \in \mathbb{Z}$ mit a oder b ungleich Null). Dann gilt:

$$N(v) = (a + b/2)^2 + 7b^2/4 = a^2 + ab + 2b^2.$$

Da die Normfunktion N multiplikativ ist, ist v genau dann eine Einheit von R, wenn $N(v) = 1$ gilt. Somit ist also v genau dann eine Einheit, wenn für $v = a + b\frac{1+\sqrt{-7}}{2}$ gilt:

$$a^2 + ab + 2b^2 = 1.$$

Wir erhalten: $b = 0$ und $a = \pm 1$. Da ± 1 Einheiten sind, erhalten wir:

$$R^\times = \{\pm 1\}.$$

(b) • Wir betrachten $3 = 3 + 0 \cdot \frac{1+\sqrt{-7}}{2} \in R$. Es ist $3 \notin R^\times \cup \{0\}$. Aus $3 = vw$ mit $v, w \in R$ folgt

$$9 = N(3) = N(vw) = N(v)N(w).$$

Wären weder v noch w eine Einheit (also wäre 3 reduzibel), so müsste $N(v) = N(w) = 3$ gelten. Das kann aber nicht gelten, denn $N(v) = 3$ für $v := a + b\frac{1+\sqrt{-7}}{2}$ impliziert

$$3 = (a + b/2)^2 + 7b^2/4,$$

also insbesondere $b \in \{-1, 0, 1\}$; in keinem dieser drei Fälle existiert ein $a \in \mathbb{Z}$ mit $3 = (a + b/2)^2 + 7b^2/4$ (falls $b = \pm 1 \Rightarrow a^2 \pm a = 1$; falls $b = 0 \Rightarrow a^2 = 3$). Insgesamt haben wir gezeigt, dass 3 irreduzibel (bzw. prim) ist.

- Wir betrachten $5 = 5 + 0 \cdot \frac{1+\sqrt{-7}}{2} \in R$. Es ist $5 \notin R^\times \cup \{0\}$. Aus $5 = vw$ mit $v, w \in R$ folgt

$$25 = N(5) = N(vw) = N(v)N(w).$$

Wären weder v noch w eine Einheit (also wäre 5 reduzibel), so müsste $N(v) = N(w) = 5$ gelten. Das kann aber nicht gelten, denn $N(v) = 5$ für $v := a + b\frac{1+\sqrt{-7}}{2}$ impliziert

$$5 = (a + b/2)^2 + 7b^2/4,$$

also insbesondere $b \in \{-1, 0, 1\}$; in keinem dieser drei Fälle existiert ein $a \in \mathbb{Z}$ mit $5 = (a + b/2)^2 + 7b^2/4$ (falls $b = \pm 1 \Rightarrow a^2 \pm a = 3$; falls $b = 0 \Rightarrow a^2 = 5$). Insgesamt haben wir gezeigt, dass 5 irreduzibel (bzw. prim) ist.

- Wir betrachten $7 \in R$. Natürlich gilt

$$7 = -\sqrt{-7}\sqrt{-7}. \tag{18.1}$$

Doch liegen $\sqrt{-7}$ (und $-\sqrt{-7}$) in R? Und handelt es sich dabei wirklich um Primfaktoren?

Wir sehen sofort, dass $\sqrt{-7} = -1 + 2\frac{1+\sqrt{-7}}{2} \in R = \mathbb{Z}[\frac{1+\sqrt{-7}}{2}]$ und ebenso $-\sqrt{-7} = 1 - 2\frac{1+\sqrt{-7}}{2} \in R$ gilt.

Jetzt ist aber $\pm\sqrt{-7} \notin R^\times$, $\pm\sqrt{-7} \neq 0$, und aus $\pm\sqrt{-7} = vw$ mit $v, w \in R$ folgt

$$7 = N(\pm\sqrt{-7}) = N(vw) = N(v)N(w).$$

Da 7 eine Primzahl in $\mathbb{Z}$ ist, folgt $N(v) = 1$ oder $N(w) = 1$. Also ist v oder w eine Einheit in R, und somit ist $\pm\sqrt{-7}$ irreduzibel (bzw. prim). Wegen (18.1) ist 7 also keine Primzahl.

18.18 In $\mathbb{Z}[\sqrt{\pm 10}]$ gilt

$$10 = 2 \cdot 5 = \pm(\sqrt{\pm 10})^2.$$

Wäre der Ring $\mathbb{Z}[\sqrt{\pm 10}]$ euklidisch, so wäre in $\mathbb{Z}[\sqrt{\pm 10}]$ die Faktorisierung in irreduzible Elemente (bis auf Einheiten und Vertauschung der Reihenfolge der Faktoren) eindeutig, und jedes irreduzible Element wäre prim.

Wir zeigen nun, dass 2 irreduzibel ist: $N(2) = 2^2$ ist Quadrat einer Primzahl, somit müsste also ein nichttrivialer Teiler von 2 in $\mathbb{Z}[\sqrt{\pm 10}]$ die Norm ± 2 haben. Die Gleichungen $a^2 \pm 10b^2 = \pm 2$ sind offenbar nicht in ganzen Zahlen lösbar, weil sie schon modulo 5 nicht lösbar sind. Also ist 2 irreduzibel in $\mathbb{Z}[\sqrt{\pm 10}]$. Wäre $\mathbb{Z}[\sqrt{\pm 10}]$ euklidisch, so wäre 2 ein Primelement, müsste also wegen $2 \mid \sqrt{\pm 10}^2$ auch schon in $\sqrt{\pm 10}$ aufgehen, was wegen $N(2) = 4 \nmid \pm 10 = N(\sqrt{\pm 10})$ nicht möglich ist.

Bemerkung Auch wenn es in diesem Beispiel nicht zum Ausdruck kommt, so ist doch für quadratfreies gerades $d > 0$ der Ring $\mathbb{Z}[\sqrt{d}]$ *viel eher* faktoriell als $\mathbb{Z}[\sqrt{-d}]$. Das liegt daran, dass es in $\mathbb{Z}[\sqrt{d}]$ viel mehr Einheiten gibt als in $\mathbb{Z}[\sqrt{-d}]$. Es gilt nämlich $\mathbb{Z}[\sqrt{d}]^\times \cong \mathbb{Z}$. Die sogenannte *Pellsche Gleichung* $x^2 - dy^2 = 1$, $d > 0$ quadratfrei, hat stets unendlich viele ganzzahlige Lösungen.

Zerlegbarkeit in Polynomringen und noethersche Ringe

19

19.1 Aufgaben

19.1 • Man bestimme den Inhalt $I(P)$ folgender Polynome aus $\mathbb{Z}[X]$: (a) $26\,X^6 + 352\,X^4 + 1200\,X + 98$, (b) $13\,X^4 + 27\,X^2 + 15$.

19.2 •• Welche der folgenden Polynome sind in $\mathbb{Q}[X]$ irreduzibel?

(a) $X^3 - 2$.
(b) $X^2 + 5\,X + 1$.
(c) $X^3 + 39\,X^2 - 4\,X + 8$.
(d) $3\,X^3 - 5\,X^2 + 128\,X + 17$.

(e) $X^5 - 2\,X^4 + 6\,X + 10$.
(f) $X^4 + 11\,X^3 + 34\,X^2 + 46\,X + 232$.
(g) $X^5 + X + 1$.

19.3 •• Es sei p eine Primzahl. Wie viele (i) normierte, (ii) normierte reduzible, (iii) normierte irreduzible Polynome vom Grad 2 gibt es in $\mathbb{Z}/p[X]$? Bestimmen Sie alle Polynome vom Typ (iii) für $p = 2$ und $p = 3$.

19.4 • Für welche $n \in \mathbb{Z}$ ist $X^3 + n\,X^2 + X + 1$ in $\mathbb{Z}[X]$ reduzibel?

19.5 • Zeigen Sie: Das Polynom $X^2 + Y^2 - 1 \in K[X, Y]$ ist irreduzibel über $K[X]$.

19.6 ••• *Methode von Kronecker.* Es sei R ein unendlicher Integritätsbereich mit der Eigenschaft, dass jedes von null verschiedene Element nur endlich viele Teiler hat und diese in endlich vielen Schritten zu bestimmen sind. K bezeichne den Quotientenkörper von R.

C. Karpfinger, *Arbeitsbuch Algebra*, https://doi.org/10.1007/978-3-662-61954-4_19

(a) Es sei $P \in R[X]$ mit $\deg P = n > 1$ und $m := \max\{k \in \mathbb{N} \mid 2k \leq n\}$. Zeigen Sie:

    (i) Es gibt verschiedene $a_0, , \ldots, a_m \in R$, sodass $T_i := \{r \in R \mid r \mid P(a_i)\}$ für jedes $i = 0, \ldots, m$ endlich ist.

    (ii) Zu jedem $b := (b_0, \ldots, b_m) \in T_0 \times \cdots \times T_m =: T$ gibt es genau ein $Q_b \in K[X]$ mit $\deg(Q_b) \leq m$ und $Q_b(a_i) = b_i$ für $i = 0, \ldots, m$.

    (iii) P ist genau dann reduzibel in $R[X]$, wenn es ein $b \in T$ gibt, sodass $Q_b \in R[X] \setminus R^\times$ ein Teiler von P in $R[X]$ ist.

(b) Beweisen Sie: Jedes Polynom aus $R[X]$ lässt sich in endlich vielen Schritten in über R irreduzible Polynome zerlegen.

(c) Man zerlege mit der Methode von Kronecker das Polynom $2X^5 + 8X^4 - 7X^3 - 35X^2 + 12X - 1$ in irreduzible Faktoren über $\mathbb{Z}$.

19.7 •• Es seien K ein Körper und $R := K[[X]]$ der formale Potenzreihenring über K. Geben Sie alle Ideale von R an. Ist R noethersch?

19.8 •• Es seien K ein Körper und S eine unendliche Menge. Mit punktweiser Addition und punktweiser Multiplikation wird $R := K^S = \mathrm{Abb}(S, K)$ zu einem Ring. Zeigen Sie, dass R nicht noethersch ist.

19.9 •• Untersuchen Sie jeweils, ob die folgenden Polynome im angegebenen Ring (bzw. den angegebenen Ringen) irreduzibel sind.

(a) $X^5 + 2X^3 - 12X + 6 \in \mathbb{Z}[X]$.

(b) $X^3 + 4 \in \mathbb{Z}[X], \mathbb{R}[X]$.

(c) $X^3 + X + \overline{1} \in \mathbb{Z}/2[X]$.

(d) $X^{2013} + 18X^{2012} + 30X - 21 \in \mathbb{Q}[X]$.

(e) $2X^2 + 2X + 4 \in \mathbb{Z}[X], \mathbb{R}[X]$.

(f) $X^8 - 30X^4 + 90X^3 - 180 \in \mathbb{Q}[X]$.

19.10 •• Bestimmen Sie die Primzerlegung der folgenden Polynome in den jeweils angegebenen Polynomringen:

(a) $X^7 + 6X^6 + 36X^5 + 15X^4 - 6X - 21 \in \mathbb{Q}[X]$.

(b) $2X^4 - 4X^3 + 8X^2 - 4X + 4 \in \mathbb{Z}[X]$.

(c) $X^4 + \overline{2}X^3 + X^2 + \overline{2}X \in \mathbb{Z}/3[X]$.

(d) $X^4 + 1 \in \mathbb{Z}[X], \mathbb{Q}[X], \mathbb{R}[X], \mathbb{C}[X]$.

(e) $12X^2 - 2X - 24 \in \mathbb{Z}[X], \mathbb{Q}[X]$.

19.11 ••

(a) Bestimmen Sie alle normierten irreduziblen Polynome vom Grad 4 in $\mathbb{Z}/2[X]$.

(b) Bestimmen Sie alle normierten irreduziblen Polynome vom Grad 3 in $\mathbb{Z}/3[X]$.

19.12 • Zeigen Sie mit dem Reduktionssatz 19.8 (Algebrabuch), dass die folgenden Polynome irreduzibel sind:

(a) $X^3 + 9X^2 - 2012X + 2015$.

(b) $X^3 - 213X - 2239$.

(c) $X^3 + 10X^2 + 40X + 11$.

(d) $X^3 - 14X^2 + 6X + 20$.

(e) $X^3 \pm aX^2 \pm (a+1)X \pm 1$ für $a \in \mathbb{Z}$.

19.13 •• Zeigen Sie, dass folgende Polynome irreduzibel in $\mathbb{Q}[X]$ sind.

(a) $X^3 + 3X^2 + 3X - 1$,

(b) $X^6 + X^3 + 1$,

(c) $X^5 + 2X^4 + X^3 + 4X^2 + 1$,

(d) $x^4 + a^2$, wobei a eine ungerade ganze Zahl ist.

19.14 •• Zeigen Sie, dass das in $\mathbb{Z}[X]$ irreduzible Polynom $P = X^4 + 1$ für jede Primzahl p in $\mathbb{Z}/p\,[X]$ reduzibel ist. Begründen Sie dazu:

(a) Falls es ein $a \in \mathbb{Z}/p\,[X]$ mit $a^2 \in \{-2, -1, 2\}$ gibt, dann ist $P \in \mathbb{Z}/p\,[X]$ reduzibel.

(b) In $\mathbb{Z}/p$ ist mindestens eine der drei Zahlen $-2, -1, 2$ ein Quadrat.

19.15 •• Begründen Sie, warum folgende Polynome irreduzibel sind:

(a) $X^2Y + XY^2 - X - Y + 1$ in $\mathbb{Q}[X, Y]$,

(b) $Y^p - X$ in $K[Y]$, wobei p eine Primzahl ist und $K = \mathbb{F}_p(X) = \mathrm{Quot}(\mathbb{F}_p[X])$.

19.16

(a) Zeigen Sie, dass $R_1 = \mathbb{Z}[X]/(X^3 + 3X^2 + 3X - 1)$ ein Integritätsbereich ist.

(b) Zeigen Sie, dass $R_2 = \mathbb{Z}[X]/(5, X^2 + 2)$ ein Körper ist.

19.17 •• Es sei $R = \mathcal{C}(\mathbb{R}, \mathbb{R})$ der Ring der stetigen Funktionen $f : \mathbb{R} \to \mathbb{R}$ und

$$A_n := \{f \in R \mid f(x) = 0 \text{ für } x \geq n\}.$$

Zeigen Sie: Die A_n sind Ideale in R mit $A_n \subsetneq A_{n+1}$. Die Kette $A_0 \subset A_1 \subset A_2 \subset \dots$ ist daher nicht stationär.

19.18 •• Es sei R ein Integritätsbereich. Die *Reversion* eines Polynoms $P = \sum_{i=0}^{n} a_i X^i \in R[X]$ mit $a_0 a_n \neq 0$ ist das Polynom $\overleftarrow{P} = \sum_{i=0}^{n} a_{n-i} X^i \in R[X]$. Zeigen Sie: $\overleftarrow{P}$ ist genau dann irreduzibel, wenn P irreduzibel ist.

19.19 •• Zeigen Sie: Das Polynom $f_n = X^{n-1} + X^{n-2} + \cdots + X + 1 \in \mathbb{Z}[X]$ ist genau dann irreduzibel, wenn n eine Primzahl ist.

19.2   Lösungen

19.1 Wir bestimmen jeweils den ggT der Koeffizienten:

$$I(26\,X^6 + 352\,X^4 + 1200\,X + 98) = \{\pm 2\} \quad \text{und} \quad I(13\,X^4 + 27\,X^2 + 15) = \{\pm 1\}.$$

19.2 Die wesentlichen Techniken zum Feststellen der Irreduzibilität eines Polynoms aus $\mathbb{Q}[X]$ lauten:

(i)   Das Eisensteinkriterium 19.9 (Algebrabuch) (eventuell mit einer Transformation).
(ii) Der Reduktionssatz 19.8 (Algebrabuch).
(iii) Ein Polynom vom Grad 2 und 3 ist irreduzibel über $\mathbb{Q}$, wenn es keine Wurzel in $\mathbb{Q}$ hat.
(iv) Ein Polynom vom Grad ≥ 4 ist irreduzibel über $\mathbb{Q}$, wenn es keine Wurzel in $\mathbb{Q}$ hat und keine Polynome vom Grad ≥ 2 abgespalten werden können.

Die letzten beiden Methoden finden auch über endlichen Körpern vielfach Gebrauch. Oftmals kann man hierbei alle möglichen Elemente einsetzen und so nachweisen, dass keine Wurzel existiert. Gelegentlich ist es auch möglich, alle irreduziblen Polynome kleinen Grades anzugeben (siehe Aufgabe 19.3) und nachzuweisen, dass keines dieser Polynome Teiler eines gegebenen Polynoms ist.

(a) Dieses Polynom ist nach Eisenstein mit $p = 2$ irreduzibel, siehe (i). Alternative: Die drei (komplexen) Wurzeln $\sqrt[3]{2}$, $\zeta\,\sqrt[3]{2}$, $\zeta^2\,\sqrt[3]{2}$ mit $\zeta = e^{2\pi i/3}$ liegen nicht in $\mathbb{Q}$, siehe (iii).

(b) Dieses Polynom ist irreduzibel, da die Wurzeln $x_{1/2} = \frac{-5 \pm \sqrt{21}}{2}$ nicht in $\mathbb{Q}$ liegen, siehe (iii).

(c) Dieses Polynom ist irreduzibel: Wir reduzieren modulo 3, siehe (ii), und erhalten das Polynom $P = X^3 + \overline{2}\,X + \overline{2}$ über $\mathbb{Z}/3$. Dieses Polynom über $\mathbb{Z}/3$ ist irreduzibel, da es keine Wurzeln in $\mathbb{Z}/3$ hat, es gilt nämlich $P(\overline{0})$, $P(\overline{1})$, $P(\overline{2}) \neq 0$, siehe (ii).

(d) Wie in (c) gilt: Reduktion modulo 2 liefert das über $\mathbb{Z}/2$ irreduzible Polynom $X^3 + X^2 + \overline{1}$, siehe (ii) und (iii). Das Polynom ist also irreduzibel.

(e) Dieses Polynom ist nach Eisenstein mit $p = 2$ irreduzibel, siehe (i).

(f) Da weder das Eisensteinkriterium noch der Reduktionssatz anwendbar sind und auch die Methoden (iii) und (iv) keine schnelle Entscheidung bringen, führen wir eine Transformation durch. Wir probieren es mit $X \to X - 1$ und erhalten damit (nach mehrfachem Anwenden der Binomialformel) das Polynom

$$(X-1)^4 + 11\,(X-1)^3 + 34\,(X-1)^2 + 46\,(X-1) + 232 = X^4 + 7\,X^3 + 7\,X^2 + 7\,X + 210.$$

Dieses transformierte Polynom ist nun nach Eisenstein mit $p = 7$ irreduzibel. Damit ist auch das ursprüngliche Polynom irreduzibel, siehe (i).

(g) Dieses Polynom ist reduzibel, siehe (iv): Offenbar hat das Polynom $X^5 + X + 1$ keine Wurzel in $\mathbb{Q}$, da als solche nach Lemma 19.7 (Algebrabuch) nur ± 1 infrage kommen. Wir machen also den Ansatz:

$$X^5 + X + 1 = (X^3 + a\,X^2 + b\,X + c)\,(X^2 + d\,X + e)$$
$$= X^5 + (a+d)\,X^4 + (a\,d+b)\,X^3 + (a\,e+c+b\,d)\,X^2 + (b\,e+c\,d)\,X + c\,e.$$

Es folgt $c\,e = 1$, also $c = 1 = e$ oder $c = -1 = e$. Wir setzen $c = 1 = e$ und erhalten:

$$b+d = 1, \ a+1+bd = 0, \ a+d = 0, \ ad+b = 0.$$

Es folgt $b = 0$ oder $d = -1$. Wir setzen $b = 0$. Dann folgt $d = 1$, $a = -1$. Damit erhalten wir die Zerlegung

$$P = (X^3 - X^2 + 1)\,(X^2 + X + 1).$$

19.3 Ein normiertes Polynom vom Grad 2 über $\mathbb{Z}/p$ hat die Form

$$P = X^2 + b\,X + c \quad \text{mit} \quad b,\,c \in \{\overline{0},\,\overline{1},\,\ldots,\,\overline{p-1}\}.$$

(i) Es gibt p^2 (je p Möglichkeiten für b bzw. c) solche Polynome über $\mathbb{Z}/p$.
(ii) Die reduziblen Polynome unter den p^2 Polynomen aus (i) sind genau die Polynome $(X - u)\,(X - v)$ mit $u,\,v \in \mathbb{Z}/p$. Es gibt davon genau $p\,(p+1)/2$ verschieden viele ($p(p-1)/2$ mit $u \neq v$ und p mit $u = v$).
(iii) Also gibt es $p^2 - p\,(p+1)/2 = p(p-1)/2$ irreduzible normierte Polynome vom Grad 2 in $\mathbb{Z}/p[X]$.

Für $p = 2$ ist das einzige solche Polynom

$$X^2 + X + \overline{1},$$

für $p = 3$ sind es die drei Polynome

$$X^2 + X - \overline{1} \quad \text{und} \quad X^2 - X - \overline{1} \quad \text{und} \quad X^2 + \overline{1}.$$

Wegen $p\,(p-1)/2 \geq 1$ gibt es stets (mindestens) ein irreduzibles quadratisches Polynom $P \in \mathbb{Z}/p[X]$.

19.4 Das Polynom $P = X^3 + n\,X^2 + X + 1$ ist in $\mathbb{Z}[X]$ genau dann reduzibel, wenn es eine Nullstelle in $\mathbb{Z}$ hat (da P normiert ist, kann man P nicht als Produkt einer Nichteinheit und

Polynom vom Grad 3 schreiben). Als Nullstellen kommen nach Lemma 19.7 (Algebrabuch) höchstens ± 1 infrage. Und es gilt

$$P(1) = 3 + n = 0 \Leftrightarrow n = -3 \quad \text{und} \quad P(-1) = -1 + n = 0 \Leftrightarrow n = 1.$$

Also ist P genau dann zerlegbar in $\mathbb{Z}[X]$ (und $\mathbb{Q}[X]$), wenn $n \in \{-3, 1\}$.

19.5 Wir fassen das Polynom $P = X^2 + Y^2 - 1$ auf als ein Polynom in Y mit Koeffizienten aus $K[X]$, d. h. $P = Y^2 + (X^2 - 1) \in (K[X])[Y]$. Der *konstante* Koeffizient $X^2 - 1$ von P wird vom Primelement $p = X - 1 \in K[X]$ geteilt, es gilt

$$X^2 - 1 = (X - 1)(X + 1),$$

und damit $p \mid X^2 - 1$ und $p^2 \nmid X^2 - 1$. Nach Eisenstein mit diesem p ist daher $X^2 + Y^2 - 1$ irreduzibel in $K[X, Y]$.

19.6

(a) (i) Weil $m \leq n$, P höchstens n verschiedene Nullstellen und R unendlich ist, gibt es verschiedene $a_0, \ldots, a_m \in R$ mit $P(a_i) \neq 0$ für $i = 0, \ldots, m$. Nach Voraussetzung ist dann jedes T_i endlich.

(ii) Wähle das Lagrange'sche Interpolationspolynom Q_b zu $b \in T$, also das eindeutig bestimmte Polynom Q_b mit $\deg Q_b \leq m$ und $Q_b(a_i) = b_i$ für $i = 0, \ldots, m$:

$$Q_b = \sum_{i=0}^{m} b_i \frac{(X - a_0) \cdots (X - a_{i-1})(X - a_{i+1}) \cdots (X - a_m)}{(a_i - a_0) \cdots (a_i - a_{i-1})(a_i - a_{i+1}) \cdots (a_i - a_m)}.$$

(iii) Man beachte: $R[X]^\times = R^\times$.

$\Rightarrow$: Nach Voraussetzung gibt es $P_1, P_2 \in R[X] \setminus R^\times$ mit $P = P_1 P_2$. Offenbar ist $\deg P_1$ oder $\deg P_2$ kleiner oder gleich m. Es sei o. E. $\deg P_1 \leq m$. Weil $P_1 \mid_{R[X]} P$, folgt $P_1(a_i) \mid_R P(a_i)$, d. h. $P_1(a_i) \in T_i$ für $i = 0, \ldots, m$. Mit $b := (P_1(a_0), \ldots, P_1(a_m)) \in T$ ist dann aufgrund der Eindeutigkeitsaussage in (ii) $P_1 = Q_b$.

$\Leftarrow$: Nach Voraussetzung gibt es ein $P' \in R[X]$ mit $P = Q_b P$, und es folgt $\deg P' \geq n - m \geq 1$. Also sind $Q_b, P' \notin R^\times$, somit ist P zerlegbar in $R[X]$.

(b) Nach Voraussetzung über R wird jede aufsteigende Kette von Hauptidealen in R stationär, sodass nach Satz 17.1 (Algebrabuch) jedes $0 \neq a \in R \setminus R^\times$ Produkt irreduzibler Elemente von R ist. Es genügt daher, die Behauptung für jedes primitive Polynom $P \in R[X] \setminus R$ zu beweisen. Ist $\deg P = 1$, so ist P irreduzibel. Ist $\deg P > 1$, so sei T wie in (a) konstruiert. Da T endlich ist, lässt sich durch Probieren feststellen, ob ein $b \in T$ mit $Q_b \in R[X] \setminus R^\times$ und $Q_b \mid_{R[X]} P$ existiert oder nicht. Ist dies nicht der Fall, so ist P irreduzibel. Gibt es aber ein solches b, so folgt $P = Q_b S$ mit $S \in R[X]$ und

$1 \leq \deg Q_b < \deg P$. Also ist auch $1 \leq \deg S < \deg P$, und Q_b, S sind primitiv. Nun verfahre man ebenso mit Q_b und S an Stelle von P. Da die Grade der entstehenden Polynome immer kleiner werden, bricht das Verfahren nach endlich vielen Schritten ab und man erhält die gewünschte Zerlegung von P.

(c) Wegen $m = 2$ benötigen wir zur Interpolation drei Stellen a_0, a_1, a_2. Wir wählen $a_0 = 0$, $a_1 = 2$, $a_3 = -3$, da dann $P(a_0) = -1$, $P(a_1) = 19$, $P(a_2) = -1$ wenig Teiler besitzen (das erspart Arbeit). Es folgt

$$T = \{\pm(1, 1, 1),\ \pm(1, -1, 1),\ \pm(1, 19, 1),\ \pm(1, -19, 1),$$
$$\pm(1, 1, -1),\ \pm(1, -1, -1),\ \pm(1, 19, -1),\ \pm(1, -19, -1)\}.$$

Für $b = (1, b_1, b_2) \in T$ ist

$$Q_b = -\frac{1}{6}(X - 2)(X + 3) + \frac{b_1}{10}X(X + 3) + \frac{b_2}{15}X(X - 2),$$

d.h.

$$30\, Q_b = (-5 + 3\, b_1 + 2\, b_2)\, X^2 + (-5 + 9\, b_1 - 4\, b_2)\, X + 30.$$

Da nur die Polynome $Q_b \in \mathbb{Z}[X] \setminus \{\pm 1\}$ in Betracht kommen, braucht man nur die $(b_1, b_2) \neq (1, 1)$ zu berücksichtigen, für die

$$30 \mid -5 + 3\, b_1 + 2\, b_2 \quad \text{und} \quad 30 \mid -5 + 9\, b_1 - 4\, b_2.$$

Dies ist genau für $(b_1, b_2) = (-19, 1)$ der Fall. Hierfür ist $Q_b = -2\, X^2 - 6\, X + 1$ und $P = Q_b\, S$ mit $S = -X^3 - X^2 + 6\, X - 1 \in \mathbb{Z}[X]$. Q_b und S sind irreduzibel, denn jede ganzzahlige Nullstelle wäre Teiler des letzten Koeffizienten 1 bzw. -1.

19.7 Es sei $A \neq \{0\}$ ein Ideal von R. Jedes $P \in A$, $P \neq 0$ lässt sich in eindeutiger Weise in der Form $P = \sum_{i=d}^{\infty} a_i\, X^i$ mit $a_d \neq 0$ schreiben. Wir wählen ein $P \in A$, $P \neq 0$, so dass d minimal ist. Dann ist $P = X^d\, Q$ mit $Q = \sum_{i=0}^{\infty} a_i\, X^{i-d}$ und $a_0 \neq 0$. Nach Aufgabe 14.1 ist $Q \in R^{\times}$, also $X^d \in A$ und somit $A = \langle X^d \rangle$. Die Ideale von R sind also $\{0\}$ und $\langle X^i \rangle$ für $i \in \mathbb{N}_0$. Insbesondere ist R ein Hauptidealring. Somit ist R auch noethersch, da jeder Hauptidealring noethersch ist.

19.8 Die Elemente von R sind Abbildungen $f : S \to K$. Um zu zeigen, dass R nicht noethersch ist, geben wir eine aufsteigende Folge von Idealen A_i in R an, die nicht stationär wird. Hierzu bietet es sich an, die A_i als die von Elementen $f_1, \ldots, f_i \in R$ erzeugten Ideale zu wählen, d.h.,

$$A_1 = (f_1) \subseteq A_2 = (f_1, f_2) \subseteq A_3 = (f_1, f_2, f_3) \subseteq \cdots.$$

Damit ist schon mal gesichert, dass wir eine aufsteigende Folge von (ineinandergeschachtelten) Idealen haben. Nun müssen wir noch Sorge dafür tragen, dass die Inklusionen $\subseteq$

jeweils echt sind, d. h., dass sogar $\subsetneq$ gilt. Dazu reicht es aus, wenn wir das jeweils neu hin-
zukommende f_i so wählen, dass es nicht schon im vorhergehenden A_{i-1} liegt, und das geht
beispielsweise wie folgt: Da S unendlich ist, gibt es eine Folge $(s_1, s_2, s_3, \ldots) \in S^{\mathbb{N}}$ mit
verschiedenen s_i, also $s_i \neq s_j$ für $i \neq j$. Nun erklären wir für $i \in \mathbb{N}$ wie folgt Abbildungen
$f_i : S \to K$, also Elemente aus R:

$$f_i(s) := \begin{cases} 1, & \text{falls } s = s_i, \\ 0, & \text{sonst.} \end{cases}$$

Damit ist gewährleistet, dass die Folge der Ideale $A_i = (f_1, f_2, \ldots, f_i) \subseteq R$ definiert durch
$A_i = (f_1, f_2, \ldots, f_i)$ für $i \in \mathbb{N}$ nicht stationär wird, es ist

$$A_1 \subsetneq A_2 \subsetneq A_3 \subsetneq \ldots$$

eine echt aufsteigende Kette von Idealen. Somit ist R nicht noethersch.

19.9 Beachten Sie die Methoden zum Nachweis der Irreduzibilität von Polynomen, die wir
in der Lösung zu Aufgabe 19.2 zusammengefasst haben.

(a) Das Polynom ist nach Eisenstein mit $p = 2$ irreduzibel in $\mathbb{Q}[X]$, wegen der Normiert-
heit also auch in $\mathbb{Z}[X]$.
(b) Nach Lemma 19.7 (Algebrabuch) kommen als rationale Nullstellen nur ± 1, ± 2, ± 4
infrage, keine dieser Zahlen ist aber Nullstelle des Polynoms $X^3 + 4$, sodass dieses
Polynom aus Gradgründen irreduzibel in $\mathbb{Q}[X]$ und damit in $\mathbb{Z}[X]$ ist. Es ist aber reduzibel in $\mathbb{R}[X]$, da es als Polynom vom ungeraden Grad 3 nach dem Zwischenwertsatz
eine Nullstelle in $\mathbb{R}$ hat.
(c) Das Polynom $f = X^3 + X + \overline{1}$ hat keine Nullstelle in $\mathbb{Z}/2$, da $f(\overline{0})$, $f(\overline{1}) \neq \overline{0}$. Aus
Gradgründen ist f daher irreduzibel.
(d) Das Polynom ist nach Eisenstein mit $p = 3$ irreduzibel in $\mathbb{Q}[X]$.
(e) Wegen $f = 2X^2 + 2X + 4 = 2(X^2 + X + 2)$ ist f reduzibel in $\mathbb{Z}[X]$. Die Nullstellen
von f sind $\frac{1}{2}(-1 \pm \sqrt{1-8}) \in \mathbb{C} \setminus \mathbb{R}$, daher ist f irreduzibel in $\mathbb{R}[X]$.
(f) Nach Eisenstein mit $p = 5$ ist das angegebene Polynom irreduzibel in $\mathbb{Q}[X]$. Man
beachte, dass die Primzahlen 2 und 3 für Eisenstein nicht taugen, da 2^2 und 3^2 den
nullten Koeffizienten 180 teilen.

19.10 Wir bezeichnen das Polynom jeweils mit f.

(a) Nach Eisenstein mit $p = 3$ ist $f \in \mathbb{Q}[X]$ irreduzibel, also auch in $\mathbb{Z}[X]$. Damit haben
wir die Primzerlegung von f schon gefunden.
(b) Es ist

$$f = 2(X^4 - 2X^3 + 4X^2 - 2X + 2).$$

Da beide Faktoren irreduzibel sind (beim 2. Faktor folgt das aus Eisenstein mit $p = 2$), ist dies bereits die Primzerlegung von f.

(c) Es ist

$$f = X\,(X^3 - X^2 + X - \overline{1}) = X\,(X - \overline{1})\,(X^2 + \overline{1}).$$

Da alle diese Faktoren irreduzibel sind (bei den ersten beiden ist dies aus Gradgründen offensichtlich und der letzte Faktor hat keine Nullstelle in $\mathbb{Z}/3$), handelt es sich um die Primzerlegung von f.

(d) Wir erhalten zunächst über $\mathbb{C}$ die Faktorisierung

$$f = X^4 + 1 = (X^2 + \mathrm{i})(X^2 - \mathrm{i})$$
$$= \left(X - \tfrac{1}{\sqrt{2}}(1 + \mathrm{i})\right)\left(X + \tfrac{1}{\sqrt{2}}(1 + \mathrm{i})\right)\left(X - \tfrac{1}{\sqrt{2}}(-1 + \mathrm{i})\right)\left(X + \tfrac{1}{\sqrt{2}}(-1 + \mathrm{i})\right)$$

in vier (irreduzible) Linearfaktoren. Wir beachten: Ist z eine Nullstelle eines reellen Polynoms, so auch sein konjugiert Komplexes $\overline{z}$, und es gilt

$$(X - z)(X - \overline{z}) = (X - (z + \overline{z})X + z\overline{z}) = (X^2 - 2\mathrm{Re}(z)X + |z|^2) \in \mathbb{R}[X].$$

Wenn z selbst nicht reell ist, hat dieses quadratische Polynom dann keine reellen Nullstellen und ist damit über $\mathbb{R}[X]$ irreduzibel. Durch solches Zusammenfassen der Paare konjugiert komplexer Nullstellen erhalten wir also die Zerlegung von f als Produkt irreduzibler reeller Polynome zu

$$f = (X^2 - \sqrt{2}X + 1)(X^2 + \sqrt{2}X + 1) \in \mathbb{R}[X].$$

Ist nun $p \in \mathbb{Q}[X]$ irgendein Teiler von $f \in \mathbb{Q}[X]$, so muss, weil ja erst recht $p \in \mathbb{R}[X]$ liegt, p ein Teilprodukt aus den irreduziblen Faktoren der Faktorisierung von $f \in \mathbb{R}[X]$ sein. Das einzige solche Produkt, das in $\mathbb{Q}[X]$ liegt, ist aber f selbst. Damit ist $f \in \mathbb{Q}[X]$ irreduzibel.

(e) Die Nullstellen von f sind $\tfrac{3}{2}$ und $-\tfrac{4}{3}$. Damit erhalten wir zunächst

$$f = 12\left(X - \tfrac{3}{2}\right)\left(X + \tfrac{4}{3}\right) \in \mathbb{Q}[X],$$

und da 12 Einheit in $\mathbb{Q}[X]$ ist, ist also f als Produkt zweier irreduzibler Polynome geschrieben. Weiter gilt

$$f = 2\,(2X - 3)\,(3X + 4) \in \mathbb{Z}[X].$$

Es sind hierbei die drei Faktoren 2, $2X - 3$, $3X + 4 \in \mathbb{Z}[X]$ irreduzibel.

19.11

(a) Hat ein reduzibles Polynom vom Grad 4 keinen Linearfaktor als Teiler, so ist es Produkt zweier irreduzibler Polynome vom Grad 2, also gleich $(X^2 + X + 1)^2 = X^4 + X^2 + 1$, da $X^2 + X + 1$ das einzige normierte irreduzible Polynom vom Grad 2 ist (siehe Aufgabe 19.3).
Damit sind

$$X^4 + X^3 + X^2 + X + 1, \; X^4 + X^3 + 1, \; X^4 + X + 1$$

die normierten irreduziblen Polynome vom Grad 4.

(b) Zur Erinnerung: Ein Polynom vom Grad 3 über K ist genau dann irreduzibel, wenn es keine Nullstelle in K hat. Damit erhalten wir durch Ausschließen all jener Polynome, die eine Nullstelle in K haben, sofort die irreduziblen Polynome vom Grad 3. Im Folgenden geben wir daher nur noch die normierten irreduziblen Polynome vom Grad 3 an:

$$X^3 - X + 1, \; X^3 - X^2 - X - 1, \; X^3 + X^2 + X - 1,$$
$$X^3 - X - 1, \; X^3 + X^2 - 1, \; X^3 - X^2 + X + 1,$$
$$X^3 + X^2 - X + 1, \; X^3 - X^2 + 1.$$

19.12 Es sei jeweils P das gegebene (normierte) Polynom aus $\mathbb{Z}[X]$ und ϕ der Homomorphismus von $\mathbb{Z}$ nach $\mathbb{Z}/p$ des Reduktionssatzes 19.8 (Algebrabuch). Wir geben jeweils eine Primzahl p an, so dass $\overline{P}$ irreduzibel ist, dann ist auch P irreduzibel.

(a) Mit $p = 2$ ist $\overline{P} = X^3 + X^2 + \overline{1} \in \mathbb{Z}/2[X]$ irreduzibel.
(b) Mit $p = 2$ ist $\overline{P} = X^3 + X + \overline{1} \in \mathbb{Z}/2[X]$ irreduzibel.
(c) Mit $p = 3$ ist $\overline{P} = X^3 + X^2 + X - \overline{1} \in \mathbb{Z}/3[X]$ irreduzibel.
(d) Mit $p = 3$ ist $\overline{P} = X^3 + X^2 - \overline{1} \in \mathbb{Z}/3[X]$ irreduzibel.
(e) Mit $p = 2$ ist, je nachdem, ob a gerade oder ungerade ist, $\overline{P} = X^3 + X + \overline{1}$ bzw. $\overline{P} = X^3 + X^2 + \overline{1}$ in $\mathbb{Z}/2[X]$ irreduzibel.

19.13 Wir zeigen Irreduzibilität über $\mathbb{Z}[X]$. Da die Polynome einen Grad ≥ 1 haben, folgt mit dem Lemma von Gauß dann die Irreduzibilität über $\mathbb{Q}[X]$.

(a) Substituiere $X \mapsto X - 1$. Dann ergibt sich das Polynom $(X - 1)^3 + 3(X - 1)^2 + 3(X - 1) - 1 = X^3 - 2$, das nach Eisenstein mit $p = 2$ irreduzibel ist.
(b) Substituiere $X \mapsto X + 1$. Dann ergibt sich das Polynom $(X + 1)^6 + (X + 1)^3 + 1 = X^6 + 6X^5 + 15X^4 + 21X^3 + 18X^2 + 9X + 3$, das nach Eisenstein mit $p = 3$ irreduzibel ist.

(c) Reduktion modulo 2 ergibt $p = X^5 + X^3 + 1 \in \mathbb{F}_2[X]$. Wir begründen, warum dieses Polynom irreduzibel ist: Es lässt sich von p kein Linearfaktor abspalten, da weder $\bar{0}$ noch $\bar{1}$ Nullstellen des Polynoms sind. Die einzige verbleibende Möglichkeit p zu zerlegen beinhaltet somit einen irreduziblen quadratischen Term, d. h., es ist $p = (a_2X^2 + a_1X + a_0) \cdot (b_3X^3 + b_2X^2 + b_1X + b_0)$. Das einzige irreduzible Polynom in $\mathbb{F}_2[X]$ von Grad 2 ist $X^2 + X + 1$, Polynomdivision liefert allerdings $X^5 + X^3 + 1 = (X^3 + X^2 + X) \cdot (X^2 + X + 1) + X + 1$, also ist $X^2 + X + 1$ kein Teiler von $X^5 + X^3 + 1$. Insgesamt ist also p irreduzibel in $\mathbb{F}_2[X]$ und damit in $\mathbb{Z}[X]$.

(d) 1. Lösung: Wir wenden zunächst die Transformation $X \mapsto X - 1$ auf das Polynom $f = X^4 + a^2$ an. Damit bekommen wir das Polynom

$$\tilde{f} = X^4 - 4X^3 + 6X^2 - 4X + (1 + a^2).$$

Dann ist $(1 + a^2)$ durch 2 teilbar, denn a ist nach Voraussetzung ungerade. Ferner ist $(1 + a^2)$ nicht durch 4 teilbar, denn

$$\frac{1 + a^2}{2} = 1 + \frac{a^2 - 1}{2} = 1 + \frac{(a + 1)(a - 1)}{2}$$

ist ungerade. Somit ist $\tilde{f}$ nach Eisenstein mit $p = 2$ in $\mathbb{Z}[X]$ irreduzibel. Daraus folgt, dass auch f irreduzibel in $\mathbb{Z}[X]$ und somit in $\mathbb{Q}[X]$ ist. Dabei benutzen wir, dass f primitiv ist.

2. Lösung: Wir zeigen, dass $X^4 + a^2$ irreduzibel ist in $\mathbb{Z}[X]$. Da a^2 positiv ist (a ist ungerade und somit ungleich 0), hat das Polynom $X^4 + a^2$ keine Nullstellen. Wenn das Polynom reduzibel wäre, dann müsste es wie folgt faktorisieren:

$$X^4 + a^2 = (X^2 + bX + c)(X^2 + dX + e) = X^4 + (b+d)X^3 + (bd+c+e)X^2 + (be+cd)X + ce,$$

mit $b, c, d, e \in \mathbb{Z}$. Koeffizientenvergleich liefert nun:

$$b = -d \tag{19.1}$$

$$b^2 = c + e \tag{19.2}$$

$$b(e - c) = 0 \tag{19.3}$$

$$ce = a^2. \tag{19.4}$$

Bei der Gl. (19.3) sind dann zwei Fälle zu unterscheiden:

1. Fall: $b = 0$. Aus (19.2) folgt dann $c = -e$. Dann lautet die Gl. (19.4) $a^2 = -c^2$, was offensichtlich ein Widerspruch ist. Also kann dieser Fall nicht eintreten.

2. Fall: $e - c = 0$ bzw. $e = c$. Mit (19.2) bekommt man: $b^2 = 2c$ bzw. $c = b^2/2$. Dann folgt aus (19.4)

$$a^2 = c^2 = \left(\frac{b^2}{2}\right)^2.$$

Also $a = \pm\frac{b^2}{2} \in \mathbb{Z}$. Dies kann aber nicht der Fall sein, da a nach Voraussetzung ungerade ist.

Das Polynom $x^4 + a^2$ ist also irreduzibel in $\mathbb{Z}[x]$ und somit auch in $\mathbb{Q}[x]$.

19.14 Das Polynom $P = X^4 + 1$ ist in $\mathbb{Z}[X]$ irreduzibel, wie ein Anwenden der Transformation $X \mapsto X + 1$ zeigt: Man erhält nämlich so das nach Eisenstein mit $p = 2$ irreduzible Polynom

$$X^4 + 4X^3 + 6X^2 + 4X + 2.$$

(a) • Ist $a^2 = -2$ in $\mathbb{Z}/p$, so gilt $P = X^4 + 1 = (X^2 + aX - 1)(X^2 - aX - 1)$ in $\mathbb{Z}/p\,[X]$.
  • Ist $a^2 = -1$ in $\mathbb{Z}/p$, so gilt $P = X^4 + 1 = (x^2 + a)(x^2 - a)$ in $\mathbb{Z}/p\mathbb{Z}[x]$.
  • Ist $a^2 = 2$ in $\mathbb{Z}/p$, so gilt $P = X^4 + 1 = (X^2 + aX + 1)(X^2 - aX + 1)$ in $\mathbb{Z}/p\,[X]$.

(b) Für $p = 2$ ist $X^4 + 1 = (X^2 + 1)(X^2 + 1)$ offensichtlich reduzibel. Sei also $p \geq 3$. Die Gruppe $\mathbb{Z}/p^\times$ ist zyklisch. Es gibt also ein $a \in \mathbb{Z}/p$, sodass $\mathbb{Z}/p = \langle a \rangle$. Dann existieren $r, s \in \mathbb{N}$ mit $a^r = -1$ und $a^s = 2$. Wir unterscheiden zwei Fälle:

  1. *Fall:* r, s sind beide ungerade. Dann ist $r + s$ gerade und somit ist $a^{r+s} = a^r a^s = (-1)^2 = -2$ ein Quadrat.
  2. *Fall:* r oder s ist gerade. Dann ist $a^r = -1$ oder $a^s = 2$ ein Quadrat.

Damit folgt die Behauptung, dass P für jede Primzahl über $\mathbb{Z}/p$ reduzibel ist aus dem Teil (a).

19.15

(a) Man kann das Polynom $P = X^2Y + XY^2 - X - Y + 1 \in \mathbb{Q}[X, Y]$ als ein Polynom über $(\mathbb{Q}[Y])[X]$ auffassen:

$$P = YX^2 + (Y^2 - 1)X - (Y - 1) \in (\mathbb{Q}[Y])[X].$$

Nach Eisenstein ist P irreduzibel in $(\mathbb{Q}[Y])[X]$, denn $Y - 1$ ist irreduzibel (und damit prim) in $\mathbb{Q}[Y]$.

(b) Es sei $P = Y^p - X$ in $K[Y]$, wobei p eine Primzahl ist und $K = \mathbb{F}_p(X) =$ Quot$(\mathbb{F}_p[X])$. Nach Eisenstein ist P irreduzibel in $(\mathbb{F}_p[X])[Y]$, denn X ist irreduzibel in $\mathbb{F}_p[X]$. Dann ist P auch in $K[Y] =$ Quot$(\mathbb{F}_p[X])[Y]$ irreduzibel.

19.16

(a) Substituiere $X \mapsto X - 1$. Dann ergibt sich das Polynom $(X - 1)^3 + 3(X - 1)^2 + 3(X - 1) - 1 = X^3 - 2$, das nach Eisenstein mit $p = 2$ irreduzibel ist in $\mathbb{Z}[X]$. Somit ist das Polynom $P = X^3 + 3X^2 + 3X - 1$ irreduzibel in $\mathbb{Z}[X]$. Da $\mathbb{Z}$ ein faktorieller Ring ist, ist auch $\mathbb{Z}[X]$ faktoriell. In einem faktoriellen Ring ist jedes irreduzible Elemente ein Primelement. Also ist P ein Primelement und das Ideal $(X^3 + 3X^2 + 3X - 1) \subseteq \mathbb{Z}[X]$ ein Primideal. Damit ist $\mathbb{Z}[X]/(X^3 + 3X^2 + 3X - 1)$ ein Integritätsbereich.

(b) Man betrachte den Ringhomomorphismus

$$\varphi\colon \mathbb{Z}[X] \to (\mathbb{Z}/5\mathbb{Z})[X], \ P \mapsto \overline{P},$$

welcher die Koeffizienten reduziert. Es gilt $\ker \varphi = (5) \subseteq \mathbb{Z}[X]$.

Nach dem Korrespondenzsatz gibt es eine Bijektion zwischen den Idealen von $(\mathbb{Z}/5\mathbb{Z})[X]$ und den Idealen von $\mathbb{Z}[X]$, welche $\ker \varphi = (5)$ enthalten. Das Ideal $I = (5, X^2 + 2) \subset \mathbb{Z}[X]$ enthält den Kern von φ und wird unter dieser Bijektion auf das Ideal $J = (X^2 + 2) \subseteq (\mathbb{Z}/5\mathbb{Z})[X]$ abgebildet, und es gilt

$$\mathbb{Z}[X]/(5, X^2 + 2) \cong (\mathbb{Z}/5\mathbb{Z})[X]/(X^2 + 2).$$

Das Polynom $P = X^2 + 2$ ist irreduzibel in $(\mathbb{Z}/5\mathbb{Z})[X]$, denn es hat den Grad 2 und keine Nullstellen in $\mathbb{Z}/5\mathbb{Z}$. Da der Ring $(\mathbb{Z}/5\mathbb{Z})[X]$ ein Hauptidealring ist, ist das Ideal $(P) \subseteq (\mathbb{Z}/5\mathbb{Z})[X]$ maximal. Somit ist $(\mathbb{Z}/5\mathbb{Z})[X]/(X^2 + 2)$ ein Körper. Daraus folgt, dass $\mathbb{Z}[X]/(5, X^2 + 2)$ ein Körper ist.

19.17 Wir zeigen zunächst, dass A_n, $n \in \mathbb{N}_0$, ein Ideal ist. Der Ring R ist übrigens kommutativ. Deswegen reicht es zu zeigen, dass $0 \in A_n$ enthalten ist, und dass für jedes $m \in \mathbb{N}$, $a_1, \ldots, a_m \in A_n$ und $f_1, \ldots, f_m \in R$ auch $f_1 a_1 + \cdots + f_m a_m \in A_n$ gilt.

Im Folgenden seien $n \in \mathbb{N}_0$, $m \in \mathbb{N}$, $a_1, \ldots, a_m \in A_n$ und $f_1, \ldots, f_m \in R$. Die Nullfunktion ist natürlich ein Element von A_n. Außerdem ist $f_1 a_1 + \cdots + f_m a_m \in R$ und für jedes $x \in \mathbb{R}$ mit $x \geq n$:

$$(f_1 a_1)(x) + \cdots + (f_m a_m)(x) = f_1(x) \cdot 0 + \cdots + f_m(x) \cdot 0 = 0.$$

Also ist $f_1 a_1 + \cdots + f_m a_m \in A_n$.

Natürlich ist A_n in A_{n+1} enthalten. Die Inklusion ist echt, denn betrachten wir beispielsweise a mit $a(x) = \min\{0, x - (n + 1)\}$, so gilt $a \in R$ und insbesondere $a \in A_{n+1} \setminus A_n$. Damit ist die Kette $A_0 \subset A_1 \subset A_2 \subset \ldots$ nicht stationär: Der Ring $R = \mathcal{C}(\mathbb{R}, \mathbb{R})$ ist somit nicht noethersch.

19.18 *1. Lösung:* Wegen der Nullteilerfreiheit von R ist die Menge M aller Polynome aus $R[X]$, deren konstanter Koeffizient $a_0 \neq 0$ ist, ein Untermonoid von $(R[X], \cdot)$. Die Abbildung $\rho\colon M \to M$, $P \mapsto \overleftarrow{P}$ ist offenbar bijektiv mit $\rho^{-1} = \rho$. Wir arbeiten nun im

Quotientenkörper $Q(R)$. Dort besitzt $\overleftarrow{P}$ die Darstellung $\overleftarrow{P} = X^{\deg P} \cdot P(1/X)$. Wegen $\deg(PQ) = \deg P + \deg Q$ gilt

$$\overleftarrow{P \cdot Q} = X^{\deg(PQ)} \cdot P(1/X)Q(1/X) = \overleftarrow{P} \cdot \overleftarrow{Q}.$$

Also ist ρ ein involutorischer Automorphismus von $(M, \cdot)$. Daraus folgt die Behauptung, denn die Primzerlegung von Polynomen $P \in M$ spielt sich ganz und gar in M ab.

2. Lösung: Wegen $a_0 \neq 0$ ist $\deg \overleftarrow{P} = n = \deg P$. Weil P und $\overleftarrow{P}$ denselben Inhalt haben, stimmt die Behauptung jedenfalls dann, wenn P nicht primitiv ist. Für $n = 0$ stimmt sie ebenfalls, denn dann gilt $\overleftarrow{P} = P$. Es sei nun $n \geq 1$ und $P = g_1 g_2$ eine nichttriviale Zerlegung eines primitiven Polynoms $P \in R[X]$. In diesem Fall ist $s := \deg g_1 \geq 1$, $t := \deg g_2 \geq 1$. Wegen der Nullteilerfreiheit von R und $g_1(0)g_2(0) = a_0 \neq 0$ gilt auch $g_1(0) \neq 0$, $g_2(0) \neq 0$, also sind $\overleftarrow{g_1}$ und $\overleftarrow{g_2}$ definiert. Ferner ist $n = s + t$, also gilt in $R(X)$ (vgl. 1. Lösung):

$$\overleftarrow{P} = X^n p(1/X) = \big(X^s g_1(1/X)\big)\big(X^t g_2(1/X)\big).$$

Weil $X^s g_1(1/X) = \overleftarrow{g_1}$ und $X^t g_2(1/X) = \overleftarrow{g_2}$ in $R[X]$ liegen und denselben Grad wie g_1 bzw. g_2 haben, ist dies eine nichttriviale Zerlegung von $\overleftarrow{P}$. Umgekehrt liefert eine nichttriviale Zerlegung von $\overleftarrow{P}$ eine solche von P, da ja P die Reversion von $\overleftarrow{P}$ ist. Daraus folgt die Behauptung.

19.19 Es sei f_n irreduzibel. Wir zeigen n ist eine Primzahl. Angenommen, dem ist nicht so. Dann können wir $n = kl$ mit $k, l \geq 2$ zerlegen. In diesem Fall ist $X^n - 1 = (X^k - 1)(X^{k(l-1)} + X^{k(l-2)} + \cdots + X^k + 1)$, und Division durch $X - 1$ zeigt

$$X^{n-1} + \cdots + X + 1 = (X^k + X^{k-1} + \cdots + X + 1)(X^{k(l-1)} + X^{k(l-2)} + \cdots + X^k + 1).$$

Damit hätten wir aber eine nichttriviale Zerlegung von f_n gefunden. Dieser Widerspruch zeigt: n muss eine Primzahl sein.

Jetzt sei $n = p$ eine Primzahl. Wir finden eine Begründung der Behauptung in einem Beispiel zum Irreduzibilitätskriterium 19.9 (Algebrabuch). Wir geben hier eine weitere Begründung an: Angenommen, es gilt $f_p = gh$ mit $g, h \in \mathbb{Z}[X]$ und $\deg g, \deg h \geq 1$. Es gilt $g(1)h(1) = f_p(1) = p$, also etwa $g(1) = \pm 1$, $h(1) = \pm p$. Bei Reduktion modulo p ist also $\overline{g}(1) \neq 0$. Andererseits ist $(X - 1)f_p = X^p - 1$, also $(X - 1)\overline{f}_p = X^p - 1 = (X - 1)^p$, da $\mathbb{Z}/p[X]$ die Charakteristik p hat. Division durch $X - 1$ zeigt $\overline{f}_p = (X - 1)^{p-1}$, also $\overline{g} = (X - 1)^k$ mit $k = \deg g \geq 1$. Daraus folgt nun widersprüchlicherweise $\overline{g}(1) = 0$. Wir haben somit gezeigt, dass f_p in $\mathbb{Z}[X]$ (und in $\mathbb{Q}[X]$) irreduzibel ist.

Grundlagen der Körpertheorie

20

20.1 Aufgaben

20.1 • Es seien K ein Körper der Charakteristik $p \neq 0$ und $a \neq 0$ ein Element aus K. Zeigen Sie: Für ganze Zahlen m, n gilt $m\,a = n\,a$ genau dann, wenn $m \equiv n \pmod{p}$.

20.2 •• Bestimmen Sie (bis auf Isomorphie) alle Körper mit 3 und 4 Elementen.

20.3 ••• Begründen Sie: $[\mathbb{R} : \mathbb{Q}] = |\mathbb{R}|$.

20.4 •• Man zeige: Die Charakteristik eines Körpers mit p^n Elementen (p Primzahl) ist p.

20.5 • Es sei $P \in \mathbb{R}[X]$ ein Polynom vom Grad 3. Begründen Sie: $\mathbb{R}[X]/(P)$ ist kein Körper.

20.6 • Es sei $\varphi : K \to K$ ein Automorphismus eines Körpers K. Zeigen Sie, dass $F := \{a \in K \mid \varphi(a) = a\}$ ein Teilkörper von K ist. Begründen Sie auch, dass für alle a aus dem Primkörper P von K gilt: $\varphi(a) = a$.

20.7 ••• Es seien E und F Zwischenkörper einer Körpererweiterung L/K, und es bezeichne $E\,F$ den kleinsten Teilkörper von L, der E und F enthält. Für $r := [E : K]$, $s := [F : K]$ und $t := [EF : K]$ beweise man die folgenden Aussagen:

(a) $t \in \mathbb{N} \Leftrightarrow r \in \mathbb{N}$ und $s \in \mathbb{N}$.
(b) $t \in \mathbb{N} \Rightarrow r \mid t$ und $s \mid t$.
(c) $r, s \in \mathbb{N}$ und $\mathrm{ggT}(r, s) = 1 \Rightarrow t = r\,s$.
(d) $r, s \in \mathbb{N}$ und $t = r\,s \Rightarrow E \cap F = K$.

(e) Es besitzt $X^3 - 2 \in \mathbb{Q}[X]$ genau eine reelle Nullstelle $\sqrt[3]{2}$ und zwei nichtreelle Nullstellen α, $\overline{\alpha} \in \mathbb{C}$. Für $K := \mathbb{Q}$, $E := K(\sqrt[3]{2})$ und $F := K(\alpha)$ zeige man: $E \cap F = K$,
$r = s = 3$ und $t < 9$.

20.8 •• Bestimmen Sie den Grad der folgenden Teilkörper K von $\mathbb{C}$ über $\mathbb{Q}$ und jeweils
eine $\mathbb{Q}$-Basis von K:

(a) $K := \mathbb{Q}(\sqrt{2}, \sqrt{3})$,   (d) $K := \mathbb{Q}(\sqrt{8}, 3 + \sqrt{50})$,
(b) $K := \mathbb{Q}(\sqrt{18}, \sqrt[10]{2})$,   (e) $K := \mathbb{Q}(\sqrt[3]{2}, u)$, wobei $u^4 + 6u + 2 = 0$,
(c) $K := \mathbb{Q}(\sqrt{2}, i\sqrt{5}, \sqrt{2} + \sqrt{7})$,   (f) $K := \mathbb{Q}(\sqrt{3}, i)$.

20.9 •• Bestimmen Sie die Minimalpolynome $m_{a,\mathbb{Q}}$ der folgenden reellen Zahlen a über
$\mathbb{Q}$:

(a) $a := \frac{1}{2}(1 + \sqrt{5})$,   (c) $a := \sqrt[3]{2} + \sqrt[3]{4}$,
(b) $a := \sqrt{2} + \sqrt{3}$,   (d) $a := \sqrt{2 + \sqrt[3]{2}}$.

20.10 •• Es seien p, q Primzahlen, $p \neq q$, $L = \mathbb{Q}(\sqrt{p}, \sqrt[3]{q})$. Man zeige:

(a) $L = \mathbb{Q}(\sqrt{p}\,\sqrt[3]{q})$.
(b) $[L : \mathbb{Q}] = 6$.

20.11 •• Man zeige, dass für a, $b \in \mathbb{Q}$ gilt: $\mathbb{Q}(\sqrt{a}, \sqrt{b}) = \mathbb{Q}(\sqrt{a} + \sqrt{b})$.

20.12 •• Es sei $K := \mathbb{Q}(\sqrt{3}, i, \varepsilon)$, wobei i, $\varepsilon \in \mathbb{C}$ mit $i^2 = -1$ und $\varepsilon^3 = 1$, $\varepsilon \neq 1$ gelte.

(a) Bestimmen Sie $[K : \mathbb{Q}]$ und eine $\mathbb{Q}$-Basis von K.
(b) Zeigen Sie, dass $\sqrt{3} + i$ ein primitives Element von $K/\mathbb{Q}$ ist und geben Sie dessen
    Minimalpolynom über $\mathbb{Q}$ an.

20.13 •• Es sei $a \in \mathbb{C}$ eine Wurzel von $P = X^5 - 2X^4 + 6X + 10 \in \mathbb{Q}[X]$.

(a) Man bestimme $[\mathbb{Q}(a) : \mathbb{Q}]$.
(b) Zu jedem $r \in \mathbb{Q}$ gebe man das Minimalpolynom von $a + r$ über $\mathbb{Q}$ an.

20.14 Eine Zahl $a \in \mathbb{C}$ heißt **ganz algebraisch**, wenn a Wurzel eines Polynoms P aus
$\mathbb{Z}[X]$ mit höchstem Koeffizienten 1 ist. Man zeige:

(a) Zu jeder über $\mathbb{Q}$ algebraischen Zahl z gibt es ein $a \in \mathbb{Z}$, sodass $a z$ ganz algebraisch ist.
(b) Ist $a \in \mathbb{Q}$ ganz algebraisch, so ist bereits $a \in \mathbb{Z}$.
(c) Ist $a \in \mathbb{C}$ ganz algebraisch, so sind auch $a + m$, $m a$ mit $m \in \mathbb{Z}$ ganz algebraisch.

20.15 • Es seien a_1, $a_2 \in \mathbb{C}$ algebraisch über $\mathbb{Q}$. Wir setzen $K_1 = \mathbb{Q}(a_1)$, $K_2 = \mathbb{Q}(a_2)$ sowie $L = \mathbb{Q}(a_1, a_2)$. Dabei gelte $K_1 \cap K_2 = \mathbb{Q}$. Ist der Grad $[L : \mathbb{Q}]$ ein Teiler von $[K_1 : \mathbb{Q}][K_2 : \mathbb{Q}]$?

20.16 ••• Bestimmen Sie für die folgenden Zahlen α, β, $\gamma \in \mathbb{C}$ jeweils das Minimalpolynom über $\mathbb{Q}$:

(a) $\alpha = \sqrt{4 + \sqrt{7}} + \sqrt{4 - \sqrt{7}}$,
(b) $\beta = \sqrt[3]{2 + \sqrt{5}} + \sqrt[3]{2 - \sqrt{5}}$,
(c) $\gamma = \sqrt[3]{5} \cdot \sqrt{7}$.

20.2 Lösungen

20.1 Es sei $a \neq 0$ ein Element aus K. Nach Lemma 13.4 (Algebrabuch) gilt $p\,a = 0$.

Es gelte $m \equiv n \pmod{p}$ für ganze Zahlen m, n. Dann gilt $n = m + k\,p$ für ein $k \in \mathbb{Z}$. Es folgt $n\,a = m\,a + k\,p\,a = m\,a$, da $p\,a = 0$.

Nun gelte $m\,a = n\,a$ für ganze Zahlen m, n. Es folgt $(m - n)\,a = 0$. Folglich ist die (additive) Ordnung p von $a \neq 0$ ein Teiler von $m - n$ (vgl. den Satz 3.5 (Algebrabuch)), sodass $m - n = k\,p$ für ein $k \in \mathbb{Z}$, d.h. $m \equiv n \pmod{p}$.

20.2 Es sei K ein Körper mit 3 Elementen: $K = \{0, 1, a\}$. Da es bis auf Isomorphie nur eine Gruppe der Ordnung 3 gibt, gilt $(K, +) \cong (\mathbb{Z}/3, +)$. Da die multiplikative Gruppe $K^\times = \{1, a\}$ wegen $a^2 = 1$ festliegt, kann es bis auf Isomorphie höchstens einen Körper mit 3 Elementen geben. Da $(\mathbb{Z}/3, +, \cdot)$ ein solcher ist, haben wir bereits alle bestimmt.

(Man vgl. auch die Aufgabe 13.12.) Es sei K ein Körper mit 4 Elementen: $K = \{0, 1, a, b\}$. Da es bis auf Isomorphie nur eine Gruppe mit drei Elementen gibt, gilt $(K^\times, \cdot) \cong (\mathbb{Z}/3, +)$. Es ist somit die Multiplikation eindeutig festgelegt. Wegen $2\,x = 0$ für alle $x \in K$, ist die additive Gruppe $(K, +)$ der Ordnung 4 eindeutig festgelegt: $(K, +) \cong (\mathbb{Z}/2 \times \mathbb{Z}/2, +)$. Damit ist auch die Addition fix: Es gibt höchstens einen Körper mit 4 Elementen. Wir geben ein Beispiel an:

Die Menge $\mathbb{Z}/2 \times \mathbb{Z}/2$ wird mit den Verknüpfungen

$$(a, b) + (c, d) = (a + c, b + d) \text{ und } (a, b) \cdot (c, d) = (a\,c - b\,d, a\,d + b\,c - b\,d)$$

zu einem Körper (man weise dies nach). Es ist auch $\mathbb{Z}/2[X]/(X^2 + X + 1)$ ein Körper mit 4 Elementen (siehe Lemma 21.1 (Algebrabuch)).

20.3 Wir werden nun wiederholt die Rechenregeln für Kardinalzahlen aus dem Abschn. A.3.2 (Algebrabuch) anwenden.

Es sei T eine $\mathbb{Q}$-Basis von $\mathbb{R}$. Wegen $[\mathbb{R} : \mathbb{Q}] = |T|$ ist $|T| = |\mathbb{R}|$ zu zeigen, dies folgt aus der folgenden Behauptung:

($\sharp$) $|\mathbb{R}| = \max\{|T|, |\mathbb{Q}|\}$.

Wegen $|\mathbb{Q}| < |\mathbb{R}|$ folgt aus ($\sharp$) dann $|T| = |\mathbb{R}|$, denn wäre $|T| < |\mathbb{R}|$, so ergäbe sich der Widerspruch

$$|\mathbb{R}| \leq |T| \cdot |\mathbb{Q}| = \max\{|T|, |\mathbb{Q}|\} < |\mathbb{R}|.$$

Zu beweisen ist also ($\sharp$). Wir benötigen eine Hilfsaussage:

($\sharp\,\sharp$) *Es sei T eine unendliche Menge, und $\mathcal{E}(T)$ bezeichne die Menge aller endlichen Teilmengen von T. Dann gilt $|T| = |\mathcal{E}(T)|$.*

Begründung von ($\sharp\,\sharp$): Es ist $|T| \leq |\mathcal{E}(T)|$, da $\{t\} \in \mathcal{E}(T)$ für jedes $t \in T$.

Für jedes $n \in \mathbb{N}$ sei nun $\mathcal{E}_n := \{E \in \mathcal{E}(T) \mid |E| = n\}$.

Offenbar gilt

$$|\mathcal{E}_n| \leq |T^n| = |T|.$$

Wegen

$$\mathcal{E}(T) = \bigcup_{n\in\mathbb{N}} \mathcal{E}_n \cup \{\emptyset\}$$

folgt

$$|\mathcal{E}(T)| \leq \aleph_0 \cdot |T| = |T|.$$

Damit ist ($\sharp\,\sharp$) begründet.

Begründung von ($\sharp$): Es ist T eine unendliche Menge: $\{1, \sqrt{2}, \sqrt[3]{2}, \ldots\} \subseteq T$.

Jedes $x \in \mathbb{R}$ hat eine eindeutige Darstellung der Form

$$x = \sum_{t\in T} \lambda_t^{(x)} t \ \text{ mit } \lambda_t^{(x)} \in \mathbb{Q}$$

und endlichem *Träger* $\mathrm{Tr}(x) := \{t \in T \mid \lambda_t^{(x)} \neq 0\}$. Es folgt $\mathrm{Tr}(x) \in \mathcal{E}(T) \setminus \{\emptyset\}$ für $x \neq 0$.

Es sei $S_E := \{x \in \mathbb{R} \mid \mathrm{Tr}(x) = E\}$ für $E \in \mathcal{E}(T) \setminus \{\emptyset\}$. Dann gilt

$$\mathbb{R} \setminus \{0\} = \bigcup_{E\in\mathcal{E}(T)\setminus\{\emptyset\}} S_E \ \text{ disjunkt,}$$

und $|S_E| = |\mathbb{Q} \setminus \{0\}|^{|E|} = |\mathbb{Q}|$. Es folgt

$$|\mathbb{R}| = |\mathbb{R} \setminus \{0\}| = |\mathcal{E}(T) \setminus \{\emptyset\}| \cdot |\mathbb{Q}| \overset{(\sharp\,\sharp)}{=} |T| \cdot |\mathbb{Q}| = \max\{|T|, |\mathbb{Q}|\}.$$

20.4 Es sei K ein Körper mit p^n Elementen. Nach dem kleinen Satz 3.11 (Algebrabuch) von Fermat gilt $p^n \cdot 1 = 0$. Wegen $p^n \cdot 1 = (p \cdot 1)^n$ erhalten wir hieraus $(p \cdot 1)^n = 0$. Da Körper nullteilerfrei sind, folgt $p \cdot 1 = 0$. Mit dem Satz 3.5 (Algebrabuch) über die Ordnung von Gruppenelementen folgt nun, dass die Ordnung von 1 ein Teiler von p ist. Da p prim ist und $1 \neq 0$ gilt, erhalten wir $\mathrm{Char}\, K = o(1) = p$.

20.5 Bekanntlich hat jedes Polynom $P \in \mathbb{R}[X]$ vom Grad 3 (nach dem Zwischenwertsatz) eine Nullstelle in $\mathbb{R}$. Also ist P nicht irreduzibel, es gilt $P = R\,S$ mit Polynomen R und S

vom Grad 1 bzw. 2. Insbesondere sind die Elemente $R + (P)$, $S + (P)$ vom Nullelement $0 = (P)$ in $\mathbb{R}[X]/(P)$ verschieden. Wegen

$$(R + (P)) \cdot (S + (P)) = R\,S + (P) = (P)$$

hat der Ring $\mathbb{R}[X]/(P)$ Nullteiler und kann somit kein Körper sein.

20.6 Die Elemente aus $F = \{a \in K \mid \varphi(a) = a\}$ sind genau jene Elemente aus K, die unter dem Automorphismus φ *fix* bleiben, man spricht in diesem Zusammenhang auch von einem *Fixkörper*. Wir weisen nach, dass F ein Teilkörper von K ist: Wegen $\varphi(0) = 0$ und $\varphi(1) = 1$ gilt $0,\, 1 \in F$. Es seien $a,\, b \in F$, $b \neq 0$. Dann gilt:

$$\varphi(a - b) = \varphi(a) - \varphi(b) = a - b \quad \text{und} \quad \varphi(a\,b^{-1}) = \varphi(a)\,\varphi(b)^{-1} = a\,b^{-1}.$$

Folglich liegen auch $a - b$ und $a\,b^{-1}$ in F. Es ist somit F ein Teilkörper von K.

Nun sei $a \in P$, P der Primkörper von K. Für jedes $n \in \mathbb{N}$ gilt:

$$\varphi(n) = \varphi(\underbrace{1 + \cdots + 1}_{n\text{-mal}}) = n \cdot \varphi(1) = n.$$

Wegen $\varphi(0) = 0$ und $\varphi(-1) = -1$ folgt $\varphi(n) = n$ für alle $n \in \mathbb{Z}$.

Im Fall $P = \mathbb{Z}/p$ für eine Primzahl p folgt nun bereits die Behauptung, da:

$$\varphi(\overline{n}) = \varphi(n\,\overline{1}) = n\,\varphi(\overline{1}) = \overline{n} \quad \text{für alle} \quad \overline{n} \in \mathbb{Z}/p.$$

Und im Fall $P = \mathbb{Q}$ ebenso, da für jedes $\frac{z}{n} \in \mathbb{Q}$:

$$\varphi\left(\frac{z}{n}\right) = \frac{\varphi(z)}{\varphi(n)} = \frac{z}{n}.$$

20.7 Wir haben die Situation mit den Zwischenkörpern E, F und $E\,F$ von L/K in der folgenden Skizze dargestellt.

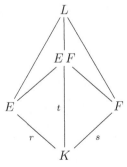

(a) $\Rightarrow$: Ist t endlich, so sind natürlich auch r und s endlich.

$\Leftarrow$: Es seien $r,\ s \in \mathbb{N}$. Nach dem Gradsatz 20.3 (Algebrabuch) ist $t = [E\ F : E] \cdot r$. Ist also $[E\ F : E]$ endlich, so ist auch t endlich. Um nun zu zeigen, dass $[E\ F : E]$ endlich ist, vergleichen wir die Körpererweiterung $E\ F/E$ mit der Körpererweiterung F/K, von der wir wissen, dass diese den (endlichen) Grad s hat. Wir zeigen $[E\ F : E] \le s \in \mathbb{N}$, genauer:

($\sharp$) *Jede Basis $\{b_1,\, \dots,\ b_s\}$ von F/K ist ein Erzeugendensystem von $E\ F/E$.*

Es sei $a \in E\ F$. Es existieren dann $f_1, \dots,\ f_n \in F$ mit $a \in E(f_1, \dots,\ f_n)$. Für jedes $i = 1, \dots,\ n$ gilt $[K(f_i) : K] \in \mathbb{N}$, da F/K endlich ist. Folglich ist f_i algebraisch über K. Dann ist aber f_i auch algebraisch über $E(f_i, \dots,\ f_{i-1})$. Es folgt

$$E(f_1, \dots,\ f_n) = (((E(f_1)(f_2))\dots)(f_n) = (((E[f_1][f_2])\dots)[f_n] = E[f_1, \dots,\ f_n].$$

Daher gibt es ein $P \in E[X_1, \dots,\ X_n]$ mit $a = P(f_1, \dots,\ f_n)$. Da jeder Ausdruck $f_1^{i_1} \cdots f_n^{i_n} \in F$ als K-, also auch als E-Linearkombination von $b_1, \dots,\ b_s$ geschrieben werden kann, gilt dies auch für a.

Gemäß ($\sharp$) ist somit $[E\ F : E] \in \mathbb{N}$, es folgt

$$t = [E\ F : E] \cdot r \in \mathbb{N}.$$

(b) Da E und F Zwischenkörper der (endlichen) Erweiterung $E\ F/E$ sind, ist das gerade die Aussage (a) in Korollar 20.4 (Algebrabuch).

(c) Gemäß (a) und (b) gilt $t \in \mathbb{N}$, $r \mid t$ und $s \mid t$. Wegen $\mathrm{ggT}(r, s) = 1$ erhalten wir $r\,s \mid t$, insbesondere $r\,s \le t$.

Ist $\{a_1, \dots,\ a_r\}$ bzw. $\{b_1, \dots,\ b_s\}$ eine Basis von E/K bzw. F/K, so ist $\{a_i\,b_j \mid i = 1, \dots,\ r,\ j = 1, \dots,\ s\}$ ein Erzeugendensystem von $E\ F/K$. Es folgt $t \le r\,s$. Damit gilt $t = r\,s$.

(d) Wegen $t = r\,s$ folgt (mit den Bezeichnungen in (c)), dass $\{a_i\,b_j \mid i = 1, \dots,\ r,\ j = 1, \dots,\ s\}$ K-linear unabhängig ist. O. E. sei dabei $a_1 = 1 = b_1$. Ist nun $c \in E \cap F$, so gibt es $l_i \in K$, $i = 1, \dots,\ r$, $m_j \in K$, $j = 1, \dots,\ s$, mit

$$c = \sum_{i=1}^{r} l_i\,a_i = \sum_{j=1}^{s} m_j\,b_j,$$

also

$$(l_1 - m_1)\,1 + \sum_{i=2}^{r} l_i\,a_i + \sum_{j=2}^{s} (-m_j)\,b_i = 0.$$

Da insbesondere $\{1,\ a_2, \dots,\ a_r,\ b_2, \dots,\ b_s\}$ K-linear unabhängig ist, folgt $l_i = 0$ für $i = 2, \dots,\ r$, also $c = l_1\,1 \in K$.

(e) Das Polynom $X^3 - 2 \in \mathbb{Q}[X]$ besitzt genau eine reelle Nullstelle $\sqrt[3]{2}$ und zwei Nullstellen $\alpha,\ \overline{\alpha} \in \mathbb{C} \setminus \mathbb{R}$:

$$X^3 - 2 = (X - \sqrt[3]{2})(X - \alpha)(X - \overline{\alpha}) = (X - \sqrt[3]{2})(X^2 - (\alpha + \overline{\alpha})X + \alpha\overline{\alpha}).$$

Also ist $m_{\sqrt[3]{2},\,\mathbb{Q}} = m_{\alpha,\,\mathbb{Q}} = X^3 - 2$, und für $E = \mathbb{Q}(\sqrt[3]{2})$, $F = \mathbb{Q}(\alpha)$ folgt $r = s = 3$. Wegen $[E \cap F : \mathbb{Q}] \mid 3$ und $E \neq F$ ist ferner $[E \cap F : \mathbb{Q}] = 1$, d. h. $E \cap F = \mathbb{Q}$. Nun ist aber $EF = \mathbb{Q}(\sqrt[3]{2}, \alpha)$, also

$$t = [E(\alpha) : E] \cdot r = 3 \deg(m_{\alpha,\,E}).$$

Da $X - \sqrt[3]{2}$ Teiler von $X^3 - 2$ in $E[X]$ ist, gilt $X^2 - (\alpha + \overline{\alpha})X + \alpha\overline{\alpha} \in E[X]$ und daher $\deg(m_{\alpha,\,E}) = 2$, d. h. $t = 6 < 9$.

20.8 Wir halten die folgende Idee zur Lösung dieser typischen Aufgabenstellung fest:

- Ist der Grad einer einfachen (algebraischen) Körpererweiterung $\mathbb{Q}(a)/\mathbb{Q}$ zu bestimmen, so ermittle man den Grad des Minimalpolynoms $m_{a,\,\mathbb{Q}}$. Laut der Bemerkung nach Lemma 20.6 (Algebrabuch) gilt $[\mathbb{Q}(a) : \mathbb{Q}] = \deg m_{a,\,\mathbb{Q}}$.
- Ist der Grad einer (algebraischen) Körpererweiterung $\mathbb{Q}(a, b)/\mathbb{Q}$ zu bestimmen, so ermittle man die Grade der einfachen Körpererweiterungen $\mathbb{Q}(a)/\mathbb{Q}$ und $\mathbb{Q}(a, b)/\mathbb{Q}(a)$ (z. B. mithilfe der Minimalpolynome $m_{a,\,\mathbb{Q}}$ und $m_{b,\,\mathbb{Q}(a)}$) und wende dann den Gradsatz 20.3 (Algebrabuch) an:

$$[\mathbb{Q}(a, b) : \mathbb{Q}] = [\mathbb{Q}(a, b) : \mathbb{Q}(a)] \cdot [\mathbb{Q}(a) : \mathbb{Q}].$$

Man beachte, dass die Aussage in Aufgabe 20.7 (c) oftmals eine erhebliche Vereinfachung liefert: Falls $[\mathbb{Q}(a) : \mathbb{Q}] = r$ und $[\mathbb{Q}(b) : \mathbb{Q}] = s$ und $\mathrm{ggT}(r, s) = 1$, so gilt $[\mathbb{Q}(a, b) : \mathbb{Q}] = r\,s$.

Bei Adjunktion von mehr als zwei Elemente lässt sich das Verfahren leicht verallgemeinern.

(a) Nach Eisenstein ist $X^2 - 2 \in \mathbb{Q}[X]$ irreduzibel, und es ist $\sqrt{2}$ eine Nullstelle dieses Polynoms. Also ist $[\mathbb{Q}(\sqrt{2}) : \mathbb{Q}] = 2$ und $\{1, \sqrt{2}\}$ eine $\mathbb{Q}$-Basis von $\mathbb{Q}(\sqrt{2})$. Es ist $\sqrt{3}$ eine Nullstelle des Polynoms $X^2 - 3 \in \mathbb{Q}(\sqrt{2})[X]$, sodass gilt:

$$[\mathbb{Q}(\sqrt{2}, \sqrt{3}) : \mathbb{Q}(\sqrt{2})] \leq 2.$$

Wir schließen aus, dass die Erweiterung $\mathbb{Q}(\sqrt{2}, \sqrt{3})/\mathbb{Q}(\sqrt{2})$ den Grad 1 hat. Angenommen doch, dann gilt $\sqrt{3} \in \mathbb{Q}(\sqrt{2})$. Dann gibt es $\alpha, \beta \in \mathbb{Q}$ mit $\sqrt{3} = \alpha + \beta\sqrt{2}$. Quadrieren liefert

$$3 = \alpha^2 + 2\alpha\beta\sqrt{2} + 2\beta^2.$$

Wegen $\sqrt{2} \notin \mathbb{Q}$ folgt $\alpha\beta = 0$, also $\alpha = 0$ oder $\beta = 0$. Im ersten Fall folgt $3 = 2\beta^2$, im zweiten Fall $3 = \alpha^2$. Beides ist wegen $\alpha, \beta \in \mathbb{Q}$ unmöglich, also ist $\sqrt{3} \notin \mathbb{Q}(\sqrt{2})$. Wir erhalten daher $[\mathbb{Q}(\sqrt{2}, \sqrt{3}) : \mathbb{Q}(\sqrt{2})] = 2$ und somit

$$[\mathbb{Q}(\sqrt{2}, \sqrt{3}) : \mathbb{Q}] = [\mathbb{Q}(\sqrt{2}, \sqrt{3}) : \mathbb{Q}(\sqrt{2})] \cdot [\mathbb{Q}(\sqrt{2}) : \mathbb{Q}] = 2 \cdot 2 = 4.$$

Ferner ist $\{1, \sqrt{3}\}$ eine $\mathbb{Q}(\sqrt{2})$-Basis von $\mathbb{Q}(\sqrt{2}, \sqrt{3})$. Damit ist

$$\{1, \sqrt{2}, \sqrt{3}, \sqrt{2}\sqrt{3}\}$$

eine $\mathbb{Q}$-Basis von $\mathbb{Q}(\sqrt{2}, \sqrt{3})$.

(b) Wegen $\sqrt{18} = 3(\sqrt[10]{2})^5$ ist $\sqrt{18}$ ein Element von $\mathbb{Q}(\sqrt[10]{2})$, folglich gilt $K = \mathbb{Q}(\sqrt{18}, \sqrt[10]{2}) = \mathbb{Q}(\sqrt[10]{2})$. Das Element $\sqrt[10]{2}$ ist Nullstelle des Polynoms $X^{10} - 2 \in \mathbb{Q}[X]$, welches nach Eisenstein mit $p = 2$ irreduzibel ist. Somit gilt $[K : \mathbb{Q}] = 10$, und $\{1, \sqrt[10]{2}, \ldots, (\sqrt[10]{2})^9\}$ ist eine $\mathbb{Q}$-Basis von K.

(c) Wegen $\sqrt{2} \in K$ gilt $K = \mathbb{Q}(\sqrt{2}, i\sqrt{5}, \sqrt{2} + \sqrt{7}) = \mathbb{Q}(\sqrt{2}, i\sqrt{5}, \sqrt{7})$. Wie in (a) zeigt man: $[\mathbb{Q}(\sqrt{2}, \sqrt{7}) : \mathbb{Q}] = 4$, und es ist $\{1, \sqrt{2}, \sqrt{7}, \sqrt{2}\sqrt{7}\}$ eine $\mathbb{Q}$-Basis von $\mathbb{Q}(\sqrt{2}, \sqrt{7})$.
Wegen $(i\sqrt{5})^2 \in \mathbb{Q}(\sqrt{2}, \sqrt{7})$ erhalten wir

$$[K : \mathbb{Q}(\sqrt{2}, \sqrt{7})] \le 2.$$

Da die nichtreelle Zahl $i\sqrt{5}$ sicher nicht in $\mathbb{Q}(\sqrt{2}, \sqrt{7}) \subseteq \mathbb{R}$ enthalten ist, folgt weiter $[K : \mathbb{Q}(\sqrt{2}, \sqrt{7})] = 2$. Also

$$[K : \mathbb{Q}] = [K : \mathbb{Q}(\sqrt{2}, \sqrt{7})] \cdot [\mathbb{Q}(\sqrt{2}, \sqrt{7}) : \mathbb{Q}] = 2 \cdot 4 = 8.$$

Ferner ist $\{1, i\sqrt{5}\}$ eine $\mathbb{Q}(\sqrt{2}, \sqrt{7})$-Basis von K und somit

$$\{1, \sqrt{2}, \sqrt{7}, i\sqrt{5}, \sqrt{2}\sqrt{7}, i\sqrt{2}\sqrt{5}, i\sqrt{5}\sqrt{7}, i\sqrt{2}\sqrt{5}\sqrt{7}\}$$

eine $\mathbb{Q}$-Basis von K.

(d) Wegen $\sqrt{8} = 2\sqrt{2}$ und $\sqrt{50} = 5\sqrt{2}$ gilt $\mathbb{Q}(\sqrt{8}, 3 + \sqrt{50}) = \mathbb{Q}(2\sqrt{2}, 3 + 5\sqrt{2}) = \mathbb{Q}(\sqrt{2})$. Daher ist $K = \mathbb{Q}(\sqrt{8}, 3 + \sqrt{50})$ eine quadratische Erweiterung von $\mathbb{Q}$ mit $\mathbb{Q}$-Basis $\{1, \sqrt{2}\}$.

(e) Die Zahl u ist Nullstelle des nach Eisenstein mit $p = 2$ über $\mathbb{Q}$ irreduziblen Polynoms $X^4 + 6X + 2$, also gilt $[\mathbb{Q}(u) : \mathbb{Q}] = 4$. Wegen $[\mathbb{Q}(\sqrt[3]{2}) : \mathbb{Q}] = 3$ und $\mathrm{ggT}(4, 3) = 1$ ist $[\mathbb{Q}(\sqrt[3]{2}, u) : \mathbb{Q}] = 12$. Eine $\mathbb{Q}$-Basis von $\mathbb{Q}(\sqrt[3]{2}, u)$ ist z. B. $\{\sqrt[3]{2}^j u^k \mid 0 \le j \le 2, \, 0 \le k \le 3\}$.

(f) Wegen $i \notin \mathbb{R}$ gilt erst recht $i \notin \mathbb{Q}(\sqrt{3})$. Das Minimalpolynom von i über $\mathbb{Q}(\sqrt{3})$ bleibt also $X^2 + 1$. Es folgt $[\mathbb{Q}(\sqrt{3}, i) : \mathbb{Q}] = [\mathbb{Q}(\sqrt{3})(i) : \mathbb{Q}(\sqrt{3})] \cdot [\mathbb{Q}(\sqrt{3}) : \mathbb{Q}] = 2 \cdot 2 = 4$, und $\{1, \sqrt{3}, i, i\sqrt{3}\}$ ist eine $\mathbb{Q}$-Basis von $\mathbb{Q}(\sqrt{3}, i)$.

20.9 Das Minimalpolynom eines über $\mathbb{Q}$ algebraischen Elementes a bestimmt man durch *geschicktes* Potenzieren, um die Wurzeln zu eliminieren und so schließlich eine *polynomiale* Gleichung

$$a^n + \cdots + a_1 a + a_0 = 0$$

zu erhalten. Es ist dann $X^n + \cdots + a_1 X + a_0$ ein normiertes Polynom, das a als Nullstelle hat. Ist dieses Polynom dann auch irreduzibel, so ist es das Minimalpolynom von a.

(a) Es ist $a^2 = \left(\frac{1+\sqrt{5}}{2}\right)^2 = \frac{1+\sqrt{5}}{2} + 1 = a + 1$, also $a^2 - a - 1 = 0$. Wegen $a \notin \mathbb{Q}$ ist also $m_{a,\mathbb{Q}} = X^2 - X - 1$.

(b) Es gilt $a - \sqrt{2} = \sqrt{3}$. Quadrieren liefert $a^2 - 2\sqrt{2}a + 2 = 3$, d.h. $a^2 - 1 = 2\sqrt{2}a$. Erneutes Quadrieren liefert $a^4 - 2a^2 + 1 = 8a^2$. Damit ist $X^4 - 10X^2 + 1 \in \mathbb{Q}[X]$ ein normiertes Polynom, das a als Nullstelle hat.

Die Schwierigkeit besteht nun darin, nachzuweisen, dass $X^4 - 10X^2 + 1$ irreduzibel ist, wir behelfen uns mit einem Trick: Wenn wir begründen können, dass das Minimalpolynom von a den Grad 4 haben muss, so ist das Polynom $X^4 - 10X^2 + 1$ zwangsläufig das Minimalpolynom von a (und somit irreduzibel).

Wegen $a \in \mathbb{Q}(\sqrt{2}, \sqrt{3})$ und $[\mathbb{Q}(\sqrt{2}, \sqrt{3}) : \mathbb{Q}] = 4$ ist der Grad des Minimalpolynoms von a ein Teiler von 4. Es sind $1, \sqrt{2}, \sqrt{3}, \sqrt{2}\sqrt{3}$ $\mathbb{Q}$-linear unabhängig. Wegen $a^2 = 5 + 2\sqrt{2}\sqrt{3}$ ist a somit keine Nullstelle eines quadratischen Polynoms. Somit hat $m_{a,\mathbb{Q}}$ den Grad 4.

(c) Es gilt $a - \sqrt[3]{2} = \sqrt[3]{4}$. Wir potenzieren mit 3 und erhalten mit der binomischen Formel die Gleichung

$$a^3 - 3\sqrt[3]{2}a^2 + 3(\sqrt[3]{2})^2 a - 2 = 4, \quad \text{d.h.} \quad a^3 - 6 = 3a(\sqrt[3]{2}a - (\sqrt[3]{2})^2).$$

In dieser letzten Klammer setzen wir $a = \sqrt[3]{2} + \sqrt[3]{4}$ ein und erhalten dann

$$a^3 - 6 = 6a, \quad \text{d.h.} \quad a^3 - 6a - 6 = 0.$$

Damit ist $X^3 - 6X - 6 \in \mathbb{Q}[X]$ ein normiertes Polynom, das a als Nullstelle hat. Dieses Polynom ist nach Eisenstein mit $p = 2$ irreduzibel und damit das Minimalpolynom von a.

(d) Für $a = \sqrt{2 + \sqrt[3]{2}}$ gilt $(a^2 - 2)^3 = 2$. Somit ist a Nullstelle des Polynoms

$$P = X^6 - 6X^4 + 12X^2 - 10$$

Da dieses Polynom P über $\mathbb{Q}$ irreduzibel ist (Eisenstein mit $p = 2$), ist $P = m_{a,\mathbb{Q}}$ das Minimalpolynom von a.

20.10

(a) Wir setzen $a := \sqrt{p}\sqrt[3]{q}$ und zeigen $\mathbb{Q}(a) = \mathbb{Q}(\sqrt{p}, \sqrt[3]{q})$. Dazu begründen wir, dass die zwei Mengen ineinander enthalten sind:

$\subseteq$: Da $a = \sqrt{p}\sqrt[3]{q} \in \mathbb{Q}(\sqrt{p}, \sqrt[3]{q})$ gilt, erhalten wir $\mathbb{Q}(a) \subseteq \mathbb{Q}(\sqrt{p}, \sqrt[3]{q})$.

$\supseteq$: Es gilt

$$a^3 = pq\sqrt{p} \quad \text{und} \quad a^4 = p^2 q \sqrt[3]{q}.$$

Folglich gilt $\sqrt{p} = \frac{a^3}{pq}$, $\sqrt[3]{q} = \frac{a^4}{p^2 q} \in \mathbb{Q}(a)$. Somit gilt auch $\mathbb{Q}(\sqrt{p}, \sqrt[3]{q}) \subseteq \mathbb{Q}(a)$.

(b) Es ist $X^2 - p \in \mathbb{Q}[X]$ irreduzibel. Folglich ist $m_{\sqrt{p}, \mathbb{Q}} = X^2 - p$. Es gilt also $[\mathbb{Q}(\sqrt{p}) : \mathbb{Q}] = 2$. Weiterhin ist $X^3 - q$ irreduzibel über $\mathbb{Q}(\sqrt{p})$ (die drei Nullstellen dieses Polynoms, zwei zueinander konjugiert komplexe und eine reelle, nämlich $\sqrt[3]{q}$, liegen allesamt nicht in $\mathbb{Q}(\sqrt{p})$). Wir wenden nun den Gradsatz an:

$$[\mathbb{Q}(\sqrt{p}, \sqrt[3]{q}) : \mathbb{Q}] = [\mathbb{Q}(\sqrt{p})(\sqrt[3]{q}) : \mathbb{Q}(\sqrt{p})] \, [\mathbb{Q}(\sqrt{p}) : \mathbb{Q}] = 3 \cdot 2 = 6.$$

Ergänzend bestimmen wir das Minimalpolynom des Elementes a aus dem ersten Teil: Weil das normierte Polynom $X^6 - p^3 q^2$ das Element a als Nullstelle hat und $[\mathbb{Q}(a) : \mathbb{Q}] = 6$ gilt, muss $X^6 - p^3 q^2$ das Minimalpolynom von a sein.

20.11 Wir dürfen o. E. $a \neq b$ voraussetzen, da in diesem Fall die Gleichheit offenbar gilt.
   Wir begründen die Gleichheit $\mathbb{Q}(\sqrt{a}, \sqrt{b}) = \mathbb{Q}(\sqrt{a} + \sqrt{b})$ wie üblich durch den Nachweis, dass die beiden Mengen ineinander enthalten sind:
$\subseteq$: Da $\sqrt{a} + \sqrt{b} \in \mathbb{Q}(\sqrt{a}, \sqrt{b})$ gilt, erhalten wir $\mathbb{Q}(\sqrt{a} + \sqrt{b}) \subseteq \mathbb{Q}(\sqrt{a}, \sqrt{b})$.
$\supseteq$: Zu zeigen ist $\sqrt{a}$, $\sqrt{b} \in \mathbb{Q}(\sqrt{a} + \sqrt{b})$. Um dies zu zeigen, schreiben wir $a - b$ reichlich kompliziert, es gilt

$$a - b = (\sqrt{a} + \sqrt{b})(\sqrt{a} - \sqrt{b}).$$

Weil $\sqrt{a} + \sqrt{b} \in \mathbb{Q}(\sqrt{a} + \sqrt{b})$, ist demnach auch

$$\sqrt{a} - \sqrt{b} = \frac{a - b}{\sqrt{a} + \sqrt{b}} \in \mathbb{Q}(\sqrt{a} + \sqrt{b}).$$

Somit sind auch $(\sqrt{a} + \sqrt{b}) + (\sqrt{a} - \sqrt{b})$ und $(\sqrt{a} + \sqrt{b}) - (\sqrt{a} - \sqrt{b})$ Elemente aus $\mathbb{Q}(\sqrt{a} + \sqrt{b})$. Es folgt $\sqrt{a}$, $\sqrt{b} \in \mathbb{Q}(\sqrt{a} + \sqrt{b})$.

20.12

(a) Wir überlegen zuerst, was ε für eine Zahl ist: Wegen $\varepsilon^3 = 1$ ist ε eine der drei (komplexen) Nullstelle von $X^3 - 1 \in \mathbb{Q}[X]$, die bekanntlich 1, $e^{\frac{2\pi i}{3}}$, $e^{\frac{4\pi i}{3}} = e^{-\frac{2\pi i}{3}}$ lauten. Damit gilt:

$$\varepsilon = e^{\pm i \frac{2\pi}{3}} = \cos \frac{2\pi}{3} \pm i \sin \frac{2\pi}{3} = -\frac{1}{2} \pm \frac{\sqrt{3}}{2} i \in \mathbb{Q}(\sqrt{3}, i).$$

Folglich ist $\varepsilon \in \mathbb{Q}(\sqrt{3}, i)$, d. h. $K = \mathbb{Q}(\sqrt{3}, i)$.
Es ist $m_{\sqrt{3}, \mathbb{Q}} = X^2 - 3$ und $m_{i, \mathbb{Q}} = X^2 + 1$.
Weil $X^2 + 1$ über $\mathbb{Q}(\sqrt{3})$ irreduzibel ist, erhalten wir

$$[K : \mathbb{Q}] = [K : \mathbb{Q}(\sqrt{3})] \, [\mathbb{Q}(\sqrt{3}) : \mathbb{Q}] = 2 \cdot 2 = 4.$$

Es sind $\{1, \sqrt{3}\}$ eine $\mathbb{Q}$-Basis von $\mathbb{Q}(\sqrt{3})/\mathbb{Q}$ und $\{1, i\}$ eine $\mathbb{Q}(\sqrt{3})$-Basis von $K/\mathbb{Q}(\sqrt{3})$.
Damit ist $\{1, \sqrt{3}, i, i\sqrt{3}\}$ eine $\mathbb{Q}$-Basis von $K/\mathbb{Q}$.

(b) Es ist $\mathbb{Q}(\sqrt{3} + i) = \mathbb{Q}(\sqrt{3}, i)$ zu zeigen.

$\subseteq$: Da $\sqrt{3} + i \in \mathbb{Q}(\sqrt{3}, i)$, gilt die Inklusion $\mathbb{Q}(\sqrt{3} + i) \subseteq \mathbb{Q}(\sqrt{3}, i)$.

$\supseteq$: Es gilt $(\sqrt{3} + i)(\sqrt{3} - i) = 4$. Damit erhalten wir:

$$\sqrt{3} - i = \frac{4}{\sqrt{3} + i} \in \mathbb{Q}(\sqrt{3} + i).$$

Da die Elemente $\sqrt{3} + i$ und $\sqrt{3} - i$ in $\mathbb{Q}(\sqrt{3} + i)$ liegen, liegen auch Summe und
Differenz dieser Elemente in $\mathbb{Q}(\sqrt{3} + i)$,

$$(\sqrt{3} + i) + (\sqrt{3} - i), \; (\sqrt{3} + i) - (\sqrt{3} - i) \in \mathbb{Q}(\sqrt{3} + i).$$

Es folgt $\sqrt{3}, i \in \mathbb{Q}(\sqrt{3} + i)$, d.h. $\mathbb{Q}(\sqrt{3}, i) \subseteq \mathbb{Q}(\sqrt{3} + i)$.

Da $\sqrt{3} + i$ ein primitives Element von $K/\mathbb{Q}$ ist, hat das Minimalpolynom von $\sqrt{3} + i$
nach (a) den Grad 4 über $\mathbb{Q}$, $\deg m_{\sqrt{3}+i, \mathbb{Q}} = 4$. Außerdem gilt für $a = \sqrt{3} + i$:

$$a^2 = 2 + 2\sqrt{3}\,i, \quad \text{also} \quad (a^2 - 2)^2 = -12.$$

Es folgt

$$a^4 - 4\,a^2 + 16 = 0, \;\text{ sodass }\; m_{\sqrt{3}+i, \mathbb{Q}} = X^4 - 4\,X^2 + 16.$$

20.13

(a) Das Polynom P ist nach Eisenstein mit $p = 2$ irreduzibel. Folglich ist P das Minimalpolynom seiner Nullstellen. Insbesondere folgt $[\mathbb{Q}(a) : \mathbb{Q}] = 5$.

(b) Da für jedes $r \in \mathbb{Q}$ auch das Polynom $Q := P(X - r)$ mit P irreduzibel über $\mathbb{Q}$ ist,
und $Q(a+r) = 0$ für jedes $r \in \mathbb{Q}$ gilt, ist Q das Minimalpolynom von $a + r$ für $r \in \mathbb{Q}$.

20.14 Es sei $z \in \mathbb{C}$ über $\mathbb{Q}$ algebraisch. Es existieren dann $a_0, \dots, a_n \in \mathbb{Q}$ mit

$$a_n z^n + a_{n-1} z^{n-1} + \cdots + a_1 z + a_0 = 0. \tag{*}$$

Multiplikation dieser Gleichung mit dem Produkt der Nenner der rationalen Zahlen $a_0, \dots,$
a_n zeigt, dass wir $a_0, \dots, a_n \in \mathbb{Z}$ annehmen dürfen.

Wir multiplizieren die Gl. (*) mit $a_n^{n-1} \in \mathbb{Z}$ und erhalten eine Gleichung der Form

$$(a_n z)^n + b_{n-1} (a_n z)^{n-1} + \cdots + b_1 (a_n z) + b_0 = 0 \;\text{ mit }\; b_0, \dots, b_{n-1} \in \mathbb{Z}. \tag{**}$$

Die Gl. (**) besagt, dass $a_n z$ mit $a_n \in \mathbb{Z}$ ganz algebraisch ist.

(b) Es sei $a = \frac{p}{q} \in \mathbb{Q}$ ganz algebraisch. O.E. gelte $\mathrm{ggT}(p, q) = 1$. Es gibt ganze Zahlen $a_0, \ldots, a_{n-1} \in \mathbb{Z}$ mit

$$\left(\frac{p}{q}\right)^n + a_{n-1}\left(\frac{p}{q}\right)^{n-1} + \cdots + a_1\left(\frac{p}{q}\right) + a_0 = 0. \qquad (*)$$

Multiplikation der Gl. (*) mit q^n und anschließendes Umstellen liefert

$$p^n = q\,d \;\text{ mit einem } d \in \mathbb{Z}.$$

Wegen $\mathrm{ggT}(p, q) = 1$ folgt hieraus $q = \pm 1$. Folglich gilt $a \in \mathbb{Z}$.

(c) Es sei $a \in \mathbb{C}$ ganz algebraisch. Folglich existiert ein normiertes Polynom $P \in \mathbb{Z}[X]$ mit $P(a) = 0$.

Für jedes $m \in \mathbb{Z}$ ist das Polynom $Q = P(X - m)$ ein normiertes Polynom aus $\mathbb{Z}[X]$. Und es gilt $Q(a + m) = 0$. Folglich ist $a + m$ für jedes $m \in \mathbb{Z}$ ganz algebraisch. Analog ist für jedes $m \in \mathbb{Z}$ das Polynom $R = P\left(\frac{1}{m}X\right)m^{\deg P}$ ein normiertes Polynom aus $\mathbb{Z}[X]$ mit $R(a\,m) = 0$. Folglich ist auch $a\,m$ für jedes $m \in \mathbb{Z}$ ganz algebraisch.

Bemerkung Die Menge der ganz algebraischen Zahlen bilden sogar einen Ring. Dies ist nicht ganz einfach zu zeigen.

20.15 Nein, das muss nicht sein. Wir graben in unseren bisherigen Beispielen und finden mit den über $\mathbb{Q}$ algebraischen Zahlen $a_1 := \sqrt[3]{2}$ und $a_2 := \sqrt[3]{2}\,\mathrm{e}^{2\pi\mathrm{i}/3}$ ein Gegenbeispiel: Es sind a_1 und a_2 Nullstellen des über $\mathbb{Q}$ irreduziblen Polynoms $p = X^3 - 2$, sodass $K_1 = \mathbb{Q}(a_1)$ und $K_2 = \mathbb{Q}(a_2)$ jeweils den Grad 3 über $\mathbb{Q}$ haben. Weiter hat $L = \mathbb{Q}(a_1, a_2)$ bekanntlich den Grad 6 über $\mathbb{Q}$. Außerdem gilt $K_1 \cap K_2 = \mathbb{Q}$:

$$[K_1 : \mathbb{Q}] = 3, \;\; [K_2 : \mathbb{Q}] = 3, \;\; [L : \mathbb{Q}] = 6, \;\; K_1 \cap K_2 = \mathbb{Q}, \;\; \text{aber} \;\; 6 \nmid 9.$$

20.16 Wir erhalten

$$\alpha^2 = (4 + \sqrt{7}) + 2\sqrt{16 - 7} + (4 - \sqrt{7}) = 14.$$

Somit ist α Wurzel des normierten und nach Eisenstein mit $p = 2$ irreduziblen Polynoms $m_{\mathbb{Q}}(\alpha) = X^2 - 14$. Also ist $m_{\mathbb{Q}}$ das gesuchte Minimalpolynom.

(b) Wir erhalten

$$\beta^3 = 2 + \sqrt{5} + 3\sqrt[3]{4 - 5}\left(\sqrt[3]{2 + \sqrt{5}} + \sqrt[3]{2 - \sqrt{5}}\right) + 2 - \sqrt{5}.$$

Somit ist β Wurzel des normierten Polynoms $f = X^3 + 3X - 4$. Dieses Polynom hat die Wurzel 1, es gilt $f = X^3 + 3X - 4 = (X - 1)(X^2 + X + 4)$. Die beiden weiteren

Wurzeln von f sind nicht reell, β offenbar schon. Somit muss $\beta = 1$ gelten; und das gesuchte Minimalpolynom ist daher $m_{\mathbb{Q}}(\beta) = X - 1$.

(c) Wir berechen die ersten Potenzen von γ und erhalten schließlich $\gamma^6 = 5^2 \cdot 7^3$. Somit ist das gesuchte Minimalpolynom $m_{\mathbb{Q}}(\gamma)$ ein Teiler von $X^6 - 5^2 \cdot 7^3$. Da in $\mathbb{Q}(\gamma)$ sowohl γ^3 (und damit $\sqrt{7}$ mit dem Minimalpolynom $X^2 - 7$) als auch γ^4 (und damit $\sqrt[3]{5}$ mit dem Minimalpolynom $X^3 - 5$) liegen, enthält $\mathbb{Q}(\gamma)$ die Teilkörper $\mathbb{Q}(\sqrt{7})$ und $\mathbb{Q}(\sqrt[3]{5})$ mit den Körpergraden $[\mathbb{Q}(\sqrt{7}) : \mathbb{Q}] = 2$ und $[\mathbb{Q}(\sqrt[3]{5}) : \mathbb{Q}] = 3$. Wegen der Teilerfremdheit von 2 und 3 gilt $6 \mid [\mathbb{Q}(\gamma) : \mathbb{Q}]$. Es folgt $[\mathbb{Q}(\gamma) : \mathbb{Q}] = 6$, sodass $m_{\mathbb{Q}} = X^6 - 5^2 \cdot 7^3$.

Einfache und algebraische Körpererweiterungen 21

21.1 Aufgaben

21.1 •• Es sei $a \in \mathbb{C}$ eine Wurzel des Polynoms $P = X^3 + 3X - 2 \in \mathbb{Q}[X]$.

(a) Zeigen Sie, dass P irreduzibel ist.
(b) Stellen Sie die Elemente a^{-1}, $(1+a)^{-1}$ und $(1 - a + a^2)(5 + 3a - 2a^2)$ von $\mathbb{Q}(a)$ als $\mathbb{Q}$-Linearkombinationen von $\{1, a, a^2\}$ dar.

21.2 •• Es sei $K(a)/K$ eine einfache algebraische Erweiterung vom ungeraden Grad. Man zeige $K(a^2) = K(a)$.

21.3 • Sind $\sqrt{2} + \sqrt{3}$ und $\sqrt{2} - \sqrt{3}$ über $\mathbb{Q}$ konjugiert?

21.4 ••• Es sei $M \neq K$ ein Zwischenkörper von $K(X)/K$. Zeigen Sie:

(a) Es ist jedes Element aus $K(X) \setminus K$ transzendent über K.
(b) Es ist jedes Element $b \in K(X) \setminus K$ algebraisch über M.

21.5 •• Bestimmen Sie $\mathrm{Aut}(\mathbb{Q}(\sqrt{2}, \sqrt{3}))$. Um welche Gruppe handelt es sich?

21.6 ••• Es sei $L = K(X)$ der Körper der rationalen Funktionen in einer Unbestimmten über K. Zeigen Sie: Es ist $t \in L$ genau dann ein primitives Element der Körpererweiterung L/K, wenn $t \in \left\{ \frac{aX+b}{cX+d} \,\middle|\, a, b, c, d \in K, \ ad - bc \neq 0 \right\}$.

21.7 •• Es sei L/K eine Körpererweiterung. Zeigen Sie, dass L/K genau dann eine algebraische Körpererweiterung ist, wenn jeder Teilring R von L mit $K \subseteq R$ ein Teilkörper von L ist.

© Der/die Autor(en), exklusiv lizenziert durch Springer-Verlag GmbH, DE, ein Teil von
Springer Nature 2021
C. Karpfinger, *Arbeitsbuch Algebra*,
https://doi.org/10.1007/978-3-662-61954-4_21

21.8 • Zeigen Sie: Eine Körpererweiterung L/K ist genau dann algebraisch, wenn $L = K(S)$ mit einer Teilmenge $S \subseteq L$, in der jedes Element algebraisch ist über K.

21.9 •• Zeigen Sie: Für jedes $q \in \mathbb{Q}$ sind $\cos(q\,\pi)$ und $\sin(q\,\pi)$ über $\mathbb{Q}$ algebraisch.

21.10 • Es sei $a_n \in \mathbb{C}$ eine Wurzel des Polynoms $X^n - 2 \in \mathbb{Q}[X]$, weiter sei $S := \{a_n \mid n \in \mathbb{N}\}$. Zeigen Sie: $\mathbb{Q}(S)/\mathbb{Q}$ ist algebraisch und $[\mathbb{Q}(S) : \mathbb{Q}] \notin \mathbb{N}$.

21.11 •• Es sei $a \in \mathbb{C}$ eine Nullstelle von $P := X^3 - 6X^2 - 2 \in \mathbb{Q}[X]$. Wir setzen $K := \mathbb{Q}(a) \subseteq \mathbb{C}$. Es sei weiter $b := \sqrt[4]{5} \in \mathbb{C}$, und wir setzen $L := \mathbb{Q}(b) \subseteq \mathbb{C}$ und $M := \mathbb{Q}(a, b) \subseteq \mathbb{C}$.

(a) Zeigen Sie, dass P irreduzibel ist, und bestimmen Sie den Körpergrad $[K : \mathbb{Q}]$, sowie eine $\mathbb{Q}$-Basis von K.
(b) Bestimmen Sie das Minimalpolynom $m_{b, \mathbb{Q}}$ und den Körpergrad $[L : \mathbb{Q}]$, sowie ein $\mathbb{Q}$-Basis von L.
(c) Schreiben Sie die wie folgt angegebenen Elemente von K jeweils in der Form $c_0 + c_1 a + c_2 a^2$ ($c_i \in \mathbb{Q}$):

$$\text{(i)} \quad a^3, \quad \text{(ii)} \quad a^5 - 2\,a^4, \quad \text{(iii)} \quad \frac{1}{a}, \frac{1}{a^2}, \quad \text{(iv)} \quad \frac{1}{a^2 + 1}.$$

(d) Zeigen Sie: Für alle $c \in K \setminus \mathbb{Q}$ ist $\mathbb{Q}(c) = K$.
(e) Bestimmen Sie die Grade $[M : \mathbb{Q}]$, $[M : K]$, $[M : L]$ und geben Sie eine $\mathbb{Q}$-Basis von M an.

21.12 • Wir betrachten die Körper $K = \mathbb{Q}(\sqrt{3})$, $L = \mathbb{Q}(i\sqrt{2})$, $M = \mathbb{Q}(\sqrt{3}, i\sqrt{2}) \subseteq \mathbb{C}$.

(a) Bestimmen Sie jeweils eine Basis (des Erweiterungskörpers als Vektorraum über dem Teilkörper) und den Grad für die Körpererweiterungen $K/\mathbb{Q}$, $L/\mathbb{Q}$, M/K.
(b) Bestimmen Sie eine Basis und den Grad von $M/\mathbb{Q}$.
(c) Es sei $\alpha := \sqrt{3} + i\sqrt{2} \in M$. Bestimmen Sie das Minimalpolynom von α über den Körpern $\mathbb{Q}, K, L, M$, und zeigen Sie $\mathbb{Q}(\alpha) = M$.

21.2 Lösungen

21.1

(a) Ein Polynom P vom Grad 3 ist über $\mathbb{Q}$ genau dann irreduzibel, wenn es keine Nullstelle in $\mathbb{Q}$ hat. Nach Lemma 19.7 (Algebrabuch) kommen als rationale Nullstellen nur ± 1, ± 2 infrage. Wegen $P(\pm 1) \neq 0$ und $P(\pm 2) \neq 0$ ist P somit irreduzibel.

(b) Es ist $\mathbb{Q}(a)$ ein Vektorraum über dem Körper $\mathbb{Q}$, und da P nach (a) irreduzibel ist, ist $\{1, a, a^2\}$ eine Basis von $\mathbb{Q}(a)$ über $\mathbb{Q}$. Daher ist jedes Element aus $\mathbb{Q}(a)$ als Linearkombination von $\{1, a, a^2\}$ mit Koeffizienten aus $\mathbb{Q}$ darstellbar, d.h., zu jedem $x \in \mathbb{Q}(a)$ gibt es $\lambda_1, \lambda_2, \lambda_3 \in \mathbb{Q}$ mit $x = \lambda_1 1 + \lambda_2 a + \lambda_3 a^2$. Das wesentliche Hilfsmittel zur Bestimmung der Koeffizienten $\lambda_1, \lambda_2, \lambda_3$ ist die Gleichung $P(a) = 0$; a ist ja nach Voraussetzung eine Nullstelle von P, ausgeschrieben lautet diese Gleichung

$$a^3 + 3a - 2 = 0. \tag{*}$$

(a) *Zu* a^{-1} : Wir formen die Gleichung in (*) um, sodass wir eine Gleichung der Art $ab = 1$ erhalten (es ist dann $b = a^{-1}$ das Inverse von a):

$$a^3 + 3a - 2 = 0 \;\Rightarrow\; a\left(\tfrac{1}{2}a^2 + \tfrac{3}{2}\right) = 1 \;\Rightarrow\; a^{-1} = \tfrac{3}{2} + \tfrac{1}{2}a^2.$$

Zu $(1 + a)^{-1}$: Um $(1 + a)$ aus der Gleichung in (*) zu *separieren*, dividieren wir das Polynom $P = X^3 + 3X - 2$ durch $X + 1$ mit Rest (und setzen dann a ein), es gilt:

$$X^3 + 3X - 2 = (X + 1)(X^2 - X + 4) - 6.$$

Durch Einsetzen von a erhalten wir wegen $P(a) = 0$:

$$(a+1)(a^2-a+4)-6 = 0 \;\Rightarrow\; (a+1)\tfrac{1}{6}(a^2-a+4) = 1 \;\Rightarrow\; (1+a)^{-1} = \tfrac{2}{3} - \tfrac{1}{6}a + \tfrac{1}{6}a^2.$$

In Aufgabe 21.11 (c) verallgemeinern wir diese Methode des *Separierens* des Faktors $(1 + a)$ auf das *Separieren* von Faktoren höheren Grades, etwa $(1 + a^2)$.

Zu $(1 - a + a^2)(5 + 3a - 2a^2)$: Wir multiplizieren zuerst aus und erhalten

$$(1 - a + a^2)(5 + 3a - 2a^2) = 5 - 2a + 5a^3 - 2a^4.$$

Nun nutzen wir wieder (*) aus: Es gilt hiernach $a^3 = -3a + 2$ und somit $a^4 = -3a^2 + 2a$. Wir setzen dies ein und erhalten:

$$(1 - a + a^2)(5 + 3a - 2a^2) = 15 - 21a + 6a^2.$$

21.2 Da $a^2 \in K(a)$ gilt, gilt die Inklusion $K(a^2) \subseteq K(a)$. Wir begründen im Folgenden $a \in K(a^2)$, es gilt dann auch die Inklusion $K(a) \subseteq K(a^2)$; damit ist dann $K(a^2) = K(a)$ gezeigt.

Nach Lemma Lemma 20.5 (Algebrabuch) sind die Elemente aus $K(a^2)$ rationale Funktionen in a^2. Der Nachweis von $a \in K(a^2)$ ist also dann erbracht, wenn wir begründen können, dass es Polynome f und g aus $K[X]$ gibt mit $a = \frac{f(a^2)}{g(a^2)}$. Ein Umstellen dieser letzten Gleichung zur folgenden Gleichung liefert die entscheidende Idee zur Lösung der Aufgabe, es gilt:

$$f(a^2) - a\,g(a^2) = 0.$$

Das Minimalpolynom $m_{a,K} \in K[X]$ von a über K hat a als Nullstelle. Wir fassen die geraden bzw. ungeraden Potenzen von X im Minimalpolynom $m_{a,K}$ von a zusammen und erhalten eine Darstellung der Form

$$m_{a,K} = X\,P(X^2) + Q(X^2).$$

Hierbei gilt $P \neq 0$ und $P(a^2) \neq 0$, da $\deg m_{a,K}$ ungerade ist. Da aber a Nullstelle von $m_{a,K}$ ist, erhalten wir

$$a = -\frac{Q(a^2)}{P(a^2)} \in K(a^2).$$

21.3 Nach Aufgabe 20.9 (b) ist das Polynom $X^4 - 10\,X^2 + 1 \in \mathbb{Q}[X]$ das Minimalpolynom von $a = \sqrt{2} + \sqrt{3}$. Die weiteren Nullstellen erhalten wir durch die Substitution $X^2 = u$: Die Nullstellen von $u^2 - 10\,u + 1$ sind

$$u_{1/2} = \frac{10 \pm \sqrt{100 - 4}}{2} = 5 \pm \sqrt{24} = 5 \pm 2\sqrt{2}\sqrt{3}.$$

Als Wurzeln aus u_1 und u_2 erhalten wir

$$x_1 = \sqrt{2} + \sqrt{3}, \; x_2 = -\sqrt{2} - \sqrt{3}, \; x_3 = \sqrt{2} - \sqrt{3}, \; x_4 = -\sqrt{2} + \sqrt{3}.$$

Es sind somit $x_1, \ldots, x_4$ die vier verschiedenen Nullstellen des über $\mathbb{Q}$ irreduziblen Polynoms $X^4 - 10\,X^2 + 1$. Insbesondere sind $\sqrt{2} + \sqrt{3}$ und $\sqrt{2} - \sqrt{3}$ über $\mathbb{Q}$ konjugiert.

21.4

(a) Um zu zeigen, dass $b = P/Q \in K(X) \setminus K$ transzendent über K ist, ist nachzuweisen, dass b nicht Nullstelle eines Polynoms $S \in K[Y] \setminus \{0\}$ ist.
Wir wählen $b = P/Q \in K(X) \setminus K$, wobei wir o.E. eine gekürzte Darstellung, d.h. $\mathrm{ggT}(P, Q) = 1$ wählen. Angenommen, es gilt $S(b) = 0$ für ein von Null verschiedenes Polynom $S = \sum_{i=0}^{n} s_i\, Y^i \in K[Y]$. Nach Division durch eine geeignete b-Potenz können wir $n \geq 1$ und $s_0 s_n \neq 0$ annehmen. Dann zeigt aber

$$S(b) = \sum_{i=0}^{n} s_i \left(\frac{P}{Q}\right)^i = \frac{1}{Q^n} \cdot \sum_{i=0}^{n} s_i\, P^i\, Q^{n-i} = 0,$$

dass Q ein Teiler von P^n und P ein Teiler von Q^n ist. Wegen $\mathrm{ggT}(P, Q) = 1$ hieße das $Q \mid P$ und $P \mid Q$ im Widerspruch dazu, dass P, Q nicht beide konstant, also auch nicht assoziiert sind. Demnach ist b transzendent über K.

(b) Es genügt offenbar zu zeigen, dass X algebraisch über M ist. Es sei diesmal $b = P/Q \in M \setminus K$. Dann ist X Wurzel des Polynoms $S := P(Y) - b\,Q(Y) \in M[Y]$. Wäre S das Nullpolynom, so wäre mit $n = \deg Q$ der Koeffizient $p_n - b\,q_n$ von S bei Y^n gleich 0, also $b = p_n/q_n \in K$. Widerspruch! Also ist X tatsächlich algebraisch über M.

21.5 Aus Aufgabe 20.11 wissen wir, dass

$$K = \mathbb{Q}(\sqrt{2}, \sqrt{3}) = \mathbb{Q}(\sqrt{2} + \sqrt{3}).$$

Und aus der Lösung zu Aufgabe 21.3 kennen wir das Minimalpolynom $m_{a,\mathbb{Q}}$ von $a = \sqrt{2} + \sqrt{3}$ über $\mathbb{Q}$ sowie dessen sämtliche Nullstellen, es gilt:

$$m_{a,\mathbb{Q}} = X^4 - 10\,X^2 + 1 = (X - a_1)\,(X - a_2)\,(X - a_3)\,(X - a_4),$$

wobei

$$a_1 = a = \sqrt{2} + \sqrt{3}, \; a_2 = -\sqrt{2} - \sqrt{3}, \; a_3 = \sqrt{2} - \sqrt{3}, \; a_4 = -\sqrt{2} + \sqrt{3}.$$

Es folgt

$$K = \mathbb{Q}(a_1) = \mathbb{Q}(a_2) = \mathbb{Q}(a_3) = \mathbb{Q}(a_4) \text{ und } m_{a_1,\mathbb{Q}} = m_{a_2,\mathbb{Q}} = m_{a_3,\mathbb{Q}} = m_{a_4,\mathbb{Q}}.$$

Es sind folglich die vier $\mathbb{Q}$-Automorphismen, die gegeben sind durch

$$\varphi_1 : a_1 \mapsto a_1, \; \varphi_2 : a_1 \mapsto a_2, \; \varphi_3 : a_1 \mapsto a_3, \; \varphi_4 : a_1 \mapsto a_4,$$

verschiedene Automorphismen von K: $\{\varphi_1, \ldots, \varphi_4\} \subseteq \operatorname{Aut} K$; insbesondere $\varphi_1 = \operatorname{Id}$.

Nun sei $\varphi \in \operatorname{Aut} K$. Dann gilt bekanntlich $\varphi|_{\mathbb{Q}} = \operatorname{Id}_{\mathbb{Q}}$. Wegen

$$(\varphi(a_1))^4 - 10\,(\varphi(a_1))^2 + 1 = \varphi(a_1^4 - 10\,a_1^2 + 1) = \varphi(0) = 0$$

ist $\varphi(a_1)$ eine Wurzel von $m_{a_1,\mathbb{Q}}$. Also gilt $\varphi(a_1) \in \{a_1, \ldots, a_4\}$. Es folgt $\varphi \in \{\varphi_1, \ldots, \varphi_4\}$.

Wir haben gezeigt: $\operatorname{Aut} K = \{\varphi_1, \ldots, \varphi_4\}$.

Es gibt bis auf Isomorphie nur zwei Gruppen der Ordnung 4, nämlich die zyklische Gruppe $\mathbb{Z}/4$ und die Klein'sche Vierergruppe $\mathbb{Z}/2 \times \mathbb{Z}/2$. Wegen

$$\varphi_2^2(a_1) = \varphi_2(a_2) = -\varphi_2(a_1) = -a_2 = a_1$$

gilt $\varphi_2^2 = \operatorname{Id}$, und es gilt analog $\varphi_3^2 = \varphi_4^2 = \operatorname{Id}$. Damit hat in $\operatorname{Aut} K$ jedes Element höchstens die Ordnung 2. Somit kann $\operatorname{Aut} K$ nicht zyklisch sein (beachte Lemma 5.2 (Algebrabuch)). Folglich ist $\operatorname{Aut} K$ eine Klein'sche Vierergruppe.

21.6 Wir erinnern daran, dass t genau dann ein primitives Element der Körpererweiterung $K(X)/K$ ist, wenn $K(t) = K(X)$ gilt.

Wir stellen der Lösung der Aufgabe das folgende Ergebnis voran, auf das wir mehrfach zurückgreifen werden:

(♮) *Ist $t = (a\,X + b)/(c\,X + d)$ mit $a, b, c, d \in K$ und $a\,d - b\,c \neq 0$, so gilt $t \notin K$.*

Denn: Angenommen, $t \in K$. Wir multiplizieren $t = (a\,X + b)/(c\,X + d)$ mit $c\,X + d$ und erhalten $t\,(c\,X + d) = a\,X + b$. Da $t \in K$ ist, liefert ein Koeffizientenvergleich $t\,c = a$, $t\,d = b$, also $a\,d - b\,c = 0$. Dieser Widerspruch belegt, $t \notin K$.

$\Leftarrow$: Es sei $t = (a\,X + b)/(c\,X + d)$ mit $a, b, c, d \in K$ und $a\,d - b\,c \neq 0$. Wir zeigen $K(t) = K(X)$: Wegen $t \in K(X)$ gilt $K(t) \subseteq K(X)$. Durch Auflösen von $t = (a\,X + b)/(c\,X + d)$ nach X erhält man

$$X = \frac{-d\,t + b}{c\,t - a} \in K(t),$$

wobei der Nenner wegen $t \notin K$ (siehe ($\sharp$)) ungleich Null ist. Also ist $K(X) = K(t)$.

$\Rightarrow$: Es sei nun $t = P/Q$, $P, Q \in K[X] \setminus \{0\}$, $\mathrm{ggT}(P, Q) = 1$, ein primitives Element von $K(X)/K$. Dann existieren Polynome $S, T \in K[X] \setminus \{0\}$, $\mathrm{ggT}(S, T) = 1$, mit $X = S(t)/T(t)$. Es seien $r = \deg S$, $s = \deg T$, $m = \max\{r, s\}$. Dann gilt

$$X \sum_{i=0}^{s} t_i (P/Q)^i = \sum_{j=0}^{r} s_j (P/Q)^j \Rightarrow X \sum_{i=0}^{s} t_i P^i Q^{m-i} = \sum_{j=0}^{r} s_j P^j Q^{m-j}. \quad (*)$$

Wir setzen erst einmal $\deg Q > \deg P$ voraus, denn dann können wir wegen $\deg(Q^m) > \deg(P\,Q^{m-1}) > \deg(P^2\,Q^{m-2}) > \cdots$ den Grad beider Seiten von ($*$) angeben. Wegen $\mathrm{ggT}(S, T) = 1$ ist entweder $s_0 \neq 0$ oder $t_0 \neq 0$. Im Fall $t_0 \neq 0$ hat die linke Seite den Grad $1 + m \deg Q$, die rechte dagegen höchstens den Grad $m \deg Q$. Widerspruch! Also ist $t_0 = 0$, $s_0 \neq 0$ und somit $1 + (m - i_0) \deg Q = m \deg Q$ mit $i_0 = \min\{i \mid t_i \neq 0\}$. Daraus folgt $i_0 = \deg Q = 1$, $\deg P = 0$, d. h. $t = b/(c\,X + d)$ wie behauptet.

Wie erreichen wir nun $\deg Q > \deg P$? Im Fall $\deg Q < \deg P$ hat $t' := 1/t = P/Q$ die gewünschte Gestalt, im Fall $\deg Q = \deg P$ hat $t' := t - c = (P - c\,Q)/Q$ mit geeignetem $c \in K$ die gewünschte Gestalt. In beiden Fällen entsteht $t' = (A\,t + B)/(C\,t + D)$ aus t durch Anwenden einer gebrochen-linearen Transformation mit Koeffizienten $A, B, C, D \in K$, $A\,D - B\,C \neq 0$. Nach dem ersten Teil des Beweises ist auch t' ein primitives Element von $K(X)/K$, also $t' = b/(c\,x + d)$ und damit

$$t = \frac{-D\,t' + B}{C\,t' - A} = \frac{-D\,\frac{b}{c\,X + d} + B}{C\,\frac{b}{c\,X + d} - A} = \frac{B\,c\,X + B\,d - D\,b}{-A\,c\,X + C\,b - A\,d}.$$

Schließlich ist wegen $t \notin K$ (vgl. ($\sharp$)) die Determinante dieser gebrochen-linearen Transformation ungleich Null.

21.7 $\Rightarrow$: Das steht bereits in Lemma 21.7 (Algebrabuch).

$\Leftarrow$: Wir zeigen, dass jedes $a \in L$ Nullstelle eines vom Nullpolynom verschiedenen Polynoms ist. Dann ist jedes $a \in L$ algebraisch über K, d. h., L/K ist eine algebraische Erweiterung.

O. E. sei $a \in L \setminus \{0\}$. Nach Voraussetzung ist $R := K[a]$ ein Teilkörper von L. Insbesondere existiert ein $P \in K[X]$ mit $a^{-1} = P(a)$, d. h. $a \, P(a) = 1$. Also ist a Nullstelle des Polynoms $X \, P - 1 \in K[X] \setminus \{0\}$. Folglich ist a algebraisch über K.

21.8 $\Rightarrow$: Ist L/K algebraisch, so wähle man einfach $S = L$. Es ist dann $L = K(S)$, und es ist jedes Element aus S algebraisch über K.

$\Leftarrow$: Das steht bereits in Teil (a) von Lemma 21.5 (Algebrabuch).

21.9 Gesucht ist eine algebraische Körpererweiterung $K/\mathbb{Q}$ mit $\cos(q \, \pi) \in K$ bzw. $\sin(q \, \pi) \in K$. Da $\cos(q \, \pi)$ und $\sin(q \, \pi)$ Real- und Imaginärteil von $e^{q \pi i}$ sind, gilt

$$\cos(q \, \pi) = \frac{1}{2} \left(e^{q \pi i} + e^{-q \pi i} \right) \quad \text{und} \quad \sin(q \, \pi) = \frac{1}{2i} \left(e^{q \pi i} - e^{-q \pi i} \right),$$

liegen $\cos(q \, \pi)$ und $\sin(q \, \pi)$ in der Erweiterung $K = \mathbb{Q}(i, e^{q \pi i})$ von $\mathbb{Q}$. Bleibt zu begründen, dass diese Erweiterung algebraisch ist: Für $q = \frac{z}{n}$, $z \in \mathbb{Z}$ und $n \in \mathbb{N}$, gilt bekanntlich $\left(e^{q \pi i} \right)^{2n} = 1$. Somit ist $e^{q \pi i}$ als Nullstelle des Polynoms $X^{2n} - 1 \in \mathbb{Q}[X]$ algebraisch über $\mathbb{Q}$. Da i bekanntlich algebraisch über $\mathbb{Q}$ ist, ist somit K algebraisch über $\mathbb{Q}$.

21.10 Die Tatsache, dass $\mathbb{Q}(S)/\mathbb{Q}$ algebraisch ist, steht bereits in Lemma 21.5 (Algebrabuch). Nun nehmen wir an, dass $[\mathbb{Q}(S) : \mathbb{Q}]$ endlich ist, $[\mathbb{Q}(S) : \mathbb{Q}] = m \in \mathbb{N}$. Wir betrachten das Polynom $X^{m+1} - 2 \in \mathbb{Q}[X]$ vom Grad $m + 1$. Dieses Polynom ist nach Eisenstein mit $p = 2$ irreduzibel. Das Element a_{m+1} hat daher den Grad $m + 1$ über $\mathbb{Q}$. Wir erhalten somit den Widerspruch

$$m + 1 = [\mathbb{Q}(a_{m+1}) : \mathbb{Q}] \leq [\mathbb{Q}(S) : \mathbb{Q}] = m.$$

Folglich gilt $[\mathbb{Q}(S) : \mathbb{Q}] \notin \mathbb{N}$.

21.11

(a) Das Polynom P ist nach Eisenstein mit $p = 2$ irreduzibel. Damit erhalten wir für $K = \mathbb{Q}(a)$:
$$[K : \mathbb{Q}] = \deg(P) = 3,$$
da P als normiertes irreduzibles Polynom mit $P(a) = 0$ das Minimalpolynom von a ist. Es ist $\{1, a, a^2\}$ eine $\mathbb{Q}$-Basis von K.

(b) Das Element b ist Nullstelle von $Q = X^4 - 5$, das nach Eisenstein mit $p = 5$ irreduzibel ist. Somit ist Q Minimalpolynom von b. Es gilt für $L = \mathbb{Q}(b)$:

$$[L : \mathbb{Q}] = \deg(Q) = 4.$$

Es ist $\{1, b, b^2, b^3\}$ eine $\mathbb{Q}$-Basis von L.

(c) Wir gehen vor wie in der Lösung zu Aufgabe 21.1 (b): Die für alles Weitere entscheidende Gleichung lautet:

$$P(a) = a^3 - 6\,a^2 - 2 = 0. \tag{*}$$

(i) *Zu a^3:* Wegen (*) gilt $a^3 = 6\,a^2 + 2$.

(ii) *Zu $a^5 - 2\,a^4$:* Division von $X^5 - 2\,X^4$ durch P mit Rest liefert

$$X^5 - 2\,X^4 = (X^3 - 6\,X^2 - 2)\,(X^2 + 4\,X + 24) + (146\,X^2 + 8\,X + 48).$$

Damit erhalten wir durch Einsetzen von a und Ausnutzen von (*):

$$a^5 - 2\,a^4 = 146\,a^2 + 8\,a + 48.$$

(iii) *Zu $\frac{1}{a}$ bzw. $\frac{1}{a^2}$:* Wir dividieren die Gleichung $a^3 - 6\,a^2 = 2$ (siehe (*)) durch 2 und klammern a aus; dabei erhalten wir:

$$a\,(\tfrac{1}{2}a^2 - 3\,a) = 1 \quad \text{also} \quad \tfrac{1}{a} = \tfrac{1}{2}a^2 - 3\,a.$$

Durch Division dieser letzten Gleichung durch a erhalten wir weiter:

$$\tfrac{1}{a^2} = \tfrac{1}{2}a - 3.$$

(iv) *Zu $\frac{1}{a^2+1}$:* Wir *separieren* $a^2 + 1$, indem wir das Polynom P mit Rest durch $X^2 + 1$ dividieren und dann a einsetzen, das liefert:

$$P = (X^2 + 1)\,(X - 6) + (-X + 4) \;\Rightarrow\; 0 = (a^2 + 1)\,(a - 6) + (-a + 4).$$

Die Problematik ist, dass der Rest $-X + 4$ den Grad 1 und nicht den Grad 0 hat. Der Trick besteht nun im weiteren Dividieren mit Rest; wir wenden also den euklidischen Algorithmus an, um zu den Polynomen P und $Q = X^2 + 1$ Polynome S und T zu bestimmen, die

$$S\,P + T\,Q = R \ni \mathrm{ggT}(P, Q)$$

erfüllen. Wegen der Irreduzibilität von P ist R eine Konstante. Durch Einsetzen von a erhalten wir dann aus dieser Gleichung mit $\frac{1}{R}T(a)$ das Inverse von $a^2 + 1$.

Wir führen den euklidischen Algorithmus durch:

$$X^3 - 6X^2 - 2 = (X^2 + 1)\,(X - 6) + (-X + 4)$$
$$X^2 + 1 = (-X + 4)\,(-X - 4) + 17$$

und erkennen 17 als ggT von $P = X^3 - 6X^2 - 2$ und $Q = X^2 + 1$. Folglich erhalten wir

$$17 = Q - (-X + 4)(-X - 4)$$
$$= Q - [P - Q(X - 6)](-X - 4)$$
$$= Q[1 - (X - 6)(X + 4)] + P(X + 4)$$
$$= Q(-X^2 + 2X + 25) + P(X + 4).$$

Durch Einsetzen von a erhalten wir wegen $P(a) = 0$:

$$\tfrac{1}{a^2+1} = -\tfrac{1}{17}a^2 + \tfrac{2}{17}a + \tfrac{25}{17}.$$

(d) Für jedes $c \in K \setminus \mathbb{Q}$ gilt $\mathbb{Q} \subsetneq \mathbb{Q}(c) \subseteq K$ und damit $[\mathbb{Q}(c) : \mathbb{Q}] > 1$. Wegen

$$3 = [K : \mathbb{Q}] = [K : \mathbb{Q}(c)]\,[\mathbb{Q}(c) : \mathbb{Q}]$$

folgt nun aber $[\mathbb{Q}(c) : \mathbb{Q}] = 3$ und damit $[K : \mathbb{Q}(c)] = 1$, also $\mathbb{Q}(c) = K$.

(e) Zu $[M : \mathbb{Q}]$: Für $M = K(b)$ gilt

$$[M : \mathbb{Q}] = [M : K]\,[K : \mathbb{Q}] = [K(b) : K]\,[K : \mathbb{Q}] = \deg(m_{b,\,K}) \cdot 3 \leq 12,$$

da $\deg(m_{b,\,K}) \leq 4$ wegen $[L : \mathbb{Q}] = 4$, wobei $L = \mathbb{Q}(b)$.

Wegen $[K : \mathbb{Q}] \mid [M : \mathbb{Q}]$ und $[L : \mathbb{Q}] \mid [M : \mathbb{Q}]$ gilt wegen der Teilerfremdheit von $3 = [K : \mathbb{Q}]$ und $4 = [L : \mathbb{Q}]$ auch $12 \mid [M : \mathbb{Q}]$.

Es folgt $[M : \mathbb{Q}] = 12$. Wegen $[M : \mathbb{Q}] = [M : K]\,[K : \mathbb{Q}]$ und $[M : \mathbb{Q}] = [M : L]\,[L : \mathbb{Q}]$ folgt mit $[K : \mathbb{Q}] = 3$ und $[L : \mathbb{Q}] = 4$

$$[M : K] = 4 \quad \text{und} \quad [M : L] = 3.$$

Somit ist

$$\{1,\, a,\, a^2\} \text{ eine } \mathbb{Q}\text{-Basis von } K \quad \text{und} \quad \{1,\, b,\, b^2,\, b^3\} \text{ eine } K\text{-Basis von } M.$$

Wir erhalten damit die folgende $\mathbb{Q}$-Basis von M:

$$\{a^i b^j \mid 0 \leq i \leq 2,\, 0 \leq j \leq 3\}.$$

21.12

(a) Es ist $X^2 - 3$ das Minimalpolynom von $\sqrt{3}$ über $\mathbb{Q}$, denn es ist irreduzibel (z. B. Eisenstein mit $p = 3$) und hat $\sqrt{3}$ als Nullstelle. Also ist $[\mathbb{Q}(\sqrt{3}) : \mathbb{Q}] = 2$ und $\{1, \sqrt{3}\}$ ist eine $\mathbb{Q}$-Basis von K. Genauso sieht man, dass $X^2 + 2$ das Minimalpolynom von $\mathrm{i}\sqrt{2}$ über $\mathbb{Q}$ ist, sodass $[L : \mathbb{Q}] = 2$ ist und $\{1, \mathrm{i}\sqrt{2}\}$ eine Basis von $L/\mathbb{Q}$ ist. Da $K = \mathbb{Q}(\sqrt{2}) \subseteq \mathbb{R}$ aber $\mathrm{i}\sqrt{2} \notin \mathbb{R}$, ist $\mathrm{i}\sqrt{2} \notin K$, also $[M : K] \geq 2$. Es folgt, dass $X^2 + 2$ auch über K das Minimalpolynom von $\mathrm{i}\sqrt{2}$ ist, und $\{1, \mathrm{i}\sqrt{2}\}$ ist eine Basis von M/K.

(b) Nach (a) ist $\{1, \sqrt{3}\}$ eine Basis von $K/\mathbb{Q}$ und $\{1, i\sqrt{2}\}$ ist eine Basis von M/K. Nach dem Gradsatz 20.3 (Algebrabuch) ist daher

$$\{1, \sqrt{3}, i\sqrt{2}, i\sqrt{2}\sqrt{3}\} \tag{*}$$

eine Basis von $M/\mathbb{Q}$, und es ist $[M : \mathbb{Q}] = [M : K][K : \mathbb{Q}] = 2 \cdot 2 = 4$.

(c) (i) Um das Minimalpolynom von α über $\mathbb{Q}$ zu bestimmen, bestimmen wir alle Lösungen der Gleichung

$$\lambda_0 + \lambda_1\alpha + \lambda_2\alpha^2 + \lambda_3\alpha^3 + \lambda_4\alpha^4 = 0,$$

und schreiben dazu zunächst $1, \alpha, \alpha^2, \alpha^3, \alpha^4$ in der Basis (*):

$$
\begin{aligned}
1 &= 1 \cdot 1 + & 0 \cdot \sqrt{3} + 0 \cdot i\sqrt{2} + 0 \cdot i\sqrt{2}\sqrt{3} \\
\alpha &= 0 \cdot 1 + & 1 \cdot \sqrt{3} + 1 \cdot i\sqrt{2} + 0 \cdot i\sqrt{2}\sqrt{3} \\
\alpha^2 &= 1 \cdot 1 + & 0 \cdot \sqrt{3} + 0 \cdot i\sqrt{2} + 2 \cdot i\sqrt{2}\sqrt{3} \\
\alpha^3 &= 0 \cdot 1 + (-3) \cdot \sqrt{3} + 7 \cdot i\sqrt{2} + 0 \cdot i\sqrt{2}\sqrt{3} \\
\alpha^4 &= -23 \cdot 1 + & 0 \cdot \sqrt{3} + 0 \cdot i\sqrt{2} + 4 \cdot i\sqrt{2}\sqrt{3}
\end{aligned}
$$

Das zugehörige LGS hat somit die Koeffizientenmatrix

$$\begin{pmatrix} 1 & 0 & 1 & 0 & -23 \\ 0 & 1 & 0 & -3 & 0 \\ 0 & 1 & 0 & 7 & 0 \\ 0 & 0 & 2 & 0 & 4 \end{pmatrix}$$

mit Lösungsmenge $L = \mathbb{Q} \cdot (25, 0, -2, 0, 1)$. Das Minimalpolynom von α über $\mathbb{Q}$ ist somit gleich $X^4 - 2X^2 + 25$. Damit ist $[\mathbb{Q}(\alpha) : \mathbb{Q}] = 4$, und wegen $\mathbb{Q}(\alpha) \subseteq M$ und $[M : \mathbb{Q}] = 4$ ist also $M = \mathbb{Q}(\alpha)$.

Alternativ hätten wir auch so weiter argumentieren können: Die Basisdarstellung ergibt, dass $1, \alpha, \alpha^2$ linear unabhängig sind. Daher ist $[\mathbb{Q}(\alpha) : \mathbb{Q}] > 2$ und gleichzeitig ein Teiler von 4, also gleich 4. Nun ist

$$(\alpha - \sqrt{3})^2 = \alpha^2 - 2\sqrt{3}\alpha + 3 = (i\sqrt{2})^2 = -2$$

Daraus erhalten wir

$$(\alpha^2 + 5) = 2\sqrt{3}\alpha, \tag{**}$$

und Quadrieren dieser Gleichung liefert schließlich $\alpha^4 - 2\alpha^2 + 25$. Dies liefert ein Polynom vierten Grades, das α als Nullstelle hat und somit das Minimalpolynom von α über $\mathbb{Q}$ sein muss.

(ii) Da $[\mathbb{Q}(\alpha) : K] = \frac{[\mathbb{Q}(\alpha):\mathbb{Q}]}{[K:\mathbb{Q}]} = 2$, ist ein normiertes Polynom vom Grad 2 aus $K[X]$, welches α als Nullstelle hat, das Minimalpolynom über K. Aus (**) erhalten wir dieses zu $X^2 - 2\sqrt{3}X + 5$.

(iii) Genauso muss das Minimalpolynom über L Grad 2 haben. Durch Quadrieren von $(\alpha - i\sqrt{2}) = \sqrt{3}$ finden wir $\alpha^2 - 2i\sqrt{2}\alpha - 2 = 3$, und somit ist $X^2 - 2i\sqrt{2}X - 5$ das Minimalpolynom über L.

(iv) Es ist $X - \sqrt{3} - i\sqrt{2}$ das Minimalpolynom von α über M.

Konstruktionen mit Zirkel und Lineal

22

22.1 Aufgaben

22.1 •• Man zeige, dass $a = 2 \cos \frac{2\pi}{7}$ Wurzel des Polynoms $X^3 + X^2 - 2X - 1 \in \mathbb{Q}[X]$ ist und folgere, dass das reguläre 7-Eck nicht mit Zirkel und Lineal konstruierbar ist.

22.2 ••• Man zeige:

(a) Ein Winkel α kann genau dann mit Zirkel und Lineal gedrittelt werden, wenn das Polynom $4X^3 - 3X - \cos \alpha$ über $\mathbb{Q}(\cos \alpha)$ zerlegbar ist.
(b) Für jedes $n \in \mathbb{N}$ mit $3 \nmid n$ ist die Dreiteilung von $\alpha = \frac{2\pi}{n}$ mit Zirkel und Lineal möglich.

22.3 • Ist die Zahl $\zeta = e^{2\pi i/13}$ mit Zirkel und Lineal konstruierbar?

22.2 Lösungen

22.1 Bei den meisten Aufgaben zur Konstruktion mit Zirkel und Lineal liefert das Korollar 22.3 (Algebrabuch) das wesentliche Argument: Falls $[\mathbb{Q}(a) : \mathbb{Q}] \neq 2^r$ für ein $r \in \mathbb{N}_0$, so ist a nicht mit Zirkel und Lineal (aus der Startmenge $S = \{0, 1\}$) konstruierbar. Man beachte, dass wir mit genau diesem Argument die Unlösbarkeit der drei klassischen Probleme im Abschn. 22.2 (Algebrabuch) nachgewiesen haben.

Wir zeigen, dass das reguläre 7-Eck nicht mit Zirkel und Lineal (aus der Startmenge $S = \{0, 1\}$) konstruierbar ist: Angenommen, doch. Es ist also $z = e^{\frac{2\pi i}{7}}$ konstruierbar. Dann ist aber auch $a = 2 \cos \frac{2\pi}{7} = z + \bar{z}$ konstruierbar. Im Folgenden begründen wir, dass a Nullstelle des über $\mathbb{Q}$ irreduziblen Polynoms $X^3 + X^2 - 2X - 1$ ist. Dann gilt aber

C. Karpfinger, *Arbeitsbuch Algebra*,
https://doi.org/10.1007/978-3-662-61954-4_22

$[\mathbb{Q}(a) : \mathbb{Q}] = 3 \neq 2^r$, $r \in \mathbb{N}_0$. Widerspruch, das reguläre 7-Eck ist nicht mit Zirkel und Linear konstruierbar.

Es folgt der Nachweis, dass a Nullstelle von $P = X^3 + X^2 - 2X - 1$ ist, und P irreduzibel ist: Für $z = e^{\frac{2\pi i}{7}}$ gilt:

$$0 = z^7 - 1 = (z - 1)(z^6 + z^5 + z^4 + z^3 + z^2 + z + 1),$$

also gilt wegen $z \neq 1$ und $z\,\overline{z} = 1$:

$$z^6 + z^5 + z^4 + z^3 + z^2 + z + 1 = 0 \quad \text{und} \quad \overline{z} = z^{-1}.$$

Damit erhält man:

$$
\begin{aligned}
a^3 + a^2 - 2a - 1 &= (z + \overline{z})^3 + (z + \overline{z})^2 - 2(z + \overline{z}) - 1 \\
&= z^3 + 3z^2\overline{z} + 3z\overline{z}^2 + \overline{z}^3 + z^2 + 2z\overline{z} + \overline{z}^2 - 2z - 2\overline{z} - 1 \\
&= z^3 + 3z + 3z^6 + z^4 + z^2 + 2 + z^5 - 2z - 2z^6 - 1 \\
&= z^6 + z^5 + z^4 + z^3 + z^2 + z + 1 = 0.
\end{aligned}
$$

Somit ist a Nullstelle von P. Mit dem Reduktionssatz 19.8 (Algebrabuch) (man reduziere modulo 2) erhält man die Irreduzibilität von $X^3 + X^2 - 2X - 1$ über $\mathbb{Q}$. Damit gilt

$$m_{a,\mathbb{Q}} = X^3 + X^2 - 2X - 1.$$

Es folgt $[\mathbb{Q}(a) : \mathbb{Q}] = 3$.

22.2

(a) O.E. sei $S := \{0,\,1,\,z := \cos\alpha + i\sin\alpha\}$. Bekanntlich gilt

$$\cos\alpha = 4\cos^3\frac{\alpha}{3} - 3\cos\frac{\alpha}{3},$$

d.h. $\cos\frac{\alpha}{3}$ ist Wurzel von

$$4X^3 - 3X - \cos\alpha \in \mathbb{Q}(\cos\alpha).$$

Wir setzen

$$z_0 := \cos\frac{\alpha}{3} + i\sin\frac{\alpha}{3} \quad \text{und} \quad K_0 := \mathbb{Q}(\cos\alpha,\, i\sin\alpha).$$

⇒: Es sei z_0 aus S konstruierbar. Dann ist auch $\cos\frac{\alpha}{3}$ aus S konstruierbar. Folglich ist $[K_0(\cos\frac{\alpha}{3}) : K_0]$ nach Korollar 22.3 (Algebrabuch) eine 2-Potenz.
Da $i\sin\alpha$ Wurzel von

$$X^2 + (1 - \cos^2\alpha) \in \mathbb{Q}(\cos\alpha)[X]$$

ist, gilt $[K_0 : \mathbb{Q}(\cos\alpha)] \leq 2$. Damit sind die Körpergrade

$$[K_0(\cos\tfrac{\alpha}{3}) : \mathbb{Q}(\cos\alpha)] \quad \text{und} \quad [\mathbb{Q}(\cos\alpha, \cos\tfrac{\alpha}{3}) : \mathbb{Q}]$$

2-Potenzen.

Da $\cos\tfrac{\alpha}{3}$ Wurzel von $4\,X^3 - 3\,X - \cos\alpha$ ist, folgt die Behauptung.

$\Leftarrow$: Ist $4\,X^3 - 3\,X - \cos\alpha$ zerlegbar über $\mathbb{Q}(\cos\alpha)$, so auch über K_0; daher gilt $[K_0(\cos\tfrac{\alpha}{3}) : K_0] \leq 2$.

Wegen $(\mathrm{i}\,\sin\tfrac{\alpha}{3})^2 + 1 - \cos^2\tfrac{\alpha}{3} = 0$ ist

$$[K_0(\cos\tfrac{\alpha}{3},\ \mathrm{i}\,\sin\tfrac{\alpha}{3}) : K_0(\cos\tfrac{\alpha}{3})] \leq 2,$$

sodass wegen $z_0 \in K_0(\cos\tfrac{\alpha}{3},\ \mathrm{i}\,\sin\tfrac{\alpha}{3})$ die Behauptung folgt.

(b) Offenbar sind mit γ, δ auch $r\,\gamma + s\,\delta$ für alle r, $s \in \mathbb{Z}$ aus S konstruierbar.

Nun sei $\alpha := \tfrac{2\pi}{n}$ mit $3 \nmid n$, und o. E. sei $S = \{0,\ 1,\ \cos\alpha + \mathrm{i}\sin\alpha\}$. Da $4\,X^3 - 3\,X - 1$ die Wurzel $-\tfrac{1}{2}$ hat, ist $2\,\pi$ nach (a) dreiteilbar, d. h. $\beta := \tfrac{2\pi}{3}$ konstruierbar aus $\{0,\ 1\} \subseteq S$. Trivialerweise ist α konstruierbar. Wegen $\mathrm{ggT}(3, n) = 1$ existieren r, $s \in \mathbb{Z}$ mit

$$\frac{\alpha}{3} = \frac{2\pi}{3n} = r\,\frac{2\pi}{n} + s\,\frac{2\pi}{3} = r\,\alpha + s\,\beta,$$

d. h., α ist dreiteilbar.

22.3 Die Zahl ζ ist eine Nullstelle des irreduziblen Polynoms

$$X^{12} + X^{11} + \cdots + X + 1 \in \mathbb{Q}[X].$$

Damit hat $\mathbb{Q}(\zeta)$ den Grad 12 über $\mathbb{Q}$. Konstruierbare Elemente haben nach Korollar 22.3 (Algebrabuch) eine Zweierpotenz als Grad über $\mathbb{Q}$. Da 12 keine Zweierpotenz ist, ist ζ somit nicht konstruierbar.

23.1 Aufgaben

23.1 ● Zeigen Sie, dass $B = \{\pi\}$ eine Transzendenzbasis von $\mathbb{Q}(\pi, \mathrm{i})/\mathbb{Q}$ ist. Geben Sie eine weitere Transzendenzbasis C von $\mathbb{Q}(\pi, \mathrm{i})/\mathbb{Q}$ an, sodass $\mathbb{Q}(B) \neq \mathbb{Q}(C)$ gilt.

23.2 ●●● Zeigen Sie: $\mathrm{trg}(\mathbb{C}/\mathbb{Q}) = |\mathbb{R}|$.

23.2 Lösungen

23.1 Da π über $\mathbb{Q}$ transzendent ist, ist π algebraisch unabhängig, die Menge $\{\pi\}$ also transzendent über $\mathbb{Q}$. Da $[\mathbb{Q}(\pi, \mathrm{i}) : \mathbb{Q}(\pi)] = 2$, insbesondere endlich ist, ist $\mathbb{Q}(\pi, \mathrm{i})/\mathbb{Q}(\pi)$ algebraisch. Folglich ist $\{\pi\}$ eine Transzendenzbasis.

Es gilt $\mathbb{Q}(\pi, \mathrm{i}) = \mathbb{Q}(\pi\,\mathrm{i}, \mathrm{i})$. Es folgt $[\mathbb{Q}(\pi, \mathrm{i}) : \mathbb{Q}(\pi\,\mathrm{i})] \leq 2$, also (beachte den Gradsatz) $[\mathbb{Q}(\pi\,\mathrm{i}) : \mathbb{Q}] \notin \mathbb{N}$, wonach $\pi\,\mathrm{i}$ transzendent über $\mathbb{Q}$ ist. Da aber $\mathbb{Q}(\pi, \mathrm{i})/\mathbb{Q}(\pi\,\mathrm{i})$ algebraisch ist (die Erweiterung ist ja endlich), ist gezeigt, dass auch $C = \{\pi\,\mathrm{i}\}$ eine Transzendenzbasis von $\mathbb{Q}(\pi, \mathrm{i})/\mathbb{Q}$ ist. Und da $\mathbb{Q}(\pi) \subseteq \mathbb{R}$ und $\mathbb{Q}(\pi\,\mathrm{i}) \subsetneq \mathbb{R}$ gilt, folgt $\mathbb{Q}(B) \neq \mathbb{Q}(C)$.

23.2 Zur Lösung dieser Aufgabe benutzen wir Begriffe und Ergebnisse aus Kap. 24 (Algebrabuch).

Wir zitieren ein Ergebnis, das wir in der Lösung zu Aufgabe 20.3 bewiesen haben:

($\sharp\,\sharp$) *Es sei T eine unendliche Menge, und $\mathcal{E}(T)$ bezeichne die Menge aller endlichen Teilmengen von T. Dann gilt $|T| = |\mathcal{E}(T)|$.*

Es sei $\mathcal{E}$ die Menge aller endlichen Teilmengen einer (existierenden) Transzendenzbasis B von $\mathbb{C}/\mathbb{Q}$. Nach ($\sharp\,\sharp$) gilt $|\mathcal{E}| = |B|$ (es ist klar, dass B nicht endlich ist, es wäre ja sonst $\mathbb{C}$ abzählbar). Wir bezeichnen mit $\overline{K}$ einen algebraischen Abschluss des Körpers K. Nach Lemma 20.5 (Algebrabuch) gilt

C. Karpfinger, *Arbeitsbuch Algebra*,
https://doi.org/10.1007/978-3-662-61954-4_23

$$B \subseteq \mathbb{Q}(B) = \bigcup_{E \in \mathcal{E}} \mathbb{Q}(E) \subseteq \mathbb{C} \cong \overline{\bigcup_{E \in \mathcal{E}} \mathbb{Q}(E)}. \tag{*}$$

Nach Lemma 21.9 (Algebrabuch) gilt

$$\left| \overline{\bigcup_{E \in \mathcal{E}} \mathbb{Q}(E)} \right| = \left| \bigcup_{E \in \mathcal{E}} \mathbb{Q}(E) \right|.$$

Damit erhalten wir aus (*) mit $|\mathbb{Q}(E)| = \aleph_0$ für jedes $E \in \mathcal{E}$ und den Regeln zur Kardinal-zahlarithmetik:

$$|B| \leq |\mathbb{C}| = \left| \bigcup_{E \in \mathcal{E}} \mathbb{Q}(E) \right| \leq |\mathcal{E}| \cdot \aleph_0 = \max\{|\mathcal{E}|, \aleph_0\} = |\mathcal{E}| = |B|.$$

Folglich gilt $|\mathbb{R}| = |\mathbb{C}| = |B| = \mathrm{trg}(\mathbb{C}/\mathbb{R})$.

Algebraischer Abschluss. Zerfällungskörper 24

24.1 Aufgaben

24.1 •• Bestimmen Sie für die folgenden Polynome aus $\mathbb{Q}[X]$ jeweils einen Zerfällungs-körper in $\mathbb{C}$ und den Grad dieses Zerfällungskörpers über $\mathbb{Q}$:

(a) $X^2 - 3$, (c) $X^4 - 2X^2 - 2$, (e) $X^6 + 1$,
(b) $X^4 - 7$, (d) $X^4 + 1$, (f) $X^5 - 1$.

24.2 • Man gebe Wurzeln a_1, a_2, a_3 des Polynoms $X^4 - 2 \in \mathbb{Q}[X]$ an, sodass $\mathbb{Q}(a_1, a_2)$ nicht isomorph zu $\mathbb{Q}(a_1, a_3)$ ist.

24.3 •• Für a, $b \in \mathbb{Q}$ seien $P = X^2 + a$, $Q = X^2 + b$ irreduzibel über $\mathbb{Q}$. Für welche a, b sind die Zerfällungskörper von P und Q isomorph? Wann sind sie gleich (als Teilkörper von $\mathbb{C}$)?

24.4 •• Man gebe den Zerfällungskörper L von $P = X^4 - 2X^2 + 2$ über $\mathbb{Q}$ an, zerlege P über L in Linearfaktoren und bestimme $[L : \mathbb{Q}]$.

24.5 •••

(a) Es sei L/K eine algebraische Erweiterung. Ist jeder algebraische Abschluss von L auch ein algebraischer Abschluss von K und umgekehrt?
(b) Existieren algebraische Abschlüsse E, F eines Körpers K derart, dass F zu einem echten Teilkörper von E isomorph ist?

24.6 • Es seien a_1, a_2, $a_3 \in \mathbb{C}$ die Wurzeln von $X^3 - 2 \in \mathbb{Q}[X]$. Man zeige, dass die Körper $\mathbb{Q}(a_i)$ für $i = 1$, 2, 3 paarweise verschieden sind.

© Der/die Autor(en), exklusiv lizenziert durch Springer-Verlag GmbH, DE, ein Teil von
Springer Nature 2021
C. Karpfinger, *Arbeitsbuch Algebra*,
https://doi.org/10.1007/978-3-662-61954-4_24

24.7 •• Man zeige, dass je zwei irreduzible Polynome vom Grad 2 über $\mathbb{Z}/p$ (p eine Primzahl) isomorphe Zerfällungskörper mit p^2 Elementen besitzen.

24.8 •• Es sei $L = K(S)$ ein Erweiterungskörper von K und jedes Element $a \in S$ algebraisch vom Grad 2 über K. Begründen Sie, dass L/K normal ist.

24.9 •• Man zeige, dass die Erweiterungen $\mathbb{Q}(i\sqrt{5})/\mathbb{Q}$, $\mathbb{Q}((1 + i)\sqrt[4]{5})/\mathbb{Q}(i\sqrt{5})$ normal sind, jedoch nicht $\mathbb{Q}((1 + i)\sqrt[4]{5})/\mathbb{Q}$.

24.10 •• Man zeige:

(a) Ein algebraisch abgeschlossener Körper hat unendlich viele Elemente.
(b) Es sei $\overline{F}$ ein algebraischer Abschluss eines endlichen Körpers F. Dann gibt es für jedes $a \in \overline{F} \setminus \{0\}$ ein $q \in \mathbb{N}$ mit $a^q = 1$.

24.11 •• Es sei L ein Zerfällungskörper von $P \in K[X]$ über K, und $n := \deg_K P$.

(a) Zeigen Sie, dass $[L : K]$ ein Teiler von $n!$ ist.
(b) Geben Sie ein Beispiel mit $n \geq 3$ an, bei dem $[L : K] = n!$ gilt.
(c) Geben Sie ein Beispiel an, bei dem $n < [L : K] < n!$ gilt.

24.12 • Man bestimme den Zerfällungskörper von $X^6 + 1$ über $\mathbb{Z}/2$.

24.13 ••• Zeigen Sie: Die Körpererweiterung $\mathbb{Q}(e^{\frac{2\pi i}{n}} + e^{-\frac{2\pi i}{n}})/\mathbb{Q}$ ($n \in \mathbb{N}$) ist normal. *Hinweis:* Verwenden Sie die Kennzeichnung (2) aus Satz 24.13 (Algebrabuch), und ermitteln Sie eine Rekursionsformel für $\alpha_k := e^{\frac{2\pi i k}{n}} + e^{-\frac{2\pi i k}{n}}$ mit $k \in \mathbb{N}$.

24.14 • Man überprüfe die folgenden Körpererweiterungen auf Normalität:
(a) $\mathbb{Q}(\sqrt{2 + \sqrt{2}})/\mathbb{Q}$,   (b) $\mathbb{Q}(\sqrt{1 + \sqrt{3}})/\mathbb{Q}$.

24.15 •• Es seien $\overline{K}$ ein algebraischer Abschluss des Körpers K und $K(X)$ bzw. $\overline{K}(X)$ der Körper der rationalen Funktionen in der Unbestimmten X über K bzw. $\overline{K}$. Zeigen Sie, dass $\overline{K}(X)/K(X)$ normal ist.

24.16 •• Es seien E, F, K, L Körper mit $K \subseteq E$, $F \subseteq L$ und $EF := E(F)$ das sogenannte *Kompositum* von E und F. Beweisen Sie: Sind die Erweiterungen E/K und F/K normal, so auch EF/K und $E \cap F/K$.

24.17 • Wir betrachten einen Körperturm $K \subseteq L \subseteq M$ mit endlichen Körpererweiterungen L/K und M/L. Welche der folgenden Aussagen ist richtig, welche falsch? Begründen Sie Ihre Antworten.

(a) Ist M/K normal, so ist auch M/L normal.
(b) Ist M/K normal, so ist auch L/K normal.
(c) Sind M/L und L/K normal, so ist auch M/K normal.

24.18 •• Wir betrachten das Polynom $P := X^4 - 10X^2 + 20 \in \mathbb{Q}[X]$. Zeigen Sie: Es ist $L := \mathbb{Q}[X]/(P)$ ein Körper, und die Körpererweiterung $L/\mathbb{Q}$ ist normal.

24.19 •• Welche der folgenden Körpererweiterungen sind normal? Begründen Sie Ihre Antworten!

(a) $\mathbb{Q}(\sqrt{5}, i)/\mathbb{Q}$.
(b) $\mathbb{Q}(i\sqrt[4]{5})/\mathbb{Q}$.
(c) $\mathbb{Q}(t)/\mathbb{Q}(t^4)$. (Hierbei ist t eine Transzendente.)

24.20 •• Gegeben sei das Polynom $P := X^4 - 3 \in \mathbb{Q}[X]$.

(a) Zeigen Sie, dass $L := \mathbb{Q}(\sqrt[4]{3}, i)$ der Zerfällungskörper von P ist.
(b) Bestimmen Sie den Grad der Körpererweiterung $L/\mathbb{Q}$.
(c) Begründen Sie, warum $a := \sqrt[4]{3} + i$ ein primitives Element von L über $\mathbb{Q}$ ist.

24.2 Lösungen

24.1 Das folgende Vorgehen ist naheliegend: Wir bestimmen jeweils die Nullstellen $a_1, \ldots, a_n$ des gegebenen Polynoms in $\mathbb{C}$, adjungieren diese Nullstellen an $\mathbb{Q}$ und erhalten so den Zerfällungskörper $\mathbb{Q}(a_1, \ldots, a_n)$, wobei wir natürlich die Nullstellen a_i gleich weglassen, deren Adjunktion *überflüssig* ist, d.h. die $\mathbb{Q}(a_1, \ldots, a_{i-1}, a_i) = \mathbb{Q}(a_1, \ldots, a_{i-1})$ erfüllen. Haben wir dann erst mal den Zerfällungskörper $K = \mathbb{Q}(a_1 \ldots, a_n)$, so bestimmen wir nach altbekannter Manier den Grad $[K : \mathbb{Q}]$ (siehe Aufgabe 20.8).

(a) Wegen $X^2 - 3 = (X - \sqrt{3})(X + \sqrt{3})$ ist $\mathbb{Q}(\sqrt{3})$ ein Zerfällungskörper. Nach Eisenstein ist $X^2 - 3 \in \mathbb{Q}[X]$ irreduzibel und somit das Minimalpolynom von $\sqrt{3}$. Also ist der Grad des Zerfällungskörpers $[\mathbb{Q}(\sqrt{3}) : \mathbb{Q}] = 2$.
(b) Wegen $X^4 - 7 = (X - \sqrt[4]{7})(X + \sqrt[4]{7})(X - i\sqrt[4]{7})(X + i\sqrt[4]{7})$ ist $\mathbb{Q}(\sqrt[4]{7}, i)$ ein Zerfällungskörper von $X^4 - 7$. Nach Eisenstein ist $X^4 - 7 \in \mathbb{Q}[X]$ irreduzibel und somit das Minimalpolynom von $\sqrt[4]{7}$. Also ist $[\mathbb{Q}(\sqrt[4]{7}) : \mathbb{Q}] = 4$. Wegen $i^2 \in \mathbb{Q}(\sqrt[4]{7})$ und $i \notin \mathbb{Q}(\sqrt[4]{7}) \subseteq \mathbb{R}$ ist $[\mathbb{Q}(\sqrt[4]{7}, i) : \mathbb{Q}(\sqrt[4]{7})] = 2$ und somit

$$[\mathbb{Q}(\sqrt[4]{7}, i) : \mathbb{Q}] = [\mathbb{Q}(\sqrt[4]{7}, i) : \mathbb{Q}(\sqrt[4]{7})] \cdot [\mathbb{Q}(\sqrt[4]{7}) : \mathbb{Q}] = 2 \cdot 4 = 8.$$

(c) Wegen $X^4 - 2X^2 - 2 = (X + i\sqrt{\sqrt{3} - 1})(X - i\sqrt{\sqrt{3} - 1})(X + \sqrt{\sqrt{3} + 1})(X - \sqrt{\sqrt{3} + 1})$ ist $\mathbb{Q}(\sqrt{\sqrt{3} + 1}, i\sqrt{\sqrt{3} - 1})$ Zerfällungskörper. Nach Eisenstein ist $X^4 -$

$2\,X^2 - 2$ irreduzibel, also $[\mathbb{Q}(\sqrt{\sqrt{3}+1}) : \mathbb{Q}] = 4$. Wegen $\left(\mathrm{i}\sqrt{\sqrt{3}-1}\right)^2 \in$ $\mathbb{Q}(\sqrt{1+\sqrt{3}})$ und $\mathrm{i}\sqrt{\sqrt{3}-1} \notin \mathbb{Q}(\sqrt{\sqrt{3}+1})$ ist $[\mathbb{Q}(\sqrt{\sqrt{3}+1}, \mathrm{i}\sqrt{\sqrt{3}-1}) : \mathbb{Q}(\sqrt{\sqrt{3}+1})] = 2$, also

$$[\mathbb{Q}(\sqrt{\sqrt{3}+1}, \mathrm{i}\sqrt{\sqrt{3}-1}) : \mathbb{Q}] = 2 \cdot 4 = 8.$$

(d) Wegen $X^4 + 1 = (X - \varepsilon)\,(X + \varepsilon)\,(X - \mathrm{i}\,\varepsilon)\,(X + \mathrm{i}\,\varepsilon)$ mit $\varepsilon = \mathrm{e}^{\frac{\pi\mathrm{i}}{4}}$ ist $\mathbb{Q}(\varepsilon, \mathrm{i})$ ein Zerfällungskörper von $X^4 + 1$. Wegen $\varepsilon^2 = \mathrm{i}$ gilt $\mathbb{Q}(\varepsilon, \mathrm{i}) = \mathbb{Q}(\varepsilon)$. Reduktion modulo 2 zeigt, dass $X^4 + 1 \in \mathbb{Q}[X]$ irreduzibel ist. Somit ist $X^4 + 1$ das Minimalpolynom von ε. Also ist $[\mathbb{Q}(\varepsilon) : \mathbb{Q}] = 4$.

(e) Die Wurzeln von $X^6 + 1$ sind $\varepsilon_k := \mathrm{e}^{\frac{(2k+1)\pi\mathrm{i}}{6}}$, $k = 0, \ldots, 5$. Es gilt offenbar

$$\varepsilon_1 = \varepsilon_0^3, \ \varepsilon_2 = \varepsilon_0^5, \ \varepsilon_3 = \varepsilon_0^7, \ \varepsilon_4 = \varepsilon_0^9, \ \varepsilon_5 = \varepsilon_0^{11}.$$

Also ist

$$\mathbb{Q}(\varepsilon_0, \ldots, \varepsilon_5) = \mathbb{Q}(\varepsilon_0)$$

der gesuchte Zerfällungskörper. Weiter gilt:

$$X^6 + 1 = (X^4 - X^2 + 1)\,(X^2 + 1).$$

Da ε_0 Wurzel des über $\mathbb{Q}$ irreduziblen Polynoms $X^4 - X^2 + 1$ ist, gilt $[\mathbb{Q}(\varepsilon_0) : \mathbb{Q}] = 4$.

(f) Analog zu (e) findet man den Zerfällungskörper $\mathbb{Q}(\varepsilon_1)$ mit $\varepsilon_1 = \mathrm{e}^{\frac{2\pi\mathrm{i}}{5}}$. Weiter gilt:

$$X^5 - 1 = (X - 1)\,(X^4 + X^3 + X^2 + X + 1)$$

mit dem über $\mathbb{Q}$ irreduziblen Polynom $X^4 + X^3 + X^2 + X + 1$. Also gilt $[\mathbb{Q}(\varepsilon_1) : \mathbb{Q}] = 4$.

24.2 Wir geben erst mal alle vier (verschiedenen) Wurzeln des über $\mathbb{Q}$ irreduziblen Polynoms $X^4 - 2$ aus $\mathbb{C}$ an, es sind dies $a_1 := \sqrt[4]{2}$, $a_2 := -\sqrt[4]{2}$, $a_3 := \mathrm{i}\sqrt[4]{2}$, $a_4 := -\mathrm{i}\sqrt[4]{2}$. Nun gilt offenbar

$$\mathbb{Q}(a_1, a_2) = \mathbb{Q}(a_1) \quad \text{und} \quad \mathbb{Q}(a_1, a_3) = \mathbb{Q}(\sqrt[4]{2}, \mathrm{i}).$$

Wegen $[\mathbb{Q}(a_1) : \mathbb{Q}] = 4$ und $[\mathbb{Q}(\sqrt[4]{2}, \mathrm{i}) : \mathbb{Q}] = 8$ können die Körper $\mathbb{Q}(a_1)$ und $\mathbb{Q}(\sqrt[4]{2}, \mathrm{i})$ nicht isomorph sein.

24.3 Da $\pm\sqrt{-a}$ bzw. $\pm\sqrt{-b}$ die Nullstellen (aus $\mathbb{C} \setminus \mathbb{Q}$, da P und Q irreduzibel über $\mathbb{Q}$) von P bzw. Q sind, ist $\mathbb{Q}(\sqrt{-a})$ bzw. $\mathbb{Q}(\sqrt{-b})$ ein Zerfällungskörper von P bzw. Q.

Wir nehmen nun an, dass φ ein Isomorphismus von $\mathbb{Q}(\sqrt{-a})$ auf $\mathbb{Q}(\sqrt{-b})$ ist. Dann gilt

$$\varphi(\sqrt{-a}) = a_0 + a_1\sqrt{-b} \quad \text{mit} \quad a_0, a_1 \in \mathbb{Q},$$

da die Elemente aus $\mathbb{Q}(\sqrt{-b})$ diese Form haben. Wir quadrieren diese Gleichung und beachten die Homomorphie von φ wie auch die Tatsache $\varphi|_{\mathbb{Q}} = \mathrm{Id}_{\mathbb{Q}}$ (siehe Aufgabe 20.6):

$$-a = \varphi(-a) = \varphi(\sqrt{-a}^2) = \varphi(\sqrt{-a})^2 = a_0^2 - b\,a_1^2 + 2\,a_0\,a_1\,\sqrt{-b}. \qquad (*)$$

Folglich muss $a_0\,a_1 = 0$ gelten, da $\sqrt{-b} \notin \mathbb{Q}$. Aber $a_1 = 0$ ist nicht möglich, da sonst $\varphi(\mathbb{Q}(\sqrt{-a})) = \mathbb{Q}$ im Widerspruch zu $\varphi(\mathbb{Q}(\sqrt{-a})) = \mathbb{Q}(\sqrt{-b})$ gelten würde. Es gilt also $a_0 = 0$. Aus (*) folgt hiermit $\frac{a}{b} = a_1^2$ und damit $\sqrt{-a} = \pm a_1\,\sqrt{-b}$. Das hat $\mathbb{Q}(\sqrt{-a}) = \mathbb{Q}(\sqrt{-b})$ zur Folge: Sind die Körper isomorph, so sind sie sogar gleich.

Wir fassen zusammen: Die Zerfällungskörper $\mathbb{Q}(\sqrt{-a})$ und $\mathbb{Q}(\sqrt{-b})$ von P und Q in $\mathbb{C}$ sind genau dann isomorph (also auch gleich), wenn $\frac{a}{b}$ ein Quadrat in $\mathbb{Q}$ ist.

24.4 Die vier verschiedenen Wurzeln des nach Eisenstein mit $p = 2$ über $\mathbb{Q}$ irreduziblen Polynoms $P = X^4 - 2\,X^2 + 2$ sind

$$\sqrt{1+\mathrm{i}}, \; -\sqrt{1+\mathrm{i}}, \; \sqrt{1-\mathrm{i}}, \; -\sqrt{1-\mathrm{i}}.$$

Also ist $L = \mathbb{Q}(\sqrt{1+\mathrm{i}}, \sqrt{1-\mathrm{i}})$ ein Zerfällungskörper von P.

Da P irreduzibel ist, gilt

$$[\mathbb{Q}(\sqrt{1+\mathrm{i}}) : \mathbb{Q}] = 4, \;\; \text{und es gilt} \;\; [\mathbb{Q}(\sqrt{1+\mathrm{i}}, \sqrt{1-\mathrm{i}}) : \mathbb{Q}(\sqrt{1+\mathrm{i}})] \in \{1, 2\}\,.$$

Angenommen, $\sqrt{1-\mathrm{i}} \in \mathbb{Q}(\sqrt{1+\mathrm{i}})$. Dann existieren $a_0, a_1, a_2, a_3 \in \mathbb{Q}$ mit

$$\sqrt{1-\mathrm{i}} = a_0 + a_1\,\sqrt{1+\mathrm{i}} + a_2(1+\mathrm{i}) + a_3\,(1+\mathrm{i})\,\sqrt{1+\mathrm{i}} \; \Leftrightarrow \; \sqrt{1-\mathrm{i}} = b + c\,\sqrt{1+\mathrm{i}}$$

für $b, c \in \mathbb{Q}$. Folglich gilt

$$b^2 = 1 - \mathrm{i} + c^2\,(1+\mathrm{i}) - 2\,c\,\sqrt{2}, \;\; \text{insbesondere} \;\; \sqrt{2} \in \mathbb{Q}(\mathrm{i}),$$

ein Widerspruch. Folglich gilt $[\mathbb{Q}(\sqrt{1+\mathrm{i}}, \sqrt{1-\mathrm{i}}) : \mathbb{Q}(\sqrt{1+\mathrm{i}})] = 2$ und damit $[\mathbb{Q}(\sqrt{1+\mathrm{i}}, \sqrt{1-\mathrm{i}}) : \mathbb{Q}] = 8$.

24.5

(a) Ein algebraischer Abschluss E von L ist nach Definition ein algebraisch abgeschlossener Erweiterungskörper von L, für den gleichzeitig E/L algebraisch ist. Da mit E/L und L/K auch die Erweiterung E/K algebraisch ist (*algebraisch über algebraisch bleibt algebraisch*), ist E auch ein algebraischer Abschluss von K. Umgekehrt gibt es zwar algebraische Abschlüsse von K, die L nicht enthalten, die Aussage ist aber trotzdem *richtig* (bis auf Isomorphie): Ist E ein algebraischer Abschluss von K, so lässt sich der Monomorphismus $\mathrm{Id}_K : K \to K$ nach Satz 24.12 (Algebrabuch) zu einem K-Monomorphismus $\varphi : L \to E$ fortsetzen. Damit gilt $K \subseteq \varphi(L) \subseteq K$ für den algebraischen Erweiterungskörper $\varphi(L)$ von K. Und es ist E ein algebraischer Abschluss von $\varphi(L)$.

(b) Ja, sowas gibt's. Allerdings kann F kein Zwischenkörper von E/K sein: Wäre $K \subseteq F \subseteq E$, so wäre mit E/K auch E/F algebraisch, also $E = F$, da ein algebraisch abgeschlossener Körper keine echte algebraische Erweiterung besitzt.

Nun konstruieren wir das angekündigte Beispiel: Da je zwei algebraische Abschlüsse von K isomorph sind, genügt es, einen Körper K zu finden, dessen algebraischer Abschluss zu einem seiner echten Teilkörper isomorph ist. Es sei $K_0 := k(X_1, X_2, X_3, \ldots)$ der Körper der rationalen Funktionen in abzählbar unendlich vielen Unbestimmten über einem (beliebigen) Körper k. Dann gilt $K := K_0(X) \cong K_0$. Es sei nun E ein algebraischer Abschluss von K. Als algebraisch abgeschlossener Oberkörper von K_0 enthält E einen algebraischen Abschluss E_0 von K_0. (Der Teilkörper $E_0 \subseteq E$ aller über K_0 algebraischen Elemente ist in diesem Fall algebraisch abgeschlossen: Jedes nichtkonstante Polynom $f \in E_0[X]$ hat in E eine Wurzel α; α ist algebraisch über E_0, also – *algebraisch über algebraisch bleibt algebraisch* – auch algebraisch über K_0 und liegt somit in E_0.) Da X transzendent über K_0 ist, ist $X \notin E_0$, also $E_0 \subsetneq E$. Wegen $K_0 \cong K$ gilt $E_0 \cong E$.

24.6 Es sei $\varepsilon := e^{\frac{2\pi i}{3}}$. Dann sind $\sqrt[3]{2}$, $\sqrt[3]{2}\varepsilon$, $\sqrt[3]{2}\varepsilon^2$ die drei verschiedenen Wurzeln von $X^3 - 2$. Da $\mathbb{Q}(\sqrt[3]{2}) \subseteq \mathbb{R}$, gilt $\mathbb{Q}(\sqrt[3]{2}) \neq \mathbb{Q}(\sqrt[3]{2}\varepsilon)$, $\mathbb{Q}(\sqrt[3]{2}\varepsilon^2)$, da sowohl $\mathbb{Q}(\sqrt[3]{2}\varepsilon)$ wie auch $\mathbb{Q}(\sqrt[3]{2}\varepsilon^2)$ nichtreelle Zahlen enthalten. Gälte $\mathbb{Q}(\sqrt[3]{2}\varepsilon) = \mathbb{Q}(\sqrt[3]{2}\varepsilon^2)$, so folgte $(\sqrt[3]{2}\varepsilon)^2 (\sqrt[3]{2}\varepsilon^2)^{-1} = \sqrt[3]{2} \in \mathbb{Q}(\sqrt[3]{2}\varepsilon)$ – ein Widerspruch zu $\mathbb{Q}(\sqrt[3]{2}) \neq \mathbb{Q}(\sqrt[3]{2}\varepsilon)$.

24.7 Es seien P und Q irreduzible Polynome vom Grad 2 über $\mathbb{Z}/p$. Ist a eine Wurzel von P und b eine solche von Q, so sind $L = \mathbb{Z}/p\,(a)$ und $M = \mathbb{Z}/p\,(b)$ Zerfällungskörper von P und Q. Wegen $\mathbb{Z}/p\,(a) = \{x + y\,a \mid x,\, y \in \mathbb{Z}/p\}$ und $\mathbb{Z}/p\,(b) = \{x + y\,b \mid x,\, y \in \mathbb{Z}/p\}$ gilt $|L| = p^2 = |M|$.

Durch $\varphi|_{\mathbb{Z}/p} = \mathrm{Id}_{\mathbb{Z}/p}$ und $\varphi(a) = b$ ist ein $\mathbb{Z}/p$-Monomorphismus $\varphi : L \to M$ gegeben. Wegen $|L| = |M|$ ist dieser Monomorphismus auch surjektiv, sprich ein Isomorphismus.

Bemerkung In Satz 26.2 (Algebrabuch) werden wir die viel allgemeinere Aussage beweisen, dass je zwei endliche Körper mit gleich vielen Elementen isomorph zueinander sind.

24.8 Wir weisen die Normalität der algebraischen Erweiterung L/K mithilfe der Kennzeichnung (2) aus Satz 24.13 (Algebrabuch) normaler Körpererweiterungen nach: Wir wählen ein $a \in L = K(S)$ und begründen, dass $\varphi(a) \in L$ für einen beliebigen K-Monomorphismus $\varphi : L \to \overline{L}$ gilt, hierbei sei $\overline{L}$ ein algebraischer Abschluss von L.

Zu $a \in L$ gibt es nach Lemma 20.5 (Algebrabuch) endlich viele Elemente $a_1, \ldots, a_n \in S$ mit $a \in K(a_1, \ldots, a_n)$. (Man beachte, dass S auch unendlich sein kann.) Da die Erweiterung $K(a_1, \ldots, a_n)/K$ normal ist (wir begründen das weiter unten), gilt für einen K-Monomorphismus $\varphi : L \to \overline{L}$ nach der Kennzeichnung (2) aus Satz 24.13 (Algebrabuch) normaler Körpererweiterungen $\varphi(a) \in K(a_1, \ldots, a_n) \subseteq L$. Folglich ist L/K nach der Kennzeichnung (2) normal.

Es bleibt zu begründen, dass $K(a_1, \ldots, a_n)/K$ mit $a_1, \ldots, a_n \in S$ normal ist. Es seien $P_1, \ldots, P_n$ die Minimalpolynome vom Grad 2 von $a_1, \ldots, a_n$. Dann ist $K(a_1, \ldots, a_n)$ der Zerfällungskörper des Polynoms $P = P_1 \cdots P_n$ über K (da die Polynome vom Grad 2 über $K(a_1, \ldots, a_n)$ zerfallen, beachte auch das Beispiel 24.11 (Algebrabuch)) und als solcher nach der Kennzeichnung (1) aus Satz 24.13 (Algebrabuch) normaler Körpererweiterungen normal über K.

24.9 Aus Beispiel 24.11 (Algebrabuch) wissen wir, dass jede quadratische Erweiterung normal ist. Daher verschaffen wir uns erst mal einen Überblick über die Grade der Körpererweiterungen, die quadratischen Körpererweiterungen können wir dann sofort als normale Erweiterungen identifizieren:

- Wegen $m_{\mathrm{i}\sqrt{5},\, \mathbb{Q}} = X^2 + 5$ (Eisenstein mit $p = 5$) gilt $[\mathbb{Q}(\mathrm{i}\sqrt{5}) : \mathbb{Q}] = 2$.
- Wegen $m_{(1+\mathrm{i})\sqrt[4]{5},\, \mathbb{Q}} = X^4 + 20$ (Eisenstein mit $p = 5$) gilt $[\mathbb{Q}((1 + \mathrm{i})\sqrt[4]{5}) : \mathbb{Q}] = 4$.
- Wegen $\left((1 + \mathrm{i})\sqrt[4]{5}\right)^2 = 2\mathrm{i}\sqrt{5}$ gilt $\mathbb{Q}(\mathrm{i}\sqrt{5}) \subseteq \mathbb{Q}((1 + \mathrm{i})\sqrt[4]{5})$, mit dem Gradsatz folgt $[\mathbb{Q}((1 + \mathrm{i})\sqrt[4]{5}) : \mathbb{Q}(\mathrm{i}\sqrt{5})] = 2$.

Damit ist bereits begründet, dass die Körpererweiterungen

$$\mathbb{Q}(\mathrm{i}\sqrt{5})/\mathbb{Q} \quad \text{und} \quad \mathbb{Q}((1 + \mathrm{i})\sqrt[4]{5})/\mathbb{Q}(\mathrm{i}\sqrt{5})$$

normal sind.

Um nachzuweisen, dass die Körpererweiterung $\mathbb{Q}((1 + \mathrm{i})\sqrt[4]{5})/\mathbb{Q}$ nicht normal ist, geben wir ein irreduzibles Polynom aus $\mathbb{Q}[X]$ an, das eine Wurzel in $\mathbb{Q}((1 + \mathrm{i})\sqrt[4]{5})$ hat, aber nicht über $\mathbb{Q}((1 + \mathrm{i})\sqrt[4]{5})$ zerfällt (beachte die Kennzeichnung (3) aus Satz 24.13 (Algebrabuch) normaler Körpererweiterungen). Hierzu bietet sich das Minimalpolynom des primitiven Elementes $(1 + \mathrm{i})\sqrt[4]{5}$ an: Das Polynom $P = X^4 + 20$ hat eine Wurzel in $\mathbb{Q}((1 + \mathrm{i})\sqrt[4]{5})$, zerfällt aber nicht über $\mathbb{Q}((1 + \mathrm{i})\sqrt[4]{5})$. Der Zerfällungskörper von P ist nämlich

$$\mathbb{Q}((1 + \mathrm{i})\sqrt[4]{5},\, (1 - \mathrm{i})\sqrt[4]{5}) = \mathbb{Q}(\sqrt[4]{5},\, \mathrm{i}).$$

Und dieser hat offenbar den Grad 8 über $\mathbb{Q}$. Folglich ist die Erweiterung $\mathbb{Q}((1 + \mathrm{i})\sqrt[4]{5})/\mathbb{Q}$ nicht normal.

24.10

(a) Angenommen, K ist ein algebraisch abgeschlossener Körper mit nur endlich vielen Elementen. Es seien $a_1, \ldots, a_n$ die endlich vielen verschiedenen Elemente von K. Wir betrachten nun das Polynom

$$P = (X - a_1) \cdots (X - a_n) + a \in K[X], \quad \text{wobei} \quad a \in K \setminus \{0\}.$$

Dieses Polynom hat wegen $P(a_i) = a$ für alle $i = 1, \ldots, n$ keine Nullstelle in K. Das ist ein Widerspruch zur algebraischen Abgeschlossenheit von K. Es ist nicht möglich, dass K nur endlich viele Elemente hat, d. h. K ist unendlich.

(b) Die Formel $a^q = 1$ erinnert an den kleinen Satz 3.11 (Algebrabuch) von Fermat, der in einer endlichen (multiplikativen) Gruppe gilt. Eine solche Gruppe erhalten wir wie folgt: Für jedes $a \in \overline{F} \setminus \{0\}$ ist $F(a) \setminus \{0\}$ eine endliche multiplikative Gruppe (beachte, dass F nach Voraussetzung endlich ist). Und nun liefert der kleine Satz von Fermat bereits $a^{|F(a)|-1} = 1$.

24.11

(a) Wir führen den Beweis durch vollständige Induktion nach $n = \deg P$.

Für $n = 0$ oder $n = 1$ ist $L = K$, also $[L : K] = 1 \mid 1 = n!$.

Es sei nun $n > 1$, und die Behauptung sei richtig für alle $m < n$. Wir dürfen annehmen, dass P normiert ist. Da P über L zerfällt, gibt es $a_i \in L$ mit $P = \prod_{i=1}^{n}(X - a_i)$.

1. Fall: P ist irreduzibel. Wir setzen $Q := \prod_{i=2}^{n}(X - a_i)$. Dann ist L Zerfällungskörper von Q über $K(a_1)$, also nach Induktionsannahme $[L : K(a_1)]$ ein Teiler von $(n-1)!$. Somit ist

$$[L : K] = [L : K(a_1)] \cdot [K(a_1) : K] = [L : K(a_1)] \cdot n$$

ein Teiler von $(n-1)! \cdot n = n!$.

2. Fall: P ist nicht irreduzibel. Dann gibt es Polynome $S, T \in K[X]$ mit $\deg S, \deg T \geq 1$ und $P = ST$. Nach eventuellem Umnummerieren dürfen wir annehmen, dass $S = \prod_{i=1}^{k}(X - a_i)$ und $T = \prod_{i=k+1}^{n}(X - a_i)$ mit $\deg S = k$ ist. Also ist L Zerfällungskörper von T über $K(a_1, \ldots, a_k)$ und $K(a_1, \ldots, a_k)$ ist Zerfällungskörper von S über K. Nach Induktionsannahme ist also der Grad $[L : K(a_1, \ldots, a_k)]$ ein Teiler von $(n-k)!$ und $[K(a_1, \ldots, a_k) : K]$ ein Teiler von $k!$. Somit ist

$$[L : K] = [L : K(a_1, \ldots, a_k)] \cdot [K(a_1, \ldots, a_k) : K]$$

ein Teiler von $k!(n-k)!$. Dies wiederum ist ein Teiler von $n!$ (man denke an den Binomialkoeffizienten).

In jedem Fall ist somit $[L : K]$ ein Teiler von $n!$.

(b) Wir wählen $K = \mathbb{Q}$ und betrachten das Polynom $P = X^3 - 2 \in \mathbb{Q}[X]$ vom Grad $n = 3$. Nach dem Beispiel 21.1 (Algebrabuch) hat der Zerfällungskörper $\mathbb{Q}(\sqrt[3]{2}, e^{\frac{2\pi i}{3}})$ den Grad $3! = 6$ über $\mathbb{Q}$.

(c) Wir wählen $K = \mathbb{Q}$ und betrachten das Polynom $P = X^4 + 20$ vom Grad $n = 4$. Nach der Lösung zur Aufgabe 24.9 hat der Zerfällungskörper $\mathbb{Q}(\sqrt[4]{5}, i)$ den Grad 8 mit $4 < 8 < 4!$ über $\mathbb{Q}$.

24.12 Das Polynom $P = X^6 + 1$ ist über $\mathbb{Z}/2$ reduzibel, z. B. gilt $P(1) = 0$. Wir zerlegen das Polynom P erst mal soweit wie möglich, es gilt:

$$X^6 + 1 = (X^3 + 1)^2 = [(X + 1)(X^2 + X + 1)]^2.$$

Der Teiler $Q = X^2 + X + 1$ von P ist irreduzibel, da $Q(0) \neq 0 \neq Q(1)$. Es sei a eine Wurzel dieses über $\mathbb{Z}/2$ irreduziblen Polynoms Q. Dann ist

$$\mathbb{Z}/2\,(a) = \{x + y\,a \mid x,\ y \in \mathbb{Z}/2\} = \{0,\ 1,\ a,\ 1 + a\}$$

ein Zerfällungskörper von $P = X^6 + 1$ und $[\mathbb{Z}/2\,(a) : \mathbb{Z}/2] = 2$. Das Polynom $P = X^6 + 1$ hat über $\mathbb{Z}/2\,(a)$ die Zerlegung:

$$P = X^6 + 1 = (X^3 + 1)^2 = (X + 1)^2\,(X + a)^2\,(X + (1 + a))^2.$$

24.13 Wir setzen $\zeta := \mathrm{e}^{\frac{2\pi\mathrm{i}}{n}}$ und $\alpha := \zeta + \zeta^{-1}$. Da $\alpha \in \mathbb{Q}(\zeta)$ und ζ eine Nullstelle von $X^n - 1 \in \mathbb{Q}[X]$ ist, ist $\mathbb{Q}(\alpha)/\mathbb{Q}$ eine algebraische Körpererweiterung. Um zu zeigen, dass $\mathbb{Q}(\alpha)/\mathbb{Q}$ normal ist, verwenden wir die Kennzeichnung (2) aus Satz 24.13 (Algebrabuch) normaler Körpererweiterungen: Es sei $\varphi : \mathbb{Q}(\alpha) \to \mathbb{A}$ für einen algebraischen Abschluss $\mathbb{A}$ von $\mathbb{Q}$ (und auch von $\mathbb{Q}(\alpha)$) ein $\mathbb{Q}$-Monomorphismus. Zu zeigen ist $\varphi(\alpha) \in \mathbb{Q}(\alpha)$. Dann folgt $\varphi(\mathbb{Q}(\alpha)) = \mathbb{Q}(\alpha)$, also die Behauptung.

Weil $\mathbb{Q}(\zeta)/\mathbb{Q}(\alpha)$ algebraisch ist, können wir den Monomorphismus φ nach Satz 24.12 (Algebrabuch) zu einem Monomorphismus $\psi : \mathbb{Q}(\zeta) \to \mathbb{A}$ fortsetzen, insbesondere gilt $\varphi = \psi|_{\mathbb{Q}(\alpha)}$.

Da ζ die Ordnung n hat, hat auch $\psi(\zeta) \in \mathbb{A}$ die Ordnung n. Folglich gilt

$$\psi(\zeta) = \zeta^k \quad \text{für ein} \quad k \in \mathbb{N} \ \text{mit} \ \mathrm{ggT}(k, n) = 1.$$

Damit gilt

$$\varphi(\alpha) = \psi(\alpha) = \psi(\zeta + \zeta^{-1}) = \zeta^k + \zeta^{-k}.$$

Wir zeigen $\alpha_k := \zeta^k + \zeta^{-k} \in \mathbb{Q}(\alpha)$ für alle $k \in \mathbb{N}$. Es sei $k \in \mathbb{N}_{\geq 2}$. Dann gilt

$$(\zeta^{k-1} + \zeta^{1-k})\,(\zeta + \zeta^{-1}) = \zeta^k + \zeta^{-k} + \zeta^{k-2} + \zeta^{2-k},$$

also $\alpha_k = \alpha\,\alpha_{k-1} - \alpha_{k-2}$. Es ist $\alpha_0 = 2$, $\alpha_1 = \alpha$, folglich gilt $\alpha_k \in \mathbb{Q}(\alpha)$ für alle $k \in \mathbb{N}$.

Insbesondere folgt $\varphi(\alpha) \in \mathbb{Q}(\alpha)$. Die Erweiterung $\mathbb{Q}(\alpha)/\mathbb{Q}$ ist somit normal.

24.14 Es ist jeweils die Frage, ob der Erweiterungskörper Zerfällungskörper eines Polynoms aus $\mathbb{Q}[X]$ ist. Hier bietet sich natürlich jeweils an, ein Polynom zu wählen, das das primitive Element als Nullstelle hat, zu betrachten:

(a) Wir setzen $a = \sqrt{2 + \sqrt{2}}$ und erhalten $(a^2 - 2)^2 = 2$. Damit ist a Nullstelle des Polynoms $P = X^4 - 4X^2 + 2$. Mit der Substitution $u = X^2$ erhalten wir alle Nullstellen von P, es gilt:

$$X^4 - 4X^2 + 2 = (X - \sqrt{2 + \sqrt{2}})(X + \sqrt{2 + \sqrt{2}})(X - \sqrt{2 - \sqrt{2}})(X + \sqrt{2 - \sqrt{2}}).$$

Nun überlegen wir, ob alle Nullstellen in $\mathbb{Q}(\sqrt{2 + \sqrt{2}})$ liegen, dabei reicht es, wenn wir $\sqrt{2 - \sqrt{2}}$ betrachten. Es gilt:

$$\sqrt{2 - \sqrt{2}} = \frac{\sqrt{2}}{\sqrt{2 + \sqrt{2}}} = \frac{\left(\sqrt{2 + \sqrt{2}}\right)^2 - 2}{\sqrt{2 + \sqrt{2}}} \in \mathbb{Q}(\sqrt{2 + \sqrt{2}}).$$

Da somit $\mathbb{Q}(\sqrt{2 + \sqrt{2}})$ Zerfällungskörper von $P \in \mathbb{Q}[X]$ ist, ist die Körpererweiterung $\mathbb{Q}(\sqrt{2 + \sqrt{2}})/\mathbb{Q}$ normal.

(b) Wir setzen $a = \sqrt{1 + \sqrt{3}}$ und erhalten $(a^2 - 1)^2 = 3$. Damit ist a Nullstelle des Polynoms $P = X^4 - 2X^2 - 2$. Mit der Substitution $u = X^2$ erhalten wir alle Nullstellen von P, es gilt:

$$X^4 - 2X - 2 = (X - \sqrt{1 + \sqrt{3}})(X + \sqrt{1 + \sqrt{3}})(X - \sqrt{1 - \sqrt{3}})(X + \sqrt{1 - \sqrt{3}}).$$

Wieder überlegen wir, ob alle Nullstellen in $\mathbb{Q}(\sqrt{1 + \sqrt{3}})$ liegen, dabei reicht es wieder, wenn wir $\sqrt{1 - \sqrt{3}}$ betrachten. Und hier fällt sofort auf, dass $\sqrt{1 - \sqrt{3}} \notin \mathbb{R}$ gilt. Damit kann P nicht über $\mathbb{Q}(\sqrt{1 + \sqrt{3}})$ zerfallen. Die Körpererweiterung $\mathbb{Q}(\sqrt{1 + \sqrt{3}})/\mathbb{Q}$ ist somit nicht normal (beachte die Kennzeichnung (3) aus Satz 24.13 (Algebrabuch) normaler Körpererweiterungen).

24.15 Da $\overline{K}$ Zerfällungskörper der Menge $K[X]$ über K ist, ist die algebraische Erweiterung $\overline{K}/K$ nach Kennzeichnung (1) aus Satz 24.13 (Algebrabuch) normaler Körpererweiterungen normal. Wir weisen die Normalität von $\overline{K}(X)/K(X)$ mittels der Kennzeichnung (2) aus Satz 24.13 (Algebrabuch) nach: Es sei dazu M ein algebraischer Abschluss von $\overline{K}(X)$. Wir zeigen, dass für jeden $K(X)$-Monomorphismus $\varphi : \overline{K}(X) \to M$ gilt $\varphi(\overline{K}(X)) \subseteq \overline{K}(X)$. Hieraus folgt dann die Behauptung.

Es sei also φ ein solcher Monomorphismus. Weiter sei $P/Q \in \overline{K}(X)$. Da $\overline{K}$ algebraisch abgeschlossen ist, gilt

$$\frac{P}{Q} = a \frac{\prod_{i=0}^{n}(X - a_i)}{\prod_{j=0}^{m}(X - b_j)} \quad \text{für} \quad a, a_i, b_j \in \overline{K}.$$

Wegen $\varphi(X) = X$ gilt:

$$\varphi(P) = \varphi(a) \frac{\prod_{i=0}^{n}(X - \varphi(a_i))}{\prod_{j=0}^{m}(X - \varphi(b_j))}.$$

Da wie oben bemerkt $\overline{K}/K$ normal ist, gilt hierbei $\varphi(a)$, $\varphi(a_i)$, $\varphi(b_j)$ $\in$ $\overline{K}$. Also gilt $\varphi(P)$ $\in$ $\overline{K}(X)$. Es ist somit $\overline{K}(X)/K(X)$ normal.

24.16 Wir haben die Situation mit den Zwischenkörpern E, F, $E\,F$ und $E \cap F$ von L/K in der folgenden Skizze dargestellt.

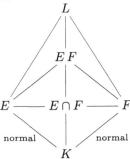

Zu $E\,F/K$: Die Erweiterungen E/K und F/K seien normal. Nach der nach Kennzeichnung (1) normaler Körpererweiterungen aus Satz 24.13 (Algebrabuch) sind dann $E = K(W)$ und $F = K(W')$ für die Wurzelmengen W von $S \subseteq K[X]$ und W' von $S' \subseteq K[X]$.

Für W, $W' \subseteq L$ gilt $E(F) = K(W \cup W')$, und $W \cup W'$ ist die Wurzelmenge von $S \cup S' \subseteq K[X]$. Folglich ist die Erweiterung $E\,F/K$ normal.

Zu $E \cap F/K$: Wir benutzen Kennzeichnung (3) normaler Körpererweiterungen aus Satz 24.13 (Algebrabuch): Es sei $a \in E \cap F$ eine Wurzel des Polynoms $P \in K[X]$ und weisen nach, dass sämtliche Wurzeln von P in $E \cap F$ liegen. Da E/K und F/K normal sind und das Polynom $P \in K[X]$ die Nullstelle $a \in E$ bzw. $a \in F$ hat, zerfällt das Polynom P über E bzw. über F in Linearfaktoren, d. h.

$$P = b \prod_{i=1}^{n}(X - a_i) \in E[X] \text{ bzw. } P = c \prod_{i=1}^{n}(X - b_i) \in F[X],$$

wobei $a = a_i$ für ein $i \in \{1, \ldots, n\}$ bzw. $a = b_j$ für ein $j \in \{1, \ldots, n\}$.

Wegen der Eindeutigkeit der Faktorisierung von P in L sind die Nullstellenmengen $\{a_1, \ldots, a_n\} \subseteq E$ und $\{b_1, \ldots, b_n\} \subseteq F$ gleich. Also liegen alle Wurzeln von P in $E \cap F$. Folglich zerfällt P über $E \cap F$ – es ist also $E \cap F/K$ normal.

24.17

(a) ist richtig. Ist nämlich M/K normal, so ist M Zerfällungskörper eines Polynoms $P \in K[X] \subseteq L[X]$, also ist M auch Zerfällungskörper des Polynoms P aus $L[X]$.

(b) ist falsch, beachte das Beispiel $K = \mathbb{Q}$, $L = \mathbb{Q}(\sqrt[4]{2})$, $M = \mathbb{Q}(\sqrt[4]{2}, \mathrm{i})$. Es ist M Zerfällungskörper des Polynoms $P = X^4 - 2 \in \mathbb{Q}[X]$, es gilt nämlich

$$P = (X - \sqrt[4]{2})\,(X - \mathrm{i}\sqrt[4]{2})\,(X + \sqrt[4]{2})\,(X + \mathrm{i}\sqrt[4]{2}),$$

und somit

$$\mathbb{Q}(\pm\sqrt[4]{2}, \pm i\sqrt[4]{2}) = \mathbb{Q}(\sqrt[4]{2}, i\sqrt[4]{2}) = \mathbb{Q}(\sqrt[4]{2}, i) = M.$$

Somit ist M/K normal. Aber L/K ist nicht normal, da das über K irreduzible Polynom P zwar eine Nullstelle in L hat, aber nicht über L zerfällt.

(c) ist falsch, vgl. Beispiel 2 in 24.11 (Algebrabuch).

24.18 Beachte im Folgenden Lemma 21.1 (Algebrabuch): Das Polynom $P = X^4 - 10X^2 + 20 \in \mathbb{Q}[X]$ ist nach Eisenstein mit $p = 5$ irreduzibel; also ist $L = \mathbb{Q}[X]/(P)$ ein Körper und $L \cong \mathbb{Q}(a) \subseteq \mathbb{C}$, wobei $a \in \mathbb{C}$ eine Nullstelle von P bezeichne. Wir zeigen $\mathbb{Q}(a)/\mathbb{Q}$ ist normal, wegen der genannten Isomorphie ist dann auch $L/\mathbb{Q}$ normal.

Die Nullstellen von P erhalten wir über die Substitution $u = X^2$ als

$$a_{1,2,3,4} = \pm\sqrt{\tfrac{1}{2}\left(10 \pm \sqrt{100-80}\right)} = \pm\sqrt{5 \pm \sqrt{5}}.$$

Wir setzen $a = a_1 = \sqrt{5 + \sqrt{5}}$ und zeigen $a_2, a_3, a_4 \in \mathbb{Q}(a)$; es ist dann $\mathbb{Q}(a)$ als Zerfällungskörper von P über $\mathbb{Q}$ normal über $\mathbb{Q}$:

- $a_2 \in \mathbb{Q}(a)$, da $a_2 = -a$.
- $a_3 = \sqrt{5 - \sqrt{5}} = \dfrac{(\sqrt{5-\sqrt{5}})\,(\sqrt{5+\sqrt{5}})}{\sqrt{5+\sqrt{5}}} = \dfrac{\sqrt{25-5}}{a} = \dfrac{2\sqrt{5}}{a} = \dfrac{2\,(a^2-5)}{a} \in \mathbb{Q}(a)$.
- $a_4 \in \mathbb{Q}(a)$, da $a_4 = -a_3$.

24.19

(a) Es ist $\mathbb{Q}(\sqrt{5}, i)$ Zerfällungskörper des Polynoms $(X^2 - 5)(X^2 + 1) \in \mathbb{Q}[X]$, folglich ist $\mathbb{Q}(\sqrt{5}, i)/\mathbb{Q}$ normal.

(b) Es ist $i\sqrt[4]{5}$ eine Nullstelle des irreduziblen Polynoms $X^4 - 5 \in \mathbb{Q}[X]$. Auch $\sqrt[4]{5}$ ist Nullstelle dieses Polynoms. Aber es ist $\sqrt[4]{5} \notin \mathbb{Q}(i\sqrt[4]{5})$. Es gilt nämlich

$$[\mathbb{Q}(\sqrt[4]{5}) : \mathbb{Q}] = [\mathbb{Q}(i\sqrt[4]{5}) : \mathbb{Q}] = \deg(X^4 - 5) = 4,$$

und wäre $\sqrt[4]{5} \in \mathbb{Q}(i\sqrt[4]{5})$, so wäre aus Gradgründen $\mathbb{Q}(i\sqrt[4]{5}) = \mathbb{Q}(\sqrt[4]{5}) \subseteq \mathbb{R}$. Also zerfällt $X^4 - 5$ in $\mathbb{Q}(i\sqrt[4]{5})$ nicht in Linearfaktoren und somit ist $\mathbb{Q}(i\sqrt[4]{5})/\mathbb{Q}$ nicht normal.

(c) Es ist $P := m_{t,\,\mathbb{Q}(t^4)} = X^4 - t^4 \in \mathbb{Q}(t^4)[X]$ das Minimalpolynom von t über $\mathbb{Q}(t^4)$. Es ist nämlich das primitive Polynom $P \in \mathbb{Q}[t^4][X]$ irreduzibel nach Eisenstein mit dem Primelement t^4 des faktoriellen Rings $\mathbb{Q}[t^4]$, und daher ist P auch in $\mathbb{Q}(t^4)[X]$ irreduzibel; man beachte, dass $\mathbb{Q}(t^4)$ der Quotientenkörper von $\mathbb{Q}[t^4]$ ist.

In einem algebraischen Abschluss hat das Polynom P die Nullstellen $i^k t, k = 0, 1, 2, 3$ (wobei i die imaginäre Einheit bezeichne), d. h. $P = \prod_{k=0}^{3}(X - i^k t)$, wobei aber $it \notin \mathbb{Q}(t)$, so dass P über $\mathbb{Q}(t)[X]$ nicht in Linearfaktoren zerfällt. Die Körpererweiterung ist daher nicht normal.

Bemerkung Man müsste eigentlich genauer überlegen, warum die folgenden Aussage gilt: *Es enthält* $\mathbb{Q}(t)$ *kein Element* i *mit* $i^2 = -1$. Es könnte ja sein, dass es Polynome $p, q \in \mathbb{Q}[t]$ gibt, sodass $(\frac{p}{q})^2 = -1$ gilt. Man kann nun aus der folgenden Polynomgleichung $p^2 + q^2 = 0$ einen Widerspruch finden, z. B. folgt, dass p und q gleiche Grade haben, und dann kann man die höchsten Koeffizienten addieren. Tatsächlich kann man $i \notin \mathbb{Q}(t)$ auch aus $i \in \mathbb{C} \setminus \mathbb{Q}$ und der Inklusion $\mathbb{Q}(t) \subseteq \mathbb{C}(t)$ folgern. Genauer: Ist $K \subseteq L$ eine Körpererweiterung und t eine (auch über L) unabhängige Variable, so gilt $(L \setminus K) \cap K(t) = \emptyset$. Ist nämlich $\alpha \in L \cap K(t)$, so folgt $\alpha = \frac{f}{g}$ mit Polynomen $f, g \in K[t]$, $g \neq 0$. Wir lesen diese Gleichung in $L(t)$, und aus $\alpha\, g = f$ folgt, dass es $a, b \in K$, $a \neq 0$ gibt mit $\alpha\, a = b$, also $\alpha = \frac{b}{a} \in K$.

24.20

(a) Die Wurzeln von P sind $\pm\sqrt[4]{3}$ und $\pm i\sqrt[4]{3}$. Damit ist $\mathbb{Q}(\sqrt[4]{3}, i\sqrt[4]{3})$ der Zerfällungskörper von P in $\mathbb{C}$. Offensichtlich ist $\mathbb{Q}(\sqrt[4]{3}, i\sqrt[4]{3}) \subseteq L$. Es gilt aber auch $L \subseteq \mathbb{Q}(\sqrt[4]{3}, i\sqrt[4]{3})$ wegen

$$i = i\sqrt[4]{3} \cdot \left(\sqrt[4]{3}\right)^{-1} \in \mathbb{Q}(\sqrt[4]{3}, i\sqrt[4]{3}).$$

(b) Das Polynom P ist über $\mathbb{Q}$ irreduzibel nach Eisenstein mit $p = 3$. Also ist P das Minimalpolynom von $\sqrt[4]{3}$ in $\mathbb{Q}[X]$ und somit

$$[\mathbb{Q}(\sqrt[4]{3}) : \mathbb{Q}] = \deg(P) = 4.$$

Da $i \in \mathbb{C} \setminus \mathbb{R}$ und $\mathbb{Q}(\sqrt[4]{3}) \subseteq \mathbb{R}$ gilt, muss

$$[\mathbb{Q}(\sqrt[4]{3}, i) : \mathbb{Q}(\sqrt[4]{3})] > 1$$

gelten. Andererseits ist i Nullstelle des Polynoms $X^2 + 1 \in \mathbb{Q}(\sqrt[4]{3})[X]$, das wegen der vorhergehenden Ungleichung irreduzibel ist. D.h., es gilt

$$[\mathbb{Q}(\sqrt[4]{3}, i) : \mathbb{Q}(\sqrt[4]{3})] = \deg(X^2 + 1) = 2.$$

Insgesamt erhalten wir also mit der Gradformel:

$$[L : \mathbb{Q}] = [\mathbb{Q}(\sqrt[4]{3}, i) : \mathbb{Q}(\sqrt[4]{3})] \cdot [\mathbb{Q}(\sqrt[4]{3}) : \mathbb{Q}] = 2 \cdot 4 = 8.$$

(c) Zu zeigen ist, dass $\mathbb{Q}(a) = L$ gilt. Offensichtlich ist $\mathbb{Q}(a) \subseteq L$ (denn $a \in L$). Es bleibt zu zeigen, dass i und $\sqrt[4]{3}$ Elemente aus $\mathbb{Q}(a)$ sind. Das sieht man wie folgt:

$$a = \sqrt[4]{3} + i$$
$$\Rightarrow (a - i)^4 = 3$$
$$\Rightarrow a^4 - 4a^3 i - 6a^2 + 4ai + 1 = 3$$
$$\Rightarrow a^4 - 6a^2 - 2 = i(4a^3 - 4a)$$
$$\Rightarrow i = (a^4 - 6a^2 - 2) \cdot (4a^3 - 4a)^{-1} \in \mathbb{Q}(a)$$
$$\Rightarrow \sqrt[4]{3} = a - i \in \mathbb{Q}(a).$$

Man beachte, dass $4a^3 - 4a = 4a(a^2 - 1) \neq 0$ gilt wegen $a \notin \{-1, 0, 1\}$.

Separable Körpererweiterungen 25

25.1 Aufgaben

25.1 •• Es sei K ein Körper der Charakteristik $p > 0$. Zeigen Sie: Ist L/K eine endliche Körpererweiterung mit $p \nmid [L : K]$, so ist L/K separabel.

25.2 • Man untersuche, ob die folgenden Polynome aus $\mathbb{Q}[X]$ mehrfache Wurzeln haben:

(a) $X^5 + 6 X^3 + 3 X + 4$.   (c) $X^5 + 5 X + 5$.
(b) $X^4 - 5 X^3 + 6 X^2 + 4 X - 8$.

25.3 •• Es seien K ein Körper der Charakteristik $p > 0$ und $P \in K[X]$ irreduzibel. Man zeige:

(a) Es gibt ein $n \in \mathbb{N}_0$ und ein separables Polynom $Q \in K[X]$ mit $P(X) = Q(X^{p^n})$.
(b) Jede Wurzel a von P in einem Zerfällungskörper L von P hat die Vielfachheit p^n.

25.4 ••• Es sei L/K eine algebraische Körpererweiterung. Zeigen Sie:

(a) Wenn K vollkommen ist, so ist auch L vollkommen.
(b) Wenn L vollkommen und separabel über K ist, so ist auch K vollkommen.

Begründen Sie, dass man in (b) auf die Separabilität von L/K nicht verzichten kann.

25.5 •• Welche der folgenden Körpererweiterungen besitzen ein primitives Element? Bestimmen Sie gegebenenfalls ein solches.

© Der/die Autor(en), exklusiv lizenziert durch Springer-Verlag GmbH, DE, ein Teil von   229
Springer Nature 2021
C. Karpfinger, *Arbeitsbuch Algebra*,
https://doi.org/10.1007/978-3-662-61954-4_25

(a) $\mathbb{Q}(\sqrt{2}, \sqrt[3]{3})/\mathbb{Q}$.   (c) $K(X, Y)/K(X + Y, XY)$.
(b) $\mathbb{Q}(\sqrt{-1}, \sqrt{-2}, \sqrt{-3})/\mathbb{Q}$.

25.6 •• Es seien E ein Körper der Charakteristik $p > 0$, $L := E(X, Y)$ der Körper der rationalen Funktionen in den Unbestimmten X, Y über E und $K := E(X^p, Y^p) \subseteq L$. Zeigen Sie:

(a) $[L : K] = p^2$.
(b) Für alle $a \in L$ gilt $a^p \in K$.
(c) L/K ist nicht einfach, d. h., es gibt kein primitives Element von L/K.

25.7 ••• Es seien K ein Körper der Charakteristik $p > 0$, L eine algebraische Erweiterung von K und $P := \{a \in L \mid a^{p^n} \in K$ für ein $n \in \mathbb{N}\}$. Zeigen Sie:

(a) Es ist P ein Zwischenkörper von L/K.
(b) Ein Zwischenkörper M von L/K ist genau dann rein inseparabel über K, wenn $M \subseteq P$. Man nennt P deshalb auch den *rein inseparablen Abschluss von K in L.*
(c) Ist L algebraisch abgeschlossen, so ist P der kleinste vollkommene Zwischenkörper von L/K; entweder gilt $P = K$ oder $[P : K] = \infty$.

Hinweis: Benutzen Sie in (b) und (c): Für jedes $n \in \mathbb{N}$ und jedes $b \in K \setminus K^p$ ist das Polynom $X^{p^n} - b \in K[X]$ irreduzibel über K – beweisen Sie dies.

25.8 ••• Es seien L/K eine endliche Körpererweiterung und S der separable Abschluss von K in L. Die Zahl $[L : K]_i := [L : S]$ heißt der *Inseparabilitätsgrad* von K über L. Zeigen Sie, dass für jeden Zwischenkörper M von L/K gilt:

$$[L : K]_s = [L : M]_s [M : K]_s \quad \text{und} \quad [L : K]_i = [L : M]_i [M : K]_i.$$

Hinweis: Es sei $\overline{K}$ ein algebraischer Abschluss von K mit $L \subset \overline{K}$. Jeder Monomorphismus $\varphi : M \to \overline{K}$ besitzt gleich viele Fortsetzungen (wie viele?) auf L.

25.9 • Es sei $L := \mathbb{Q}(\sqrt{2}, \sqrt[3]{5}) \subseteq \mathbb{C}$.

(a) Bestimmen Sie den Grad $[L : \mathbb{Q}]$, und geben Sie den Separabilitätsgrad $[L : \mathbb{Q}]_s$ an.
(b) Geben Sie alle Homomorphismen $L \to \overline{\mathbb{Q}}$ an, wobei $\overline{\mathbb{Q}} \subseteq \mathbb{C}$ der algebraische Abschluss von $\mathbb{Q}$ ist.

25.10 • Im Folgenden ist jeweils ein Körper $L = \mathbb{Q}(a, b)$ gegeben. Bestimmen Sie alle $\gamma \in \mathbb{Q}$, so dass $L = \mathbb{Q}(a + \gamma b)$ gilt, indem Sie die Methode aus dem Beweis des Satzes vom primitiven Element verwenden:

(a) $L = \mathbb{Q}(i, \sqrt{2})$.

(b) $L = \mathbb{Q}(\sqrt[3]{2}, i\sqrt{3})$.

25.11 •• Der Teilkörper K von $\mathbb{C}$ habe einen ungeraden (endlichen) Grad über $\mathbb{Q}$. Begründen Sie: Ist $K/\mathbb{Q}$ normal, so gilt $K \subseteq \mathbb{R}$.

25.12 • Im Folgenden ist jeweils ein Polynom $P \in K[X]$ über einem Körper K gegeben. Untersuchen Sie, ob P separabel ist.

(a) $P = X^3 - X^2 - X + 1 \in \mathbb{Q}[X]$.

(b) $P = X^{10} - 5X^7 + 30X^2 + 10 \in \mathbb{R}[X]$.

(c) $P = X^3 + X^2 + 1 \in \mathbb{F}_2[X]$.

(d) $P = Y^9 + X\,Y^3 - X \in (\mathbb{F}_3[X])[Y]$.

25.13 •• Es seien L/K eine endliche Körpererweiterung vom Grad $[L : K] = n$, $a \in L$ und $\sigma_i : L \to \overline{K}$ für $i = 1, \ldots, n$ Körperhomomorphismen von L in einen algebraischen Abschluss von K mit $\sigma_i|_K = \mathrm{Id}_K$ für alle $i = 1, \ldots, n$ und $\sigma_i(a) \neq \sigma_j(a)$ für alle $1 \leq i \neq j \leq n$. Zeigen Sie: $L = K(a)$.

25.2 Lösungen

25.1 Eine Körpererweiterung L/K ist separabel, wenn sie algebraisch ist und für jedes Element $a \in L$ das Minimalpolynom $m_{a,K}$ nur einfache Wurzeln in einem algebraischen Abschluss von K hat. Da L/K endlich ist, ist L/K schon mal algebraisch. Nun sei $m_{a,K}$ das Minimalpolynom für ein $a \in L$. Da $m_{a,K}$ irreduzibel über K ist, können wir den Teil (c) aus Lemma 25.1 (Algebrabuch) anwenden: $m_{a,K}$ hat genau dann nur einfache Wurzeln, wenn $m'_{a,K} \neq 0$ gilt. Zu begründen bleibt damit $m'_{a,K} \neq 0$:

Wegen $n := \deg m_{a,K} = [K(a) : K]$ gilt $\deg m_{a,K} \mid [L : K]$. Nach Voraussetzung gilt $p \nmid \deg m_{a,K}$. Folglich gilt $m'_{a,K} = n\,X^{n-1} + \cdots$ mit $n \neq 0$. Somit gilt $m'_{a,K} \neq 0$.

25.2 Die zwei wesentlichen Methoden zur Lösung dieser Aufgabenstellung für ein $P \in \mathbb{Q}[X]$ basieren auf Lemma 25.1 (Algebrabuch):

- Ist das Polynom P irreduzibel, so ist es wegen $\mathrm{Char}\,\mathbb{Q} = 0$ separabel und hat daher keine mehrfachen Wurzeln (in $\mathbb{C}$).

- Man bestimme mit dem euklidischen Algorithmus $Q = \mathrm{ggT}(P, P')$.
  - Falls $\deg Q = 0$, so hat P keine mehrfachen Nullstellen.
  - Falls $\deg Q \geq 1$, so findet man die mehrfachen Nullstellen unter den linearen Teilern von Q.

(a) Für das Polynom $P = X^5 + 6X^3 + 3X + 4$ gilt $P' = 5X^4 + 18X^2 + 3$. Mit dem euklidischen Algorithmus findet man $\mathrm{ggT}(P, P') = 1$, sodass P nur einfache Wurzeln hat.

(b) Für das Polynom $P = X^4 - 5X^3 + 6X^2 + 4X - 8$ gilt $P' = 4X^3 - 15X^2 + 12X + 4$. Mit dem euklidischen Algorithmus findet man $\mathrm{ggT}(P, P') = (X - 2)^2$, sodass P die 3-fache Nullstelle 2 hat.

(c) Nach Eisenstein mit $p = 5$ ist $P = X^5 + 5X + 5$ irreduzibel. Somit hat P nur einfache Wurzeln.

25.3

(a) Zur Lösung dieser Aufgabe beachten wir die Aussage (b) des Lemmas 25.2 (Algebrabuch), das besagt: Ist $P \in K[X]$ irreduzibel und inseparabel, so gibt es ein $Q \in K[X]$ mit $P(X) = Q(X^p)$. Man beachte, dass der Grad von Q kleiner ist als der Grad von P; außerdem ist mit P auch Q irreduzibel. Das gibt den Anstoß für die folgende Lösung dieser Aufgabe:

- Ist P separabel, so wähle $n = 0$, es ist dann $Q = P$.
- Ist P hingegen inseparabel, so gibt es nach der Aussage (b) in Lemma 25.2 (Algebrabuch) ein $Q_1 \in K[X]$ mit $P(X) = Q_1(X^p)$, wobei Q_1 irreduzibel ist und $\deg Q_1 < \deg P$. Ist nun Q_1 separabel, so wähle $n = 1$, es ist dann $Q = Q_1$.
- Ist Q_1 hingegen inseparabel, so gibt es erneut nach Lemma 25.2 (Algebrabuch) ein $Q_2 \in K[X]$ mit $Q_1(X) = Q_2(X^p)$, also $P(X) = Q_2(X^{p^2})$, wobei Q_2 irreduzibel ist und $\deg Q_2 < \deg Q_1$.
- usw.

Aus Gradgründen bricht dieses Verfahren ab. Folglich gibt es ein separables Polynom $Q_n \in K[X]$ mit $P(X) = Q_n(X^{p^n})$. Wähle somit $Q = Q_n$.

(b) Wir wenden den Teil (a) dieser Aufgabe an: Das Polynom $Q = Q_n$ aus der Lösung zum Teil (a) ist irreduzibel und separabel, besitzt also nur einfache Wurzeln im Zerfällungskörper L von P: Zu $a \in L$ mit $0 = P(a) = Q(a^{p^n})$ existiert somit ein $R \in L[X]$ mit $Q = (X - a^{p^n})R$ und $R(a^{p^n}) \neq 0$. Es folgt

$$P = Q(X^{p^n}) = (X^{p^n} - a^{p^n})R(X^{p^n}) = (X - a)^{p^n}R(X^{p^n}),$$

man beachte, dass $(X^{p^n} - a^{p^n}) = (X - a)^{p^n}$ wegen $\mathrm{Char}\, K = p$ gilt (siehe auch Aufgabe 13.4).

Also gilt $(X - a)^{p^n} \mid P$. Damit hat a mindestens die Vielfachheit p^n. Angenommen, die Vielfachheit ist echt größer, sprich $(X - a)^{p^n+1} \mid P$. Das führt auf $(X - a) \mid R(X^{p^n})$ und damit zu dem Widerspruch $R(a^{p^n}) = 0$. Somit ist die Vielfachheit von a genau p^n.

25.4 Falls Char $K = 0$ gilt, so ist K nach dem Satz 25.5 (Algebrabuch) von Steinitz vollkommen. Jeder Teilkörper und jeder Erweiterungskörper von K hat damit ebenfalls Charakteristik 0 und ist wieder vollkommen. Wir dürfen daher o.E. Char $K = p > 0$ voraussetzen.

(a) Es sei K vollkommen und L/K algebraisch. Nach der Aussage (b) des Satzes 25.5 (Algebrabuch) von Steinitz ist L genau dann vollkommen, wenn $L = L^p$. Wir begründen diese Gleichheit:

$L^p \subseteq L$: Das ist klar.

$L \subseteq L^p$: Es sei $a \in L$. Wir zeigen, dass a die p-te Potenz eines Elements b aus L ist, d.h. $a = b^p$ für ein $b \in L$, etwas genauer ausgedrückt zeigen wir:

$$a \overset{(i)}{=} \sum_{i=0}^{n} a_i\, a^{i\,p} \overset{(ii)}{=} \sum_{i=0}^{n} b_i^{p}\, a^{i\,p} \overset{(iii)}{=} \left(\sum_{i=0}^{n} b_i\, a^i \right)^{p} \in L^p,$$

wobei $a_i, b_i \in K$ gilt. Wir begründen, warum die Gleichheitszeichen gerechtfertigt sind:

Zu (i): Da K vollkommen ist und L/K algebraisch ist, ist a separabel über K. Folglich gilt $K(a) = K(a^p)$, beachte Lemma 25.3 (Algebrabuch). Es existiert also ein $P \in K[X]$ mit $a = P(a^p)$. Es sei $P = \sum_{i=0}^n a_i X^i$. Es gilt also $a = \sum_{i=0}^n a_i\, a^{i\,p}$.

Zu (ii): Wir schreiben die Koeffizienten $a_i \in K$ als p-te Potenzen gewisser $b_i \in K$. Da K vollkommen ist, gilt $K^p = K$. Somit existieren $b_0, \ldots, b_n \in K$ mit $b_i^p = a_i$ für alle $i = 0, \ldots, n$. Es gilt also $\sum_{i=0}^n a_i\, a^{i\,p} = \sum_{i=0}^n b_i^p\, a^{i\,p}$.

Zu (iii): Wegen Char $K = p$ können wir die Potenz p *ausklammern*, es gilt $\sum_{i=0}^n b_i^p\, a^{i\,p} = \left(\sum_{i=0}^n b_i\, a^i \right)^p$.

Damit ist $L \subseteq L^p$ begründet, insgesamt gilt $L = L^p$.

(b) Wir zeigen $K = K^p$. Wegen $K^p \subseteq K$ reicht es aus, $K \subseteq K^p$ zu begründen: Es sei $a \in K$. Da L vollkommen ist, gilt $L^p = L$, also $b^p = a$ für ein $b \in L$. Ist b sogar in K, so ist alles begründet. Um dies nachzuweisen, betrachten wir das Minimalpolynom $m_{b,K} \in K[X]$. Dieses Minimalpolynom ist ein Teiler von $X^p - a = X^p - b^p = (X - b)^p \in L[X]$. Nun kommt die Separabilität ins Spiel: Da b separabel über K, gilt $m_{b,K} = X - b$, sodass $b \in K$.

Zu dem Zusatz: Wir begründen, dass ein nichtvollkommener Körper K durchaus einen vollkommenen algebraischen Erweiterungskörper L haben kann. Dazu stellen wir vorab erst mal fest:

Jeder algebraisch abgeschlossene Körper L ist vollkommen.

Denn: O.E. sei Char $L = p > 0$. Wir begründen $L^p = L$. Wegen $L^p \subseteq L$, ist nur $L \subseteq L^p$ zu begründen. Es sei $a \in L$. Angenommen, es gibt kein $b \in L$ mit $b^p = a$. Dann hat das Polynom $X^p - a \in L[X]$ keine Nullstelle in L. Das widerspricht der algebraischen Abgeschlossenheit von L. Somit ist L vollkommen.

Nun finden wir leicht ein Beispiel, das die Behauptung im Zusatz begründet: Es sei K

ein nicht vollkommener Körper. Dann existiert ein inseparables Polynom $P \in K[X]$. Es sei a eine mehrfache Wurzel eines irreduziblen, normierten Faktors von P in einem algebraischen Abschluss L von K. Es ist dann $a \in L$ nicht separabel über K, und L ist als algebraisch abgeschlossener Körper natürlich vollkommen.

25.5 Man beachte den Satz 25.6 (Algebrabuch) vom primitiven Element bzw. die etwas *gröbere*, aber dafür deutlich prägnantere Variante Korollar 25.7 (Algebrabuch): Zu jeder endlichen, separablen Körpererweiterung L/K gibt es ein primitives Element, d. h. ein $c \in L$ mit $L = K(c)$. Der Beweis des Satzes vom primitiven Element ist konstruktiv: Zu $a, b \in L$ wird ein $c = a + \gamma b$ bestimmt, sodass $K(a, b) = K(c)$ gilt. Das Element γ ist hierbei aus K, aber nicht in der Menge

$$\{(a_j - a)(b - b_i)^{-1} \mid j = 1, \dots, r; \ i = 2, \dots, s\}$$

zu wählen, wobei $a = a_1, a_2, \dots, a_r$ die verschiedenen Wurzeln von $m_{a,K}$ und $b = b_1, b_2, \dots, b_s$ die von $m_{b,K}$ in einem Zerfällungskörper sind.

(a) Die Erweiterung $\mathbb{Q}(\sqrt{2}, \sqrt[3]{3})/\mathbb{Q}$ ist endlich und separabel. Also existiert ein primitives Element. Wir bestimmen die Wurzeln der Minimalpolynome von $\sqrt{2}$, $\sqrt[3]{3}$ und setzen dazu $\zeta := e^{\frac{2\pi i}{3}}$. Das Minimalpolynom von $\sqrt{2}$ bzw. von $\sqrt[3]{3}$ über $\mathbb{Q}$ ist

$$m_{\sqrt{2}, \mathbb{Q}} = (X - \sqrt{2})(X + \sqrt{2}) \ \text{bzw.} \ m_{\sqrt[3]{3}, \mathbb{Q}} = (X - \sqrt[3]{3})(X - \zeta\sqrt[3]{3})(X - \zeta^2\sqrt[3]{3}).$$

Wähle folglich

$$\gamma \in \mathbb{Q} \setminus \left\{0, \ \frac{-2\sqrt{2}}{\sqrt[3]{3} - \sqrt[3]{3}\zeta}, \ \frac{-2\sqrt{2}}{\sqrt[3]{3} - \sqrt[3]{3}\zeta^2}\right\},$$

etwa $\gamma = 1$: Es gilt somit

$$\mathbb{Q}(\sqrt{2}, \sqrt[3]{3}) = \mathbb{Q}(\sqrt{2} + \sqrt[3]{3}).$$

(b) Die Erweiterung $\mathbb{Q}(\sqrt{-1}, \sqrt{-2}, \sqrt{-3})/\mathbb{Q}$ ist endlich und separabel. Also existiert ein primitives Element. Wir bestimmen zuerst ein c mit $\mathbb{Q}(\sqrt{-1}, \sqrt{-2}) = \mathbb{Q}(c)$. Dazu benötigen wir die Wurzeln der Minimalpolynome von $\sqrt{-1}$, $\sqrt{-2}$: Wegen $m_{i, \mathbb{Q}} = X^2 + 1$ und $m_{\mathbb{Q}}(\sqrt{-2}) = X^2 + 2$ wählen wir

$$\gamma \in \mathbb{Q} \setminus \left\{0, \ \frac{-2i}{\sqrt{-2} + \sqrt{-2}}\right\},$$

etwa $\gamma = 1$. Es gilt somit

$$\mathbb{Q}(\sqrt{-1}, \sqrt{-2}) = \mathbb{Q}(\sqrt{-1} + \sqrt{-2}) = \mathbb{Q}((1 + \sqrt{2})\,i).$$

Nun bestimmen wir ein d mit $\mathbb{Q}((1+\sqrt{2})\,\mathrm{i}, \sqrt{-3}) = \mathbb{Q}(d)$. Dazu benötigen wir die Wurzeln der Minimalpolynome von $(1+\sqrt{2})\,\mathrm{i}$, $\sqrt{-3}$: Wegen $m_{(1+\sqrt{2})\,\mathrm{i},\,\mathbb{Q}} = X^4 + 6X^2 + 1 = (X - (1+\sqrt{2})\,\mathrm{i})\,(X + (1+\sqrt{2})\,\mathrm{i})\,(X - (1-\sqrt{2})\,\mathrm{i})\,(X + (1-\sqrt{2})\,\mathrm{i})$ und $m_{\sqrt{-3},\,\mathbb{Q}} = X^2 + 3$ wählen wir

$$\gamma \in \mathbb{Q} \setminus \left\{ 0,\ \frac{-2(1+\sqrt{2})\,\mathrm{i}}{2\sqrt{3}\,\mathrm{i}},\ \frac{(1+\sqrt{2})\,\mathrm{i} - (1+\sqrt{2})\,\mathrm{i}}{2\sqrt{3}\,\mathrm{i}},\ \frac{-(1-\sqrt{2})\,\mathrm{i} - (1+\sqrt{2})\,\mathrm{i}}{2\sqrt{3}\,\mathrm{i}} \right\},$$

etwa $\gamma = 1$. Wir erhalten

$$\mathbb{Q}(\sqrt{-1}, \sqrt{-2}, \sqrt{-3}) = \mathbb{Q}((1+\sqrt{2})\,\mathrm{i}, \sqrt{-3}) = \mathbb{Q}(\sqrt{-1} + \sqrt{-2} + \sqrt{-3}).$$

(c) Die Erweiterung $K(X, Y)/K(X + Y, XY)$ ist endlich, da X und Y Lösungen der quadratischen Gleichung $(t - X)(t - Y) = t^2 - (X + Y)\,t + XY \in K(X + Y, XY)[t]$ sind.

Falls nun z.B. $X \notin K(X + Y, XY)$, so hat die Körpererweiterung $K(X, Y)/K(X + Y, XY)$ den Grad 2, und es gilt $K(X, Y) = K(X + Y, XY)(X)$; X ist damit ein primitives Element. Wir begründen daher:

$$X \notin K(X + Y, XY).$$

Angenommen, $X \in K(X + Y, XY)$. Dann kann man X als rationale Funktion in $X + Y$ und XY darstellen: $X = P(X + Y, XY)/Q(X + Y, XY)$ mit $P, Q \in K[s, t]$, $\mathrm{ggT}(P, Q) = 1$. Durch Einsetzen von $-X$ für Y in $X\,Q(X + Y, XY) = P(X + Y, XY)$ folgt offenbar

$$X\,Q(0, -X^2) = P(0, -X^2).$$

Da links ein ungerades und rechts ein gerades Polynom in X steht, folgt weiter $P(0, -X^2) = Q(0, -X^2) = 0$, also auch $P(0, t) = Q(0, t) = 0$. Die Polynome P, Q sind somit beide durch s teilbar. Das ist ein Widerspruch zur Voraussetzung $\mathrm{ggT}(P, Q) = 1$. Damit ist $X \notin K(X + Y, XY)$ begründet.

Ein weiteres Argument – mehr im Sinne der Galoistheorie – ist folgendes: Der K-Automorphismus $X \mapsto Y$, $Y \mapsto X$ fixiert $K(X + Y, XY)$ elementweise, aber nicht $K(X, Y)$. Also ist $K(X + Y, XY) \neq K(X, Y)$. Somit ist $K(X, Y)$ eine quadratische Erweiterung von $K(X + Y, XY)$, und jedes Element aus $K(X, Y) \setminus K(X + Y, XY)$, z.B. X oder Y, ist ein primitives Element dieser Erweiterung.

25.6 Diese Aufgabe wiederholt etwas ausführlicher das Beispiel 25.9 (Algebrabuch): Es wird eine endliche, nichteinfache Körpererweiterung L/K konstruiert, insbesondere ist L/K auch nicht separabel.

(a) Das gilt wegen $[E(X, Y) : E(X^p, Y)]\,[E(X^p, Y) : E(X^p, Y^p)] = p\,p = p^2$.

(b) Es sei $a \in L$. Dann existieren a_{ij}, $b_{ij} \in E$ mit

$$a = \frac{\sum_{i,j} a_{ij} X^i Y^j}{\sum_{i,j} b_{ij} X^i Y^j}.$$

Folglich ist

$$a^p = \frac{\sum_{i,j} a_{ij}^p X^{pi} Y^{pj}}{\sum_{i,j} b_{ij}^p X^{pi} Y^{pj}} \in K.$$

(c) Gäbe es ein $a \in L$ mit $K(a) = L$, so folgte mit (b) der Widerspruch

$$p \geq \deg m_{a,K} = [L : K] = p^2.$$

25.7

(a) Wir zeigen, dass Produkt, Summe und Inverse von Elementen aus P wieder in P liegen. Es ist P dann ein Teilkörper von L. Da P den Körper K umfasst, folgt hieraus die Behauptung.

Es seien $a, b \in P$, also $a^{p^m} \in K$ und $b^{p^n} \in K$ für gewisse $m, n \in \mathbb{N}$. Ist nun etwa $m \leq n$, so gilt $a^{p^n} = (a^{p^m})^{p^{n-m}} \in K$ und folglich auch $(a\,b)^{p^n} = a^{p^n} b^{p^n} \in K$, $(a+b)^{p^n} = a^{p^n} + b^{p^n} \in K$, $(1/a)^{p^n} = 1/a^{p^n} \in K$, d.h. $a\,b$, $a+b$, $1/a \in P$.

(b) Wir begründen vorab den Hinweis: Für jedes $n \in \mathbb{N}$ und jedes $b \in K \setminus K^p$ ist das Polynom $X^{p^n} - b \in K[X]$ irreduzibel über K: Wir wählen eine Wurzel a des Polynoms $X^{p^n} - b$ aus einem algebraischen Abschluss von K. Wegen $a^{p^n} = b$ gilt dann

$$X^{p^n} - b = X^{p^n} - a^{p^n} = (X - a)^{p^n}.$$

Wäre nun das Polynom $X^{p^n} - b$ zerlegbar über K, so hätte es wegen der eindeutigen Faktorisierung einen Teiler $(X - a)^r \in K[X]$ mit $0 < r < p^n$, wobei $r = p^e s$ für ein $s \in \mathbb{N}$ und $p \nmid s$. Es folgte

$$(X - a)^r = (X - a)^{p^e s} = (X^{p^e} - a^{p^e})^s = X^r - s\, a^{p^e}\, X^{r-1} \pm \cdots,$$

sodass $s\, a^{p^e}$ in K liegt. Da $p \nmid s$ gilt, ist somit auch $a^{p^e} \in K$; hierbei gilt $e \leq n - 1$, sodass also auch das Element $a^{p^{n-1}}$ in K liegt. Aber dann wäre $b = a^{p^n}$ die p-te Potenz des Elements $a^{p^{n-1}} \in K$ – ein Widerspruch. Damit ist der Hinweis begründet.

Es seien $a \in P \setminus K$ und $n \in \mathbb{N}$ minimal mit $b := a^{p^n} \in K$. Dann ist $b \notin K^p$, denn aus $a^{p^n} = c^p$ mit $c \in K$ folgte $a^{p^{n-1}} = c \in K$, was entweder der Minimalität von n widerspräche (für $n \geq 2$) oder $a \in K$ nach sich zöge (für $n = 1$). Das Polynom $X^{p^n} - b \in K[X]$ ist wegen $(X^{p^n} - b)' = 0$ nicht separabel. Also ist jedes $a \in P \setminus K$ inseparabel über K, und damit ist jeder Zwischenkörper von P/K per definitionem rein inseparabel über K. Es bleibt zu zeigen, dass im Fall $a \in L \setminus P$ der Körper $K(a)$ ein über K separables Element $b \notin K$ enthält. Hier stützen wir uns auf Lemma 25.4 (Algebrabuch): Es existiert $n \in \mathbb{N}$, sodass $b := a^{p^n}$ über K separabel ist. Wegen $a \notin P$ ist $b \notin K$.

(c) Es sei $\phi : L \to L, a \mapsto a^p$ die Frobeniusabbildung. (Da L algebraisch abgeschlossen – also insbesondere vollkommen ist, ist ϕ ein Automorphismus von L.) Ist M ein vollkommener Zwischenkörper von L/K, so gilt $\phi^{-1}(M) = M$, also $\phi^{-n}(M) = M$ für jedes $n \in \mathbb{N}$. Aus $a^{p^n} \in K \subseteq M$ folgt demnach $a \in M$, d. h. es gilt $P \subseteq M$. Da L algebraisch abgeschlossen ist, existiert zu $a \in P$ ein $c \in L$ mit $c^p = a$. Ferner gibt es ein $n \in \mathbb{N}$ mit $c^{p^{n+1}} = a^{p^n} \in K$, woraus offenbar $c \in P$ folgt. Somit ist $P = \phi(P)$ vollkommen. Schließlich sei $P \neq K$, d. h. K sei nicht vollkommen, und es sei $a \in K \setminus K^p$. Es sind dann die Polynome $X^{p^n} - a, n \in \mathbb{N}$, sämtlich irreduzibel über K. Also existieren für jedes $n \in \mathbb{N}$ Elemente $a \in L$ mit $[K(a) : K] = p^n$, woraus natürlich $[L : K] = \infty$ folgt.

25.8 Nach Definition des Separabilitätsgrades ist $[L : K] = [L : K]_s \cdot [L : K]_i$, also $[L : K]_i = [L : K]/[L : K]_s$. Die Multiplikativität von $[L : K]_i$ folgt damit aus der Multiplikativität von $[L : K]$ und der Multiplikativität von $[L : K]_s$, die wir nun zeigen: Es sei $\overline{K}$ ein algebraischer Abschluss von K mit $L \subseteq \overline{K}$. Nach Lemma 25.11 (Algebrabuch) gilt $[L : K]_s = |\mathrm{Mon}_K(L, \overline{K})|$. Die Identität auf K besitzt $[M : K]_s = |\mathrm{Mon}_K(M, \overline{K})|$ Fortsetzungen zu einem Monomorphismus $\sigma : M \to \overline{K}$. Eine davon ist die Identität auf M, die ihrerseits $[L : M]_s$ Fortsetzungen zu einem Monomorphismus $\tau : L \to \overline{K}$ besitzt. Wenn wir nun zeigen, dass jedes $\sigma \in \mathrm{Mon}_K(M, \overline{K})$ genau $[L : M]_s$ Fortsetzungen zu einem Monomorphismus $\widetilde{\sigma} : L \to \overline{K}$ besitzt, so folgt durch Abzählen aller Fortsetzungen der Identität auf K offenbar $[L : K]_s = [L : M]_s [M : K]_s$. Zum Beweis sei S die separable Hülle von M in L. Nach dem Satz vom primitiven Element ist $S = M(c)$ eine einfache Erweiterung. Nach dem Beweis zu Lemma 25.11 (Algebrabuch) erhält man, dass $[L : M]_s = [S : M]$ gleich der Anzahl der Wurzeln des Minimalpolynoms $m_{c, M}$ von c über M ist. Die Anzahl der Fortsetzungen von σ auf S ist gleich der Anzahl der verschiedenen Wurzeln des Polynoms $m_M(c)^\sigma \in \sigma(M)[X]$ (d. h. σ wird auf die Koeffizienten angewandt) in $\overline{K}$. Dieses Polynom ist separabel (wegen $(m_{c, M}^\sigma)' = (m'_{c, M})^\sigma \neq 0$) und hat denselben Grad wie $m_{c, M}$, also auch die gleiche Anzahl $[S : M]$ von Wurzeln in $\overline{K}$. Somit besitzt σ genau $[L : M]_s$ Fortsetzungen auf S, und der Beweis von Lemma 25.11 (Algebrabuch) zeigt, dass die Fortsetzung auf L jeder solchen Fortsetzung eindeutig ist. Damit sind wir fertig.

25.9

(a) Der Gradsatz liefert $[L : \mathbb{Q}] = [L : \mathbb{Q}(\sqrt{2})] \cdot [\mathbb{Q}(\sqrt{2}) : \mathbb{Q}] \leq 3 \cdot 2 = 6$. Da L den Unterkörper $\mathbb{Q}(\sqrt{2})$ vom Grad 2 und den Unterkörper $\mathbb{Q}(\sqrt[3]{5})$ vom Grad 3 besitzt, sind 2 und 3 Teiler von $[L : \mathbb{Q}]$, also $[L : \mathbb{Q}] = 6$. Wegen Charakteristik 0 ist die Körpererweiterung $L/\mathbb{Q}$ separabel, also $[L : \mathbb{Q}]_s = [L : \mathbb{Q}] = 6$.

(b) Nach (a) wissen wir, dass es genau 6 Homomorphismen $L \to \overline{\mathbb{Q}}$ gibt. Jeder solche Homomorphismus ϕ ist durch $\phi(\sqrt{2})$ und $\phi(\sqrt[3]{5})$ eindeutig bestimmt. Da $\sqrt{2}$ eine Nullstelle von $X^2 - 2 \in \mathbb{Q}[X]$ ist und dieses Polynom nur die Nullstellen

$\pm\sqrt{2}$ besitzt, folgt $\phi(\sqrt{2}) \in \{\sqrt{2}, -\sqrt{2}\}$. Analog: $\sqrt[3]{5}$ ist eine Nullstelle von $X^3 - 5 \in \mathbb{Q}[X]$, und dieses Polynom hat nur die Nullstellen $\sqrt[3]{5}$, $\xi\sqrt[3]{5}$, $\xi^2\sqrt[3]{5}$ mit $\xi := e^{2\pi i/3}$. Also ist $\phi(\sqrt[3]{5}) \in \{\sqrt[3]{5}, \xi\sqrt[3]{5}, \xi^2\sqrt[3]{5}\}$. Die 6 Homomorphismen $L \to \overline{\mathbb{Q}}$ sind also gegeben durch:

$$\varphi_1 = \mathrm{Id} : \sqrt{2} \mapsto \sqrt{2}, \quad \sqrt[3]{5} \mapsto \sqrt[3]{5},$$
$$\varphi_2 : \sqrt{2} \mapsto \sqrt{2}, \quad \sqrt[3]{5} \mapsto \xi\sqrt[3]{5},$$
$$\varphi_3 : \sqrt{2} \mapsto \sqrt{2}, \quad \sqrt[3]{5} \mapsto \xi^2\sqrt[3]{5},$$
$$\varphi_4 : \sqrt{2} \mapsto -\sqrt{2}, \quad \sqrt[3]{5} \mapsto \sqrt[3]{5},$$
$$\varphi_5 : \sqrt{2} \mapsto -\sqrt{2}, \quad \sqrt[3]{5} \mapsto \xi\sqrt[3]{5},$$
$$\varphi_6 : \sqrt{2} \mapsto -\sqrt{2}, \quad \sqrt[3]{5} \mapsto \xi^2\sqrt[3]{5}.$$

25.10

(a) Wir benötigen die Minimalpolynome von i und $\sqrt{2}$ über $\mathbb{Q}$ und deren Nullstellen:

$$m_{i, \mathbb{Q}} = X^2 + 1 = (X - i)(X + i),$$
$$m_{\sqrt{2}, \mathbb{Q}} = X^2 - 2 = (X - \sqrt{2})(X + \sqrt{2}).$$

Nach dem Beweis des Satzes 25.6 (Algebrabuch) gilt $L = \mathbb{Q}(i + \gamma\sqrt{2})$ für jedes

$$\gamma \in \mathbb{Q} \setminus \left\{0, \pm\frac{i - (-i)}{\sqrt{2} - (-\sqrt{2})}\right\} = \mathbb{Q} \setminus \left\{0, \pm\frac{i}{\sqrt{2}}\right\} = \mathbb{Q} \setminus \{0\}.$$

Da für $\gamma = 0$ offenbar $L \neq \mathbb{Q}(i + \gamma\sqrt{2})$, ist damit die gesuchte Menge gefunden.

(b) Wir benötigen die Minimalpolynome von $\sqrt[3]{2}$ und $i\sqrt{3}$ über $\mathbb{Q}$ und deren Nullstellen:

$$m_{\sqrt[3]{2}, \mathbb{Q}} = X^3 - 2 = (X - \sqrt[3]{2})(X - \zeta\sqrt[3]{2})(X - \zeta^2\sqrt[3]{2}),$$
$$m_{i\sqrt{3}, \mathbb{Q}} = X^2 + 3 = (X - i\sqrt{3})(X + i\sqrt{3}),$$

wobei $\zeta = e^{2\pi i/3} = -\frac{1}{2} + \frac{1}{2}\sqrt{3}i$. Nach dem Beweis des Satzes 25.6 (Algebrabuch) gilt $L = \mathbb{Q}(\sqrt[3]{2} + \gamma i\sqrt{3})$ für jedes

$$\gamma \in \mathbb{Q} \setminus \left\{0, \pm\sqrt[3]{2}\frac{1 - \zeta}{2i\sqrt{3}}, \pm\sqrt[3]{2}\frac{\zeta - \zeta^2}{2i\sqrt{3}}, \pm\sqrt[3]{2}\frac{1 - \zeta^2}{2i\sqrt{3}}\right\} = \mathbb{Q} \setminus \{0\}.$$

Da für $\gamma = 0$ offenbar $L \neq \mathbb{Q}(\sqrt[3]{2} + \gamma i\sqrt{3})$, ist damit die gesuchte Menge gefunden.

25.11 Da $K/\mathbb{Q}$ separabel ist, existiert nach dem Satz vom primitiven Element ein $a \in K$ mit $K = \mathbb{Q}(a)$. Ist $P \in \mathbb{Q}[X]$ das Minimalpolynom von a, so liegen wegen der Normalität von $K/\mathbb{Q}$ sämtliche Nullstellen von P in K. Da der Grad n des Minimalpolynoms P gleich dem Grad der Körpererweiterung $K/\mathbb{Q}$ ist, ist n nach Voraussetzung ungerade. Das Polynom P

hat somit nach dem Zwischenwertsatz eine reelle Nullstelle $b \in \mathbb{R}$. Weil nun $K = \mathbb{Q}(a) = \mathbb{Q}(b)$ gilt, folgt die Behauptung, $K = \mathbb{Q}(b) \subseteq \mathbb{R}$.

25.12

(a) Es ist $P = (X - 1)^2(X + 1)$, also ist P separabel.
(b) Es ist P nach Eisenstein mit $p = 5$ irreduzibel über $\mathbb{Q}[X]$ und damit separabel, denn $\mathbb{Q}$ ist vollkommen (dass hier $P \in \mathbb{R}[X]$ angegeben ist, macht dafür keinen Unterschied).
(c) Es ist P als Polynom vom Grad 3 ohne Nullstellen irreduzibel über $\mathbb{F}_2[X]$ und damit separabel (denn $\mathbb{F}_2$ ist vollkommen).
(d) Es ist P nach Eisenstein mit $p = X$ irreduzibel und $P' = 0$. Damit ist P nicht separabel.

25.13 Es sei $P \in K[X]$ das Minimalpolynom von a. Aus $P(a) = 0$ folgt auch $0 = \sigma_i(P(a)) = P(\sigma_i(a))$ für $i = 1, \ldots, n$. Also hat P mindestens die n paarweise verschiedenen Nullstellen $\sigma_i(a)$, $i = 1, \ldots, n$. Also gilt $[K(a) : K] = \deg P \geq n$. Da aber $K(a) \subseteq L$, gilt auch $[K(a) : K] \leq [L : K] = n$, also gilt $[K(a) : K] = n = [L : K]$. Hieraus folgt $L = K(a)$.

Endliche Körper

26

26.1 Aufgaben

26.1 •• Man gebe alle erzeugenden Elemente der Gruppen $\mathbb{Z}/7^{\times}$, $\mathbb{Z}/17^{\times}$, $\mathbb{Z}/41^{\times}$ an.

26.2 • Man gebe die Verknüpfungstafeln eines Körpers K mit 9 Elementen an.

26.3 •• Es sei $K := \mathbb{F}_3$ der Körper mit 3 Elementen. Das irreduzible Polynom $P := X^3 - X + \bar{1} \in K[X]$ hat in dem Körper $L := K[X]/(P)$ ein Nullstelle.

(a) Geben Sie eine K-Basis von L an und bestimmen Sie $|L|$.
(b) Bestimmen Sie eine Zerlegung von P in $L[X]$ in irreduzible Faktoren.
(c) Bestimmen Sie ein erzeugendes Element von $L^{\times}$.

26.4 • Man gebe die Struktur der additiven Gruppe des Körpers $\mathbb{F}_{16}$ an.

26.5 • Es sei $p > 2$ eine Primzahl. Zeigen Sie, dass es über $\mathbb{F}_p$ genau $\frac{p^2 - p}{2}$ normierte irreduzible quadratische Polynome gibt.

26.6 •• Zerlegen Sie alle über $\mathbb{F}_2$ irreduziblen Polynome vom Grad ≤ 3 in Produkte irreduzibler Polynome aus $\mathbb{F}_4[X]$.

26.7 •• Es seien p eine Primzahl und $P \in \mathbb{F}_p[X]$ irreduzibel. Man zeige: P teilt $X^{p^n} - X$ genau dann, wenn $\deg P$ ein Teiler von n ist.

26.8 •• Es seien p eine Primzahl und $I(d, p)$ die Menge der irreduziblen normierten Polynome aus $\mathbb{F}_p[X]$ vom Grad d.

© Der/die Autor(en), exklusiv lizenziert durch Springer-Verlag GmbH, DE, ein Teil von
Springer Nature 2021
C. Karpfinger, *Arbeitsbuch Algebra*,
https://doi.org/10.1007/978-3-662-61954-4_26

(a) Zeigen Sie: $X^{p^n} - X = \prod_{d|n} (\prod_{P \in I(d,p)} P)$.
(b) Wie viele Elemente enthält $I(1, p)$, $I(2, p)$, $I(3, p)$?

26.9 ••• Es sei $\mathbb{F}$ ein algebraischer Abschluss des Körpers $\mathbb{F}_p$ (p eine Primzahl). Zu jedem $n \in \mathbb{N}$ enthält $\mathbb{F}$ genau einen Teilkörper $\mathbb{F}_{p^n}$ mit p^n Elementen. Es sei weiter $q \neq p$ eine Primzahl. Zeigen Sie:

(a) $\mathbb{F} = \bigcup_{n \in \mathbb{N}} \mathbb{F}_{p^{n!}}$ (wie sind Addition und Multiplikation erklärt?).
(b) $\mathbb{F}_{q^\infty} := \bigcup_{n \in \mathbb{N}} \mathbb{F}_{p^{q^n}}$ ist ein echter, unendlicher Teilkörper von $\mathbb{F}$.
(c) Es ist $\Gamma := \langle \Phi \rangle \leq \operatorname{Aut} \mathbb{F}$ eine unendliche Gruppe; dabei sei $\Phi : \mathbb{F} \to \mathbb{F}$, $x \mapsto x^p$ der Frobeniusautomorphismus.
(d) $\mathbb{F}_{q^\infty}$ ist ein vollkommener Körper.
(e) Es gibt Automorphismen φ von $\mathbb{F}$ mit $\varphi \notin \Gamma$.

26.10 ••• Es sei $a \in \mathbb{F}_{p^r}$ ein Element der multiplikativen Ordnung n (d. h. $n \in \mathbb{N}$ minimal mit $a^n = 1$; solche Elemente heißen *primitive n-te Einheitswurzeln* in $\mathbb{F}_{p^r}$; sie existieren genau dann, wenn n ein Teiler von $p^r - 1$ ist). Zeigen Sie, dass das Minimalpolynom von a über $\mathbb{F}_p$ die Gestalt

$$m_{a, \mathbb{Z}/p} = (X - a)(X - a^p)(X - a^{p^2}) \cdots (X - a^{p^{s-1}})$$

hat, wobei s die Ordnung von p in $\mathbb{Z}/n^\times$ ist.

26.11 ••• Zeigen Sie: Das Polynom $X^q - XY^{q-1} \in \mathbb{F}_q[X, Y]$ hat die Primzerlegung

$$X^q - XY^{q-1} = \prod_{a \in \mathbb{F}_q} (X - aY).$$

26.12 •• Welche der folgenden Körpererweiterungen sind normal? Begründen Sie Ihre Antworten!

(a) $\mathbb{F}_{81}/\mathbb{F}_9$.
(b) $\mathbb{F}_{25}(t)/\mathbb{F}_{25}(t^8)$. (Hierbei ist t transzendent über $\mathbb{F}_{25}$)

26.13 •• Es seien p und q Primzahlen. Zeigen Sie, dass das Polynom $P = X^{p^q} - X \in \mathbb{F}_p[X]$ in p verschiedene Faktoren vom Grad 1 und in $\frac{p^q - p}{q}$ verschiedene Faktoren vom Grad q zerfällt.

26.14 •• Zeigen Sie, dass das Polynom $X^6 + 1 \in \mathbb{F}_p[X]$ über dem endlichen Körper $\mathbb{F}_p$ mit p Elementen für jede Primzahl p reduzibel ist. Gehen Sie dazu wie folgt vor:

(a) Im Fall $p = 2$ bzw. $p = 3$ ist $X^6 + 1 \in \mathbb{F}_p[X]$ reduzibel.

(b) Im Fall $p > 3$ hat $X^6 + 1 \in \mathbb{F}_p[X]$ eine Nullstelle $a \in \mathbb{F}_{p^2}$.

(c) Auch im Fall $p > 3$ ist $X^6 + 1 \in \mathbb{F}_p[X]$ reduzibel.

26.2 Lösungen

26.1 Da 7, 17 und 41 Primzahlen sind, sind die Restklassenringe $\mathbb{Z}/7$, $\mathbb{Z}/17$ und $\mathbb{Z}/41$ nach Satz 5.14 (Algebrabuch) endliche Körper, die multiplikativen Gruppen $\mathbb{Z}/7^\times$, $\mathbb{Z}/17^\times$ und $\mathbb{Z}/41^\times$ sind nach Lemma 26.1 (Algebrabuch) zyklisch.

Zuerst stellen wir fest:

- $\mathbb{Z}/7^\times = \{\overline{1}, \ldots, \overline{6}\}$, insbesondere gilt $|\mathbb{Z}/7^\times| = 6$.
- $\mathbb{Z}/17^\times = \{\overline{1}, \ldots, \overline{16}\}$, insbesondere gilt $|\mathbb{Z}/17^\times| = 16$.
- $\mathbb{Z}/41^\times = \{\overline{1}, \ldots, \overline{40}\}$, insbesondere gilt $|\mathbb{Z}/41^\times| = 40$.

Wir bestimmen nun jeweils ein erzeugendes Element, also ein $a \in \mathbb{Z}/7^\times$ mit $o(a) = 6$ bzw. $a \in \mathbb{Z}/17^\times$ mit $o(a) = 16$ bzw. $a \in \mathbb{Z}/41^\times$ mit $o(a) = 40$. Ein solches Element findet man durch Probieren, wobei man mit $\overline{2}$ beginnt:

- Zu $\mathbb{Z}/7$:

$$\overline{2}, \ \overline{2}^2 = \overline{4}, \ \overline{2}^3 = \overline{1}.$$

Folglich gilt $o(\overline{2}) = 3 \neq 6$, $\overline{2}$ ist kein erzeugendes Element. Wir testen den nächsten Kandidaten:

$$\overline{3}, \ \overline{3}^2 = \overline{2}, \ \overline{3}^3 = \overline{6}.$$

Da $o(\overline{3})$ ein Teiler von 6 ist, aber $o(\overline{3})$ weder 1 noch 2 noch 3 ist, muss $o(\overline{3}) = 6$ gelten. Es ist somit $a = \overline{3}$ ein erzeugendes Element von $\mathbb{Z}/7^\times$, d. h. $\mathbb{Z}/7^\times = \langle \overline{3} \rangle$.

- Zu $\mathbb{Z}/17$:

$$\overline{2}, \ \overline{2}^2 = \overline{4}, \ \overline{2}^3 = \overline{8}, \ \overline{2}^4 = \overline{16}, \ \overline{2}^5 = \overline{15}, \ \overline{2}^6 = \overline{13}, \ \overline{2}^7 = \overline{9}, \ \overline{2}^8 = \overline{1}.$$

Folglich gilt $o(\overline{2}) = 8 \neq 16$, $\overline{2}$ ist kein erzeugendes Element. Wir testen den nächsten Kandidaten:

$$\overline{3}, \ \overline{3}^2 = \overline{9}, \ \overline{3}^3 = \overline{10}, \ \overline{3}^4 = \overline{13}, \ \overline{3}^5 = \overline{5}, \ \overline{3}^6 = \overline{15}, \ \overline{3}^7 = \overline{11}, \ \overline{3}^8 = \overline{16}.$$

Da $o(\overline{3})$ ein Teiler von 16 ist, aber $o(\overline{3})$ weder 1 noch 2 noch 4 noch 8 ist, muss $o(\overline{3}) = 16$ gelten. Es ist somit $a = \overline{3}$ ein erzeugendes Element von $\mathbb{Z}/17^\times$, d. h. $\mathbb{Z}/17^\times = \langle \overline{3} \rangle$.

- Zu $\mathbb{Z}/41$: Hier findet man leider erst in $\overline{6}$ ein erzeugendes Element, d. h. $\mathbb{Z}/41^\times = \langle \overline{6} \rangle$.

Man beachte, dass man die Rechnung etwas hätte abkürzen können: Da als Elementordnungen ohnehin nur Teiler der Gruppenordnung infrage kommen, erkennen wir ein erzeugendes

Element a bereits dann als ein solches, falls $a^t \neq \overline{1}$ für jeden positiven echten Teiler t der Gruppenordnung.

Da wir nun jeweils ein erzeugendes Element kennen, können wir mithilfe von Korollar 5.11 (Algebrabuch) jeweils sämtliche erzeugende Elemente angeben, es gilt:

- Zu $\mathbb{Z}/7$: Es sind $\overline{3}$, $\overline{3}^5$ alle Erzeugende von $\mathbb{Z}/7^\times$.
- Zu $\mathbb{Z}/17$: Es sind $\overline{3}$, $\overline{3}^3$, $\overline{3}^5$, $\overline{3}^7$, $\overline{3}^9$, $\overline{3}^{11}$, $\overline{3}^{13}$, $\overline{3}^{15}$ alle Erzeugende von $\mathbb{Z}/17^\times$.
- Zu $\mathbb{Z}/41$: Es sind $\overline{6}$, $\overline{6}^3$, $\overline{6}^7$, $\overline{6}^9$, $\overline{6}^{11}$, $\overline{6}^{13}$, $\overline{6}^{17}$, $\overline{6}^{19}$, $\overline{6}^{21}$, $\overline{6}^{23}$, $\overline{6}^{27}$, $\overline{6}^{29}$, $\overline{6}^{31}$, $\overline{6}^{33}$, $\overline{6}^{37}$, $\overline{6}^{39}$ alle Erzeugende von $\mathbb{Z}/41^\times$.

26.2 Der nach Satz 26.2 (Algebrabuch) bis auf Isomorphie eindeutig bestimmte Körper $K = \mathbb{F}_{3^2}$ mit 9 Elementen ist der Zerfällungskörper von $X^9 - X$ über $\mathbb{Z}/3$. Wir zerlegen das Polynom so weit wie möglich per Polynomdivision, wobei wir die Nullstellen $\overline{0}$, $\overline{1}$, $\overline{2} \in \mathbb{Z}/3$ kennen:

$$X^9 - X = X\,(X - \overline{1})\,(X - \overline{2})\,(X^2 + \overline{1})\,(X^2 + X - \overline{1})\,(X^2 - X - \overline{1}).$$

Man beachte auch das Beispiel 26.1 (Algebrabuch). Als Nullstellen von $X^9 - X$, sprich als Elemente von $\mathbb{F}_9$ erhalten wir mit a als Wurzel von $X^2 + \overline{1}$ (d. h. $a^2 = -\overline{1} = \overline{2}$):

$$\mathbb{F}_9 = \{\overline{0},\ \overline{1},\ -\overline{1},\ a,\ -a,\ \overline{1}+a,\ \overline{1}-a,\ -\overline{1}+a,\ -\overline{1}-a\}.$$

Unter Berücksichtigung von $\overline{2} = -\overline{1}$ erhalten wir für die Addition die Verknüpfungstafel:

$+$	$\overline{0}$	$\overline{1}$	$-\overline{1}$	a	$-a$	$\overline{1}+a$	$\overline{1}-a$	$-\overline{1}+a$	$-\overline{1}-a$
$\overline{0}$	$\overline{0}$	$\overline{1}$	$-\overline{1}$	a	$-a$	$\overline{1}+a$	$\overline{1}-a$	$-\overline{1}+a$	$-\overline{1}-a$
$\overline{1}$	$\overline{1}$	$-\overline{1}$	$\overline{0}$	$\overline{1}+a$	$\overline{1}-a$	$-\overline{1}+a$	$-\overline{1}-a$	a	$-a$
$-\overline{1}$	$-\overline{1}$	$\overline{0}$	$\overline{1}$	$-\overline{1}+a$	$-\overline{1}-a$	a	$-a$	$\overline{1}+a$	$\overline{1}-a$
a	a	$\overline{1}+a$	$-\overline{1}+a$	$-a$	$\overline{0}$	$\overline{1}-a$	$\overline{1}$	$-\overline{1}-a$	$-\overline{1}$
$-a$	$-a$	$\overline{1}-a$	$-\overline{1}-a$	$\overline{0}$	a	$\overline{1}$	$\overline{1}+a$	$-\overline{1}$	$-\overline{1}+a$
$\overline{1}+a$	$\overline{1}+a$	$-\overline{1}+a$	a	$\overline{1}-a$	$\overline{1}$	$-\overline{1}-a$	$-\overline{1}$	$-a$	$\overline{0}$
$\overline{1}-a$	$\overline{1}-a$	$-\overline{1}-a$	$-a$	$\overline{1}$	$\overline{1}+a$	$-\overline{1}$	$-\overline{1}+a$	$\overline{0}$	$\overline{1}$
$-\overline{1}+a$	$-\overline{1}+a$	a	$\overline{1}+a$	$-\overline{1}-a$	$-\overline{1}$	$-a$	$\overline{0}$	$\overline{1}-a$	$\overline{1}$
$-\overline{1}-a$	$-\overline{1}-a$	$-a$	$\overline{1}-a$	$-\overline{1}$	$-\overline{1}+a$	$\overline{0}$	a	$\overline{1}$	$\overline{1}+a$

Unter Berücksichtigung von $a^2 = -\overline{1}$ erhalten wir für die Multiplikation die Verknüpfungstafel:

$\cdot$	$\bar{0}$	$\bar{1}$	$-\bar{1}$	a	$-a$	$\bar{1}+a$	$\bar{1}-a$	$-\bar{1}+a$	$-\bar{1}-a$
$\bar{0}$	$\bar{0}$	$\bar{0}$	$\bar{0}$	$\bar{0}$	$\bar{0}$	$\bar{0}$	$\bar{0}$	$\bar{0}$	$\bar{0}$
$\bar{1}$	$\bar{0}$	$\bar{1}$	$-\bar{1}$	a	$-a$	$\bar{1}+a$	$\bar{1}-a$	$-\bar{1}+a$	$-\bar{1}-a$
$-\bar{1}$	$\bar{0}$	$-\bar{1}$	$\bar{1}$	$-a$	a	$-\bar{1}-a$	$-\bar{1}+a$	$\bar{1}-a$	$\bar{1}+a$
a	$\bar{0}$	a	$-a$	$-\bar{1}$	$\bar{1}$	$-\bar{1}+a$	$\bar{1}+a$	$-\bar{1}-a$	$\bar{1}-a$
$-a$	$\bar{0}$	$-a$	a	$\bar{1}$	$-\bar{1}$	$\bar{1}-a$	$-\bar{1}-a$	$\bar{1}+a$	$-\bar{1}+a$
$\bar{1}+a$	$\bar{0}$	$\bar{1}+a$	$-\bar{1}-a$	$-\bar{1}+a$	$\bar{1}-a$	$-a$	$-\bar{1}$	$\bar{1}$	a
$\bar{1}-a$	$\bar{0}$	$\bar{1}-a$	$-\bar{1}+a$	$\bar{1}+a$	$-\bar{1}-a$	$-\bar{1}$	a	$-a$	$\bar{1}$
$-\bar{1}+a$	$\bar{0}$	$-\bar{1}+a$	$\bar{1}-a$	$-\bar{1}-a$	$\bar{1}+a$	$\bar{1}$	$-a$	a	$-\bar{1}$
$-\bar{1}-a$	$\bar{0}$	$-\bar{1}-a$	$\bar{1}+a$	$\bar{1}-a$	$-\bar{1}+a$	a	$\bar{1}$	$-\bar{1}$	$-a$

Man beachte, dass die additive Gruppe $(K, +)$ isomorph zu $\mathbb{Z}/3 \times \mathbb{Z}/3$ und die multiplikative Gruppe $(K^{\times}, \cdot)$ isomorph zu $\mathbb{Z}/8$ ist.

26.3 Zur Lösung der Aufgabe ist es sinnvoll, den Teil (b) von Lemma 21.1 (Algebrabuch) und den Satz 24.2 (Algebrabuch) (inklusive der Beweise) zu rekapitulieren. Mithilfe dieser Ergebnisse wissen wir sofort, dass $L = K[X]/(P) \cong K(a)$, wobei a eine Nullstelle von P aus einem algebraischen Abschluss von K ist. Außerdem kennen wir den Grad $[L : K] = 3$, da der Grad des (irreduziblen) Polynoms P auch der Grad der Körpererweiterung ist. Weiter ist $\{\bar{1}, a, a^2\}$ eine K-Basis von $K(a)$. Wir betrachten nun wie gefordert den Körper $\mathbb{F}_3[X]/(P)$ und schreiben für $Q \in \mathbb{F}_3[X]$ einfacher $\overline{Q} := Q + (P)$.

(a) Es ist $\{\bar{1}, \overline{X}, \overline{X}^2\}$ eine K-Basis von L (beachte den Beweis von Satz 24.2 (Algebrabuch)). Weiter ist $\dim_K(L) = 3$ und $|L| = 3^3 = 27$.

(b) Zuerst beachten wir Korollar 26.4 (Algebrabuch): Die (endliche) Körpererweiterung L/K des endlichen Körpers K ist separabel und normal. Folglich hat das Polynom P in L drei verschiedene Nullstellen, wobei wir die Nullstelle $\overline{X}$ bereits kennen, es gilt (beachte den Beweis von Satz 24.2 (Algebrabuch)):

$$P(\overline{X}) = \overline{X}^3 - \overline{X} + \bar{1} = \overline{P} = \bar{0}.$$

Gesucht sind die weiteren zwei Nullstellen unter den verbliebenen 26 Kandidaten (beachte $|L| = 27$). Wir finden diese leicht, wenn wir an den Frobeniushomomorphismus denken, laut diesem gilt etwa $(\overline{X} + b)^3 = \overline{X}^3 + b^3$. Setzen wir nun für b die Elemente $\pm\bar{1}$ ein, so sehen wir sofort

$$P(\overline{X} \pm \overline{1}) = (\overline{X} \pm \overline{1})^3 - (\overline{X} \pm \overline{1}) + \overline{1} = \overline{X}^3 - \overline{X} + \overline{1} = \overline{P} = \overline{0}.$$

Also besitzt P die drei paarweise verschiedenen Wurzeln $\overline{X}$, $\overline{X} + \overline{1}$, $\overline{X} - \overline{1}$, es ist somit

$$P = (X - \overline{X})(X - \overline{X} - \overline{1})(X - \overline{X} + \overline{1}) \in L[X].$$

eine gesuchte Zerlegung.

(c) Es ist $a := \overline{X} \in L^\times$ ein Kandidat für einen Erzeuger der zyklischen Gruppe $L^\times$. Es sei $o(a)$ die Ordnung von a. Wegen $|L^\times| = 26$ folgt $o(a) \in \{1, 2, 13, 26\}$. Nach (a) gilt $a, a^2 \neq \overline{1}$, also $o(a) \in \{13, 26\}$. Wir begründen $o(a) \neq 13$, also $a^{13} \neq \overline{1}$, es folgt dann $o(a) = 26$, sodass a ein Erzeuger von $L^\times$ ist:

Wir dividieren das Polynom X^{13} durch das Polynom P mit Rest und setzen dann a ein, wir erhalten (unter Beachtung von $\overline{2} = -\overline{1}$):

$$a^{13} = (a^3 - a + \overline{1})(a^{10} + a^8 - a^7 + a^6 + a^5 - a^4 + a^2 + a + \overline{1}) - \overline{1} = -\overline{1}.$$

Folglich gilt $a^{13} \neq \overline{1}$, es ist somit $a = \overline{X}$ ein erzeugendes Element von $L^\times$.

26.4 Nach dem Hauptsatz 10.4 (Algebrabuch) über endliche abelsche Gruppen, ist $(\mathbb{F}_{16}, +)$ ein Produkt zyklischer 2-Gruppen. Da aber jedes Element von $\mathbb{F}_{16}$ eine (additive) Ordnung ≤ 2 hat, es gilt nämlich $a + a = 0$ für jedes $a \in \mathbb{F}_{16}$ wegen $\mathrm{Char}\,\mathbb{F}_{16} = 2$, bleibt nur $\mathbb{F}_{16} \cong \mathbb{Z}/2 \times \mathbb{Z}/2 \times \mathbb{Z}/2 \times \mathbb{Z}/2$.

26.5 Es gibt genau p^2 normierte Polynome vom Grad 2:

$$X^2 + a\,X + b \in \mathbb{F}_p[X].$$

Unter diesen Polynomen sind genau jene zerlegbar, die sich als Produkt zweier linearer Polynome darstellen lassen:

$$X^2 + a\,X + b = (X - a_1)(X - a_2) \in \mathbb{F}_p[X].$$

Das sind $\frac{p(p-1)}{2}$ Polynome mit $a_1 \neq a_2$ und p Polynome mit $a_1 = a_2$, folglich ist diese Anzahl der zerlegbaren normierten quadratischen Polynome:

$$\frac{p(p-1)}{2} + p = \frac{p(p+1)}{2}.$$

Damit verbleiben

$$p^2 - \frac{p(p+1)}{2} = \frac{p(p-1)}{2}$$

irreduzible normierte quadratische Polynome.

26.6 Zunächst konstruieren wir den Körper $\mathbb{F}_4$: Das Polynom $P := X^2 + X + \overline{1} \in \mathbb{F}_2[X]$ ist irreduzibel über $\mathbb{F}_2$, da es keine Nullstelle in $\mathbb{F}_2$ hat, $P(\overline{0}) \neq \overline{0} \neq P(\overline{1})$. Also ist $\mathbb{F}_2[X]/(P) \cong \mathbb{F}_4$. Wir setzen $a := X + (P) \in \mathbb{F}_4$. Folglich gilt $\mathbb{F}_4 = \{\overline{0}, \overline{1}, a, \overline{1} + a\}$. Dann gilt:

Grad 0: Von diesem Grad gibt es keine irreduziblen Polynome.

Grad 1: X, $X + 1$ sind die einzigen irreduzible Polynome von diesem Grad, die wir betrachten müssen. Beide bleiben irreduzibel über $\mathbb{F}_4$.

Grad 2: Das einzige Polynom vom Grad 2, das keine Nullstelle in $\mathbb{F}_2$ besitzt, ist $P = X^2 + X + 1$. Es hat nach Konstruktion von $\mathbb{F}_4$ die Nullstelle a. Die zweite Nullstelle von P kann nur $\overline{1} + a$ sein, tatsächlich gilt wegen des Frobeniushomomorphismus

$$P(\overline{1} + a) = (\overline{1} + a)^2 + (\overline{1} + a) + \overline{1} = \overline{1} + a^2 + \overline{1} + a + \overline{1} = a^2 + a + \overline{1} = \overline{0}.$$

Also gilt wegen $a^2 + a + \overline{1} = \overline{0}$, d. h. $a^2 = a + \overline{1}$:

$$X^2 + X + 1 = (X + a)(X + a^2).$$

Grad 3: Es sind $X^3 + X + 1$ und $X^3 + X^2 + 1$ die einzigen beiden Polynome dieses Grades, die wir untersuchen müssen. Angenommen, eines dieser beiden Polynome besitzt eine Wurzel $b \in \mathbb{F}_4$. Dann wäre $3 = [\mathbb{F}_2(b) : \mathbb{F}_2]$ ein Teiler von $[\mathbb{F}_4 : \mathbb{F}_2] = 2$, ein Widerspruch. Also haben die beiden Polynome keine Wurzeln in $\mathbb{F}_4$ und sind somit irreduzibel.

26.7 Es sei P ein Teiler von $X^{p^n} - X$, also $X^{p^n} - X = P\,Q$. Jede Wurzel a von P liegt in $\mathbb{F}_{p^n}$, da der Körper $\mathbb{F}_{p^n}$ gerade die Menge aller Wurzeln von $X^{p^n} - X$ ist. Folglich ist der Körper $\mathbb{F}_p(a)$ mit einer Wurzel a von P ein Zwischenkörper von $\mathbb{F}_{p^n}/\mathbb{F}_p$ mit $[\mathbb{F}_{p^n} : \mathbb{F}_p] = n$, also ist $\deg P = [\mathbb{F}_p(a) : \mathbb{F}_p]$ ein Teiler von n.

Es sei nun $k := \deg P$ ein Teiler von n, also $n = k\,l$ für ein $l \in \mathbb{N}$. Wir zeigen, dass jede Nullstelle a von P auch eine Nullstelle von $X^{p^n} - X$ ist; es ist dann P ein Teiler von $X^{p^n} - X$:

Ist a eine Nullstelle von P, so gilt $[\mathbb{F}_p(a) : \mathbb{F}_p] = k$, da P irreduzibel ist. Folglich gilt $|\mathbb{F}_p(a)| = p^k$. Nach dem kleinen Satz von Fermat gilt $a^{p^k} = a$. Es folgt nun

$$a^{p^n} = a^{p^{kl}} = \left(a^{p^k}\right)^{p^{k(l-1)}} = a^{p^{k(l-1)}} = \cdots = a.$$

Folglich ist a auch Nullstelle von $X^{p^n} - X$. Weil dies für jede Nullstelle von P gilt, teilt P das Polynom $X^{p^n} - X$.

26.8

(a) Wir formulieren vorab die zu beweisende Aussage in Worten: *Das Polynom $X^{p^n} - X$ ist das Produkt aller über $\mathbb{F}_p$ irreduzibler normierter Polynome vom Grad d, wobei d die (positiven) Teiler von n durchläuft.*

Die entscheidende Idee zum Beweis dieser Aussage entnimmt man der Genau-dann-wenn-Aussage in Aufgabe 26.7, die wir für ein über $\mathbb{F}_p$ irreduzibles Polynom P in knapper Form wie folgt wiedergeben:

$$P \mid X^{p^n} - X \Leftrightarrow \deg P \mid n. \tag{*}$$

Wir setzen nun $Q := \prod\limits_{d \mid n} \left(\prod\limits_{P \in I(d,p)} P \right)$ und zeigen $Q = X^{p^n} - X$:

Es sei $P \in I(d, p)$, wobei d ein Teiler von n ist. Nach der Richtung $\Leftarrow$ in (*) ist P ein Teiler von $X^{p^n} - X$. Es folgt

$$Q = \prod_{d \mid n} \left(\prod_{P \in I(d,p)} P \right) \mid X^{p^n} - X,$$

da verschiedene irreduzible Polynome teilerfremd sind.

Nach der Richtung $\Rightarrow$ in (*) ist aber auch jeder irreduzible Faktor von $X^{p^n} - X$ ein Faktor von Q. Folglich gilt $Q = X^{p^n} - X$.

(b) Ein Gradvergleich bei der in (a) nachgewiesenen Darstellung von $X^{p^n} - X$ liefert eine Formel für $|I(d, p)|$, also für die Anzahl der über $\mathbb{Z}/p$ irreduziblen normierten Polynome vom Grad d. Ein solcher Vergleich liefert nämlich:

$$p^n = \sum_{d \mid n} |I(d, p)| \, d. \tag{*}$$

Wir beginnen nun mit $d = 1$: Bekanntlich gilt $I(1, p) = \{X + a \mid a \in \mathbb{F}_p\}$. Damit gilt

$$|I(1, p)| = p.$$

Wir betrachten nun $d = 2$: Die Formel in (*) liefert mit $n = 2$:

$$p^2 = \sum_{d \mid 2} |I(d, p)| \, d = |I(1, p)| \cdot 1 + |I(2, p)| \cdot 2,$$

also

$$|I(2, p)| = \tfrac{1}{2} \, p \, (p - 1).$$

Wir beginnen nun mit $d = 1$: Bekanntlich gilt $I(1, p) = \{X + a \mid a \in \mathbb{F}_p\}$. Damit gilt

$$|I(1, p)| = p.$$

Wir betrachten schließlich $d = 3$: Die Formel in (*) liefert mit $n = 3$:

$$p^3 = \sum_{d \mid 3} |I(d, p)| \, d = |I(1, p)| \cdot 1 + |I(3, p)| \cdot 3,$$

also

$$|I(3, p)| = \tfrac{1}{3}\, p\, (p^2 - 1).$$

26.9 Wir begründen vorab (auch wenn das nicht verlangt wird) die in der Aufgabenstellung gemachte Behauptung, dass es zu jedem $n \in \mathbb{N}$ in $\mathbb{F}$ genau einen Teilkörper mit p^n Elementen gibt: Da $\mathbb{F}$ algebraisch abgeschlossen ist, zerfällt für jedes $n \in \mathbb{N}$ das Polynom $P_n := X^{p^n} - X \in \mathbb{F}_p[X]$ über $\mathbb{F}$. Da die Nullstellenmenge von P_n gerade der (bis auf Isomorphie eindeutig bestimmte) Körper $\mathbb{F}_{p^n}$ ist, enthält $\mathbb{F}$ tatsächlich für jedes $n \in \mathbb{N}$ einen Teilkörper mit p^n Elementen, und dieser ist als Nullstellenmenge von P_n in $\mathbb{F}$ eindeutig bestimmt.

(a) Wir begründen die Gleichheit der beiden Mengen, wie das so üblich ist:

$\bigcup_{n \in \mathbb{N}} \mathbb{F}_{p^{n!}} \subseteq \mathbb{F}$: Das folgt bereits aus der Aufgabenstellung, wonach für jedes $n \in \mathbb{N}$ der Körper $\mathbb{F}_{p^{n!}}$ in $\mathbb{F}$ enthalten ist.

$\mathbb{F} \subseteq \bigcup_{n \in \mathbb{N}} \mathbb{F}_{p^{n!}}$: Es sei $a \in \mathbb{F}$. Dann gilt $\mathbb{F}_p(a) \subseteq \mathbb{F}$ und $\mathbb{F}_p(a) \cong \mathbb{F}_{p^r}$ für ein $r \in \mathbb{N}$. Folglich gilt $a^{p^r} = a$, also $a \in \mathbb{F}_{p^r} \subseteq \mathbb{F}_{p^{r!}}$. Es folgt $\mathbb{F} \subseteq \bigcup_{n \in \mathbb{N}} \mathbb{F}_{p^{n!}}$.

Zur Definition von $+$: Es seien $a, b \in \bigcup_{n \in \mathbb{N}} \mathbb{F}_{p^{n!}}$. Folglich existieren $n, m \in \mathbb{N}$ mit $a \in \mathbb{F}_{p^{n!}}$ und $b \in \mathbb{F}_{p^{m!}}$. Setze $k := \max\{m, n\}$ und damit $a + b \in \mathbb{F}_{p^{k!}}$. Die Multiplikation ist analog erklärt.

(b) $\mathbb{F}_{q^\infty}$ *ist ein Körper*: Die Teilmenge $\mathbb{F}_{q^\infty} := \bigcup_{n \in \mathbb{N}} \mathbb{F}_{p^{q^n}}$ von $\mathbb{F}$ bildet mit analogen Verknüpfungen wie in der Lösung zu Teil (a) einen Körper und ist somit ein Teilkörper von $\mathbb{F}$.

$\mathbb{F}_{q^\infty}$ *ist unendlich*: Angenommen, der Körper $\mathbb{F}_{q^\infty}$ ist endlich, etwa $|\mathbb{F}_{q^\infty}| = n \in \mathbb{N}$. Wegen

$$|\mathbb{F}_{p^{q^n}}| = p^{q^n} > n$$

enthält der Körper $\mathbb{F}_{q^\infty}$ einen Teilkörper $\mathbb{F}_{p^{q^n}}$ mit mehr Elementen als $\mathbb{F}_{q^\infty}$ selbst – ein Widerspruch.

$\mathbb{F}_{q^\infty} \neq \mathbb{F}$: Es gibt eine Zahl $r \in \mathbb{N}$ mit $r \nmid q^n$ für alle $n \in \mathbb{N}$. Es zerfällt $X^{p^r} - X$ über $\mathbb{F}$, nicht aber über $\mathbb{F}_{q^\infty}$, es hätte sonst $\mathbb{F}_{q^\infty}$ einen Teilkörper mit p^r Elementen. Das wäre ein Widerspruch: $\mathbb{F}_{p^r} \subseteq \mathbb{F}_{p^{q^n}}$ für ein $n \in \mathbb{N}$ einerseits, aber $r \nmid q^n$ für alle $n \in \mathbb{N}$ andererseits. Folglich ist $\mathbb{F}_{q^\infty}$ ein echter Teilkörper von $\mathbb{F}$.

(c) Klar ist, dass $G = \langle \Phi \rangle$ eine Untergruppe von $\operatorname{Aut} \mathbb{F}$ ist. Es ist G genau dann unendlich, wenn Φ unendliche Ordnung hat. $\Phi^n(a) = a$ für ein $n \in \mathbb{N}$ und alle $a \in \mathbb{F}$ liefert aber den Widerspruch $a^{p^n} = a$ für alle $a \in F$ – es wäre $\mathbb{F}$ endlich, da jedes $a \in \mathbb{F}$ Wurzel von $X^{p^n} - X$ wäre. Folglich ist G unendlich.

(d) Wir zeigen $\mathbb{F}_{q^\infty} = (\mathbb{F}_{q^\infty})^p$: Wegen $(\mathbb{F}_{q^\infty})^p \subseteq \mathbb{F}_{q^\infty}$ ist nur die Inklusion $\mathbb{F}_{q^\infty} \subseteq (\mathbb{F}_{q^\infty})^p$ zu begründen: Es sei $a \in \mathbb{F}_{q^\infty}$. Es gibt dann ein $n \in \mathbb{N}$ mit $a \in \mathbb{F}_{p^{q^n}}$. Folglich ist $a^{p^{q^n}} = a$, also

$$a = \left(a^{p^{q^n-1}} \right)^p \in (\mathbb{F}_{q^\infty})^p.$$

(e) Da $\mathbb{F}_{q^\infty}$ nach dem Teil (b) ein echter Teilkörper des algebraisch abgeschlossenen Körpers $\mathbb{F}$ ist, ist $\mathbb{F}_{q^\infty}$ nicht algebraisch abgeschlossen. Folglich gibt es ein über $\mathbb{F}_{q^\infty}$

irreduzibles Polynom P vom Grad größer oder gleich 2 mit zwei verschiedenen Nullstellen a, $b \in \mathbb{F}$ (nach (d) ist $\mathbb{F}_q\infty$ vollkommen, weswegen P separabel ist, also $a \neq b$ gilt). Es ist dann durch

$$\psi : \mathbb{F}_q\infty(a) \to \mathbb{F}_q\infty(b), \ \psi(a) = b$$

ein Isomorphismus $\psi \neq \mathrm{Id}$ erklärt. Es sei φ eine Fortsetzung von ψ zu einem Automorphismus von $\mathbb{F}$ (beachte Satz 24.12 (Algebrabuch)). Wir zeigen: $\varphi \notin G$.
Wäre $\varphi = \Phi^r$ für ein $r \in \mathbb{Z}$, so wähle ein $n \in \mathbb{N}$ mit $q^n > r$. Es folgte dann für alle $c \in \mathbb{F}_{p^{q^n}}$:

$$c^{p^r} = \Phi^r(c) = c.$$

Somit hätte das Polynom $X^{p^r} - X$ mehr Wurzeln als möglich, nämlich p^{q^n}.

26.10 Es sei $m_{a, \mathbb{F}_p}$ das Minimalpolynom einer primitiven n-ten Einheitswurzel $a \in \mathbb{F}_q$, $q = p^r$, über $\mathbb{F}_p$. Das Minimalpolynom habe das folgende Aussehen bzw. die folgende Zerlegung über einem Zerfällungskörper

$$m_{a, \mathbb{F}_p} = \sum_{i=0}^{r} h_i X^i = (X - a_1)(X - a_2) \cdots (X - a_r), \tag{*}$$

wobei o. E. $a = a_1$ gelte.
Es sei $\varphi \in \mathrm{Aut}\,\mathbb{F}_q$ die Frobeniusabbildung $\varphi : b \mapsto b^p$ und $\psi : \mathbb{F}_q[X] \to \mathbb{F}_q[X]$ die durch $X \mapsto X$ erklärte Fortsetzung von φ auf $\mathbb{F}_q[X]$, d. h.

$$\psi : P = \sum_{i=0}^{r} h_i X^i \mapsto \psi(P) = \sum_{i=0}^{r} h_i^p X^i.$$

Wir wenden ψ auf $m_{a, \mathbb{F}_p}$ an, siehe (*):

$$\psi(m_{a, \mathbb{F}_p}) = \sum_{i=0}^{r} h_i^p X^i = (X - a^p)(X - a_2^p) \cdots (X - a_r^p).$$

Da die Koeffizienten von $m_{a, \mathbb{F}_p}$ in $\mathbb{F}_p$ liegen, gilt $h_i^p = h_i$ und somit $\psi(m_{a, \mathbb{F}_p}) = m_{a, \mathbb{F}_p}$. Folglich ist neben a auch a^p eine Nullstelle von $m_{a, \mathbb{F}_p}$. So fortfahrend erkennen wir, dass mit a auch $a^p = \varphi(a)$, $a^{p^2} = \varphi^2(a)$ etc. Nullstellen von $m_{a, \mathbb{F}_p}$ sind. Weil 1, p, p^2, ..., p^{s-1} in $\mathbb{Z}/n^\times$ paarweise verschieden sind, sind auch a, a^p, a^{p^2}, ..., $a^{p^{s-1}}$ paarweise verschieden. Also ist

$$h := (X - a)(X - a^p)(X - a^{p^2}) \cdots (X - a^{p^{s-1}})$$

ein Teiler von $m_{a, \mathbb{F}_p}$. Für den Nachweis von $h = m_{a, \mathbb{F}_p}$ gibt es verschiedene Möglichkeiten:

1. *Weg*: Wir zeigen, dass die Koeffizienten von h in $\mathbb{F}_p$ liegen oder – wegen $\mathbb{F}_p = \{a \in \mathbb{F}_q \mid a^p = a\}$ damit gleichwertig –, dass $\psi(h) = h$ gilt. Weil $\psi : h \mapsto \psi(h)$ ein Ringautomorphismus ist, gilt

$$\begin{aligned}
\psi(h) &= \left(X - \varphi(a)\right)\left(X - \varphi(a^p)\right)\dots\left(X - \varphi(a^{p^{s-1}})\right) \\
&= (X - a^p)(X - a^{p^2})\cdots(X - a^{p^{s-1}})(X - a^{p^s}) \\
&= (X - a^p)(X - a^{p^2})\cdots(X - a^{p^{s-1}})(X - a) \\
&= h\,,
\end{aligned}$$

letzteres wegen $p^s \equiv 1 \pmod{n}$, d.h. $a^{p^s} = a$. Somit ist h das normierte Polynom minimalen Grades in $\mathbb{F}_p[X]$, das die Wurzel a hat.

2 . *Weg*: Wir zeigen $[\mathbb{F}_p[a] : \mathbb{F}_p] \le s$. Aus $a^{p^s} = a$ folgt $b^{p^s} = b$ für jedes $b \in \mathbb{F}_p[a]$, weil $b \mapsto b^{p^s}$ ein Körperautomorphismus ist. Da das Polynom $X^{p^s} - X$ in $\mathbb{F}_q$ nicht mehr als p^s Wurzeln haben kann, folgt $|\mathbb{F}_p[a]| \le p^s$ oder äquivalent dazu $[\mathbb{F}_p[a] : \mathbb{F}_p] \le s$. Wegen $[\mathbb{F}_p[a] : \mathbb{F}_p] = \deg m_{a,\mathbb{F}_p}$ gilt also $[\mathbb{F}_p[a] : \mathbb{F}_p] = s$ und $h = m_{a,\mathbb{F}_p}$.

26.11 Für alle $a \in \mathbb{F}_q$ gilt die Gleichung $a^q = a$ bzw. $a^q - a = 0$. Das normierte Polynom $X^q - X$ vom Grad q hat also die q paarweise verschiedenen Nullstellen $a \in \mathbb{F}_q$. Damit gilt zunächst die Gleichung

$$X^q - X = \prod_{a \in \mathbb{F}_q} (X - a).$$

1. *Lösung.* Wir ersetzen in dieser Gleichung die Variable X durch $\frac{X}{Y}$ (Einsetzhomomorphismus), wobei wir die Inklusion $\mathbb{F}_q[X] \subseteq \mathbb{F}_q(X, Y)$ beachten. Dies ergibt

$$\left(\tfrac{X}{Y}\right)^q - \tfrac{X}{Y} = \prod_{a \in \mathbb{F}_q} \left(\tfrac{X}{Y} - a\right).$$

Da rechts genau q Faktoren stehen, ergibt Multiplikation dieser Gleichung mit Y^q die Faktorisierung

$$X^q - XY^{q-1} = \prod_{a \in \mathbb{F}_q} (X - aY).$$

Da jeder der Faktoren als normiertes Polynom vom Grad 1 in X (über dem Grundring $R = K[Y]$) irreduzibel ist, haben wir somit die Primzerlegung über dem faktoriellen Ring $\mathbb{F}_q[X, Y]$.

2. *Lösung.* Wir setzen $R = K[Y]$ und betrachten $f = X^q - Y^{q-1} \cdot X \in R[X]$. Dieses Polynom vom Grad q in X über R hat die q Nullstellen aY mit $a \in \mathbb{F}_q$, denn $(aY)^q - Y^{q-1} \cdot aY = Y^q(a^a - a) = 0$. Da R ein Integritätsbereich ist und f ein normiertes Polynom vom Grad q ist (als Polynom aus $R[X]$), folgt also

$$f = \prod_{a \in \mathbb{F}_q} (X - aY).$$

(Dass dies ein Produkt von Primelementen ist, folgt wie zuvor.)

26.12

(a) Es ist $\mathbb{F}_{81}$ Zerfällungskörper von $X^{81} - X \in \mathbb{F}_3[X] \subseteq \mathbb{F}_9[X]$, also ist die Körpererweiterung normal. (Man beachte auch: $81 = 3^4$, $9 = 3^2$ und $2 \mid 4$, daher gilt überhaupt $\mathbb{F}_9 \subseteq \mathbb{F}_{81}$).

(b) Es ist $\mathbb{F}_{25}(t)$ Zerfällungskörper des Polynoms $P := X^8 - t^8 \in (\mathbb{F}_{25}(t^8))[X]$, und damit ist die gegebene Körpererweiterung normal. Man beachte nämlich, dass $\mathbb{F}_{25}^\times$ zyklisch ist, also ein Element ζ der Ordnung 24 enthält. Damit ist $\rho := \zeta^3$ ein Element der multiplikativen Ordnung 8, und P hat die acht paarweise verschiedenen Nullstellen $\rho^k t$ mit $k = 0, \dots, 7$. Also zerfällt P über $(\mathbb{F}_{25}(t))[X]$ in

$$P = \prod_{k=0}^{7} (X - \rho^k t),$$

und die Nullstellen erzeugen $\mathbb{F}_{25}(t)$ über $\mathbb{F}_{25}(t^8)$.

26.13 Die Menge der Nullstellen von $P = X^{p^q} - X$ bildet (in einem algebraischen Abschluss von $\mathbb{F}_p$) einen Körper mit p^q Elementen; das ist der Körper $\mathbb{F}_{p^q}$. Unter den p^q Nullstellen befinden sich die Nullstellen $\overline{0}, \overline{1}, \dots, \overline{p-1} \in \mathbb{F}_p$. Damit können wir f zerlegen:

$$f = X\,(X - \overline{1}) \cdots (X - \overline{p-1})\,g_1 \cdots g_r.$$

Die Polynome $g_1, \dots, g_r$ seien hierbei irreduzibel; aus Gradgründen gilt $\deg(g_1 \cdots g_r) = p^q - p$. Zu zeigen bleibt:

$$\deg(g_i) = q \quad \text{für alle} \quad i = 1, \dots, r \quad \text{und} \quad r = \frac{p^q - p}{q}.$$

Ist α eine Nullstelle von g_i für ein $i \in \{1, \dots, r\}$, so gilt

$$\mathbb{F}_p \subseteq \mathbb{F}_p(\alpha) \subseteq \mathbb{F}_{p^q}.$$

Es gilt $\mathbb{F}_p(\alpha) = \mathbb{F}_{p^s}$ mit einem s, das bekanntlich ein Teiler von q ist. Da q eine Primzahl ist, bleiben nur die Möglichkeiten $s = 1$ oder $s = q$. Da $\alpha \notin \mathbb{F}_p$, gilt $s = q$, d. h.

$$\mathbb{F}_p(\alpha) = \mathbb{F}_{p^q} \quad \text{für jede Wurzel} \quad \alpha \quad \text{von} \quad g_1, \dots, g_r.$$

Das begründet $\deg(g_i) = q$ für jedes $i = 1 \dots, r$. Und folglich gilt auch $r = \frac{p^q - p}{q}$.

26.14

(a) Im Fall $p = 2$ erhalten wie die Zerlegung $X^6 + 1 = (X^3 + 1)^2$ und im Fall $p = 3$ analog $X^6 + 1 = (X^2 + 1)^3$.

(b) Im Fall $p > 3$ ist die Ordnung $|\mathbb{F}_{p^2}| = p^2 - 1 = (p - 1)(p + 1)$ sowohl durch 4 als auch durch 3 teilbar ($p - 1$ und $p + 1$ sind beide durch 2 teilbar und eine dieser Zahlen muss durch 3 teilbar sein, da p es nicht ist). Somit ist 12 ein Teiler der Ordnung der zyklischen Gruppe $\mathbb{F}_{p^2}^{\times}$: Es gibt somit ein Element a aus $\mathbb{F}_{p^2}^{\times}$ von der Ordnung 12, d. h. $a^6 = -1$. Folglich hat $X^6 + 1$ eine Nullstelle in $\mathbb{F}_{p^2}$.

(c) Mit dem Element $a \in \mathbb{F}_{p^2}$ erhalten wir $\mathbb{F}_p(a) \subseteq \mathbb{F}_{p^2}$. Somit ist der Grad des Minimalpolynoms $m_{a, \mathbb{F}_p}$ von a über $\mathbb{F}_p$ kleiner oder gleich 2. Dieses Minimalpolynom $m_{a, \mathbb{F}_p}$ ist ein (irreduzibler) und echter Teiler von $X^6 + 1$ über $\mathbb{F}_p$. Folglich ist $X^6 + 1$ reduzibel.

27

27.1 Aufgaben

27.1 • Es sei L ein Körper mit Primkörper P. Zeigen Sie: Aut $L = \Gamma(L/P)$.

27.2 •• Bestimmen Sie die Galoisgruppe Γ von $\mathbb{Q}(\sqrt{2}, \sqrt{3})/\mathbb{Q}$. Ist die Körpererweiterung galoissch? Geben Sie alle Untergruppen von Γ und alle Zwischenkörper von $\mathbb{Q}(\sqrt{2}, \sqrt{3})/\mathbb{Q}$ an.

27.3 •• Man bestimme $\Gamma(L/\mathbb{Q})$ mit $L = \mathbb{Q}(\zeta)$ für $\zeta = \exp\left(\frac{2\pi i}{5}\right)$, dazu alle Untergruppen U von $\Gamma(L/\mathbb{Q})$ und alle Fixkörper $\mathcal{F}(U)$.

27.4 ••• Es sei $L := \mathbb{Q}(X)$ der Körper der rationalen Funktionen über $\mathbb{Q}$. Für $a \neq 0$ bezeichne ε_{aX} den $\mathbb{Q}$-Automorphismus $\frac{P}{Q} \mapsto \frac{P(aX)}{Q(aX)}$ von L. Zeigen Sie:

(a) $L/\mathbb{Q}$ ist galoissch.
(b) Der Zwischenkörper $\mathbb{Q}(X^2)$ von $L/\mathbb{Q}$ ist abgeschlossen.
(c) Für $a \in \mathbb{Q} \setminus \{0, 1, -1\}$ gilt $\langle \varepsilon_{aX} \rangle^+ = \mathbb{Q}$, und $\mathbb{Q}(X^3)^+ = \{\mathrm{Id}_L\}$.

Folgern Sie: Die Abbildungen $E \mapsto E^+$ von $\mathcal{Z}(L/\mathbb{Q})$ in $\mathcal{U}(\Gamma(L/\mathbb{Q}))$ und $\Delta \mapsto \Delta^+$ von $\mathcal{U}(\Gamma(L/\mathbb{Q}))$ in $\mathcal{Z}(L/\mathbb{Q})$ sind weder injektiv noch surjektiv.

27.5 • Es sei K ein Körper mit p^n Elementen (p eine Primzahl) und L eine endliche Erweiterung von K vom Grad m. Zeigen Sie: $\Gamma(L/K) \cong \mathbb{Z}/m$.

27.6 •• Es seien $K/\mathbb{Q}$ eine Erweiterung vom Primzahlgrad $p > 2$. Für den normalen Abschluss N von K gelte $[N : K] = 2$. Zeigen Sie: $\Gamma(N/\mathbb{Q}) \cong D_p$.

© Der/die Autor(en), exklusiv lizenziert durch Springer-Verlag GmbH, DE, ein Teil von
Springer Nature 2021
C. Karpfinger, *Arbeitsbuch Algebra*,
https://doi.org/10.1007/978-3-662-61954-4_27

27.7 ••• Es seien E, F, K, L Körper mit $K \subseteq E$, $F \subseteq L$ und $[L : K] < \infty$.

(a) Sind E/K und F/K galoissch, so auch $E F/K$, $E \cap F/K$, $E F/E \cap F$, $E/E \cap F$ und
    $F/E \cap F$, und es gilt $\Gamma(E F/E \cap F) \cong \Gamma(E/E \cap F) \times \Gamma(F/E \cap F)$.
(b) Ist E/K galoissch, so gilt $[E F : K] = [E : K][F : K] \Leftrightarrow E \cap F = K$.
(c) Die Aussage in (b) stimmt nicht für beliebige endliche Erweiterungen.

27.8 •• Es sei L/K eine Galoiserweiterung mit der Galoisgruppe $\Gamma(L/K)$ und $a \in L$ ein
Element mit $\sigma(a) \neq a$ für alle $\sigma \in \Gamma(L/K)$, $\sigma \neq \mathrm{Id}$. Zeigen Sie: $L = K(a)$.

27.9 •• Bestimmen Sie möglichst explizit $\Delta \leq \mathrm{Aut}\, L$ mit $K = \mathcal{F}(\Delta)$ für

(a) $L = \mathbb{Q}(\sqrt{2}, \sqrt{3})$, $K = \mathbb{Q}(\sqrt{6})$;
(b) $L = \mathbb{Q}(\mathrm{i}, \sqrt[8]{2})$, $K = \mathbb{Q}\big((1 - \mathrm{i})/\sqrt{2}\big)$;
(c) $L = \mathbb{Q}(\mathrm{e}^{2\pi \mathrm{i}/n})$, $K = \mathbb{Q}\big(\cos(2\pi/n)\big)$;
(d) $L = \mathbb{Q}\big(\zeta\big)$, $K = \mathbb{Q}(\zeta + \zeta^4 + \zeta^{13} + \zeta^{16})$ mit $\zeta = \mathrm{e}^{2\pi \mathrm{i}/17}$.

27.2 Lösungen

27.1 Es sei $\sigma \in \mathrm{Aut}\, L$. Wie in Aufgabe 20.6 gezeigt wurde, gilt $\sigma(a) = a$ für jedes $a \in P$.
Folglich gilt $\sigma \in \Gamma(L/P)$. Umgekehrt ist natürlich jedes $\sigma \in \Gamma(L/P)$ ein Automorphismus
von L. Es folgt $\mathrm{Aut}\, L = \Gamma(L/P)$.

27.2 Man beachte, dass jede Körpererweiterung L/K eine Galoisgruppe $\Gamma = \Gamma(L/K)$ hat,
es ist dies die Gruppe der K-Automorphismen von L. Ist die Körpererweiterung L/K auch
endlich und galoissch, so gilt darüber hinaus $|\Gamma| = [L : K]$ nach Lemma 27.2 (Algebra-
buch), d. h., durch Angabe so vieler K-Automorphismen wie der Grad der Körpererweiterung vorgibt, hat man die Galoisgruppe bestimmt.

Im Allgemeinen ist das Bestimmen der Galoisgruppe Γ einer Körpererweiterung ein nicht
ganz leichtes Unterfangen. Ein methodisches Vorgehen zum Bestimmen der Galoisgruppe
einer endlichen Galoiserweiterung wird in Abschn. 28.3 (Algebrabuch) vorgestellt. Bei endlichen Galoiserweiterungen $K/\mathbb{Q}$ vom *kleinen* Grad $[K : \mathbb{Q}]$ liefert die folgende Methode,
die auf dem eben Geschilderten und Aufgabe 27.1 basiert, im Allgemeinen einfach die
Galoisgruppe Γ:

*Gib so viele $\mathbb{Q}$-Automorphismen σ von $K = \mathbb{Q}(a_1, \ldots, a_r)$ an, wie der Grad der Kör-
pererweiterung $K/\mathbb{Q}$ vorgibt. Dabei ist σ eindeutig durch Angabe der Bilder von $a_1, \ldots, a_r$
bestimmt. Und jedes a_i wird nach Lemma 27.1 (Algebrabuch) durch σ auf eine Nullstelle
des Minimalpolynoms $m_{a_i, \mathbb{Q}}$ abgebildet.*

Da die endliche Erweiterung $\mathbb{Q}(\sqrt{2}, \sqrt{3})/\mathbb{Q}$ normal und separabel ist, ist $\mathbb{Q}(\sqrt{2}, \sqrt{3})/\mathbb{Q}$
galoissch. Wir bestimmen

$$\Gamma = \Gamma(\mathbb{Q}(\sqrt{2},\ \sqrt{3})/\mathbb{Q}) = \text{Aut}(\mathbb{Q}(\sqrt{2},\ \sqrt{3})).$$

Da die Erweiterung galoissch ist, hat Γ genau vier Elemente, d. h. $|\Gamma| = 4$. Weil die Abbildungen

$$\sigma_1 : \begin{cases} \sqrt{2} \mapsto \sqrt{2} \\ \sqrt{3} \mapsto \sqrt{3} \end{cases},\quad \sigma_2 : \begin{cases} \sqrt{2} \mapsto -\sqrt{2} \\ \sqrt{3} \mapsto \sqrt{3} \end{cases},$$

$$\sigma_3 : \begin{cases} \sqrt{2} \mapsto \sqrt{2} \\ \sqrt{3} \mapsto -\sqrt{3} \end{cases},\quad \sigma_4 : \begin{cases} \sqrt{2} \mapsto -\sqrt{2} \\ \sqrt{3} \mapsto -\sqrt{3} \end{cases}$$

offenbar vier verschiedene Automorphismen (die wir erneut mit $\sigma_1, \ldots, \sigma_4$ bezeichnen) von $\mathbb{Q}(\sqrt{2},\ \sqrt{3})$ erklären, ist damit bereits Γ ermittelt: $\Gamma = \{\sigma_1, \ldots, \sigma_4\}$.

Man beachte, dass Γ zur Klein'schen Vierergruppe isomorph ist, $\Gamma \cong \mathbb{Z}/2 \times \mathbb{Z}/2$, da offenbar jedes der vier Elemente eine Ordnung ≤ 2 hat, $\sigma_i^2 = \text{Id} = \sigma_1$ für alle i.

Die Untergruppen von Γ sind

$$\Gamma,\ \langle\sigma_2\rangle,\ \langle\sigma_3\rangle,\ \langle\sigma_4\rangle,\ \{\text{Id}\}.$$

Wegen

$$\sigma_2(\sqrt{3}) = \sqrt{3},\ \sigma_3(\sqrt{2}) = \sqrt{2},\ \sigma_4(\sqrt{6}) = \sigma_4(\sqrt{2}\,\sqrt{3}) = -\sqrt{2}\,(-\sqrt{3}) = \sqrt{6}$$

erhalten wir die drei echten Zwischenkörper $\mathbb{Q}(\sqrt{2})$, $\mathbb{Q}(\sqrt{3})$, $\mathbb{Q}(\sqrt{6})$ von $\mathbb{Q}(\sqrt{2},\ \sqrt{3})/\mathbb{Q}$. Wir fassen das Ergebnis in dem folgenden Untergruppen- und (zugehörigen) Zwischenkörperverband in Abb. 27.1 zusammen.

Bemerkung Bei dieser Körpererweiterung war es einfach, die Zwischenkörper als Fixkörper der Untergruppen der Galoisgruppen zu erkennen bzw. zu bestimmen. Im Allgemeinen kann das durchaus kompliziert sein. Im Abschn. 28.2 (Algebrabuch) geben wir zwei systematische Methoden an, mit deren Hilfe man den Fixkörper zu einer Untergruppe der Galoisgruppe bestimmen kann. Man vergleiche auch die weiteren Aufgaben.

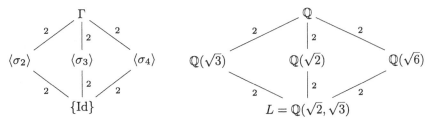

Abb. 27.1 Der Untergruppen- und Zwischenkörperverband zur Galoiserweiterung $\mathbb{Q}(\sqrt{2},\ \sqrt{3})/\mathbb{Q}$

27.3 Wir gehen vor wie in der Lösung zu Aufgabe 27.2: Um die Galoisgruppe $\Gamma = \Gamma(\mathbb{Q}(\zeta)/\mathbb{Q})$ zu bestimmen, zeigen wir, dass die endliche Erweiterung $\mathbb{Q}(\zeta)/\mathbb{Q}$ galoissch vom Grad 4 ist und geben dann vier verschiedene $\mathbb{Q}$-Automorphismen von $\mathbb{Q}(\zeta)$ durch Angabe der Bilder von ζ an. Die möglichen Bilder von ζ finden wir unter den Nullstellen des Minimalpolynoms von ζ:

Wegen $\zeta^5 = 1$ ist ζ eine Nullstelle von $X^5 - 1 \in \mathbb{Q}[X]$. Es gilt

$$X^5 - 1 = (X - 1)(X^4 + X^3 + X^2 + X + 1).$$

Es sind ζ, ζ^2, ζ^3, ζ^4 die vier verschiedenen Nullstellen des über $\mathbb{Q}$ irreduziblen Polynoms $X^4 + X^3 + X^2 + X + 1$, das hiermit das Minimalpolynom $m_{\zeta,\mathbb{Q}}$ von ζ über $\mathbb{Q}$ ist. Da $\mathbb{Q}(\zeta)/\mathbb{Q}$ hiermit normal und wegen $\mathrm{Char}\,\mathbb{Q} = 0$ separabel ist, ist $\mathbb{Q}(\zeta)/\mathbb{Q}$ galoissch. Wegen $[\mathbb{Q}(\zeta) : \mathbb{Q}] = 4$ enthält $\Gamma = \Gamma(\mathbb{Q}(\zeta)/\mathbb{Q}) = \mathrm{Aut}(\mathbb{Q}(\zeta))$ genau vier Elemente, $|\Gamma| = 4$. Weil die Abbildungen

$$\sigma_1 : \zeta \mapsto \zeta, \quad \sigma_2 : \zeta \mapsto \zeta^2, \quad \sigma_3 : \zeta \mapsto \zeta^3, \quad \sigma_4 : \zeta \mapsto \zeta^4$$

offenbar vier verschiedene Automorphismen (die wir erneut mit $\sigma_1, \ldots, \sigma_4$ bezeichnen) von $\mathbb{Q}(\zeta)$ liefern, ist damit bereits Γ ermittelt: $\Gamma = \{\sigma_1, \ldots, \sigma_4\}$.

Man beachte, dass Γ isomorph zu $\mathbb{Z}/4$ ist, $\Gamma \cong \mathbb{Z}/4$, da das Element σ_2 die Ordnung 4 hat, es gilt $\sigma_2(\zeta) = \zeta^2$ und $\sigma_2^2(\zeta) = \zeta^4 \neq \zeta$.

Die Untergruppen von Γ sind

$$\Gamma, \quad \langle \sigma_4 \rangle, \quad \{\mathrm{Id}\}.$$

Da $\langle \sigma_4 \rangle$ die einzige echte Untergruppe von Γ ist, ist nur der Fixkörper $\mathcal{F}(\langle \sigma_4 \rangle)$ zu bestimmen. Dazu bestimmen wir ein Element $a \in \mathbb{Q}(\zeta) \setminus \mathbb{Q}$ mit $\sigma_4(a) = a$:

Es sei $a = a_0 + a_1 \zeta + a_2 \zeta^2 + a_3 \zeta^3 \in \mathbb{Q}(\zeta)$. Dann gilt wegen $\zeta^5 = 1$ und $\zeta^4 = -1 - \zeta - \zeta^2 - \zeta^3$

$$\begin{aligned}
\sigma_4(a) &= a_0 + a_1 \zeta^4 + a_2 \zeta^8 + a_3 \zeta^{12} \\
&= a_0 + a_1 (-1 - \zeta - \zeta^2 - \zeta^3) + a_2 \zeta^3 + a_3 \zeta^2 \\
&= (a_0 - a_1) - a_1 \zeta + (a_3 - a_1) \zeta^2 + (a_2 - a_1) \zeta^3.
\end{aligned}$$

Die Bedingung $\sigma_4(a) = a$ liefert damit per *Koeffizientenvergleich*

$$a_1 = 0 \quad \text{und} \quad a_2 = a_3.$$

D. h. $a = a_0 + a_2 (\zeta^2 + \zeta^3)$ mit $a_0, a_2 \in \mathbb{Q}$. Wegen

$$\sigma_4(\zeta^2 + \zeta^3) = \zeta^8 + \zeta^{12} = \zeta^2 + \zeta^3$$

ist $\mathbb{Q}(\zeta^2 + \zeta^3)$ somit der gesuchte echte Zwischenkörper. Wir fassen das Ergebnis in dem Untergruppen- und (zugehörigen) Zwischenkörperverband in Abb. 27.2 zusammen.

Abb. 27.2 Der Untergruppen-
und Zwischenkörperverband
zur Galoiserweiterung $\mathbb{Q}(\zeta)/\mathbb{Q}$

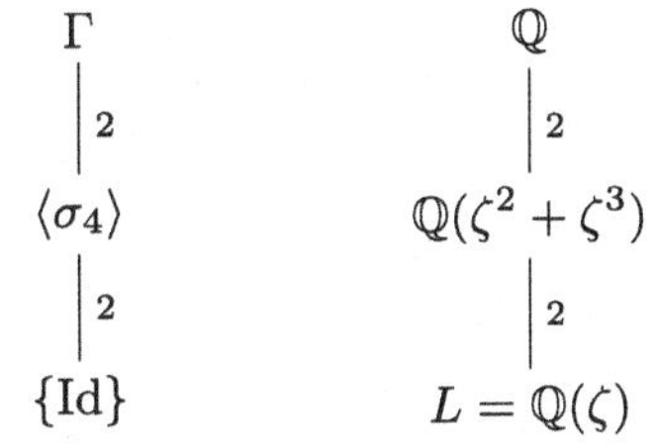

$$
\begin{array}{ccc}
\Gamma & & \mathbb{Q} \\
\Big|{\scriptstyle 2} & & \Big|{\scriptstyle 2} \\
\langle\sigma_4\rangle & & \mathbb{Q}(\zeta^2+\zeta^3) \\
\Big|{\scriptstyle 2} & & \Big|{\scriptstyle 2} \\
\{\mathrm{Id}\} & & L=\mathbb{Q}(\zeta)
\end{array}
$$

27.4 Eine Bemerkung vorab: Um zu zeigen, dass eine endliche Körpererweiterung L/K galoissch ist, begründet man typischerweise, dass L/K normal und separabel ist (siehe Korollar 27.11 [Algebrabuch]). In der vorliegenden Aufgabe haben wir es aber nicht mit einer endlichen Erweiterung zu tun, sodass wir auf die Definition zurückgreifen müssen: L/K heißt galoissch, wenn K der Fixkörper der Galoisgruppe $\Gamma(L/K)$ ist:

(a) Wir zeigen $\Gamma^+ = \mathcal{F}(\Gamma) = \mathbb{Q}$ für $\Gamma := \Gamma(L/\mathbb{Q})$. Da die Inklusion $\mathbb{Q} \subseteq \Gamma^+$ natürlich gilt, ist nur $\Gamma^+ \subseteq \mathbb{Q}$ nachzuweisen.

Es sei $\frac{P}{Q} \in \Gamma^+$ mit $P, Q \in \mathbb{Q}[X]$, wobei o.E. P und Q teilerfremd sind, $\mathrm{ggT}(P, Q) = 1$.

Für jedes $b \in \mathbb{Q}$ ist die Abbildung ε_{X+b} mit $\varepsilon_{X+b} : X \mapsto X + b$, $\varepsilon_{X+b}|_{\mathbb{Q}} = \mathrm{Id}_{\mathbb{Q}}$ ein Element von Γ. Da $\frac{P}{Q} \in \Gamma^+$ ist gilt

$$
\varepsilon_{X+b}\left(\frac{P}{Q}\right) = \frac{P(X+b)}{Q(X+b)} = \frac{P}{Q}.
$$

Folglich gilt für alle $b \in \mathbb{Q}$

$$
P(X+b)\,Q - P\,Q(X+b) = 0.
$$

Insbesondere gilt durch Einsetzen von 0 in X:

$$
P(b)\,Q(0) - P(0)\,Q(b) = 0, \text{ folglich } P\,Q(0) - P(0)\,Q = 0.
$$

Es ist $Q(0) \neq 0$, sonst wäre $P(0) = 0$, also $\mathrm{ggT}(P, Q) \neq 1$. Damit

$$
\frac{P}{Q} = \frac{P(0)}{Q(0)} \in \mathbb{Q}.
$$

(b) Es ist die Gleichheit $\mathbb{Q}(X^2)^{++} = \mathbb{Q}(X^2)$ zu begründen. Nach Lemma 27.3 (Algebrabuch) gilt $\mathbb{Q}(X^2) \subseteq \mathbb{Q}(X^2)^{++}$. Wir zeigen im Folgenden, dass $[L : \mathbb{Q}(X^2)^{++}] = 2$ gilt. Wegen $[L : \mathbb{Q}(X^2)] = 2$ liefert das dann die Gleichheit $\mathbb{Q}(X^2)^{++} = \mathbb{Q}(X^2)$. Wir zeigen vorab

$$
\mathbb{Q}(X^2)^+ = \Gamma(\mathbb{Q}(X)/\mathbb{Q}(X^2)) = \{\mathrm{Id}_L, \varepsilon_{-X}\}. \tag{*}
$$

Da $\mathrm{Id}_L = \varepsilon_X$ und ε_{-X} offenbar $\mathbb{Q}(X^2)$-Automorphismen von $L = \mathbb{Q}(X)$ sind, gilt $\{\mathrm{Id}_L, \varepsilon_{-X}\} \supseteq \mathbb{Q}(X^2)^+$. Wir begründen $\mathbb{Q}(X^2)^+ \supseteq \{\mathrm{Id}_L, \varepsilon_{-X}\}$: Für $\varphi \in \mathbb{Q}(X^2)^+$ gilt $\varphi|_{\mathbb{Q}} = \mathrm{Id}$, $\varphi(X^2) = X^2$ und $\varphi(X^2) = \varphi(X)^2$. Folglich gilt $\varphi(X) \in \{\pm X\}$, d. h. $\varphi \in \{\mathrm{Id}_L, \varepsilon_{-X}\}$. Damit ist die Gleichung in (*) bewiesen.

Wegen Teil (a) von Lemma 27.2 (Algebrabuch) gilt für den Zwischenkörper $E := \mathbb{Q}(X^2)^{++}$ von $\mathbb{Q}(X)/\mathbb{Q}$:

$$|\Gamma(L/E)| \le [L : E], \quad \text{d. h.} \quad |E^+| \le [L : E]. \tag{**}$$

Wir fassen (*) und (**) zusammen, dabei beachten wir Lemma 27.3 (Algebrabuch):

$$2 = |\mathbb{Q}(X^2)^+| = |\mathbb{Q}(X^2)^{+++}| \le [L : \mathbb{Q}(X^2)^{++}].$$

Wegen $\mathbb{Q}(X^2) \subseteq \mathbb{Q}(X^2)^{++}$ gilt aber auch $[L : \mathbb{Q}(X^2)^{++}] \le 2$. Damit ist $[L : \mathbb{Q}(X^2)^{++}] = 2$ nachgewiesen, es folgt die Behauptung.

(c) Offenbar gilt $\mathbb{Q} \subseteq \langle \varepsilon_{aX} \rangle^+ = \mathcal{F}(\langle \varepsilon_{aX} \rangle)$.

Es sei $\frac{P}{Q} \in \langle \varepsilon_{aX} \rangle^+$. Dann gilt

$$\varepsilon_{aX}\left(\frac{P}{Q}\right) = \frac{P(aX)}{Q(aX)} = \frac{P}{Q}.$$

Ein Koeffizientenvergleich von $P(aX)\, Q = P\, Q(aX)$ liefert $\deg P = \deg Q$. Weiter gilt (o. E. sei $\mathrm{ggT}(P, Q) = 1$, also auch $\mathrm{ggT}(P(aX), Q(aX)) = 1$):

$$P(aX)\, Q = P\, Q(aX) \; \Rightarrow \; P \sim P(aX).$$

Folglich ist $a^{\deg P} = 1$, d. h. $\deg P = 0$.

Es gilt $\{\mathrm{Id}_L\} \subseteq \mathbb{Q}(X^3)^+ = \Gamma(\mathbb{Q}(X)/\mathbb{Q}(X^3))$. Es sei $\varphi \in \mathbb{Q}(X^3)^+$. Dann gilt $\varphi(X)^3 = \varphi(X^3) = X^3$, also $\left(\frac{\varphi(X)}{X}\right)^3 = 1$, wonach $\frac{\varphi(X)}{X}$ über $\mathbb{Q}$ algebraisch ist. Also gilt $\frac{\varphi(X)}{X} \in \mathbb{Q}$ (bekanntlich ist jedes Element aus $\mathbb{Q}(X) \setminus \mathbb{Q}$ transzendent über $\mathbb{Q}$), sodass $\varphi(X) = q\, X$ für ein $q \in \mathbb{Q}$. Wegen $\varphi(X)^3 = q^3\, X^3 = X^3$ gilt $q = 1$, also $\varphi(X) = X$, es folgt $\varphi = \mathrm{Id}_L$.

Die Abbildung $E \mapsto E^+$ von $\mathcal{Z}(L/\mathbb{Q})$ in $\mathcal{U}(\Gamma(L/\mathbb{Q}))$ ist nicht injektiv: Es gilt nämlich $\mathbb{Q}(X^3) \ne \mathbb{Q}(X)$, aber $\mathbb{Q}(X^3)^+ = \mathbb{Q}(X)^+$.

Sie ist nicht surjektiv: E mit $E^+ = \langle \varepsilon_{aX} \rangle$ wäre wegen $E \subseteq E^{++} = \langle \varepsilon_{aX} \rangle^+ = \mathbb{Q}$ gleich $\mathbb{Q}$; aber $\mathbb{Q}^+ = \Gamma \ne \langle \varepsilon_{aX} \rangle$.

Die Abbildung $\Delta \mapsto \Delta^+$ von $\mathcal{U}(\Gamma(L/\mathbb{Q}))$ in $\mathcal{Z}(L/\mathbb{Q})$ ist nicht injektiv: $\langle \varepsilon_{aX} \rangle \ne \Gamma$, aber $\langle \varepsilon_{aX} \rangle^+ = \mathbb{Q} = \Gamma^+$.

Sie ist nicht surjektiv: Δ mit $\Delta^+ = \mathbb{Q}(X^3)$ wäre wegen $\Delta \subseteq \Delta^{++} = \mathbb{Q}(X^3)^+ = \{\mathrm{Id}_L\}$. Aber $\{\mathrm{Id}_L\}^+ = L \ne \mathbb{Q}(X^3)$.

Insbesondere sind $\mathbb{Q}(X^3)$ und $\langle \varepsilon_{aX} \rangle$ nicht abgeschlossen:

$$\mathbb{Q}(X^3)^{++} = \{\mathrm{Id}_L\}^+ = L \ne \mathbb{Q}(X^3), \quad \langle \varepsilon_{aX} \rangle^{++} = \mathbb{Q}^+ = \Gamma \ne \langle \varepsilon_{aX} \rangle.$$

27.5 Zur Lösung dieser Aufgabe müssen wir nur Lemma 26.5 (Algebrabuch) zitieren. Dieses Lemma besagt, dass jede endliche Körpererweiterung L/K endlicher Körper L und K vom Grad m eine zyklische Galoisgruppe $\Gamma = \Gamma(L/K)$ der Ordnung m hat, d. h. $\Gamma \cong \mathbb{Z}/m$.

Nebenbei bemerkt: Die (endliche) Körpererweiterung L/K ist nach Korollar 26.4 (Algebrabuch) separabel und normal, also galoissch.

27.6 Da $N/\mathbb{Q}$ normal und separabel ist, ist $N/\mathbb{Q}$ galoissch. Die Galoisgruppe von $N/\mathbb{Q}$ hat die Ordnung

$$|\Gamma(N/\mathbb{Q})| = [N : \mathbb{Q}] = [N : K]\,[K : \mathbb{Q}] = 2\,p.$$

Teil (c) von Lemma 8.7 (Algebrabuch) besagt $\Gamma(N/\mathbb{Q}) \cong \mathbb{Z}/2\,p$ oder $\Gamma(N/\mathbb{Q}) \cong D_p$. Wenn wir also nur zeigen können, dass $\Gamma(N/\mathbb{Q})$ nicht zyklisch ist, so bleibt nur $\Gamma(N/\mathbb{Q}) \cong D_p$ übrig. Wir zeigen, dass $\Gamma(N/\mathbb{Q})$ zwei verschiedene Untergruppen der Ordnung 2 hat, nach Lemma 5.2 (Algebrabuch) ist $\Gamma(N/\mathbb{Q})$ dann nicht zyklisch, die Aufgabe also gelöst.

Wegen $N \neq K$ ist $K/\mathbb{Q}$ nicht normal, sodass es nach der Kennzeichnung (2) normaler Körpererweiterungen in Satz 24.13 (Algebrabuch) einen $\mathbb{Q}$-Monomorphismus $\varphi : K \to \overline{K}$ (wobei $\overline{K}$ ein algebraischer Abschluss von K und damit auch von $\mathbb{Q}$ bezeichne) mit $\varphi(K) \neq K$. Da N/K normal ist, ist $\varphi(K)$ ein Teilkörper von N, genauer:

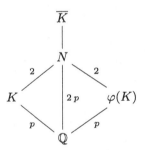

Da N/K algebraisch ist, können wir den $\mathbb{Q}$-Monomorphismus $\varphi : K \to \overline{K}$ nach Satz 24.12 (Algebrabuch) zu einem $\mathbb{Q}$-Monomorphismus $\tilde{\varphi} : N \to \overline{K}$ fortsetzen. Da $\overline{K}$ auch ein algebraischer Abschluss von N ist, ist $\overline{\varphi}$ wegen der Normalität von $N/\mathbb{Q}$ ein Automorphismus von N, d. h. $\varphi(N) = N$. Somit gilt $\varphi(K) \subseteq N$. Mit N/K ist nach Satz 27.6 (Algebrabuch) auch die Erweiterung $N/\varphi(K)$ galoissch, sodass gilt

$$|\Gamma(N/K)| = [N : K] = 2 \quad \text{und} \quad |\Gamma(N/\varphi(K))| = [N : \varphi(K)] = 2.$$

Die zwei Untergruppen $\Gamma(N/K)$ und $\Gamma(N/\varphi(K))$ von $\Gamma(N/\mathbb{Q})$ haben somit die gleiche Ordnung 2. Bleibt zu begründen, dass die beiden Untergruppen von $\Gamma(N/\mathbb{Q})$ verschieden sind: Es sei $\langle \sigma_1 \rangle := \Gamma(N/K)$ und $\langle \sigma_2 \rangle := \Gamma(N/\varphi(K))$. Da $K \neq \varphi(K)$, gilt $\sigma_1 \neq \sigma_2$.

27.7 Wir stellen den Verband der Zwischenkörper E, F, $E\,F$ und $E \cap F$ von L/K in der folgenden Skizze dar.

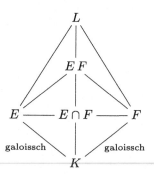

(a) Nach Aufgabe 24.16 sind $E\,F/K$ und $E \cap F/K$ normal. Mit E ist auch der *kleinere* Körper $E \cap F$ separabel über K, und mit E und F ist auch $E\,F = K(E \cup F)$ separabel über K. Also sind $E\,F/K$, $E \cap F/K$ beide galoissch. Der Körper $E\,F$ ist dann auch über dem *größeren* Körper $E \cap F$ galoissch; gleiches gilt für E und F. Es bleibt zu zeigen, dass der folgende Gruppenhomomorphismus

$$h : \Gamma(E\,F/E \cap F) \mapsto \Gamma(E/E \cap F) \times \Gamma(F/E \cap F), \ \sigma \mapsto (\sigma|_E, \sigma|_F)$$

ein Isomorphismus ist. Wegen der Normalität von E/K ist $\sigma|_E$ ein Automorphismus von E, also ist, da gleiches auch für $\sigma|_F$ gilt, h wohldefiniert. Es gilt

$$\text{Kern } h = \{\sigma \in \Gamma(E\,F/E \cap F) \,|\, \sigma|_{E \cup F} = \text{Id}_{E \cup F}\} = \{\text{Id}_{E\,F}\},$$

da $E\,F$ von $E \cup F$ erzeugt wird. Also ist h injektiv. Um die Surjektivität von h nachzuweisen, geben wir uns $\sigma_E \in \Gamma(E/E \cap F)$ und $\sigma_F \in \Gamma(F/E \cap F)$ vor. Nach dem Translationssatz 27.14 (Algebrabuch) existieren $\sigma \in \Gamma(E\,F/F)$, $\tau \in \Gamma(E\,F/E)$ mit $\sigma|_E = \sigma_E$, $\tau|_F = \sigma_F$. Für das Element $\sigma\tau \in \Gamma(E\,F/E \cap F)$ gilt dann $h(\sigma\,\tau) = (\sigma\,\tau|_E, \sigma\,\tau|_F) = (\sigma_E \circ \text{Id}_E, \text{Id}_F \circ \sigma_F) = (\sigma_E, \sigma_F)$ wie gewünscht.

(b) Nach dem Translationssatz 27.14 (Algebrabuch) sind auch $E/E \cap F$, $E\,F/F$ galoissch und es gilt $\Gamma(E\,F/F) \cong \Gamma(E/E \cap F)$, also speziell

$$[E\,F : F] = |\Gamma(E\,F/F)| = |\Gamma(E/E \cap F)| = [E : E \cap F].$$

Daraus folgt:

$$\begin{aligned}
[E : K][F : K] &= [E : E \cap F][F : E \cap F][E \cap F : K]^2 \\
&= [E\,F : F][F : E \cap F][E \cap F : K]^2 \\
&= [E\,F : K][E \cap F : K],
\end{aligned}$$

also

$$[E:K][F:K] = [EF:K] \Leftrightarrow [E \cap F:K] = 1 \Leftrightarrow E \cap F = K.$$

(c) Für $E := \mathbb{Q}(\sqrt[3]{2})$, $F := \mathbb{Q}(\omega \sqrt[3]{2})$ mit $\omega := e^{\frac{2\pi i}{3}}$ gilt:

  – $[E:\mathbb{Q}] = [F:\mathbb{Q}] = 3$,
  – $E \cap F = \mathbb{Q}$, aber
  – $[EF:\mathbb{Q}] = [\mathbb{Q}(\sqrt[3]{2}, \zeta) : \mathbb{Q}] = 6 \neq 9 = [E:\mathbb{Q}][F:\mathbb{Q}]$.

Man beachte, dass die Erweiterungen $E/\mathbb{Q}$ und $F/\mathbb{Q}$ beide nicht normal sind.

27.8 Es sei $a \in L$. Da L/K galoissch ist, ist auch die Erweiterung $L/K(a)$ galoissch. Wir betrachten die Situation korrespondierender Untergruppen und Zwischenkörper in Abb. 27.3.

Da $K(a)$ der Fixkörper von $\Gamma(L/K(a))$ ist,

$$K(a) = \mathcal{F}(\Gamma(L/K(a))) = \{x \in L \mid \sigma(x) = x \text{ für alle } \sigma \in \Gamma(L/K(a))\},$$

erhalten wir

$$\sigma(a) = a \quad \text{für alle} \quad \sigma \in \Gamma(L/K(a)) \subseteq \Gamma(L/K).$$

Nach Voraussetzung gilt $\sigma = \mathrm{Id}$, d.h. $|\Gamma(L/K(a))| = 1$, es folgt $[L:K(a)] = 1$, d.h. $L = K(a)$.

27.9

(a) *1. Weg:* Es gilt $[L:K] = [K:\mathbb{Q}] = 2$. Es muss U die Bedingung $|\Delta| = [L:\mathcal{F}(\Delta)] = [L:K] = 2$ erfüllen. Da $X^2 - 2$ über $\mathbb{Q}(\sqrt{3})$ und $X^2 - 3$ über $\mathbb{Q}(\sqrt{2})$ jeweils irreduzibel sind, werden durch $\sigma(\sqrt{3}) = \sqrt{3}$, $\sigma(\sqrt{2}) = -\sqrt{2}$ und $\tau(\sqrt{2}) = \sqrt{2}$, $\tau(\sqrt{3}) = -\sqrt{3}$ (und *rationale Fortsetzung*) Automorphismen $\sigma, \tau \in \mathrm{Aut}\, L = \Gamma(L/\mathbb{Q})$ definiert. Es gilt $\sigma(\sqrt{6}) = \sigma(\sqrt{2}\sqrt{3}) = \sigma(\sqrt{2})\sigma(\sqrt{3}) = -\sqrt{2}\sqrt{3} = -\sqrt{6}$ und analog $\tau(\sqrt{6}) = -\sqrt{6}$, also $\sigma\tau(\sqrt{6}) = \sqrt{6}$. Es sei $\Delta := \langle \sigma\tau \rangle = \{\mathrm{Id}_L, \sigma\tau\}$. Aus $\mathbb{Q}(\sqrt{6}) \subseteq \mathcal{F}(\Delta)$ und $[L:\mathcal{F}(\Delta)] = |\Delta| = 2 = [L:\mathbb{Q}(\sqrt{6})]$ folgt $\mathbb{Q}(\sqrt{6}) = \mathcal{F}(\Delta)$.

2. Weg: Es gilt $K = \mathcal{F}(\Gamma(L/K))$, also löst – und das gilt auch für die restlichen Teilaufgaben – die Gruppe $\Delta = \Gamma(L/K)$ die Aufgabe. Wegen $L = \mathbb{Q}(\sqrt{2}, \sqrt{6})$ und

Abb. 27.3 Der Zwischenkörper $K(a)$ mit korrespondierender Untergruppe $\Gamma(L/K(a))$

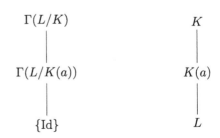

$[L : \mathbb{Q}(\sqrt{6})] = 2$ ist $X^2 - 2$ über $\mathbb{Q}(\sqrt{6})$ irreduzibel, also $\Gamma\big(L/\mathbb{Q}(\sqrt{6})\big) = \{\mathrm{Id}_L, \rho\}$, wobei ρ durch $\rho(\sqrt{6}) = \sqrt{6}$, $\rho(\sqrt{2}) = -\sqrt{2}$ definiert ist. (Es gilt natürlich $\rho = \sigma\tau$, wie durch Anwenden auf die Erzeugenden $\sqrt{2}, \sqrt{3}$ von L leicht nachzuprüfen ist.)

(b) Es gilt $[L : \mathbb{Q}(\sqrt[8]{2})] = 2$, $[\mathbb{Q}(\sqrt[8]{2}) : \mathbb{Q}] = 8$, also $[L : \mathbb{Q}] = 16$ und wegen $K = \mathbb{Q}(e^{2\pi i3/8}) = \mathbb{Q}(e^{2\pi i/8})$ offenbar $[K : \mathbb{Q}] = 4$. Gesucht wird demnach $\Delta \leq \Gamma(L/\mathbb{Q})$ mit $|\Delta| = 4$ und $K \subseteq \mathcal{F}(\Delta)$. Wegen $\sqrt{2} \in K, i \in K$ ist $X^4 - \sqrt{2}$ das Minimalpolynom von $\sqrt[8]{2}$ über K, also $\Delta = \{\mathrm{Id}_L, \sigma, \sigma^2, \sigma^3\}$, wobei $\sigma \in \mathrm{Aut}\, L$ durch $\sigma(i) = i, \sigma(\sqrt[8]{2}) = i\sqrt[8]{2}$ definiert ist.

(c) Wir haben $\cos(2\pi/n) = \zeta + \zeta^{-1}$ mit $\zeta = e^{2\pi i/n}$. Es ist $[\mathbb{Q}(\zeta) : \mathbb{Q}(\zeta + \zeta^{-1})] = 2$, also $\Delta = \{\mathrm{Id}_L, \sigma\}$, wobei $\sigma \in \mathrm{Aut}\,\mathbb{Q}(\zeta)$ durch $\sigma(\zeta) = \zeta^{-1}$ definiert ist. Beim Isomorphismus $\mathrm{Aut}\,\mathbb{Q}(\zeta) \cong \mathbb{Z}/n^\times$ entspricht Δ der Untergruppe $\{\pm 1\}$.

(d) Hier berechnen wir $\Delta = \Gamma(L/K)$ direkt: Gehört $\sigma : \zeta \mapsto \zeta^i$ zu $i + 17\mathbb{Z} \in \mathbb{Z}/17^\times$, so ist $\sigma \in \Gamma(L/K)$ gleichwertig mit $\zeta + \zeta^4 + \zeta^{13} + \zeta^{16} = \zeta^i + \zeta^{4i} + \zeta^{13i} + \zeta^{16i}$. Weil $\{\zeta^s \mid 1 \leq s \leq 16\}$ eine $\mathbb{Q}$-Basis von $\mathbb{Q}(\zeta)$ ist, geht das nur für $i + 17\mathbb{Z} \in \{1 + 17\mathbb{Z}, 4 + 17\mathbb{Z}, 13 + 17\mathbb{Z}, 16 + 17\mathbb{Z}\} = \langle 4 + 17\mathbb{Z}\rangle$. Somit ist $\Gamma(L/K) = \{\mathrm{Id}_L, \sigma, \sigma^2, \sigma^3\}$, wobei $\sigma \in \mathrm{Aut}\,\mathbb{Q}(\zeta)$ durch $\sigma(\zeta) = \zeta^4$ definiert ist.

Der Zwischenkörperverband einer Galoiserweiterung

28

28.1 Aufgaben

28.1 ●●● Es sei K ein Körper mit q Elementen, und $K(X)$ sei der Körper der rationalen Funktionen in X über K. Ferner sei Γ die Gruppe der Automorphismen von $K(X)$, die aus den Abbildungen $\sigma : R \mapsto R\left(\frac{a\,X+b}{c\,X+d}\right)$, a, b, c, $d \in K$, $a\,d - b\,c \neq 0$ besteht.

(a) Zeigen Sie, dass Γ die Galoisgruppe von $K(X)/K$ ist.
(b) Man zeige $|\Gamma| = q^3 - q$.
(c) Es seien $R = \{X \mapsto a\,X \mid a \in K^\times\}$, $T = \{X \mapsto X + b \mid b \in K\}$, $A = \{X \mapsto a\,X + b \mid a \in K^\times, b \in K\}$, $S = \langle X \mapsto -1/(X+1)\rangle$. Bestimmen Sie jeweils den Fixkörper von R, T, A, S und Γ.

28.2 ●● Man bestimme die Galoisgruppe des Polynoms $P = X^3 - 10$ über
    (a) $\mathbb{Q}$,   (b) $\mathbb{Q}(i\sqrt{3})$.

28.3 ●● Man bestimme die Galoisgruppe von $P = X^4 - 5$ über
    (a) $\mathbb{Q}$,   (b) $\mathbb{Q}(\sqrt{5})$,   (c) $\mathbb{Q}(\sqrt{-5})$,   (d) $\mathbb{Q}(i)$.

28.4 ● Man bestimme für $n \in \mathbb{N}$ die Galoisgruppe von $X^n - t$ über $\mathbb{C}(t)$.

28.5 ●● Man bestimme die Galoisgruppen von $P = (X^2 - 5)\,(X^2 - 20)$ und $Q = (X^2 - 2)\,(X^2 - 5)\,(X^3 - X + 1)$ über $\mathbb{Q}$.

28.6 ●● Es sei P ein irreduzibles Polynom aus $\mathbb{Q}[X]$ mit abelscher Galoisgruppe $\Gamma_{\mathbb{Q}}(P)$. Man zeige: $|\Gamma_{\mathbb{Q}}(P)| = \deg P$.

28.7 ●● Es sei $P = X^3 + X + 1 \in \mathbb{Q}[X]$ und $L \subseteq \mathbb{C}$ ein Zerfällungskörper von P.

© Der/die Autor(en), exklusiv lizenziert durch Springer-Verlag GmbH, DE, ein Teil von Springer Nature 2021
C. Karpfinger, *Arbeitsbuch Algebra*,
https://doi.org/10.1007/978-3-662-61954-4_28

(a) Zeigen Sie, dass $P \in \mathbb{Q}[X]$ irreduzibel ist.
(b) Zeigen Sie, dass P in $\mathbb{C}$ genau eine reelle Nullstelle a sowie ein Paar konjugiert komplexer Nullstellen $b, \overline{b} \in \mathbb{C} \setminus \mathbb{R}$ besitzt.
(c) Folgern Sie $\Gamma(L/\mathbb{Q}) \cong S_3$.
(d) Zeigen Sie, dass durch die komplexe Konjugation $\tau : L \to L, z \mapsto \overline{z}$ ein nichttrivialer Automorphismus von L gegeben ist.
(e) Bestimmen Sie den Fixkörper $K := \mathcal{F}(\langle \tau \rangle)$. Ist $K/\mathbb{Q}$ galoissch? Was ist die Galoisgruppe von L/K? Berechnen Sie auch die Grade $[K : \mathbb{Q}]$ und $[L : K]$.
(f) Zeigen Sie: Es gibt genau einen Körper $K' \subseteq L$ mit $[K' : \mathbb{Q}] = 2$. Ist $K'/\mathbb{Q}$ galoissch?

28.8 •• Gegeben ist das Polynom $P = X^3 + X^2 - 2X - 1 \in \mathbb{Q}[X]$.

(a) Begründen Sie, warum P über $\mathbb{Q}$ irreduzibel ist.
(b) Begründen Sie, warum P eine reelle Nullstelle a im Intervall $]1, 2[$ besitzt.
(c) Begründen Sie, warum mit a auch $b = -\frac{1}{\alpha+1}$ eine Nullstelle von P ist.
(d) Begründen Sie, warum $\mathbb{Q}(a)$ ein Zerfällungskörper von P ist.
(e) Bestimmen Sie den Isomorphietyp der Galoisgruppe von P über $\mathbb{Q}$.

28.9 •• Es sei $P := X^4 + 1 \in \mathbb{Q}[X]$, und $K \subseteq \mathbb{C}$ sei der Zerfällungskörper von P über $\mathbb{Q}$.

(a) Bestimmen Sie ein $\zeta_1 \in \mathbb{C}$ mit positivem Real- und Imaginärteil, so dass die vier Nullstellen von P durch $\zeta_k := \zeta_1 i^{k-1}, k = 1, 2, 3, 4$ gegeben sind.
(b) Bestimmen Sie den Grad $[K : \mathbb{Q}]$ sowie die Galoisgruppe $\Gamma := \Gamma(K/\mathbb{Q})$, und zeigen Sie, dass P irreduzibel ist.
(c) Bestimmen Sie einen Homomorphismus $\phi : \Gamma \to S_4$ mit $\sigma(\zeta_k) = \zeta_{\phi(\sigma)(k)}$ für $\sigma \in \Gamma$, $k = 1, 2, 3, 4$.
(d) Bestimmen Sie alle Teilkörper von K sowie die gemäß der Galoiskorrespondenz zugehörigen Untergruppen von Γ.

28.10 •• Es seien $P := X^4 + 4X^2 + 2 \in \mathbb{Q}[X]$ und $L \subseteq \mathbb{C}$ Zerfällungskörper von P.

(a) Zeigen Sie, dass $P \in \mathbb{Q}[X]$ irreduzibel ist.
(b) Es sei $a \in L$ eine Nullstelle von P. Zeigen Sie, dass dann auch $a' := a^3 + 3a$ eine Nullstelle von P ist.
(c) Zeigen Sie, dass die Galoisgruppe $\Gamma(L/\mathbb{Q})$ isomorph zur zyklischen Gruppe $\mathbb{Z}/4$ ist.
(d) Bestimmen Sie alle Zwischenkörper von $L/\mathbb{Q}$.

28.11 • Geben Sie zwei irreduzible Polynome $P, Q \in \mathbb{Q}[X]$ an, deren Galoisgruppen gleich viele Elemente haben, aber nicht isomorph sind.

28.12 ••• Es sei $f := X^4 - X^2 + 1 \in \mathbb{Q}[X]$.

(a) Zeigen Sie, dass $f \in \mathbb{Q}[X]$ irreduzibel ist.
(b) Bestimmen Sie die Galoisgruppe $\Gamma_{\mathbb{Q}}(f)$ als Untergruppe der S_4.
(c) Bestimmen Sie alle Zwischenkörper zwischen $\mathbb{Q}$ und einem Zerfällungskörper $L \subseteq \mathbb{C}$ von f.

28.13 •• Es sei $K = \mathbb{F}_5\left(\sqrt[4]{3}\right)$.

(a) Zeigen Sie, dass $K/\mathbb{F}_5$ eine Galoiserweiterung ist und bestimmen Sie die zugehörige Galoisgruppe.
(b) Geben Sie den Verband der Zwischenkörper von K über $\mathbb{F}_5$ an.
(c) Wie viele verschiedene primitive Elemente hat die Erweiterung K über $\mathbb{F}_5$?

28.14 •• Es sei $K = \mathbb{Q}(i) \subseteq \mathbb{C}$ und $a = \sqrt[4]{7} \in \mathbb{C}$. Weiter sei $L \subseteq \mathbb{C}$ der Zerfällungskörper des Polynoms $P = X^4 - 7 \in K[X]$ über dem Grundkörper K.

(a) Zeigen Sie, dass $L = K(a)$ gilt.
(b) Bestimmen Sie die Grade der Körpererweiterungen $[L : \mathbb{Q}]$ und $[L : K]$.
(c) Zeigen Sie, dass die Körpererweiterung L/K galoissch ist.
(d) Es sei $\sigma \in \Gamma(L/K)$ mit $\sigma(a) = ia$. Bestimmen Sie $\sigma^2(a)$ und folgern Sie, dass $\Gamma(L/K) = \langle\sigma\rangle$ gilt.

28.2 Lösungen

28.1 Einige Bemerkungen vorab: Der Körper

$$K(X) = \left\{\frac{P}{Q} \mid P, Q \in K[X], \ Q \neq 0\right\}$$

der rationalen Funktionen ist der Quotientenkörper des Polynomrings $K[X]$. Das *Einsetzen*

$$\varphi : K[X] \to K(X), \ P = \sum_{i \in \mathbb{N}_0} a_i X^i \mapsto P(t) = \sum_{i \in \mathbb{N}_0} a_i t^i$$

eines Elements $t \in K(X)$ ist nach dem Satz 14.5 (Algebrabuch) zum Einsetzhomomorphismus ein Ringhomomorphismus von $K[X]$ in $K(X)$. Diesen Homomorphismus φ können wir nach Satz 13.9 (Algebrabuch) zu einem Monomorphismus $\sigma : K(X) \to K(X)$ fortsetzen:

$$\sigma : K(X) \to K(X), \ \frac{P}{Q} \mapsto \frac{P(t)}{Q(t)}.$$

Nach Aufgabe 21.6 ist $t = \frac{aX+b}{cX+d}$ mit a, b, c, $d \in K$ und $ad - bc \neq 0$ ein primitives Element von $K(X)/K$, d.h. $K(t) = K(X)$, sodass also σ in diesem Fall auch surjektiv, sprich ein Automorphismus von $K(X)$ ist.

(a) Die Galoisgruppe von $K(X)/K$ ist

$$\Gamma(K(X)/K) = \{\sigma \in \text{Aut}(K(X)) \mid \sigma|_K = \text{Id}_K\}.$$

Zu zeigen ist, dass $\Gamma = \Gamma(K(X)/K)$ gilt: Es sei $\sigma \in \Gamma$. Offenbar gilt $\sigma(a) = a$ für jedes $a \in K$. Das zeigt $\Gamma \subseteq \Gamma(K(X)/K)$. Ist nun $\sigma \in \Gamma(K(X)/K)$, so bildet σ die Unbestimmte X auf ein primitives Element ab, $\sigma(X) = t$ mit $K(t) = K(X)$. Es folgt (siehe oben) $t = \frac{aX+b}{cX+d}$ mit a, b, c, $d \in K$ und $ad - bc \neq 0$. Somit gilt $\sigma \in \Gamma$, folglich ist auch $\Gamma(K(X)/K) \subseteq \Gamma$ begründet.

(b) Nach dem Teil (a) haben wir eine Beschreibung der Elemente von Γ: Jedes $\sigma \in \Gamma$ ist durch Elemente a, b, c, $d \in K$ mit $ad - bc \neq 0$ gegeben. Wir *zählen* nun die Elemente von Γ, indem wir jedes σ aus Γ wie folgt mit einer Nebenklasse invertierbarer Matrizen identifizieren, die wir dann leicht zählen können:
Betrachte im Folgenden zu $\frac{aX+b}{cX+d}$ mit a, b, c, $d \in K$ mit $ad - bc \neq 0$ die (invertierbare) Matrix $\begin{pmatrix} a & b \\ c & d \end{pmatrix} \in \text{GL}(2, K)$.
Es seien σ, $\tau \in \Gamma$, $\sigma(X) = \frac{aX+b}{cX+d}$, $\tau(X) = \frac{a'X+b'}{c'X+d'}$. Man berechnet

$$(\tau\sigma)(X) = \frac{a\,\tau(X) + b}{c\,\tau(X) + d} = \frac{a\frac{a'X+b'}{c'X+d'} + b}{c\frac{a'X+b'}{c'X+d'} + d} = \frac{(aa' + bc')X + ab' + bd'}{(ca' + dc')X + cb' + dd'}.$$

Demnach gehört $\tau\sigma$ zu $\begin{pmatrix} a & b \\ c & d \end{pmatrix}\begin{pmatrix} a' & b' \\ c' & d' \end{pmatrix}$, d.h., die Abbildung

$$\psi : \text{GL}(2, K) \to \Gamma, \quad \begin{pmatrix} a & b \\ c & d \end{pmatrix} \mapsto \sigma$$

ist ein Antihomomorphismus. Um einen Homomorphismus zu erhalten, wenden wir einen kleinen Trick an, wir betrachten die Abbildung

$$\tilde{\psi} : \text{GL}(2, K) \to \Gamma, \quad \begin{pmatrix} a & b \\ c & d \end{pmatrix} \mapsto \sigma^{-1}.$$

Der Kern dieses nun *richtigen* Homomorphismus besteht aus allen Matrizen $A = \begin{pmatrix} a & b \\ c & d \end{pmatrix}$ mit $\frac{aX+b}{cX+d} = X$, es gilt unter der Voraussetzung $ad - bc \neq 0$:

$$\frac{aX+b}{cX+d} = X \Leftrightarrow aX + b = cX^2 + dX$$

$$\Leftrightarrow a = d, \; b = c = 0$$

$$\Leftrightarrow A \in Z := \{\lambda E_2 \mid \lambda \in K \setminus \{0\}\}.$$

Der Homomorphiesatz ergibt nun

$$\Gamma \cong \mathrm{GL}(2, K)/Z.$$

Die gesuchte Mächtigkeit von Γ erhalten wir somit durch Bestimmen von

$$|\mathrm{GL}(2, K)/Z| = |\mathrm{GL}(2, K)|/|Z|.$$

Wegen $|Z| = q - 1$ und da ein zweidimensionaler $\mathbb{F}_q$-Vektorraum $(q^2 - 1)(q^2 - q)$ geordnete Basen hat, gilt

$$|G| = |\mathrm{GL}(2, K)|/|Z| = (q^2 - 1)(q^2 - q)/(q - 1) = q^3 - q.$$

(c) Es gilt $[K(X) : U^+] = |U|$ für $U \leq \Gamma$, also folgt aus $u \in U^+$ und $[K(X) : K(u)] = |U|$ tatsächlich $U^+ = K(u)$. Wegen $|R| = q - 1$ und $(aX)^{q-1} = a^{q-1}X^{q-1} = X^{q-1}$ für $a \in K^\times$ gilt $R^+ = K(X^{q-1})$. Wegen $|T| = q$ und der Invarianz von $X^q - x = \prod_{b \in \mathbb{F}_q}(X - b)$ unter $X \mapsto X + b$ gilt $T^+ = K(X^q - X)$. Ein primitives Element von A^+ fällt nicht so leicht vom Himmel, aber aus Gradgründen ist klar, dass man die Norm von X bezüglich A nehmen kann:

$$
\begin{aligned}
N_A(X) &= \prod_{\sigma \in A} \sigma(X) \\
&= \prod_{a \in K^\times} \prod_{b \in K} (a X + b) \\
&= \prod_{a \in K^\times} \left((a X)^q - a X \right) \\
&= \prod_{a \in K^\times} (a X^q - a X) \\
&= -(X^q - X)^{q-1}.
\end{aligned}
$$

Also ist $A^+ = K\big((X^q - X)^{q-1}\big)$. (Das Element $u_3 = (x^q - x)^{q-1} = u_2^{q-1}$ lässt sich wegen $K(u_3) \subseteq K(x^{q-1})$ auch als rationale Funktion in $u_1 = x^{q-1}$ darstellen; explizit: $u_3 = u_1(u_1 - 1)^{q-1} = u_1 + u_1^2 + \cdots + u_1^q$.) Es gilt $S = \left\{ X \mapsto X, \ X \mapsto -\frac{1}{X+1}, \ X \mapsto -\frac{X+1}{X} \right\}$. Die Norm von X bezüglich S liegt leider in K, also probieren wir es mit der Spur von X bezüglich S:

$$\mathrm{Sp}_S(X) = X - \frac{1}{X+1} - \frac{X+1}{X} = \frac{X(X^2 + X) - X - (X+1)^2}{X^2 + X} = \frac{X^3 - 3X - 1}{X^2 + X}.$$

Der Grad im Zähler ist $3 = |S|$ wie erhofft, also $S^+ = K\left(\frac{X^3 - 3X - 1}{X^2 + X}\right)$. Zum Aufspüren einer geeigneten Invarianten für Γ benützen wir, dass sich jedes $g \in \Gamma \setminus A$ wegen

$$\frac{a\,X + b}{c\,X + d} = \frac{a}{c} - \frac{ad - bc}{c^2(X + d/c)}$$

auf genau eine Weise in der Form $g = g_b \alpha$ mit $g_b : X \mapsto 1/(X+b)$ und $\alpha \in A$ darstellen lässt. (Es ist $\{g_b \mid b \in K\} \cup \{1\}$ also ein Vertretersystem für die Linksnebenklassen von A in Γ.) Es folgt

$$\mathrm{Sp}_\Gamma(X) = \sum_{\alpha \in A} \alpha(X) + \sum_{b \in K} g_b \Big(\sum_{\alpha \in A} \alpha(X) \Big)$$

$$= (X^q - X)^{q-1} + \sum_{b \in K} \Big(\frac{1}{(X+b)^q} - \frac{1}{X+b} \Big)^{q-1}$$

$$= (X^q - X)^{q-1} + \sum_{b \in K} \frac{(X - X^q)^{q-1}}{(X+b)^{q^2-1}}$$

$$= (X^q - X)^{q-1} \cdot \Big(1 + \sum_{b \in K} \frac{1}{(X+b)^{q^2-1}} \Big)$$

$$= \frac{1}{(X^q - X)^{q^2-q}} \cdot \Big((X^q - X)^{q^2-1} + \sum_{b \in K} \prod_{a \neq b} (X+a)^{q^2-1} \Big)$$

$$= \frac{1}{(X^q - X)^{q^2-q}} \cdot \Big((X^q - X)^{q^2-1} + \sum_{b \in K} \big((X+b)^{q-1} - 1 \big)^{q^2-1} \Big)$$

$$= \frac{1}{(X^q - X)^{q^2-q}} \cdot \Big((X^q - X)^{q^2-1} + \sum_{j=0}^{q^2-1} \binom{q^2 - 1}{j} \Big(\sum_{b \in K} (x+b)^{(q-1)j} \Big) \Big).$$

Da der Grad des Polynoms in der Klammer gleich $(q^2 - 1)\,q = |\Gamma|$ ist, haben wir in jedem Fall die gesuchte Invariante gefunden. Man kann zeigen, dass die rechte Summe in der Klammer gleich 1 ist. Als Ergebnis haben wir also

$$\Gamma^+ = K \left(\frac{(X^q - X)^{q^2-1} + 1}{(X^q - X)^{q^2-q}} \right).$$

(Wieder lässt sich $u_5 = \big((X^q - X)^{q^2-1} + 1 \big) / (X^q - X)^{q^2-q}$ wegen $\Gamma^+ \subseteq A^+$ als rationale Funktion in $u_3 = (X^q - X)^{q-1}$ darstellen: $u_5 = (u_3^{q+1} + 1)/u_3^q$.)

28.2 Die Galoisgruppe eines Polynoms P über K ist die Galoisgruppe $\Gamma(L/K)$ der Körpererweiterung L/K, wobei L ein Zerfällungskörpers von $P \in K[X]$ ist.

(a) Im Fall $K = \mathbb{Q}$ ist $L = \mathbb{Q}(a, \varepsilon)$ mit $a = \sqrt[3]{10}$ und $\varepsilon = \mathrm{e}^{\frac{2\pi i}{3}} \in \mathbb{C}$ ein Zerfällungskörper von $P = X^3 - 10$. Der Grad der Körpererweiterung $\mathbb{Q}(a, \varepsilon)/\mathbb{Q}$ ist 6. Um

$\Gamma = \Gamma(\mathbb{Q}(a,\,\varepsilon)/\mathbb{Q})$ zu bestimmen, reicht es aus, 6 verschiedene $\mathbb{Q}$-Automorphismen $\tau_1, \ldots, \tau_6$ von $\mathbb{Q}(a,\,\varepsilon)$ anzugeben. Solche sind gegeben durch

	τ_1	τ_2	τ_3	τ_4	τ_5	τ_6
$a \to$	a	a	$a\varepsilon$	$a\varepsilon$	$a\varepsilon^2$	$a\varepsilon^2$
$\varepsilon \to$	ε	ε^2	ε	ε^2	ε	ε^2

Wegen $\tau_2^2 = \mathrm{Id}$, $\tau_4^2 = \mathrm{Id}$ ist Γ nicht zyklisch, sodass $\Gamma \cong S_3$.
Nebenbei bemerkt: Wenn es nur darum geht, den Isomorphietyp von Γ zu bestimmen, so greift man vorteilhaft auf Lemma 28.5 (Algebrabuch) zurück: Im vorliegenden Fall liefert dieses Lemma sofort $\Gamma \cong S_3$.

(b) Im Fall $K = \mathbb{Q}(\mathrm{i}\sqrt{3})$ gilt $\varepsilon = \mathrm{e}^{\frac{2\pi\mathrm{i}}{3}} \in K$, da:

$$\varepsilon = \mathrm{e}^{\frac{2\pi\mathrm{i}}{3}} = \cos(\tfrac{2\pi}{3}) + \mathrm{i}\sin(\tfrac{2\pi}{3}) = -\tfrac{1}{2} + \mathrm{i}\tfrac{\sqrt{3}}{2}.$$

Daher zerfällt das Polynom $P = X^3 - 10$ über dem Körper $L = K(\sqrt[3]{10})$:

$$X^3 - 10 = (X - \sqrt[3]{10})\,(X - \sqrt[3]{10}\,\varepsilon)\,(X - \sqrt[3]{10}\,\varepsilon^2).$$

Es gilt also $[K(\sqrt[3]{10}) : K] = 3$. Die Galoisgruppe $\Gamma = \Gamma(K(\sqrt[3]{10})/K)$ ist folglich zu $\mathbb{Z}/3$ isomorph, die drei verschiedenen Elemente von Γ sind gegeben durch

	τ_1	τ_2	τ_3
$\sqrt[3]{10} \to$	$\sqrt[3]{10}$	$\sqrt[3]{10}\,\varepsilon$	$\sqrt[3]{10}\,\varepsilon^2$

28.3 Wir setzen $a = \sqrt[4]{5}$ und zerlegen P (über $\mathbb{C}$):

$$P = X^4 - 5 = (X - a)\,(X + a)\,(X - \mathrm{i}\,a)\,(X + \mathrm{i}\,a). \tag{$*$}$$

Das Polynom P hat also die vier Nullstellen $a, -a, \mathrm{i}a, -\mathrm{i}a$.

(a) Im Fall $K = \mathbb{Q}$ ist $L = \mathbb{Q}(a, \mathrm{i})$ mit $a = \sqrt[4]{5}$ ein Zerfällungskörper von $P = X^4 - 5$ über $\mathbb{Q}$. Der Grad der Körpererweiterung $\mathbb{Q}(a, \mathrm{i})/\mathbb{Q}$ ist offenbar 8. Um $\Gamma = \Gamma_K(P) = \Gamma(\mathbb{Q}(a, \mathrm{i})/\mathbb{Q})$ zu bestimmen, reicht es aus, 8 verschiedene $\mathbb{Q}$-Automorphismen $\tau_1, \ldots, \tau_8$ von $\mathbb{Q}(a, \mathrm{i})$ anzugeben. Solche sind gegeben durch

	τ_1	τ_2	τ_3	τ_4	τ_5	τ_6	τ_7	τ_8
$a \to$	a	$-a$	$\mathrm{i}a$	$-\mathrm{i}a$	a	$-a$	$\mathrm{i}a$	$-\mathrm{i}a$
$\mathrm{i} \to$	i	i	i	i	$-\mathrm{i}$	$-\mathrm{i}$	$-\mathrm{i}$	$-\mathrm{i}$

Damit ist $\Gamma = \{\tau_1, \ldots, \tau_8\}$. Wir bestimmen zusätzlich noch den Isomorphietyp von Γ: Es seien $\alpha = \tau_5$, $\beta = \tau_3 \in \Gamma$ gegeben durch

$$\alpha(a) = a, \ \alpha(\mathrm{i}) = -\mathrm{i} \quad \text{und} \quad \beta(a) = \mathrm{i}\,a, \ \beta(\mathrm{i}) = \mathrm{i}.$$

Es folgt $\alpha^2(a) = a$, $\alpha^2(\mathrm{i}) = \mathrm{i}$, also $\alpha^2 = \mathrm{Id}$. Und für β gilt: $\beta^2(a) = a\,\mathrm{i}\,\mathrm{i} = -a$, also $\beta^3(a) = -a\,\mathrm{i}$, folglich $\beta^4(a) = a$ sowie $\beta^k(\mathrm{i}) = \mathrm{i}$. Hieraus folgt $\beta^2 \neq \mathrm{Id}$, $\beta^4 = \mathrm{Id}$. Das zeigt $o(\alpha) = 2$, $o(\beta) = 4$; und $\alpha \notin \langle \beta \rangle$, sodass $\Gamma = \langle \alpha, \beta \rangle = \langle \beta \rangle \cup \alpha \langle \beta \rangle$. Nun gilt $\alpha \beta \alpha^{-1}(a) = \alpha \beta(a) = \alpha(a\,\mathrm{i}) = -a\,\mathrm{i}$, $\alpha \beta \alpha^{-1}(\mathrm{i}) = \alpha \beta(-\mathrm{i}) = \alpha(-\mathrm{i}) = \mathrm{i}$, sodass $\alpha \beta \alpha^{-1} = \beta^3 = \beta^{-1}$. Folglich ist die Galoisgruppe Γ zur Diedergruppe D_4 isomorph, $\Gamma \cong D_4$ (vgl. Abschn. 3.1.5 (Algebrabuch)).

(b) *1. Lösung, elementar:* Über $K = \mathbb{Q}(\sqrt{5})$ zerfällt $P = X^4 - 5$ in ein Produkt quadratischer Faktoren, die nicht weiter über K zerfallen:

$$X^4 - 5 = (X^2 - \sqrt{5})\,(X^2 + \sqrt{5}).$$

Damit ist $L = K(\mathrm{i}, \sqrt[4]{5})$ Zerfällungskörper von P. Offenbar ist der Grad von L/K gleich 4. Die vier Elemente der Galoisgruppe $\Gamma_K(P)$ sind gegeben durch

$$\sigma_1 : \begin{cases} \sqrt[4]{5} \mapsto \sqrt[4]{5} \\ \mathrm{i} \mapsto \mathrm{i} \end{cases}, \quad \sigma_2 : \begin{cases} \sqrt[4]{5} \mapsto -\sqrt[4]{5} \\ \mathrm{i} \mapsto \mathrm{i} \end{cases},$$

$$\sigma_3 : \begin{cases} \sqrt[4]{5} \mapsto \sqrt[4]{5} \\ \mathrm{i} \mapsto -\mathrm{i} \end{cases}, \quad \sigma_4 : \begin{cases} \sqrt[4]{5} \mapsto -\sqrt[4]{5} \\ \mathrm{i} \mapsto -\mathrm{i} \end{cases}.$$

Da jedes Element eine Ordnung ≤ 2 hat, gilt $\Gamma_K(P) = \{\sigma_1, \ldots, \sigma_4\} \cong \mathbb{Z}/2 \times \mathbb{Z}/2$.

2. Lösung, unter Verwendung des Hauptsatzes der endlichen Galoistheorie: Da $K = \mathbb{Q}(\sqrt{5})$ ein Zwischenkörper von $L/\mathbb{Q}$ mit $L = K(\mathrm{i}, \sqrt[4]{5})$ ist, erhalten wir die Galoisgruppe $\Gamma_K(P)$ nach dem Hauptsatz der endlichen Galoistheorie als Untergruppe $\Gamma(L/K)$ von $\Gamma = \Gamma(L/\mathbb{Q}) = \{\tau_1, \ldots, \tau_8\}$ (siehe Teil (a)): Da offenbar genau die Elemente τ_1, τ_2, τ_5, τ_6 (mit der Notation aus (a)) das Element $\sqrt{5}$ festlassen, z. B. gilt mit $a = \sqrt[4]{5}$:

$$\tau_2(\sqrt{5}) = \tau_2(a^2) = \tau_2(a)^2 = (-a)^2 = a^2 = \sqrt{5},$$

erhalten wir $\Gamma(L/K) = \{\tau_1, \tau_2, \tau_5, \tau_6\}$, offenbar gilt $\Gamma_K(P) = \Gamma(L/K) \cong \mathbb{Z}/2 \times \mathbb{Z}/2$.

(c) *1. Lösung, elementar:* Über $K = \mathbb{Q}(\sqrt{-5}) = \mathbb{Q}(\mathrm{i}\sqrt{5})$ ist $P = X^4 - 5$ irreduzibel (es hat keine Wurzel in $\mathbb{Q}(\mathrm{i}\sqrt{5})$ und zerfällt auch nicht in ein Produkt mit quadratischen Faktoren). Da $L = K(\sqrt[4]{5})$ ein Zerfällungskörper von P ist und L/K den Grad 4 hat, ist die Galoisgruppe $\Gamma_K(P)$ gegeben durch

$$\sigma_1 : \sqrt[4]{5} \mapsto \sqrt[4]{5}, \ \sigma_2 : \sqrt[4]{5} \mapsto -\sqrt[4]{5}, \ \sigma_3 : \sqrt[4]{5} \mapsto \mathrm{i}\sqrt[4]{5}, \ \sigma_4 : \sqrt[4]{5} \mapsto -\mathrm{i}\sqrt[4]{5}.$$

Wegen $\sigma_2^2 = \mathrm{Id} = \sigma_3^2$ ist $\Gamma_K(P) = \{\sigma_1, \ldots, \sigma_4\}$ eine Klein'sche Viergruppe, d. h. $\Gamma_K(P) \cong \mathbb{Z}/2 \times \mathbb{Z}/2$.

2. Lösung, unter Verwendung des Hauptsatzes der endlichen Galoistheorie: Da $K = \mathbb{Q}(\mathrm{i}\sqrt{5})$ ein Zwischenkörper von $L/\mathbb{Q}$ mit $L = K(\mathrm{i}, \sqrt[4]{5})$ ist, erhalten wir die Galoisgruppe $\Gamma_K(P)$ nach dem Hauptsatz der endlichen Galoistheorie als Untergruppe $\Gamma(L/K)$ von $\Gamma = \Gamma(L/\mathbb{Q}) = \{\tau_1, \ldots, \tau_8\}$ (siehe Teil (a)): Da offenbar genau die

Elemente τ_1, τ_2, τ_7, τ_8 (mit der Notation aus (a)) das Element $i\sqrt{5}$ festlassen, erhalten wir $\Gamma(L/K) = \{\tau_1, \tau_2, \tau_7, \tau_8\}$, offenbar gilt $\Gamma_K(P) = \Gamma(L/K) \cong \mathbb{Z}/2 \times \mathbb{Z}/2$.

(d) *1. Lösung, elementar:* Über $K = \mathbb{Q}(i)$ ist P irreduzibel. Da $L = K(a)$ mit $a = \sqrt[4]{5}$ ein Zerfällungskörper von P ist und L/K den Grad 4 hat, ist die Galoisgruppe $\Gamma_K(P)$ gegeben durch

$$\sigma_1 : \sqrt[4]{5} \mapsto \sqrt[4]{5}, \quad \sigma_2 : \sqrt[4]{5} \mapsto -\sqrt[4]{5}, \quad \sigma_3 : \sqrt[4]{5} \mapsto i\sqrt[4]{5}, \quad \sigma_4 : \sqrt[4]{5} \mapsto -i\sqrt[4]{5}.$$

Wegen $\Gamma_K(P) = \langle \sigma_3 \rangle$ ist $\Gamma_K(P) = \{\sigma_1, \ldots, \sigma_4\}$ zyklisch, $\Gamma_K(P) \cong \mathbb{Z}/4$.

2. Lösung, unter Verwendung des Hauptsatzes der endlichen Galoistheorie: Analog zu (b) und (c) erhalten wir mit dem Hauptsatz der endlichen Galoistheorie unmittelbar $\Gamma_K(P) = \Gamma(L/K) = \{\tau_1, \tau_2, \tau_3, \tau_4\} \cong \mathbb{Z}/4$ (mit der Notation aus (a)).

28.4 Das Polynom $P = X^n - t$ ist nach Eisenstein mit $p = t$ irreduzibel über $K := \mathbb{C}(t)$. Mit $\varepsilon := e^{\frac{2\pi i}{n}} \in K$ erhalten wir die Zerlegung

$$X^n - t = (X - \sqrt[n]{t})(X - \varepsilon \sqrt[n]{t}) \cdots (X - \varepsilon^{n-1} \sqrt[n]{t})$$

von P, sodass $L = K(\sqrt[n]{t})$ ein Zerfällungskörper von P über K ist. Somit ist die Galoisgruppe zyklisch vom Grad n. Ein erzeugendes Element ist gegeben durch

$$\sigma : \sqrt[n]{t} \mapsto \varepsilon \sqrt[n]{t}.$$

28.5 Wir beginnen mit dem Polynom $P = (X^2 - 5)(X^2 - 20)$: Wegen $\sqrt{20} = 2\sqrt{5}$ zerfällt P über dem Körper $L = \mathbb{Q}(\sqrt{5})$, der somit ein Zerfällungskörper von P über $\mathbb{Q}$ ist. Wegen $[L : \mathbb{Q}] = 2$ enthält die Galoisgruppe $\Gamma = \Gamma_\mathbb{Q}(P)$ genau zwei Elemente, diese sind gegeben durch

$$\tau_1 : \sqrt{5} \mapsto \sqrt{5} \quad \text{und} \quad \tau_2 : \sqrt{5} \mapsto -\sqrt{5}.$$

Es gilt somit $\Gamma \cong \mathbb{Z}/2$.

Wir betrachten nun das Polynom $Q = (X^2 - 2)(X^2 - 5)(X^3 - X + 1)$: Zuerst kümmern wir uns um den Faktor $\tilde{Q} := X^3 - X + 1$: Dieses Polynom $\tilde{Q}$ hat genau eine reelle Nullstelle $a \in \mathbb{R}$ und damit genau zwei nichtreelle Nullstellen $b, c \in \mathbb{C} \setminus \mathbb{R}$; das begründet man beispielsweise wie folgt:

Als Polynom vom Grad 3 hat $\tilde{Q}$ nach dem Zwischenwertsatz der Analysis eine reelle Nullstelle $a \in \mathbb{R}$. Die Ableitung $\tilde{Q}' = 3X^2 - 1$ ist für alle Werte aus $\mathbb{R} \setminus [-\frac{1}{\sqrt{3}}, \frac{1}{\sqrt{3}}]$ größer als 0, d. h., die Polynomfunktion $\tilde{Q}$ ist auf den Intervallen $(-\infty, -\frac{1}{\sqrt{3}})$ und $(\frac{1}{\sqrt{3}}, \infty)$ streng monoton steigend. Für alle Werte x aus dem *problematischen* Intervall $[-\frac{1}{\sqrt{3}}, \frac{1}{\sqrt{3}}]$ gilt aber:

$$\tilde{Q}(x) = x^3 - x + 1 = x(x^2 - 1) + 1 > 0,$$

sodass in diesem Intervall keine reelle Nullstelle von $\tilde{Q}$ liegt. Damit kann aber $\tilde{Q}$ nur eine reelle Nullstelle a haben. Die anderen beiden Nullstellen b und c von $\tilde{Q}$ sind zwangsläufig komplex (und zueinander konjugiert, d. h. $c = \overline{b}$), es gilt

$$\tilde{Q} = (X - a)\,(X - b)\,(X - c).$$

Nach Lemma 28.5 (Algebrabuch) ist die Galoisgruppe $\Gamma_{\mathbb{Q}}(\tilde{Q})$ zur symmetrischen Gruppe S_3 isomorph, $\Gamma_{\mathbb{Q}}(\tilde{Q}) \cong S_3$, genauer

	τ_1	τ_2	τ_3	τ_4	τ_5	τ_6
$a \rightarrow$	a	a	b	b	c	c
$b \rightarrow$	b	c	a	c	a	b
$c \rightarrow$	c	b	c	a	b	a

Die anderen beiden Faktoren von $Q = (X^2 - 2)\,(X^2 - 5)\,(X^3 - X + 1)$, nämlich $X^2 - 2$ und $X^2 - 5$ sind deutlich einfacher zu verarzten: Die Galoisgruppe von $X^2 - 5$ ist zu $\mathbb{Z}/2$ isomorph, sie besteht aus den $\mathbb{Q}$-Automorphismen von $\mathbb{Q}(\sqrt{5})$, die gegeben sind durch

$$\sigma_1 : \sqrt{5} \mapsto \sqrt{5} \quad \text{und} \quad \sigma_2 : \sqrt{5} \mapsto -\sqrt{5}.$$

Und analog ist die Galoisgruppe von $X^2 - 2$ zu $\mathbb{Z}/2$ isomorph, sie besteht aus den $\mathbb{Q}$-Automorphismen von $\mathbb{Q}(\sqrt{2})$, die gegeben sind durch

$$\rho_1 : \sqrt{2} \mapsto \sqrt{2} \quad \text{und} \quad \rho_2 : \sqrt{2} \mapsto -\sqrt{2}.$$

Nun fügen wir alles mit Aufgabe 27.7 zusammen: Es gilt $\Gamma_{\mathbb{Q}}(Q) \cong \mathbb{Z}/2 \times \mathbb{Z}/2 \times S_3$.

28.6 *1. Lösung:* Das Polynom P hat $n = \deg(P)$ verschiedene Nullstellen $a_1, \ldots, a_n$ in einem Zerfällungskörper L. Aufgrund des Teils (b) von Lemma 28.4 (Algebrabuch) wissen wir, dass es n (verschiedene) $\mathbb{Q}$-Automorphismen $\tau_1, \ldots, \tau_n$ von L, also Elemente von $\Gamma_{\mathbb{Q}}(P)$, gibt mit

$$\tau_1(a_1) = a_1, \ \tau_2(a_1) = a_2, \ldots, \ \tau_n(a_1) = a_n.$$

Wir zeigen nun, dass es keine weiteren $\mathbb{Q}$-Automorphismen von L gibt, falls $\Gamma_{\mathbb{Q}}(P)$ abelsch ist; kurz:

$$\sigma \in \Gamma_{\mathbb{Q}}(P) \ \Rightarrow \ \sigma = \tau_r \quad \text{für ein} \ \ r \in \{1, \ldots, n\}.$$

Dazu ist zu begründen, dass $\sigma(a_i) = \tau_r(a_i)$ für alle $i = 1, \ldots, n$ gilt: Es sei $\sigma \in \Gamma_{\mathbb{Q}}(P)$. Dann gilt $\sigma(a_1) = a_r$ für ein $r \in \{1, \ldots, n\}$. Weil $\Gamma_{\mathbb{Q}}(P)$ abelsch ist, folgt wegen $\sigma(a_1) = \tau_r(a_1)$:

$$\sigma(a_i) = \sigma(\tau_i(a_1)) = \tau_i(\sigma(a_1)) = \tau_i(a_r) = \tau_i(\tau_r(a_1)) = \tau_r(\tau_i(a_1)) = \tau_r(a_i)$$

für jedes $i \in \{1, \ldots, n\}$. Somit gilt $\sigma = \tau_r$.

2. *Lösung:* Es sei L der Zerfällungskörper des Polynoms P. Da $\Gamma_{\mathbb{Q}}(P) = \Gamma(L/K)$ abelsch ist, ist jede Untergruppe von $\Gamma_{\mathbb{Q}}(P)$ ein Normalteiler von $\Gamma_{\mathbb{Q}}(P)$ und somit für jeden Zwischenkörper E von L/K die Erweiterung E/K nach dem Teil (c) des Hauptsatzes 27.10 (Algebrabuch) der endlichen Galoistheorie galoissch, insbesondere ist $K(a)/K$ für jede Nullstelle a des Polynoms P galoissch. Da das irreduzible Polynom $P \in K[X]$ in $K(a)$ die Nullstelle a besitzt, und die Erweiterung $K(a)/K$ insbesondere normal ist, zerfällt P also in $K(a)$ in Linearfaktoren, also ist $K(a) \subseteq L$ bereits der Zerfällungskörper von P. Damit gilt $L = K(a)$, und somit gilt $\deg P = [K(a) : K] = [L : K] = |\Gamma_{\mathbb{Q}}(P)|$.

28.7

(a) Da P vom Grad 3 über $\mathbb{Q}$ ist, ist P genau dann irreduzibel, wenn P keine Nullstelle in $\mathbb{Q}$ hat. Als Nullstellen kommen aber nur die Teiler des konstanten Gliedes 1 infrage, also ± 1 (beachte Lemma 19.7 (Algebrabuch)). Da diese aber keine Nullstellen sind, ist P irreduzibel.

(b) Das Polynom P hat aufgrund des Zwischenwertsatzes wegen $\lim_{x \to \pm\infty} P(x) = \pm\infty$ eine Nullstelle a in $\mathbb{R}$. Da die Polynomfunktion $x \to P(x)$ weiterhin wegen $P' = 3X^2 + 1$ streng monoton steigend ist, ist a die einzige reelle Nullstelle von P, die wegen der Separabilität von P einfach ist. Damit müssen die weiteren Nullstellen von P nichtreell sein. Da P reelle Koeffizienten hat, sind die beiden weiteren Nullstellen komplex konjugiert zueinander; es seien dies $b, \overline{b} \in \mathbb{C} \setminus \mathbb{R}$.

(c) Da $L/\mathbb{Q}$ als normale und separable Erweiterung galoissch ist, gilt $[L : \mathbb{Q}] = |\Gamma(L/\mathbb{Q})|$ (beachte Korollar 27.11 (Algebrabuch)). Weiter gilt $[\mathbb{Q}(a) : \mathbb{Q}] = 3$ und $[L : \mathbb{Q}(a)] > 1$, da L nichtreelle Elemente enthält. Der Gradsatz liefert nun

$$[L : \mathbb{Q}] = [L : \mathbb{Q}(a)][\mathbb{Q}(a) : \mathbb{Q}] > 3,$$

sodass $[L : \mathbb{Q}] = 6$, da $[L : \mathbb{Q}] \mid 3! = 6$. Damit ist $\Gamma(L/\mathbb{Q})$ isomorph zu S_3 oder $\mathbb{Z}/6$. Da jedes $\sigma \in \Gamma(L/\mathbb{Q})$ die Nullstellen von P permutiert und eindeutig bestimmt ist durch die Werte $\sigma(a)$, $\sigma(b)$, $\sigma(\overline{b})$ erhalten wir einen Monomorphismus

$$\varphi : \Gamma(L/K) \to S_{\{a,b,\overline{b}\}} \cong S_3, \ \sigma \mapsto \sigma|_{\{a,b,\overline{b}\}}.$$

Damit ist $\Gamma(L/K)$ nicht zyklisch, also $\Gamma(L/K) \cong S_3$.
Wir hätten das Ergebnis auch direkt aus Lemma 28.5 (Algebrabuch) folgern können, die durchgeführten Schlüsse dienen aber zugleich der Förderung des Verständnisses.

(d) Wegen $\tau(L) = L$ (beachte $\tau(a) = a$, $\tau(b) = \overline{b}$, $\tau(\overline{b}) = b$, $\tau|_{\mathbb{Q}} = \mathrm{Id}_{\mathbb{Q}}$), $\tau^2 = \mathrm{Id}_L$ und der Homomorphie von τ ist τ ein Automorphismus von L.

(e) Da die reelle Nullstelle a unter Konjugation festbleibt, vermuten wir natürlich schnell, dass $K = \mathcal{F}(\langle\tau\rangle) = \mathbb{Q}(a)$ gilt. Wir begründen das mithilfe der Gradformel, die besagt

$$6 = [L : \mathbb{Q}] = [L : K][K : \mathbb{Q}].$$

Zum einen gilt natürlich $\mathbb{Q}(a) \subseteq K$, also $[K : \mathbb{Q}] \geq 3$, da $[\mathbb{Q}(a) : \mathbb{Q}] = 3$ (P mit $\deg P = 3$ ist das Minimalpolynom von a über $\mathbb{Q}$). Weiterhin ist $\mathcal{F}(\langle\tau\rangle)$ wegen $\tau(b) = \overline{b} \neq b$ ein echter Teilkörper von L, d.h. $[L : \mathcal{F}(\langle\tau\rangle)] > 1$. Damit haben wir begründet:

$$K = \mathbb{Q}(a)\,, \quad [K : \mathbb{Q}] = 3 \quad \text{und} \quad [L : K] = 2.$$

Die Erweiterung $K/\mathbb{Q}$ ist nicht galoissch, da das Polynom P in K die Nullstelle a hat, aber nicht über K zerfällt ($K/\mathbb{Q}$ ist somit nicht normal). Die Erweiterung L/K ist galoissch mit Galoisgruppe $\Gamma(L/K) = \langle\tau\rangle$ (beachte den Hauptsatz der Galoistheorie 27.10 (Algebrabuch)).

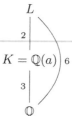

(f) Die Gruppe S_3 hat genau eine Untergruppe vom Index 3, nämlich A_3. Damit ist $K' = \mathcal{F}(A_3)$ der einzige Zwischenkörper mit $[K' : \mathbb{Q}] = [S : A_3] = 2$. Da A_3 ein Normalteiler in der S_3 ist, ist die Erweiterung $K'/\mathbb{Q}$ galoissch (beachte den Hauptsatz der Galoistheorie 27.10 (Algebrabuch)).

28.8

(a) Wir benutzen den Reduktionssatz 19.8 (Algebrabuch), wobei wir modulo 2 reduzieren: Da $\overline{P} = X^3 + X^2 + \overline{1}$ keine Nullstelle in $\mathbb{Z}/2$ hat, $\overline{P}(\overline{0}) \neq \overline{0} \neq \overline{P}(\overline{1})$, ist $\overline{P}$ über $\mathbb{Z}/2$ aus Gradgründen irreduzibel. Somit ist P auch über $\mathbb{Z}$ irreduzibel, folglich auch über $\mathbb{Q}$.

(b) Wegen $P(1) = -3 < 0$ und $P(2) = 7 > 0$ folgt mit dem Zwischenwertsatz, dass P eine Nullstelle im offenen Intervall $]1, 2[$ hat.

(c) Wir bestimmen $P(b)$, es gilt:

$$P(b) = P\left(-\frac{1}{a+1}\right) = -\frac{1}{(a+1)^3}\, P(a) = 0.$$

(d) Wegen $a > 0$ gilt $b = -\frac{1}{a+1} < 0$, sodass a und b verschiedene Nullstellen von P sind, $a \neq b$. Da mit a auch b ein Element von $\mathbb{Q}(a)$ ist, $a, b \in \mathbb{Q}(a)$, liegt auch die dritte Nullstelle c von P in $\mathbb{Q}(a)$, es gilt nämlich für diese dritte Nullstelle c wegen $P = (X - a)(X - b)(X - c)$:

$$a\,b\,c = 1.$$

Somit ist $c = \frac{1}{a\,b} \in \mathbb{Q}(a)$. Somit ist $\mathbb{Q}(a)$ der Zerfällungskörper von P.

(e) Da die Erweiterung $\mathbb{Q}(a)/\mathbb{Q}$ algebraisch, separabel und normal ist, ist sie galoissch. Für die Galoisgruppe Γ von P über $\mathbb{Q}$ gilt $|\Gamma| = [\mathbb{Q}(a) : \mathbb{Q}] = \deg m_{a,\mathbb{Q}}$ für das Minimalpolynom $m_{a,\mathbb{Q}}$ von a über $\mathbb{Q}$. Da P irreduzibel und normiert ist, ist P dieses Minimalpolynom. Wegen $\deg P = 3$ erhalten wir also, dass Γ genau drei Elemente enthält, damit gilt $\Gamma \cong \mathbb{Z}/3$.

28.9

(a) Die vier (verschiedenen) Nullstellen von P sind die vier verschiedenen 4-ten Wurzeln von -1, die bekanntlich gegeben sind durch

$$e^{\frac{i\pi}{4}}, \ e^{\frac{3i\pi}{4}}, \ e^{\frac{5i\pi}{4}}, \ e^{\frac{7i\pi}{4}}.$$

Offenbar hat nur $\zeta_1 = e^{\frac{i\pi}{4}} = \frac{1}{2}\sqrt{2}(1 + i)$ sowohl einen positiven Real- wie auch positiven Imaginärteil (man denke an die Euler'sche Formel $e^{i\varphi} = \cos\varphi + i\sin\varphi$). Dann ist

$$\zeta_1 = \tfrac{1}{2}\sqrt{2}(1+i), \quad \zeta_2 = \tfrac{1}{2}\sqrt{2}(-1+i), \quad \zeta_3 = \tfrac{1}{2}\sqrt{2}(-1-i), \quad \zeta_4 = \tfrac{1}{2}\sqrt{2}(1-i), \quad (*)$$

insbesondere $\zeta_2 = \zeta_1 i$, $\zeta_3 = \zeta_1 i^2$, $\zeta_4 = \zeta_1 i^3$.

(b) Es ist $i = \zeta_1^2 \in K$, also ist auch $\sqrt{2} = 2\zeta_1/(1 + i) \in K$. Dies zeigt $K = \mathbb{Q}(\sqrt{2}, i) = \mathbb{Q}(\zeta_1)$ und damit $[\mathbb{Q}(\zeta_1) : \mathbb{Q}] = [K : \mathbb{Q}] = 4 = \deg P$. Damit ist P insbesondere auch Minimalpolynom von ζ_1 und als solches irreduzibel. Die Galoisgruppe von $\mathbb{Q}(\sqrt{2}, i)/\mathbb{Q}$ besteht dann aus den vier $\mathbb{Q}$-Automorphismen

$$\tau_1 : \begin{cases} \sqrt{2} \mapsto \sqrt{2}, \\ i \mapsto i \end{cases}, \quad \tau_2 : \begin{cases} \sqrt{2} \mapsto -\sqrt{2}, \\ i \mapsto i \end{cases},$$

$$\tau_3 : \begin{cases} \sqrt{2} \mapsto \sqrt{2}, \\ i \mapsto -i \end{cases}, \quad \tau_4 : \begin{cases} \sqrt{2} \mapsto -\sqrt{2}, \\ i \mapsto -i \end{cases}.$$

(c) In Lemma 28.4 (Algebrabuch) wird der Homomorphismus

$$\varphi : \begin{cases} \Gamma \to S_W \\ \tau \mapsto \tau|_W \end{cases}$$

mit der Menge $W = \{\zeta_1, \dots, \zeta_4\}$ aller Wurzeln von P angegeben. Wir *verlängern* diesen Homomorphismus um einen Isomorphismus $S_W \to S_4$, sprich, wir identifizieren ζ_i mit dem Index i.

Wir geben $\phi : \Gamma \to S_4$ an, indem wir die Bilder $\phi(\tau_1), \dots, \phi(\tau_4)$ angeben (beachte $(*)$):

- Wegen $\tau_1(\zeta_1) = \zeta_1$, $\tau_1(\zeta_2) = \zeta_2$, $\tau_1(\zeta_3) = \zeta_3$, $\tau_1(\zeta_4) = \zeta_4$ gilt $\phi(\tau_1) = (1)$.
- Wegen $\tau_2(\zeta_1) = \zeta_3$, $\tau_2(\zeta_2) = \zeta_4$, $\tau_2(\zeta_3) = \zeta_1$, $\tau_2(\zeta_4) = \zeta_2$ gilt $\phi(\tau_2) = (1\,3)\,(2\,4)$.

- Wegen $\tau_3(\zeta_1) = \zeta_4$, $\tau_3(\zeta_2) = \zeta_3$, $\tau_3(\zeta_3) = \zeta_2$, $\tau_3(\zeta_4) = \zeta_1$ gilt $\phi(\tau_3) = (1\,4)\,(2\,3)$.
- Wegen $\tau_4(\zeta_1) = \zeta_2$, $\tau_4(\zeta_2) = \zeta_1$, $\tau_4(\zeta_3) = \zeta_4$, $\tau_4(\zeta_4) = \zeta_3$ gilt $\phi(\tau_4) = (1\,2)\,(3\,4)$.

Insbesondere ist Γ zur Klein'schen Vierergruppe isomorph.

(d) Die Teilkörper sind $\mathbb{Q}$, K sowie gemäß der Galoiskorrespondenz

$$\mathcal{F}(\langle \tau_2 \rangle) = \mathbb{Q}(i), \quad \mathcal{F}(\langle \tau_3 \rangle) = \mathbb{Q}(\sqrt{2}), \quad \mathcal{F}(\langle \tau_4 \rangle) = \mathbb{Q}(i\sqrt{2}).$$

28.10

(a) Das Eisenstein-Kriterium mit $p = 2$ liefert, dass P irreduzibel ist.

(b) Wir setzen $a' = a^3 + 3\,a$ in das Polynom P ein und multiplizieren das aus:

$$P(a') = (a^3 + 3\,a)^4 + 4\,(a^3 + 3\,a)^2 + 2$$
$$= a^{12} + 12\,a^{10} + 54\,a^8 + 112\,a^6 + 105\,a^4 + 36\,a^2 + 2.$$

Weil a eine Nullstelle von P ist, gilt $P(a) = a^4 + 4\,a^2 + 2 = 0$. Nun führen wir eine Division von $P(a')$ durch $P(a)$ mit Rest und finden den Rest 0:

$$P(a') = \underbrace{(a^4 + 4\,a^2 + 2)}_{=P(a)=0}\,(a^8 + 8\,a^6 + 20\,a^4 + 16\,a^2 + 1) = 0.$$

Somit ist mit a auch $a' = a^3 + 3\,a$ eine Nullstelle von P.

(c) Wir bestimmen zuerst die Mächtigkeit von $\Gamma(L/\mathbb{Q})$: Wegen $|\Gamma(L/\mathbb{Q})| = [L : \mathbb{Q}]$ ist hierzu der Grad der Körpererweiterung $L/\mathbb{Q}$ zu ermitteln:

Laut (b) sind a, a', $-a$, $-a'$ vier Nullstellen von P. Wir zeigen auf zweierlei Arten, dass diese vier Nullstellen verschieden sind:

- *Die elegante Art:* Da $\{1, a, a^2, a^3\}$ eine $\mathbb{Q}$-Basis von $\mathbb{Q}(a)$ ist und somit verschiedene Linearkombinationen von $\{1, a, a^2, a^3\}$ auch verschiedene Elemente von $\mathbb{Q}(a)$ erzeugen, sind die Elemente

$$a, \; a' = a^3 + 3\,a, \; -a, \; -a' = -a^3 - 3\,a$$

verschieden.

- *Die direkte Art:* Wegen $a \neq 0 \neq a'$, sind sowohl a und $-a$ wie auch a' und $-a'$ verschieden.

  Es gilt auch $a \neq a'$: Angenommen, $a = a'$. Wegen $a' = a^3 + 3\,a$ gilt dann $a^3 + 2\,a = a\,(a^2 + 2) = 0$, d. h. $a = 0$ oder $a = i\sqrt{2}$ oder $a = -i\sqrt{2}$. Wegen $P(0)$, $P(i\sqrt{2})$, $P(-i\sqrt{2}) \neq 0$ kann das nicht sein.

  Analog begründet man, $a \neq -a'$. Damit sind a, a', $-a$, $-a'$ verschieden.

Wir erhalten hiermit wegen $P = (X - a)\,(X - a')\,(X + a)\,(X + a')$ für den Zerfällungskörper L:

$$L = \mathbb{Q}(a, a', -a, -a') = \mathbb{Q}(a).$$

Insbesondere gilt damit

$$|\Gamma(L/\mathbb{Q})| = [L : \mathbb{Q}] = [\mathbb{Q}(a) : \mathbb{Q}] = \deg m_{a,\mathbb{Q}} = \deg(P) = 4.$$

Die Galoisgruppe Γ hat somit vier Elemente, diese sind gegeben durch

$$\tau_1 : a \mapsto a, \ \tau_2 : a \mapsto a', \ \tau_3 : a \mapsto -a, \ \tau_4 : a \mapsto -a'.$$

Wir bestimmen schließlich noch den Isomorphietyp von $\Gamma(L/\mathbb{Q})$: Wegen

$$\begin{aligned}
\tau_2^2(a) &= \tau_2(a') = \tau_2(a^3 + 3a) = \tau_2(a)^3 + 3\,\tau_2(a) = (a')^3 + 3a' \\
&= (a^3 + 3a)^3 + 3\,(a^3 + 3a) \\
&= a^9 + 9a^7 + 27a^5 + 30a^3 + 9a \\
&= -a,
\end{aligned}$$

wobei wir im letzten Schritt per Division mit Rest

$$(a^9 + 9a^7 + 27a^5 + 30a^3 + 9a) = \underbrace{(a^4 + 4a^2 + 2)}_{=P(a)=0}(a^5 + 5a^3 + 5a) - a = -a$$

erhalten haben.

Wegen $\tau_2(a) \neq a$ ist die Ordnung von τ_2 größer als 2 und somit $\Gamma(L/\mathbb{Q})$ zyklisch, $\Gamma(L/\mathbb{Q}) \cong \mathbb{Z}/4$.

(d) Da $\mathbb{Z}/4$ nur genau eine nichttriviale Untergruppe besitzt und diese den Index 2 hat, folgt aus dem Hauptsatz der Galoistheorie, dass $L/\mathbb{Q}$ genau einen nichttrivialen Zwischenkörper besitzt und dieser den Grad 2 über $\mathbb{Q}$ hat. Wir wählen die Nullstelle $a = \sqrt{-2 + \sqrt{2}} \in L$ von P. Dann ist offensichtlich $\sqrt{2} \in \mathbb{Q}(a)$. Die Zwischenkörper von $L/\mathbb{Q}$ sind also:

$$\mathbb{Q}, \quad \mathbb{Q}(\sqrt{2}), \quad L = \mathbb{Q}(\sqrt{-2 + \sqrt{2}}).$$

28.11 Die *kleinsten* Gruppen, die gleich viele Elemente haben, aber nicht isomorph sind, sind $\mathbb{Z}/4$ und $\mathbb{Z}/2 \times \mathbb{Z}/2$. Wir suchen nun zwei Polynome P und Q über $\mathbb{Q}$ mit $\Gamma_{\mathbb{Q}}(P) \cong \mathbb{Z}/4$ und $\Gamma_{\mathbb{Q}}(Q) \cong \mathbb{Z}/2 \times \mathbb{Z}/2$. Unsere bisherigen Beispiele (siehe Aufgaben 27.2 und 27.3) zeigen

$$\Gamma_{\mathbb{Q}}(X^5 - 1) \cong \mathbb{Z}/4 \quad \text{und} \quad \Gamma_{\mathbb{Q}}((X^2 - 2)(X^2 - 3)) \cong \mathbb{Z}/2 \times \mathbb{Z}/2.$$

Jedoch sind die Polynome $\tilde{P} = X^5 - 1$ und $\tilde{Q} = (X^2 - 2)(X^2 - 3)$ nicht irreduzibel. Das Problem ist aber gleich gelöst: Bei $\tilde{P}$ dividieren wir den Faktor $X - 1$ weg und erhalten das irreduzible Polynom

$$P = X^4 + X^3 + X^2 + X + 1 \quad \text{mit} \quad \Gamma_{\mathbb{Q}}(P) \cong \mathbb{Z}/4.$$

Und wegen $\mathbb{Q}(\sqrt{2}, \sqrt{3}) = \mathbb{Q}(\sqrt{2} + \sqrt{3})$ bestimmen wir das Minimalpolynom von $a = \sqrt{2} + \sqrt{3}$ über $\mathbb{Q}$; es gilt:

$$a^2 = 5 + 2\sqrt{6} \implies (a^2 - 5)^2/4 = 6 \implies a^4 - 10a^2 + 1 = 0.$$

Damit erhalten wir das irreduzible Polynom

$$Q = X^4 - 10X^2 + 1 \quad \text{mit} \quad \Gamma_{\mathbb{Q}}(Q) \cong \mathbb{Z}/2 \times \mathbb{Z}/2.$$

28.12

(a) Da f primitiv ist, genügt es zu zeigen, dass $f \in \mathbb{Z}[X]$ irreduzibel ist. Besäße f eine Nullstelle m in $\mathbb{Z}$, so wäre m ein Teiler des konstanten Terms 1, also $m = \pm 1$. Wie man durch Einsetzen sieht, sind dies jedoch keine Nullstellen von f. Angenommen, es sei $f = gh$ mit $g, h \in \mathbb{Z}[X]$, $\deg(g) = \deg(h) = 2$. Wir dürfen annehmen, dass g, h normiert sind, also $g = X^2 + aX + b$ und $h = X^2 + cX + d$ mit $a, b, c, d \in \mathbb{Z}$. Ausmultiplizieren und Koeffizientenvergleich liefert: $a + c = 0$, $b + d + ac = -1$ und $bd = 1$, also $c = -a$ und somit $a^2 = 1 + b + d$, außerdem $b = d = 1$ oder $b = d = -1$. Es folgt $a^2 \in \{-1, 3\}$, ein Widerspruch. Also ist $f \in \mathbb{Z}[X]$ irreduzibel und damit $f \in \mathbb{Q}[X]$ irreduzibel.

(b) Es sei $L \subseteq \mathbb{C}$ ein Zerfällungskörper von f. Dann ist $\alpha := \sqrt{\frac{1}{2} + \frac{1}{2}\sqrt{-3}}$ eine Nullstelle von f. Ebenfalls Nullstelle von f ist

$$\sqrt{\frac{1}{2} - \frac{1}{2}\sqrt{-3}} = \frac{\sqrt{\frac{1}{4} + \frac{3}{4}}}{\sqrt{\frac{1}{2} + \frac{1}{2}\sqrt{-3}}} = \alpha^{-1}.$$

Die Nullstellen von f in L sind also: $\alpha_1 := \alpha$, $\alpha_2 := -\alpha$, $\alpha_3 := \alpha^{-1}$, $\alpha_4 := -\alpha^{-1}$. Insbesondere ist $L = \mathbb{Q}(\alpha)$, und jedes $\phi \in \Gamma(L/\mathbb{Q})$ ist durch $\phi(\alpha)$ eindeutig bestimmt. Nach Teil (a) ist $|\Gamma(L/\mathbb{Q})| = [L : \mathbb{Q}] = \deg(f) = 4$, also $\Gamma(L/\mathbb{Q}) = \{\phi_1, \phi_2, \phi_3, \phi_4\}$ mit

$$\phi_1 = \text{Id}_L : \alpha \mapsto \alpha, \quad \phi_2 : \alpha \mapsto -\alpha, \quad \phi_3 : \alpha \mapsto \alpha^{-1}, \quad \phi_4 : \alpha \mapsto -\alpha^{-1}.$$

Die Operation der ϕ_i auf der Menge $\{\alpha_1, \alpha_2, \alpha_3, \alpha_4\}$ liefert einen injektiven Gruppenhomomorphismus $\text{Gal}(L/\mathbb{Q}) \to S_4$ mit $\phi_1 \mapsto \text{Id}$, $\phi_2 \mapsto (12)(34)$, $\phi_3 \mapsto (13)(24)$, $\phi_4 \mapsto (14)(23)$. Also ist $\Gamma_{\mathbb{Q}}(f) \cong \langle (12)(34), (13)(24) \rangle = V_4 \le S_4$.

(c) Die Untergruppen von $G := \Gamma(L/\mathbb{Q})$ sind G, $\{\text{Id}\}$, $\langle \phi_2 \rangle$, $\langle \phi_3 \rangle$, $\langle \phi_4 \rangle$. Die Fixkörper zu G und $\{\text{Id}\}$ sind die trivialen Teilkörper $\mathbb{Q}$ bzw. L. Um die restlichen Fixkörper zu finden, genügt es, Teilkörper vom Grad 2 über $\mathbb{Q}$ zu finden, deren Elemente unter dem jeweiligen ϕ_i festbleiben. Wir setzen $K_i := \mathcal{F}(\langle \phi_i \rangle)$ für $i = 2, 3, 4$. Offensichtlich sind $\alpha^2 \in K_2$, $\alpha + \alpha^{-1} \in K_3$ und $\alpha - \alpha^{-1} \in K_4$. Wegen $\alpha^2 = \frac{1}{2} + \frac{1}{2}\sqrt{-3}$, $(\alpha + \alpha^{-1})^2 = 3$ und $(\alpha - \alpha^{-1})^2 = -1$ folgt aus Gradgründen: $K_2 = \mathbb{Q}(\sqrt{-3})$, $K_3 = \mathbb{Q}(\sqrt{3})$ und

$K_4 = \mathbb{Q}(i)$. Nach dem Hauptsatz der Galoistheorie sind die gesuchten Zwischenkörper also:

$$\mathbb{Q}, \quad K_2 = \mathbb{Q}(\sqrt{-3}), \quad K_3 = \mathbb{Q}(\sqrt{3}), \quad K_4 = \mathbb{Q}(i), \quad L.$$

28.13

(a) Nach Korollar 26.4 (Algebrabuch) ist jede endliche Erweiterung endlicher Körper normal und separabel und damit galoissch. Um den Grad der Körpererweiterung $[K : \mathbb{F}_5]$ und damit die Ordnung der Galoigruppe zu bestimmen, betrachten wir das Polynom $P := X^4 - 3 \in \mathbb{F}_5[X]$; es ist $\alpha := \sqrt[4]{3}$ eine Wurzel dieses normierten Polynoms.

Wir zeigen nun, dass P auch irreduzibel und damit das Minimalpolynom von α über $\mathbb{F}_5$ ist: Wäre P reduzibel, so hätte P einen Linearfaktor (also eine Wurzel in $\mathbb{F}_5$) oder zwei irreduzible Teiler von Grad 2. Der erste Fall ist wegen

$$P(0) = 2, \quad P(1) = 3, \quad P(2) = 3, \quad P(3) = 3, \quad P(4) = 3$$

ausgeschlossen. Im zweiten Fall können wir $X^4 - 3 = (X^2 + \lambda_1 X + \lambda_0)(X^2 + \mu_1 X + \mu_0)$ mit $\lambda_0, \lambda_1, \mu_0, \mu_1 \in \mathbb{F}_5$ ansetzen. Ein Koeffizientenvergleich liefert:

$$\mu_1 + \lambda_1 = 0, \tag{28.1}$$

$$\mu_0 + \lambda_0 + \lambda_1 \mu_1 = 0, \tag{28.2}$$

$$\lambda_1 \mu_0 + \lambda_0 \mu_1 = 0, \tag{28.3}$$

$$\lambda_0 \mu_0 = 2. \tag{28.4}$$

Aus (4.1) und (28.2) bzw. (4.1) und (28.3) folgt

$$\mu_0 + \lambda_0 - \lambda_1^2 = 0, \tag{28.5}$$

$$\lambda_1(\mu_0 - \lambda_0) = 0.$$

Ist $\mu_0 - \lambda_0 = 0$, so folgt aus (28.4), dass $\lambda_0^2 = 2$ gilt, was wegen $0^2 = 0$, $1^2 = 1$, $2^2 = -1$, $3^2 = -1$ und $4^2 = 1$ in $\mathbb{F}_5$ nicht erfüllbar ist. Ist hingegen $\lambda_1 = 0$, so folgt aus (28.5) und (28.4) ebenso, dass $\lambda_0^2 = 3$ erfüllt sein muss, was aber wiederum in $\mathbb{F}_5$ nicht sein kann. Somit ist P irreduzibel. Wir erhalten:

$$[K : \mathbb{F}_5] = 4 = |\Gamma(K/\mathbb{F}_5)|.$$

Wegen $[K : \mathbb{F}_5] = 4$ gilt $|K| = 5^4$. Somit erhalten wir nach dem Existenz- und Eindeutigkeitssatz für endliche Körper

$$\mathbb{F}_5(\sqrt[4]{3}) \cong \mathbb{F}_{5^4} = \mathbb{F}_{625}.$$

Weiter besagt Korollar 26.6 (Algebrabuch), dass die Galoisgruppe $\Gamma(K/\mathbb{F}_5)$ zyklisch von der Ordnung 4 ist und vom Frobeniusautomorphismus $\varphi : a \mapsto a^p$ erzeugt wird:

$$\Gamma(K/\mathbb{F}_5) = \langle \varphi \rangle \cong \mathbb{Z}/4.$$

(b) Der Zwischenkörperverband einer endlichen Erweiterung endlicher Körper ist nach Lemma 26.3 (Algebrabuch) bekannt:

$$\mathbb{F}_5 \subseteq \mathbb{F}_{5^2} \subseteq \mathbb{F}_{5^4}.$$

Dies entspricht natürlich auch dem Untergruppenverband einer zyklischen Gruppe von der Ordnung 4.

(c) Für alle $\alpha \in \mathbb{F}_{5^4}$ gilt

$$\mathbb{F}_5 \subseteq \mathbb{F}_5(\alpha) \subseteq \mathbb{F}_{5^4}.$$

Ist $\alpha \in \mathbb{F}_{5^4} \setminus \mathbb{F}_{5^2}$, so ist $\mathbb{F}_5(\alpha) \neq \mathbb{F}_{5^2}$ und auch $\mathbb{F}_5(\alpha) \neq \mathbb{F}_5$. Damit muss also $\mathbb{F}_5(\alpha)$ gleich dem verbleibenden Zwischenkörper $\mathbb{F}_{5^4}$ sein. Mit anderen Worten, jedes Element $\alpha \in \mathbb{F}_{5^4} \setminus \mathbb{F}_{5^2}$ ist primitives Element von $\mathbb{F}_{5^4}$. Darüberhinaus existieren wegen $\mathbb{F}_5(\alpha) \subseteq \mathbb{F}_{5^2}$ für alle $\alpha \in \mathbb{F}_{5^2}$ keine weiteren primitiven Elemente.

Da $\mathbb{F}_{5^4} \setminus \mathbb{F}_{5^2}$ insgesamt $625 - 25 = 600$ Elemente beinhaltet, existieren also 600 primitive Elemente.

28.14

(a) Wegen $X^4 - 7 = (X - \sqrt[4]{7})(X + \sqrt[4]{7})(X - i\sqrt[4]{7})(X + i\sqrt[4]{7})$ ist $L = \mathbb{Q}(\sqrt[4]{7}, i\sqrt[4]{7})$ ein Zerfällungskörper von $X^4 - 7$. Da $i = \frac{i\sqrt[4]{7}}{\sqrt[4]{7}} \in L$, gilt $L = \mathbb{Q}(\sqrt[4]{7}, i) = K(a)$.

(b) Nach Eisenstein ist $X^4 - 7 \in \mathbb{Q}[X]$ irreduzibel und somit $[\mathbb{Q}(a) : \mathbb{Q}] = 4$. Wegen $i^2 \in \mathbb{Q}(a)$ und $i \notin \mathbb{Q}(a) \subseteq \mathbb{R}$ ist $[L : \mathbb{Q}(a)] = [\mathbb{Q}(a, i) : \mathbb{Q}(a)] = 2$ und somit

$$[L : \mathbb{Q}] = [\mathbb{Q}(a, i) : \mathbb{Q}(a)] \cdot [\mathbb{Q}(a) : \mathbb{Q}] = 2 \cdot 4 = 8.$$

Andererseits gilt $[K : \mathbb{Q}] = [\mathbb{Q}(i) : \mathbb{Q}] = 2$, denn das Polynom $X^2 + 1 \in \mathbb{Q}[X]$ ist irreduzibel (es hat keine Wurzeln in $\mathbb{Q}$). Insgesamt gilt

$$8 = [L : \mathbb{Q}] = [L : K] \cdot [K : \mathbb{Q}] = [L : K] \cdot 2.$$

Also gilt $[L : K] = 4$. Insbesondere ist L/K eine endliche Erweiterung.

Alternativ: Wir zeigen, dass das Polynom $P = X^4 - 7$ irreduzibel über $K = \mathbb{Q}(i)$ ist. Da P normiert und somit primitiv ist, reicht es zu zeigen, dass es irreduzibel über $\mathbb{Z}[i]$ ist. Das Element 7 ist ein Primelement in $\mathbb{Z}[i]$, weil $7 \equiv 3 \mod 4$. Nach Eisenstein mit $p = 7$ ist dann P irreduzibel über $\mathbb{Z}[i]$. Es folgt, dass P das Minimalpolynom von a über K ist und somit gilt $[L : K] = [K(a) : K] = 4$.

Wie oben zeigt man, dass $[K : \mathbb{Q}] = [\mathbb{Q}(i) : \mathbb{Q}] = 2$ gilt. Dann folgt mit der Gradformel

$$[L : \mathbb{Q}] = [L : K] \cdot [K : \mathbb{Q}] = 4 \cdot 2 = 8.$$

(c) Die Körpererweiterung L/K ist separabl, weil K ein Körper der Charakteristik Null ist. Ferner ist L/K normal, weil L Zerfällungskörper des Polynoms $P \in K[X]$ über K ist. Da die Körpererweiterung L/K endlich, separabel und normal ist, ist sie galoisch.

(d) Da L/K galoissch ist, gilt $|\Gamma(L/K)| = [L : K] = 4$. Da $\sigma \neq \mathrm{Id}$, ist $\langle \sigma \rangle$ eine nichttriviale Untergruppe von $\Gamma(L/K)$. Nach dem Satz von Lagrange gilt

$$o(\sigma) = |\langle \sigma \rangle| \mid |\Gamma(L/K)| = 4.$$

Also gilt $o(\sigma) = |\langle \sigma \rangle| \in \{2, 4\}$. Es gilt aber

$$\sigma^2(a) = \sigma(\mathrm{i} \cdot a) = \sigma(\mathrm{i}) \cdot \sigma(a) = \mathrm{i} \cdot \mathrm{i}a = -a.$$

Daraus folgt $\sigma^2 \neq \mathrm{Id}$, also $o(\sigma) \neq 2$. Es folgt $o(\sigma) = |\langle \sigma \rangle| = 4$. Da $\langle \sigma \rangle \subset \Gamma(L/K)$ gilt, folgt $\Gamma(L/K) = \langle \sigma \rangle$.

Kreisteilungskörper

29.1 Aufgaben

29.1 •• Man bestimme die n-ten Kreisteilungspolynome Φ_n für $1 \leq n \leq 24$.

29.2 •• Man zeige:

(a) Für jede ungerade natürliche Zahl $m > 1$ gilt $\Phi_{2m}(X) = \Phi_m(-X)$.

(b) Für natürliche Zahlen n und Primzahlen p ist

$$\Phi_{np}(X) = \begin{cases} \Phi_n(X^p), & \text{falls } p \mid n, \\ \Phi_n(X^p)/\Phi_n(X), & \text{falls } p \nmid n. \end{cases}$$

29.3 •• Man zerlege $\Phi_{12,\,\mathbb{F}_{11}}$ über $\mathbb{F}_{11}$.

29.4 •• Man bestimme alle Zwischenkörper von $\mathbb{Q}_n/\mathbb{Q}$ für $n = 5,\,7,\,9$.

29.5 •• Man gebe das Minimalpolynom einer primitiven siebten Einheitswurzel über $\mathbb{F}_2$ an.

29.6 • Es sei $\zeta \neq 1$ eine n-te Einheitswurzel. Man zeige $1 + \zeta + \cdots + \zeta^{n-1} = 0$.

29.7 •• Es seien $\zeta_1, \ldots, \zeta_n$ die n-ten Einheitswurzeln. Man zeige $\zeta_1^k + \zeta_2^k + \cdots + \zeta_n^k = 0$ für jedes k mit $1 \leq k \leq n - 1$.

29.8 •• Es gelte $0 < p = \operatorname{Char} K$, und es $n \in \mathbb{N}$ mit $p \nmid n$. Zeigen Sie: K_n/K ist galoissch mit zyklischer Galoisgruppe.

© Der/die Autor(en), exklusiv lizenziert durch Springer-Verlag GmbH, DE, ein Teil von
Springer Nature 2021
C. Karpfinger, *Arbeitsbuch Algebra*,
https://doi.org/10.1007/978-3-662-61954-4_29

29.9 •• Man gebe ein Verfahren zur Konstruktion des regulären 5-Ecks an.

29.10 • Für welche $n \in \{1, \ldots, 100\}$ ist ein reguläres n-Eck konstruierbar?

29.11 •• Es seien m, n natürliche Zahlen mit $\mathrm{ggT}(m, n) = 1$ und ζ_m eine primitive m-te Einheitswurzel über $\mathbb{Q}$. Zeigen Sie: Das n-te Kreisteilungspolynom $\Phi_n(x) \in \mathbb{Q}[x]$ ist sogar über $\mathbb{Q}(\zeta_m)$ irreduzibel.

29.12 •• Bestimmen Sie den Isomorphietyp der Galoisgruppe des Polynoms $P = X^4 + X^3 + X^2 + X + 1 \in \mathbb{F}_2[X]$ über $\mathbb{F}_2$.

29.13 •• Es sei ζ eine primitive n-te Einheitswurzel über $\mathbb{Q}$, wobei $n \geq 2$ gelte. Begründen Sie, warum

$$[\mathbb{Q}(\zeta + \zeta^{-1}) : \mathbb{Q}] = \tfrac{1}{2}\varphi(n)$$

gilt (φ bezeichne die Euler'sche φ-Funktion).

29.2   Lösungen

29.1 Die Berechnung der Kreisteilungspolynome Φ_n erfolgt rekursiv mithilfe des Teils (a) von Lemma 29.4 (Algebrabuch), wonach gilt

$$X^n - 1 = \prod_{0 < d \mid n} \Phi_d.$$

Wir haben mit dieser rekursiven Berechnung bereits in Abschn. 29.2.2 (Algebrabuch) begonnen und dort $\Phi_1, \ldots, \Phi_6$ ermittelt. Da für jede Primzahl p das p-te Kreisteilungspolynom $\Phi_p = X^{p-1} + X^{p-2} + \cdots + X + 1$ ist, bleiben nur noch die Φ_n zu bestimmen, für die n keine Primzahl ist: Wegen

$$X^8 - 1 = \Phi_1 \, \Phi_2 \, \Phi_4 \, \Phi_8 \quad \text{und} \quad \Phi_1 = X - 1, \; \Phi_2 = X + 1, \; \Phi_4 = X^2 + 1$$

gilt

$$\Phi_8 = \frac{X^8 - 1}{(X - 1)\,(X + 1)\,(X^2 + 1)} = X^4 + 1.$$

Wegen

$$X^9 - 1 = \Phi_1 \, \Phi_3 \, \Phi_9 \quad \text{und} \quad \Phi_1 = X - 1, \; \Phi_3 = X^2 + X + 1$$

gilt

$$\Phi_9 = \frac{X^9 - 1}{(X - 1)(X^2 + X + 1)} = X^6 + X^3 + 1.$$

Wegen

$$X^{10} - 1 = \Phi_1 \Phi_2 \Phi_5 \Phi_{10} \quad \text{und} \quad \Phi_1 = X - 1, \ \Phi_2 = X + 1, \ \Phi_5 = X^4 + X^3 + X^2 + X + 1$$

gilt

$$\Phi_{10} = \frac{X^{10} - 1}{(X - 1)(X + 1)(X^4 + X^3 + X^2 + X + 1)} = X^4 - X^3 + X^2 - X + 1.$$

Setzt man dies fort bis zu Φ_{24}, so erhält man die folgende Liste von Kreisteilungspolynomen. Man beachte, dass man sich so manche Rechnung unter Zuhilfenahme von Aufgabe 29.2 ersparen kann:

n	Φ_n
1	$X - 1$
2	$X + 1$
3	$X^2 + X + 1$
4	$X^2 + 1$
5	$X^4 + X^3 + X^2 + X + 1$
6	$X^2 - X + 1$
7	$X^6 + X^5 + X^4 + X^3 + X^2 + X + 1$
8	$X^4 + 1$
9	$X^6 + X^3 + 1$
10	$X^4 - X^3 + X^2 - X + 1$
11	$X^{10} + X^9 + X^8 + X^7 + X^6 + X^5 + X^4 + X^3 + X^2 + X + 1$
12	$X^4 - X^2 + 1$
13	$X^{12} + X^{11} + \cdots + X^2 + X + 1$
14	$X^6 - X^5 + X^4 - X^3 + X^2 - X + 1$
15	$X^8 - X^7 + X^5 - X^4 + X^3 - X + 1$
16	$X^8 + 1$
17	$X^{16} + X^{15} + \cdots + X^2 + X + 1$
18	$X^6 - X^3 + 1$
19	$X^{18} + X^{17} + \cdots + X^2 + X + 1$
20	$X^8 - X^6 + X^4 - X^2 + 1$
21	$X^{12} - X^{11} + X^9 - X^8 + X^6 - X^4 + X^3 - X + 1$
22	$X^{10} - X^9 + X^8 - X^7 + X^6 - X^5 + X^4 - X^3 + X^2 - X + 1$
23	$X^{22} + X^{21} + \cdots + X^2 + X + 1$
24	$X^8 - X^4 + 1$

Nebenbei bemerkt: Da die Kreisteilungspolynome Φ_n über $\mathbb{Q}$ irreduzibel sind, haben wir so auch die Zerlegungen der 24 Polynome $X - 1$, $X^2 - 1$, $X^3 - 1$, ..., $X^{24} - 1$ in irreduzible Faktoren bestimmt, z. B. gilt

$$X^{18} - 1 = (X - 1)(X + 1)(X^2 + X + 1)(X^2 - X + 1)(X^6 + X^3 + 1)(X^6 - X^3 + 1).$$

29.2 (a) Bevor wir die Aufgabe lösen, beobachten wir diesen zu zeigenden Sachverhalt in der Tabelle der Lösung zu Aufgabe 29.1; dort erkennt man sofort:

$$\Phi_6(X) = \Phi_3(-X), \ \Phi_{10}(X) = \Phi_5(-X), \ \Phi_{14}(X) = \Phi_7(-X), \ \ldots$$

Wir vergleichen die Polynome $\Phi_m(-X)$ und $\Phi_{2m}(X)$ mit $m \geq 3$ und stellen fest:

- $\Phi_m(-X)$ und $\Phi_{2m}(X)$ haben beide den gleichen Grad, es gilt nämlich mit der Euler'schen φ-Funktion:

$$\deg(\Phi_{2m}) = \varphi(2m) = \varphi(2)\,\varphi(m) = \varphi(m) = \deg(\Phi_m).$$

- $\Phi_m(-X)$ und $\Phi_{2m}(X)$ sind beide normiert, wegen $m \geq 3$ ist nämlich $\deg(\Phi_m) = \varphi(m)$ gerade.
- $\Phi_m(-X)$ und $\Phi_{2m}(X)$ haben beide nur einfache Nullstellen, es sind nämlich $\Phi_m(-X)$ und $\Phi_{2m}(X)$ irreduzibel und wegen $\mathrm{Char}\,\mathbb{Q} = 0$ separabel.

Es genügt demnach zu zeigen, dass jede Nullstelle von $\Phi_{2m}(X)$ auch eine Nullstelle von $\Phi_m(-X)$ ist; hieraus folgt die Behauptung $\Phi_{2m}(X) = \Phi_m(-X)$:
Es sei $\zeta \in \mathbb{C}$ eine Nullstelle von $\Phi_{2m}(X)$, d. h. $\Phi_{2m}(\zeta) = 0$. Es ist ζ somit eine primitive $2m$-te Einheitswurzel über $\mathbb{Q}$. Wegen $(\zeta^m)^2 = 1$ ist ζ^m eine Nullstelle von $X^2 - 1$. Somit gilt $\zeta^m = 1$ oder $\zeta^m = -1$, da andere Nullstellen nicht infrage kommen. Da aber ζ eine primitive $2m$-te Einheitswurzel ist, ist $\zeta^m = 1$ ausgeschlossen, es gilt somit $\zeta^m = -1$. Da m ungerade ist, heißt das $(-\zeta)^m = 1$. Also ist $-\zeta$ eine m-te Einheitswurzel, die zwangsläufig primitiv ist. Es folgt $\Phi_m(-\zeta) = 0$, da die primitiven m-ten Einheitswurzeln gerade die Nullstellen von Φ_m sind. Anders ausgedrückt: ζ ist eine Nullstelle von $\Phi_m(-X)$.
(b) Wir gehen wie im Teil (a) vor: Wegen $\varphi(np) = p\,\varphi(n)$ für $p \mid n$ und $\varphi(np) = (p-1)\,\varphi(n)$ für $p \nmid n$ haben auch hier jeweils beide Seiten den gleichen Grad und sind normiert. Es sei ζ eine primitive pn-te Einheitswurzel. Dann ist ζ^p eine (notwendig primitive) n-te Einheitswurzel. Demnach ist jede Wurzel von $\Phi_{np}(X)$ auch Wurzel von $\Phi_n(X^p)$, woraus schon die angegebene Formel im Fall $p \mid n$ folgt. Im Fall $p \nmid n$ ist für jede primitive n-te Einheitswurzel ζ auch ζ^p eine primitive n-te Einheitswurzel, also jede Wurzel von $\Phi_{np}(X)\Phi_n(X)$ auch eine Wurzel von $\Phi_n(X^p)$. Das beweist die zweite Formel.

29.3 Nach dem Teil (c) von Lemma 29.4 (Algebrabuch) erhalten wir $\Phi_{12,\,\mathbb{F}_{11}}$ ganz einfach aus dem 12-ten Kreisteilungspolynom Φ_{12} über $\mathbb{Q}$, indem wir einfach die (ganzzahligen)

Koeffizienten von Φ_{12} modulo 11 reduzieren. Wegen $\Phi_{12} = X^4 - X^2 + 1$ erhalten wir somit mit Aufgabe 29.1:

$$\Phi_{12,\,\mathbb{F}_{11}} = X^4 - X^2 + \overline{1}.$$

Während Kreisteilungspolynome über $\mathbb{Q}$ irreduzibel sind, muss das bei Kreisteilungspolynomen über anderen Körpern keineswegs zutreffen. Im vorliegenden Fall finden wir etwa per Koeffizientenvergleich eine Zerlegung von $\Phi_{12,\,\mathbb{F}_{11}}$: Dazu machen wir mit a, b, c, $d \in \mathbb{F}_{11}$ den Ansatz:

$$\begin{aligned}\Phi_{12,\,\mathbb{F}_{11}} = X^4 - X^2 + \overline{1} &= (X^2 + a\,X + b)\,(X^2 + c\,X + d) \\ &= X^4 + (a + c)\,X^3 + (a\,c + b + d)\,X^2 + (a\,d + b\,c)\,X + b\,d.\end{aligned}$$

Es folgt das System von Gleichungen

$$a + c = \overline{0},\ a\,c + d + b = -\overline{1},\ a\,d + b\,c = \overline{0},\ b\,d = \overline{1}.$$

Wir probieren es mit $b = \overline{1} = d$ und finden

$$a + c = \overline{0},\ a\,c = -\overline{3}\ \text{bzw.}\ c = -a,\ a^2 = \overline{3}.$$

Wegen $\overline{5}^2 = \overline{3}$ erhalten wir somit mit $a = \overline{5}$, $b = \overline{1}$, $c = -\overline{5}$ und $d = \overline{1}$ die Zerlegung

$$\Phi_{12,\,\mathbb{F}_{11}} = X^4 - X^2 + \overline{1} = (X^2 + \overline{5}\,X + \overline{1})\,(X^2 - \overline{5}\,X + \overline{1}).$$

29.4 Zur Erinnerung: Es ist $\mathbb{Q}_n$ ein Zerfällungskörper des Polynoms $X^n - 1$ über $\mathbb{Q}$, es gilt $\mathbb{Q}_n = \mathbb{Q}(\zeta)$ für jede primitive n-te Einheitswurzel ζ. Die Erweiterung $\mathbb{Q}_n/\mathbb{Q}$ ist insbesondere galoissch, für die Galoisgruppe $\Gamma = \Gamma(\mathbb{Q}_n/\mathbb{Q})$ gilt $\Gamma \cong \mathbb{Z}/n^\times$ (beachte Lemma 29.8 [Algebrabuch]). Mittels des Hauptsatzes der endliche Galoistheorie erhalten wir aus dem Untergruppenverband von Γ den Zwischenkörperverband von $\mathbb{Q}_n/\mathbb{Q}$.

Wir setzen $\zeta_n = e^{2\pi i/n}$, kürzen aber in den jeweiligen Teilaufgaben ζ_n mit ζ ab und beachten, dass $\zeta = \zeta_n$ eine primitive n-te Einheitswurzel ist, d.h. $\zeta^n = 1$, wobei n die kleinste natürliche Zahl mit dieser Eigenschaft ist, kurz $o(\zeta) = n$.

Zu $\mathbb{Q}_5/\mathbb{Q}$: Es gilt $\Gamma(\mathbb{Q}_5/\mathbb{Q}) \cong \mathbb{Z}/5^\times \cong (\mathbb{Z}/4, +)$. Die vier verschiedenen $\mathbb{Q}$-Automorphismen $\tau_1, \ldots, \tau_4$ von $\mathbb{Q}_5$, also die Elemente von $\Gamma(\mathbb{Q}_5/\mathbb{Q})$ sind gegeben durch

$$\tau_1 : \zeta \mapsto \zeta,\ \tau_2 : \zeta \mapsto \zeta^2,\ \tau_3 : \zeta \mapsto \zeta^3,\ \tau_4 : \zeta \mapsto \zeta^4.$$

Das einzige Element der Ordnung 2 ist $\tau_4 : \zeta \mapsto \zeta^4 = \zeta^{-1}$. Nach dem Hauptsatz der Galoistheorie gibt es somit genau einen nichttrivialen Zwischenkörper, nämlich den Fixkörper $\mathcal{F}(\Delta)$ von $\Delta = \langle \tau_4 \rangle = \{\tau_1, \tau_4\} \subseteq \Gamma(\mathbb{Q}_5/\mathbb{Q})$. Zur Bestimmung von $\mathcal{F}(\Delta)$ benutzen wir die Methode mit der Spur (vgl. Lemma 28.3 [Algebrabuch]): Da $B = \{1, \zeta\}$ ein Erzeugendensystem von $\mathbb{Q}_5$ ist, ist $\{1, \zeta + \zeta^{-1}\}$ wegen $\tau_1(1) + \tau_4(1) = 2$ und $\tau_1(\zeta) + \tau_4(\zeta) = \zeta + \zeta^{-1}$ ein Erzeugendensystem von $\mathcal{F}(\Delta)$. Wegen $\zeta = e^{2\pi i/5} = \cos(2\pi/5) + i\sin(2\pi/5)$ gilt $\zeta + \zeta^{-1} = 2\cos(2\pi/5)$. Daher erhalten wir den Zwischenkörperverband in Abb. 29.1.

Abb. 29.1 Der Zwischenkörperverband von $\mathbb{Q}_5/\mathbb{Q}$

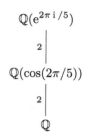

Wir machen uns die Mühe und bestimmen $\mathbb{Q}(\zeta + \zeta^{-1}) = \mathbb{Q}(\cos(2\pi/5))$ konkreter: Wegen $\zeta^4 + \zeta^3 + \zeta^2 + \zeta + 1 = 0$ gilt:

$$(\zeta + \zeta^{-1})^2 = \zeta^2 + \zeta^{-2} + 2 = 1 - \zeta - \zeta^{-1},$$

sodass $\zeta + \zeta^{-1} = 2\cos(2\pi/5)$ Nullstelle von $X^2 + X - 1 = 0$ ist, d. h. $\cos(2\pi/5) = (\sqrt{5} - 1)/4$. Es gilt somit

$$\mathbb{Q}(\zeta + \zeta^{-1}) = \mathbb{Q}(\cos(2\pi/5)) = \mathbb{Q}(\sqrt{5}).$$

Zu $\mathbb{Q}_7/\mathbb{Q}$: Es gilt $\Gamma(\mathbb{Q}_7/\mathbb{Q}) \cong \mathbb{Z}/7^\times \cong (\mathbb{Z}/6, +)$. Die sechs verschiedenen $\mathbb{Q}$-Automorphismen $\tau_1, \ldots, \tau_6$ von $\mathbb{Q}_7$, also die Elemente von $\Gamma(\mathbb{Q}_7/\mathbb{Q})$ sind gegeben durch

$$\tau_1 : \zeta \mapsto \zeta,\ \tau_2 : \zeta \mapsto \zeta^2,\ \tau_3 : \zeta \mapsto \zeta^3,\ \tau_4 : \zeta \mapsto \zeta^4,\ \tau_5 : \zeta \mapsto \zeta^5,\ \tau_6 : \zeta \mapsto \zeta^6.$$

Das einzige Element der Ordnung 2 ist $\tau_6 : \zeta \mapsto \zeta^6 = \zeta^{-1}$. Und das einzige Element der Ordnung 3 ist $\tau_2 : \zeta \mapsto \zeta^2$. Nach dem Hauptsatz der Galoistheorie gibt es somit genau zwei nichttriviale Zwischenkörper, nämlich die Fixkörper $\mathcal{F}(\Delta)$ und $\mathcal{F}(\tilde{\Delta})$ von

$$\Delta = \langle \tau_6 \rangle = \{\tau_1, \tau_6\} \quad \text{und} \quad \tilde{\Delta} = \langle \tau_2 \rangle = \{\tau_1, \tau_2, \tau_4\} \subseteq \Gamma(\mathbb{Q}_7/\mathbb{Q}).$$

Zur Bestimmung der Fixkörper erhalten wir mit der Methode mit der Spur (vgl. Lemma 28.3 [Algebrabuch]) aus dem Erzeugendensystem $B = \{1, \zeta\}$ von $\mathbb{Q}_7$ wegen $\tau_1(\zeta) + \tau_6(\zeta) = \zeta + \zeta^{-1}$ und $\tau_1(\zeta) + \tau_2(\zeta) + \tau_4(\zeta) = \zeta + \zeta^2 + \zeta^4$ die Fixkörper:

$$\mathcal{F}(\Delta) = \mathbb{Q}(\zeta + \zeta^{-1}) \quad \text{und} \quad \mathcal{F}(\Delta) = \mathbb{Q}(\zeta + \zeta^2 + \zeta^4).$$

Wegen $\zeta = e^{2\pi i/7} = \cos(2\pi/7) + i\sin(2\pi/7)$ gilt $\zeta + \zeta^{-1} = 2\cos(2\pi/7)$. Daher erhalten wir den Zwischenkörperverband in Abb. 29.2.

Wir machen uns die Mühe und bestimmen $\mathbb{Q}(\zeta + \zeta^2 + \zeta^4)$ konkreter und geben auch das Minimalpolynom von $\zeta + \zeta^{-1}$ an: Das Minimalpolynom von $2\cos(2\pi/7)$ ist $X^3 + X^2 - 2X - 1$ wegen $(\zeta + \zeta^{-1})^3 = \zeta^3 + \zeta^{-3} + 3(\zeta + \zeta^{-1}) = -1 - \zeta^2 - \zeta^{-2} + 2(\zeta + \zeta^{-1}) = 1 - (\zeta + \zeta^{-1})^2 + 2(\zeta + \zeta^{-1})$. (Man kann genauso gut $(X - (\zeta + \zeta^{-1}))(X - (\zeta^2 + \zeta^{-2}))(X - (\zeta^3 + \zeta^{-3})) = X^3 + X^2 - 2X - 1$ direkt ausrechnen.) Das Minimalpolynom von

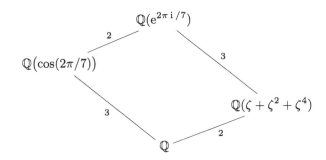

Abb. 29.2 Der Zwischenkörperverband von $\mathbb{Q}_7/\mathbb{Q}$

$\eta := \zeta + \zeta^2 + \zeta^4$ ist $X^2 + X + 2$ wegen $\eta^2 = \zeta^2 + \zeta^4 + \zeta^8 + 2\,(\zeta^3 + \zeta^5 + \zeta^6) = \eta + 2\,(-1 - \eta)$.
Also ist $\eta = (-1 \pm \mathrm{i}\sqrt{7})/2$, wobei wir uns die Berechnung des Vorzeichens eigentlich
sparen könnten, aber natürlich zu neugierig sind: Tatsächlich ist $\eta = (-1 + \mathrm{i}\sqrt{7})/2$ wegen
$\mathrm{Im}(\eta) = \sin(2\pi/7) + \sin(4\pi/7) + \sin(8\pi/7) = \sin(2\pi/7) - \sin(\pi/7) + \sin(4\pi/7) > 0$.
Es gilt insbesondere

$$\mathbb{Q}(\zeta + \zeta^2 + \zeta^4) = \mathbb{Q}(\mathrm{i}\sqrt{7}).$$

Zu $\mathbb{Q}_9/\mathbb{Q}$: Es gilt $\Gamma(\mathbb{Q}_9/\mathbb{Q}) \cong \mathbb{Z}/9^{\times} \cong (\mathbb{Z}/6, +)$. Der Zwischenkörperverband von
$\mathbb{Q}_9/\mathbb{Q}$ hat also dasselbe Aussehen wie der von $(\mathbb{Q}_7, \mathbb{Q})$. Die sechs verschiedenen $\mathbb{Q}$-
Automorphismen $\tau_1, \dots, \tau_6$ von $\mathbb{Q}_9$, also die Elemente von $\Gamma(\mathbb{Q}_9/\mathbb{Q})$ sind gegeben durch

$$\tau_1 : \zeta \mapsto \zeta, \ \tau_2 : \zeta \mapsto \zeta^2, \ \tau_3 : \zeta \mapsto \zeta^4, \ \tau_4 : \zeta \mapsto \zeta^5, \ \tau_5 : \zeta \mapsto \zeta^7, \ \tau_6 : \zeta \mapsto \zeta^8.$$

Das einzige Element der Ordnung 2 ist $\tau_6 : \zeta \mapsto \zeta^8 = \zeta^{-1}$. Und das einzige Element der
Ordnung 3 ist $\tau_3 : \zeta \mapsto \zeta^4$. Nach dem Hauptsatz der Galoistheorie gibt es somit genau zwei
nichttriviale Zwischenkörper, nämlich die Fixkörper $\mathcal{F}(\Delta)$ und $\mathcal{F}(\tilde{\Delta})$ von

$$\Delta = \langle \tau_6 \rangle = \{\tau_1, \tau_6\} \quad \text{und} \quad \tilde{\Delta} = \langle \tau_3 \rangle = \{\tau_1, \tau_3, \tau_5\} \subseteq \Gamma(\mathbb{Q}_9/\mathbb{Q}).$$

Zur Bestimmung der Fixkörper erhalten wir mit der Methode mit der Spur (vgl. Lemma 28.3
[Algebrabuch]) aus dem Erzeugendensystem $B = \{1, \zeta\}$ von $\mathbb{Q}_9$ wegen $\tau_1(\zeta) + \tau_6(\zeta) = \zeta + \zeta^{-1}$ und $\tau_1(\zeta) + \tau_3(\zeta) + \tau_5(\zeta) = \zeta + \zeta^4 + \zeta^7$ die Fixkörper:

$$\mathcal{F}(\Delta) = \mathbb{Q}(\zeta + \zeta^{-1}) \quad \text{und} \quad \mathcal{F}(\tilde\Delta) = \mathbb{Q}(\zeta + \zeta^4 + \zeta^7).$$

Wegen $\zeta = \mathrm{e}^{2\pi\mathrm{i}/9} = \cos(2\pi/9) + \mathrm{i}\sin(2\pi/9)$ gilt $\zeta + \zeta^{-1} = 2\cos(2\pi/9)$. Daher erhalten
wir den Zwischenkörperverband in Abb. 29.3.

29.5 Wegen Char $\mathbb{F}_2 = 2 \nmid 7$ sind die primitiven siebten Einheitswurzeln die Nullstellen
des 7-ten Kreisteilungspolynoms $\Phi_{7, \mathbb{F}_2}$. Nach dem Teil (c) von Lemma 29.4 (Algebrabuch)
erhalten wir $\Phi_{7, \mathbb{F}_2}$ einfach aus dem 7-ten Kreisteilungspolynom Φ_7 über $\mathbb{Q}$, indem wir
einfach die (ganzzahligen) Koeffizienten von Φ_7 modulo 2 reduzieren, damit gilt:

Abb. 29.3 Der
Zwischenkörperverband von
$\mathbb{Q}_9/\mathbb{Q}$

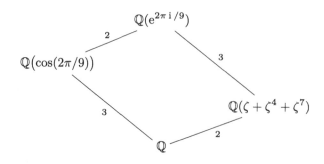

$$\Phi_{7,\mathbb{F}_2} = X^6 + X^5 + X^4 + X^3 + X^2 + X + \overline{1}.$$

Da Kreisteilungspolynome über $\mathbb{F}_2$ nicht notwendig irreduzibel sind, versuchen wir das Polynom zu zerlegen und finden durch Probieren schnell die folgende Zerlegung in weiter über $\mathbb{F}_2$ irreduzible Faktoren:

$$\Phi_{7,\mathbb{F}_2} = X^6 + X^5 + X^4 + X^3 + X^2 + X + 1 = (X^3 + X^2 + 1)\,(X^3 + X + 1).$$

Es ist also z. B. $X^3 + X^2 + 1$ Minimalpolynom einer primitiven siebten Einheitswurzel.

29.6 Das folgt wegen $\zeta \neq 1$ und $\zeta^n = 1$ aus

$$(1 + \zeta + \cdots + \zeta^{n-1})\,(\zeta - 1) = \zeta^n - 1 = 0.$$

29.7 Wir setzen $\zeta = e^{2\pi i/n}$. Es sind dann $\zeta, \zeta^2, \ldots, \zeta^{n-1}, \zeta^n = 1$ die n verschiedenen Einheitswurzeln. Wir setzen o. E. $\zeta_i = \zeta^i$ für $i = 1, \ldots, n$. Es gilt dann wegen $\zeta^n = 1$ und der geometrischen Summenformel $\sum_{i=0}^{n-1} q^i = \frac{1-q^n}{1-q}$ für $q \neq 1$:

$$\zeta_1^k + \zeta_2^k + \cdots + \zeta_n^k = \zeta^k + \zeta^{2k} + \cdots + \zeta^{(n-1)k} + 1$$
$$= 1 + \zeta^k + (\zeta^k)^2 + \cdots + (\zeta^k)^{n-1}$$
$$= \frac{1 - (\zeta^k)^n}{1 - \zeta^k} = \frac{1 - (\zeta^n)^k}{1 - \zeta^k} = 0.$$

29.8 Nach Lemma 29.8 (Algebrabuch) ist die Körpererweiterung K_n/K galoissch und die Galoisgruppe $\Gamma(K_n/K)$ ist isomorph zu einer Untergruppe von $\mathbb{Z}/n^\times$. Es bleibt zu zeigen, dass $\Gamma(K_n/K)$ zyklisch ist. Wir erinnern an das Kapitel zu den endlichen Körpern, insbesondere an Lemma 26.5 (Algebrabuch): Ist K ein endlicher Körper, so ist K_n eine (endliche) Erweiterung von K, und die Gruppe $\Gamma(K_n/K)$ aller K-Automorphismen von K_n ist zyklisch. In diesem Fall $|K| \in \mathbb{N}$ ist die Aussage somit korrekt. Den allgemeinen Fall führen wir nun gewissermaßen mit dem Translationssatz 27.14 (Algebrabuch) auf diesen *endlichen* Fall zurück: Es sei P der Primkörper von K, also $P \cong \mathbb{Z}/p$. Dann ist P_n ein

Teilkörper von K_n, und es gilt $P_n K = K_n$, da zum einen $P_n K \subseteq K_n$ gilt und zum anderen $P_n K$ ein Zwischenkörper von K_n/K, über dem $X^n - 1$ zerfällt, wegen der Minimalität von K_n gilt also $P_n K = K_n$.

Nun ist P_n/P galoissch und $\Gamma(P_n/P)$ zyklisch (siehe oben). Nach dem Translationssatz ist dann K_n/K galoisch und

$$\left\{ \begin{array}{ccc} \Gamma(K_n/K) & \to & \Gamma(P_n/(P_n \cap K)) \\ \sigma & \mapsto & \sigma|_{P_n} \end{array} \right.$$

ein Isomorphismus. Als Untergruppe von $\Gamma(P_n/P)$ ist $\Gamma(P_n/(P_n \cap K))$ und damit auch $\Gamma(K_n/K)$ zyklisch.

29.9 Wegen $\varphi(5) = 4 = 2^2$ ist das reguläre 5-Eck, also eine primitive 5-te Einheitswurzel nach Satz 29.10 (Algebrabuch) mit Zirkel und Lineal konstruierbar. Es ist $\mathbb{Q}_5 = \mathbb{Q}(\varepsilon)$ mit $\varepsilon := e^{\frac{2\pi i}{5}}$. Die Galoisgruppe $\Gamma(\mathbb{Q}_5/\mathbb{Q}) \cong \mathbb{Z}/4$ wird von dem durch $\sigma(\varepsilon) = \varepsilon^2$ gegebenen Automorphismus σ erzeugt, es gilt offenbar

k	1	2	3	4
$\sigma^k(\varepsilon)$	ε^2	ε^4	ε^3	ε

Der Untergruppenverband der Galoisgruppe $\Gamma(\mathbb{Q}_5/\mathbb{Q})$ ist demnach $\{\mathrm{Id}\} \subseteq \{\mathrm{Id}, \sigma^2\} \subseteq \Gamma(\mathbb{Q}_5/\mathbb{Q})$. Der laut Galoiskorrespondenz zugehörige Zwischenkörperverband von $\mathbb{Q}_5/\mathbb{Q}$ ist damit $\mathbb{Q} \subseteq \mathcal{F}(\langle \sigma^2 \rangle) \subseteq \mathbb{Q}_5$.

Zur Berechnung von $\mathcal{F}(\langle \sigma^2 \rangle)$ beachte, dass $\{\varepsilon^i \mid i = 1, \ldots, 4\}$ eine Basis von $\mathbb{Q}_5/\mathbb{Q}$ ist.

$$w := \mathrm{Sp}_{\{\mathrm{Id}, \sigma^2\}}(\varepsilon) = \varepsilon + \varepsilon^{-1} \in \mathcal{F}(\langle \sigma^2 \rangle) \quad \text{und} \quad w' := \sigma(w) = \varepsilon^2 + \varepsilon^{-2} \, .$$

Da $w \neq w'$ gilt $w \in \mathcal{F}(\langle \sigma^2 \rangle) \setminus \mathbb{Q}$.

Wegen $\sigma(w') = w$ folgt

$$\begin{aligned} m_{w, \mathbb{Q}} &= (X - w)(X - w') = X^2 - (w + w') X + w w' \\ &= X^2 - (\varepsilon + \varepsilon^2 + \varepsilon^3 + \varepsilon^4) X + (\varepsilon + \varepsilon^2 + \varepsilon^3 + \varepsilon^4) \\ &= X^2 + X - 1 \, . \end{aligned}$$

Nun ist $w > 0$ und $w' < 0$, also $2 \cos \frac{2\pi}{5} = w = \frac{1}{2}(\sqrt{5} - 1)$ und $w' = -\frac{1}{2}(\sqrt{5} + 1)$. Es folgt

$$\mathcal{F}(\langle \sigma^2 \rangle) = \mathbb{Q}(w) = \mathbb{Q}(\sqrt{5}) \quad \text{und} \quad \cos \frac{2\pi}{5} = \frac{1}{4}(\sqrt{5} - 1) \, .$$

Damit erhält man ein Verfahren zur Konstruktion des regulären Fünfecks.

29.10 Laut Satz 29.10 (Algebrabuch) ist ein regelmäßiges n-Eck mit $n \geq 3$ genau dann konstruierbar, wenn $n = 2^j p_1 \cdots p_r$ mit $j \in \mathbb{N}_0$ und verschiedenen fermatschen Primzahlen $p_1, \ldots, p_r$. Daher ermittle man alle Zahlen der Form $n = 2^a \cdot 3^b \cdot 5^c \cdot 17^d$ mit

$a \in \mathbb{N}_0$ und $\{b, c, d\} \in \{0, 1\}$ (beachte, dass die Zahlen 3, 5, 17 die einzigen fermatschen Primzahlen ≤ 100 sind). Man erhält die Zahlen 2, 3, 4, 5, 6, 8, 10, 12, 15, 16, 17, 20, 24, 30, 32, 34, 40, 48, 51, 60, 64, 68, 80, 85, 96.

29.11 Es seien $K = \mathbb{Q}(\zeta_m)$, $d = [K(\zeta_n) : K] = \left[\mathbb{Q}(\zeta_m, \zeta_n) : \mathbb{Q}(\zeta_m)\right]$. Das Minimalpolynom von ζ_n über K hat den Grad d und ist ein Teiler des Minimalpolynoms Φ_n von ζ_n über $\mathbb{Q}$. Es gilt also $d \leq \deg \Phi_n = \varphi(n)$, und wir müssen $d = \varphi(n)$ zeigen. Wegen $\mathrm{ggT}(m, n) = 1$ ist $\zeta_m \zeta_n$ eine primitive $m\,n$-te Einheitswurzel. Also ist $\mathbb{Q}(\zeta_m, \zeta_n) = \mathbb{Q}(\zeta_{mn})$ der $m\,n$-te Kreisteilungskörper über $\mathbb{Q}$, und es gilt $[\mathbb{Q}(\zeta_m, \zeta_n) : \mathbb{Q}] = \varphi(m\,n)$. Wegen $\mathrm{ggT}(m, n) = 1$ gilt außerdem $\varphi(m\,n) = \varphi(m)\,\varphi(n)$. Somit haben wir

$$[\mathbb{Q}(\zeta_m, \zeta_n) : \mathbb{Q}(\zeta_m)]\,[\mathbb{Q}(\zeta_m) : \mathbb{Q}] = [\mathbb{Q}(\zeta_m, \zeta_n) : \mathbb{Q}] = \varphi(m)\,\varphi(n),$$

und Kürzen durch $[\mathbb{Q}(\zeta_m) : \mathbb{Q}] = \varphi(m)$ zeigt wie gewünscht $d = \varphi(n)$.

Bemerkung Die vorangehende Betrachtung zeigt noch $\mathbb{Q}(\zeta_m) \cap \mathbb{Q}(\zeta_n) = \mathbb{Q}$. Für nicht notwendig teilerfremde Zahlen m, n gilt $\mathbb{Q}(\zeta_m, \zeta_n) = \mathbb{Q}(\zeta_{\mathrm{kgV}(m,n)})$, $\mathbb{Q}(\zeta_m) \cap \mathbb{Q}(\zeta_n) = \mathbb{Q}(\zeta_{\mathrm{ggT}(m,n)})$, und das Zerfallen des Kreisteilungspolynoms Φ_n in $\mathbb{Q}(\zeta_m)$ wird dadurch auch geregelt: Ist $v = \mathrm{kgV}(m, n)$, $d = \mathrm{ggT}(m, n)$, so zerfällt Φ_n in $\mathbb{Q}(\zeta_m)$ in lauter irreduzible Faktoren vom Grad $[\mathbb{Q}(\zeta_v) : \mathbb{Q}(\zeta_m)] = \varphi(v)/\varphi(m) = \varphi(n)/\varphi(d)$, und es gibt demnach $\varphi(d)$ solche Faktoren.

29.12 Wegen

$$X^5 - 1 = (X - 1)\,(X^4 + X^3 + X^2 + X + 1)$$

ist der 5-te Kreisteilungskörper K_5 über $K = \mathbb{F}_2$ (das ist der Zerfällungskörper von $X^5 - 1$ über K) auch der Zerfällungskörper von P über K. Nach Lemma 29.8 (Algebrabuch) ist K_n/K dann galoissch, wenn $\mathrm{Char}\, K \nmid n$. Das ist hier erfüllt, $n = 5$ und $\mathrm{Char}\, K = 2$. Nach dem eben erwähnten Lemma ist die Galoisgruppe zu einer Untergruppe von $\mathbb{Z}/5^\times$ isomorph und genau dann zu $\mathbb{Z}/5^\times$ isomorph, wenn P irreduzibel über K ist.

Wir zeigen, dass P irreduzibel über K ist: Wegen $P(0) \neq 0 \neq P(1)$ hat P keine Wurzel in K. Falls P einen Teiler vom Grad 2 hat, so hat P auch einen irreduziblen Teiler vom Grad 2. Das einzige irreduzible Polynom vom Grad 2 über $\mathbb{F}_2$ lautet $X^2 + X + \overline{1}$ (siehe Aufgabe 19.3). Eine Division mit Rest liefert:

$$P = (X^2 + X + \overline{1})\,X^2 + X + \overline{1}.$$

Damit ist begründet, dass P irreduzibel ist. Damit ist die Galoisgruppe von P über K zu $\mathbb{Z}/5^\times \cong \mathbb{Z}/4$ isomorph.

29.13 Wegen $[\mathbb{Q}(\zeta) : \mathbb{Q}] = \varphi(n)$ und $\mathbb{Q} \subseteq \mathbb{Q}(\zeta + \zeta^{-1}) \subseteq \mathbb{Q}(\zeta)$ liefert der Gradsatz

$$\varphi(n) = [\mathbb{Q}(\zeta) : \mathbb{Q}] = [\mathbb{Q}(\zeta) : \mathbb{Q}(\zeta + \zeta^{-1})]\,[\mathbb{Q}(\zeta + \zeta^{-1}) : \mathbb{Q}].$$

Die Aufgabe ist gelöst, wenn wir nur $[\mathbb{Q}(\zeta) : \mathbb{Q}(\zeta + \zeta^{-1})] = 2$ begründen können. Wegen

$$\zeta \, (\zeta + \zeta^{-1}) = \zeta^2 + 1$$

ist ζ eine Wurzel des Polynoms $X^2 - (\zeta + \zeta^{-1})\, X + 1 \in \mathbb{Q}(\zeta + \zeta^{-1})[X]$; somit gilt $[\mathbb{Q}(\zeta) : \mathbb{Q}(\zeta + \zeta^{-1})] \leq 2$. Im Fall $[\mathbb{Q}(\zeta) : \mathbb{Q}(\zeta + \zeta^{-1})] = 1$ wäre aber $\mathbb{Q}(\zeta) = \mathbb{Q}(\zeta + \zeta^{-1})$. Das ist nicht möglich, da $\zeta \in \mathbb{C} \setminus \mathbb{R}$ und $\zeta + \zeta^{-1} \in \mathbb{R}$. Somit gilt $[\mathbb{Q}(\zeta) : \mathbb{Q}(\zeta + \zeta^{-1})] = 2$.

Auflösung algebraischer Gleichungen durch Radikale   30

30.1   Aufgaben

30.1 • Man zeige: Liegt eine Wurzel eines über $\mathbb{Q}$ irreduziblen Polynoms P in einer Radikalerweiterung von $\mathbb{Q}$, so liegt auch jede andere Wurzel von P in einer Radikalerweiterung.

30.2 • Man zeige, dass ein Polynom P über $\mathbb{Q}$ mit der Diedergruppe D_n als Galoisgruppe durch Radikale auflösbar ist.

30.3 •• Geben Sie alle Teilkörper des Zerfällungskörpers von $X^{15} - 1 \in \mathbb{Q}[X]$ als Radikalerweiterungen von $\mathbb{Q}$ an.

30.4 •• Es sei L Zerfällungskörper von $X^7 - 1 \in \mathbb{Q}[X]$. Geben Sie einen Unterkörper von L an, der keine Radikalerweiterung von $\mathbb{Q}$ ist.

30.5 ••• Zeigen Sie: Es sei $p \geq 5$ eine Primzahl. Für das Polynom $P_p = X^3 \left(X - 2 \right) \left(X - 4 \right) \cdots \left(X - 2(p - 3) \right) - 2$ gilt $\Gamma_{\mathbb{Q}}(P_p) \cong S_p$.

30.2   Lösungen

30.1 Es sei L eine Radikalerweiterung von $\mathbb{Q}$, in der eine Wurzel a von P liege. Ist N die normale Hülle von L/K, so liegt jede weitere Nullstelle von P in N. Nach Lemma 30.8 (Algebrabuch) ist N/K eine Radikalerweiterung. Hieraus folgt die Behauptung.

30.2 Wegen Char $\mathbb{Q} = 0$ dürfen wir Korollar 30.11 (Algebrabuch) anwenden: Die Diedergruppe D_n ist nach Aufgabe 11.5 für jedes $n \in \mathbb{N}$ auflösbar. Damit ist das Polynom P durch Radikale auflösbar.

© Der/die Autor(en), exklusiv lizenziert durch Springer-Verlag GmbH, DE, ein Teil von   297
Springer Nature 2021
C. Karpfinger, *Arbeitsbuch Algebra*,
https://doi.org/10.1007/978-3-662-61954-4_30

30.3 Der Zerfällungskörper von $X^{15} - 1$ über $\mathbb{Q}$ ist $\mathbb{Q}(\zeta)$ mit $\zeta = e^{\frac{2\pi i}{15}}$. Es gilt $\Gamma :=$ $\Gamma(\mathbb{Q}(\zeta)/\mathbb{Q}) \cong \mathbb{Z}/15^{\times} \cong \mathbb{Z}/2 \times \mathbb{Z}/4$. Die Elemente von Γ sind die $\mathbb{Q}$-Automorphismen von $\mathbb{Q}(\zeta)$, die gegeben sind durch

$$\sigma_k : \zeta \mapsto \zeta^k \quad \text{mit} \quad \mathrm{ggT}(15, k) = 1,$$

also $\Gamma = \{\mathrm{Id}, \sigma_2, \sigma_4, \sigma_7, \sigma_8, \sigma_{11}, \sigma_{13}, \sigma_{14}\}$ mit

$$o(\sigma_2) = 4, \quad o(\sigma_4) = 2, \quad o(\sigma_7) = 4, \quad o(\sigma_8) = 4, \quad o(\sigma_{11}) = 2, \quad o(\sigma_{13}) = 4, \quad o(\sigma_{14}) = 2.$$

Die Untergruppen der Ordnung 4 von Γ sind:

$$\langle \sigma_2 \rangle, \ \langle \sigma_7 \rangle, \ \langle \sigma_4, \sigma_{11} \rangle.$$

Und die Untergruppen der Ordnung 2 von Γ sind:

$$\langle \sigma_4 \rangle, \ \langle \sigma_{11} \rangle, \ \langle \sigma_{14} \rangle.$$

Damit erhalten wir den Untergruppenverband (der Vollständigkeit halber geben wir auch gleich den noch zu bestimmenden Zwischenkörperverband mit an) in Abb. 30.1.

Wir ermitteln $\langle \sigma_2 \rangle^{+}$ mit der Methode mit der Spur (vgl. Lemma 28.3 (Algebrabuch)): Wegen

$$\mathrm{Sp}_{\langle \sigma_2 \rangle}(\zeta) = \zeta + \zeta^2 + \zeta^4 + \zeta^8 \in \langle \sigma_2 \rangle^{+} \setminus \mathbb{Q}$$

gilt mit $\xi := \zeta + \zeta^2 + \zeta^4 + \zeta^8$:

$$\langle \sigma_2 \rangle^{+} = \mathbb{Q}(\xi).$$

Wir bestimmen nun $\mathbb{Q}(\xi)$ als Radikalerweiterung:

Es ist ξ Wurzel eines Polynoms aus $\mathbb{Q}[X]$ vom Grad 2, die zweite Wurzel dieses Polynoms ist $\overline{\xi}$; damit lautet das Polynom:

$$(X - \xi)(X - \overline{\xi}) = X^2 - (\xi + \overline{\xi})X + \xi\,\overline{\xi}.$$

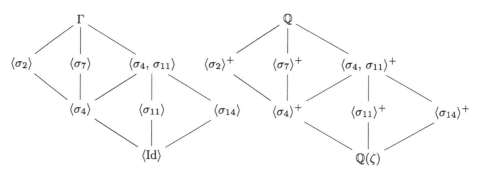

Abb. 30.1 Der Untergruppen- und Zwischenkörperverband der Galoiserweiterung $\mathbb{Q}(\zeta)/\mathbb{Q}$

Wegen

$$\xi = \zeta + \zeta^2 + \zeta^4 + \zeta^8 \,, \ \overline{\xi} = \overline{\zeta} + \overline{\zeta}^2 + \overline{\zeta}^4 + \overline{\zeta}^8 = \zeta^7 + \zeta^{11} + \zeta^{13} + \zeta^{14} \quad \text{und} \quad \sum_{k=0}^{14} \zeta^k = 0$$

erhalten wir mit $\zeta^5 + \zeta^{10} + \zeta^{15} = 0$, $\zeta^3 + (\zeta^3)^2 + (\zeta^3)^3 + (\zeta^3)^4 = -1$ und $1 + \zeta^5 + \zeta^{10} = 0$:

$$\xi + \overline{\xi} = 1 \quad \text{und} \quad \xi \overline{\xi} = 4.$$

Also ist ξ Wurzel von $X^2 - X + 4$, folglich gilt $\xi = \frac{1}{2}(1 + \sqrt{-15})$, somit erhalten wir:

$$\langle \sigma_2 \rangle^+ = \mathbb{Q}(\sqrt{-15}).$$

Wir ermitteln $\langle \sigma_7 \rangle^+$ mit der Methode mit der Spur (vgl. Lemma 28.3 (Algebrabuch)): Wegen

$$\mathrm{Sp}_{\langle \sigma_7 \rangle}(\zeta) = \zeta + \zeta^7 + \zeta^4 + \zeta^{13}$$

gilt mit $\xi := \zeta + \zeta^7 + \zeta^4 + \zeta^{13}$:

$$\langle \sigma_7 \rangle^+ = \mathbb{Q}(\xi).$$

Wir bestimmen nun $\mathbb{Q}(\xi)$ als Radikalerweiterung: Es ist ξ Wurzel eines Polynoms aus $\mathbb{Q}[X]$ vom Grad 2, die zweite Wurzel ist $\overline{\xi}$:

$$(X - \xi)(X - \overline{\xi}) = X^2 - (\xi + \overline{\xi})X + \xi \overline{\xi}.$$

Analog zu oben erhält man

$$\xi + \overline{\xi} = 1 \quad \text{und} \quad \xi \overline{\xi} = 1.$$

Also ist ξ Wurzel von $X^2 - X + 1$, folglich $\xi = \frac{1}{2}(1 + \sqrt{-3})$:

$$\langle \sigma_7 \rangle^+ = \mathbb{Q}(\sqrt{-3}).$$

Wir ermitteln $\langle \sigma_4, \sigma_{11} \rangle^+$: Wegen

$$\mathrm{Sp}_{\langle \sigma_4, \sigma_{11} \rangle}(\zeta) = \zeta + \zeta^4 + \zeta^{11} + \zeta^{14}$$

gilt für $\xi := \zeta + \zeta^4 + \zeta^{11} + \zeta^{14}$:

$$\langle \sigma_4, \sigma_{11} \rangle^+ = \mathbb{Q}(\xi).$$

Wir bestimmen nun $\mathbb{Q}(\xi)$ als Radikalerweiterung: Es ist $\xi \in \mathbb{R}$ Wurzel eines Polynoms aus $\mathbb{Q}[X]$ vom Grad 2. Weil das Minimalpolynom von ξ keine zweifache Wurzel haben kann, brauchen wir ein zweites Element aus $\mathbb{Q}(\xi)$, das ebenfalls unter $\langle \sigma_4, \sigma_{11} \rangle$ festbleibt:

$$\mathrm{Sp}_{\langle \sigma_4, \sigma_{11} \rangle}(\zeta^2) = \zeta^2 + \zeta^8 + \zeta^7 + \zeta^{13} =: \xi'.$$

Also $X^2 - (\xi + \xi')\,X + \xi\,\xi'$:

Nach einer Rechnung analog zu oben erhält man

$$\xi + \xi' = 1 \quad \text{und} \quad \xi\,\xi' = -1.$$

Also ist ξ Wurzel von $X^2 - X - 1$, folglich $\xi = \frac{1}{2}(1 + \sqrt{5})$:

$$\langle \sigma_4,\, \sigma_{11} \rangle^+ = \mathbb{Q}(\sqrt{5}).$$

Wir ermitteln $\langle \sigma_4 \rangle^+$: Wegen $\langle \sigma_4 \rangle^+ = \langle \sigma_2 \rangle^+ \langle \sigma_7 \rangle^+$ gilt

$$\langle \sigma_4 \rangle^+ = \mathbb{Q}(\sqrt{-15},\, \sqrt{-3}).$$

Analog erhält man

$$\langle \sigma_{11} \rangle^+ = \mathbb{Q}\left(\sqrt{-2\,(5 - \sqrt{5})} \right) \quad \text{und} \quad \langle \sigma_{14} \rangle^+ = \mathbb{Q}\left(\sqrt{6\,(5 - \sqrt{5})} \right)$$

und schließlich

$$\mathbb{Q}(\zeta) = \mathbb{Q}\left(\sqrt{2\,\sqrt{5}\,\left(\sqrt{6\,(5 - \sqrt{5})} - 2 \right) - 28} \right).$$

30.4 Es gilt $\Gamma := \Gamma(L/\mathbb{Q}) \cong \mathbb{Z}/7^\times \cong (\mathbb{Z}/6,\, +)$: Es ist $\sigma: \zeta \mapsto \zeta^3$ ein erzeugendes Element der Gruppe Γ.

Wir erhalten den Untergruppen- und Zwischenkörperverband in Abb. 30.2.

Abb. 30.2 Der Untergruppen- und Zwischenkörperverband der Galoiserweiterung $\mathbb{Q}(\zeta)/\mathbb{Q}$

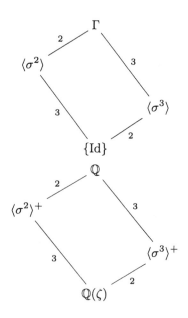

Wir ermitteln $\langle\sigma^2\rangle^+$ mit der Methode mit der Spur (vgl. Lemma 28.3 (Algebrabuch)):

$$\mathrm{Sp}_{\langle\sigma^2\rangle}(\zeta) = \zeta + \zeta^2 + \zeta^4 =: \varepsilon \in \langle\sigma^2\rangle^+.$$

Die zweite Wurzel des Minimalpolynoms von ε ist $\varepsilon' = \overline{\varepsilon} = \zeta^{-1}+\zeta^{-2}+\zeta^{-4} = \zeta^6+\zeta^4+\zeta^2$; damit gilt:

$$(X - \varepsilon)\,(X - \varepsilon') = X^2 + X + 2.$$

Wegen $\varepsilon = \frac{1}{2}\,(-1 + \sqrt{-7})$ erhalten wir:

$$\langle\sigma^2\rangle^+ = \mathbb{Q}(\sqrt{-7}).$$

Der Zwischenkörper $\mathbb{Q}(\sqrt{-7})$ ist eine einfache Radikalerweiterung von $\mathbb{Q}$.

Wir ermitteln $\langle\sigma^3\rangle^+$ mit der Methode mit der Spur (vgl. Lemma 28.3 (Algebrabuch)):

$$\mathrm{Sp}_{\langle\sigma^3\rangle}(\zeta) = \zeta + \zeta^{-1}.$$

Also gilt

$$\langle\sigma^3\rangle^+ = \mathbb{Q}(\zeta + \zeta^{-1}) \quad\text{und}\quad [\mathbb{Q}(\zeta + \zeta^{-1}) : \mathbb{Q}] = 3.$$

Wäre dies eine Radikalerweiterung, so wäre $\zeta + \zeta^{-1} = \sqrt[3]{a}$ für ein $a \in \mathbb{Q}$ mit $\sqrt[3]{a} \notin \mathbb{Q}$. Weil $\langle\sigma^3\rangle$ Normalteiler in Γ ist, wäre $\mathbb{Q}(\zeta + \zeta^{-1})$ normal über $\mathbb{Q}$ (beachte den Teil (c) des Hauptsatzes der endlichen Galoistheorie 27.10 (Algebrabuch)). Der Zwischenkörper $\mathbb{Q}(\zeta + \zeta^{-1})$ enthielte also auch die dritten Einheitswurzeln – ein Widerspruch zu $\mathbb{Q}(\zeta+\zeta^{-1}) \subseteq \mathbb{R}$.

30.5 Wir zeigen, dass das Polynom P_p irreduzibel ist und genau zwei nichtreelle Nullstellen hat. Die Behauptung folgt dann aus Lemma 28.5 (Algebrabuch).

Irreduzibilität: Wir setzen $P_p(x) = \sum_{j=0}^{p} a_j\,X^j \in \mathbb{Q}[x]$. Wegen $p \geq 5$ kommt in der angegebenen Darstellung für P_p der Faktor $(X - 2)\,(X - 4)$ vor. Zusammen mit $a_0 = -2$ haben wir also $2 \mid a_j$ für $0 \leq j \leq p-1$, $4 \nmid a_0$. Das Eisenstein-Kriterium mit $p' = 2$ liefert die Irreduzibilität von P_p.

Es gibt genau zwei nichtreelle Nullstellen: Die Anzahl der reellen Wurzeln von P_p bestimmen wir mit einer Kurvendiskussion: Für $x \leq 0$ ist $P_p(x) < 0$. Für $x \geq 2\,(p-3) + 1$ ist $P_p(x) > 0$. Für $x = 4k + 1$, $0 \leq k \leq (p-3)/2$, sind $2k + 3$ Faktoren des Produkts $X^3\,(X-2)\,(X-4)\cdots(X-2\,(p-3))$ positive ganze Zahlen, $p - 3 - 2k$ Faktoren negative ganze Zahlen, und ± 3 kommt als Faktor vor. Also ist $P_p(4k + 1) \geq 1$. Analog schließt man $P_p(x) < 0$ für $x \in [4k + 2, 4k + 4]$, $0 \leq k \leq (p-5)/2$; zusammengefasst:

$$P_p(x) = \begin{cases} -2 & \text{für } x = 2k,\, 0 \leq k \leq p - 3, \\ > 0 & \text{für } x = 4k + 1,\, 0 \leq k \leq (p-3)/2, \\ < 0 & \text{für } x \in [4k + 2, 4k + 4],\, 0 \leq k \leq (p-5)/2. \end{cases}$$

Das Polynom P_p hat nach dem Zwischenwertsatz mindestens 2 Wurzeln α_{2k}, α_{2k+1} in $[4k, 4k+2]$ für $k \in \{0, 1, \ldots, (p-5)/2\}$ und eine weitere Wurzel α_{p-3} in $[2(p-3), 2(p-3)+1]$. Da $\beta_0 = 0$ eine zweifache Wurzel von P_p' ist, hat P_p' genau eine Wurzel $\beta_{k+1} \in [2k, 2k+2]$, $0 \le k \le (p-5)/2$, und deswegen einheitliches Vorzeichen in $(2k, \beta_{k+1})$ und in $(\beta_{k+1}, 2k+2)$. Neben $\alpha_0, \ldots, \alpha_{p-3}$ gibt es also keine weiteren reellen Wurzeln von P_p, und wir sind fertig.

Die allgemeine Gleichung 31

31.1   Aufgaben

31.1 • Stellen Sie die folgenden symmetrischen Funktionen jeweils explizit durch elementarsymmetrische Funktionen dar.

(a) $X_1^2 + X_2^2 + X_3^2 \in \mathbb{Q}[X_1, X_2, X_3]$.
(b) $X_1^4 + X_1^3 X_2 + X_1^2 X_2^2 + X_1 X_2^3 + X_2^4 \in \mathbb{Q}[X_1, X_2]$.
(c) $X_1^3 + X_2^3 + X_3^3 \in \mathbb{Q}[X_1, X_2, X_3]$.

31.2 •• Bestimmen Sie jeweils die Diskriminante des Polynoms P und entscheiden Sie, ob P eine doppelte Nullstelle in $\mathbb{C}$ hat:

(a) $P = X^4 + 1 \in \mathbb{R}[X]$.
(b) $P = X^3 - 6X + 2\sqrt{2} \in \mathbb{R}[X]$.
(c) $P = (X^7 - 2X^3 + X - 1)^3 \in \mathbb{R}[X]$.

31.3 •• Es sei $P \in \mathbb{R}[X]$ ein normiertes Polynom, welches in Linearfaktoren zerfällt. Zeigen Sie: $D_{XP} = D_P \cdot P(0)^2$.

31.4 • Es sei K ein Körper mit $\operatorname{Char} K \notin \{2, 3\}$. Bringen Sie die Gleichung $ax^3 + bx^2 + cx + d = 0$ mit $a, b, c, d \in K$, $a \neq 0$, durch eine geeignete Substitution auf die Form $x'^3 + px' + q = 0$.

31.5 •• Bestimmen Sie mit den cardanoschen Formeln die Wurzeln des Polynoms $P = X^3 - 6X + 2 \in \mathbb{Q}[X]$.

© Der/die Autor(en), exklusiv lizenziert durch Springer-Verlag GmbH, DE, ein Teil von
Springer Nature 2021
C. Karpfinger, *Arbeitsbuch Algebra*,
https://doi.org/10.1007/978-3-662-61954-4_31

31.2 Lösungen

31.1 Da die elementarsymmetrischen Funktionen den Körper der symmetrischen Funktionen erzeugen, ist jede der angegebenen symmetrischen Funktionen eine Summe von Vielfachen von Produkten von Potenzen der elementarsymmetrischen Funktionen $s_1, \ldots, s_n$ (siehe Abschn. 31.1.2 (Algebrabuch)), die in den hier gegebenen Fällen $n = 2$ und $n = 3$ lauten:

- $n = 2$: $s_1 = X_1 + X_2$, $s_2 = X_1 X_2$.
- $n = 3$: $s_1 = X_1 + X_2 + X_3$, $s_2 = X_1 X_2 + X_1 X_3 + X_2 X_3$, $s_3 = X_1 X_2 X_3$.

(a) Wir haben den Fall $n = 3$. Es liegt nahe, vorab s_2^2 zu bestimmen:

$$
\begin{aligned}
s_2^2 &= (X_1 X_2 + X_1 X_3 + X_2 X_3)^2 \\
&= (X_1 X_2)^2 + 2(X_1 X_2)(X_1 X_3 + X_2 X_3) + (X_1 X_3 + X_2 X_3)^2 \\
&= X_1^2 X_2^2 + X_1^2 X_3^2 + X_2^2 X_3^2 + 2 X_1^2 X_2 X_3 + 2 X_1 X_2^2 X_3 + 2 X_1 X_2 X_3^2.
\end{aligned}
$$

Nun erkennt man sofort:

$$X_1^2 X_2^2 + X_2^2 X_3^2 + X_1^2 X_3^2 = s_2^2 - 2 s_1 s_3.$$

(b) Wir haben den Fall $n = 2$. Es liegt nahe, vorab s_1^4 zu bestimmen:

$$s_1^4 = (X_1 + X_2)^4 = X_1^4 + 4 X_1^3 X_2 + 6 X_1^2 X_2^2 + 4 X_1 X_2^3 + X_2^4.$$

Nun erkennt man sofort:

$$X_1^4 + X_1^3 X_2 + X_1^2 X_2^2 + X_1 X_2^3 + X_2^4 = s_1^4 - 3 s_1^2 s_2 + s_2^2.$$

(c) Wir haben den Fall $n = 3$. Es liegt nahe, vorab s_1^3 zu bestimmen:

$$
\begin{aligned}
s_1^3 &= (X_1 + X_2 + X_3)^3 = X_1^3 + 3 X_1^2 (X_2 + X_3) + 3 X_1 (X_2 + X_3)^2 + (X_2 + X_3)^3 \\
&= X_1^3 + X_2^3 + X_3^3 \\
&\quad + 3 X_1^2 X_2 + 3 X_1^2 X_3 + 3 X_1 X_2^2 + 6 X_1 X_2 X_3 + 3 X_1 X_3^2 + 3 X_2^2 X_3 + 3 X_2 X_3^2.
\end{aligned}
$$

Nun erkennt man sofort:

$$X_1^3 + X_2^3 + X_3^3 = s_1^3 - 3 s_1 s_2 + 3 s_3.$$

31.2 Da sich die Diskriminante bei Erweiterung des Grundkörpers nicht ändert, können wir auch jeweils $P \in \mathbb{C}[X]$ annehmen.

(a) Da

$$P = X^4 + 1 = (X^2 + \mathrm{i})(X^2 - \mathrm{i})$$
$$= (X - \tfrac{1}{2}\sqrt{2}(1+\mathrm{i}))\,(X + \tfrac{1}{2}\sqrt{2}(1+\mathrm{i}))\,(X - \tfrac{1}{2}\sqrt{2}(-1+\mathrm{i}))\,(X + \tfrac{1}{2}\sqrt{2}(-1+\mathrm{i}))$$

erhalten wir für die Diskriminante das Produkt über die Quadrate der Differenzen aller
Nullstellen zu $D_P = 2^8 = 256$. Somit hat P keine doppelte Nullstelle.

(b) Aus der Formel $D_{X^3+pX+q} = -4p^3 - 27q^2$ erhalten wir $D_P = 648$, und somit hat P
keine doppelte Nullstelle.

(c) Da p (mindestens) eine doppelte Nullstelle hat, ist $D_P = 0$.

31.3 Es sei $P = \prod_{i=1}^{n}(X - a_i)$ mit allen $a_i \in \mathbb{R}$. Dann ist $D_P = \prod_{i<j}(a_i - a_j)^2$ und

$$D_{XP} = \left(\prod_i (0 - a_i)^2\right) \cdot \prod_{i<j}(a_i - a_j)^2 = P(0)^2 \cdot D_P.$$

31.4 Eine Substitution, die den quadratischen Term zum Verschwinden bringt, ist $x' = ax + b/3$. Es gilt $x'^3 = a^3 x^3 + a^2 b x^2 + ab^2 x/3 + b^3/27$, also $x'^3 + (ac - b^2/3)x' + 2b^3/27 - abc/3 + a^2 d = 0$, d. h. $p = ac - b^2/3$, $q = 2b^3/27 - abc/3 + a^2 d$.

31.5 Die Polynomfunktion f mit $f(x) = x^3 - 6x + 2$ hat wegen $f(-\infty) = -\infty < 0$, $f(0) = 2 > 0$, $f(1) = -3 < 0$, $f(+\infty) = +\infty > 0$ nach dem Zwischenwertsatz 3 reelle Nullstellen. Nach dem Eisenstein-Kriterium mit $p = 2$ ist f über $\mathbb{Q}$ irreduzibel. Wir erhalten die Wurzeln mit den cardanoschen Formeln aus Satz 31.8 (Algebrabuch): Mit $p = -6$ und $q = 2$ erhalten wir zuerst die Diskriminante

$$D_P = -27\,q^2 - 4\,p^3 = 756 = 2^2 \cdot 3^3 \cdot 7.$$

Wir ermitteln a' und b' aus dem erwähnten Satz:

$$a' = \sqrt[3]{-\frac{2}{2} + \frac{1}{6\sqrt{3}}\sqrt{-756}} = \sqrt[3]{-1 + \mathrm{i}\sqrt{7}},$$

$$b' = \sqrt[3]{-\frac{2}{2} - \frac{1}{6\sqrt{3}}\sqrt{-756}} = \sqrt[3]{-1 - \mathrm{i}\sqrt{7}}.$$

Damit $3\,a'\,b' = -p = 6$ erfüllt ist, müssen wir $b' = \overline{a'}$ nehmen. Damit erhalten wir die drei
Wurzeln v_1, v_2, v_3 mit der primitiven dritten Einheitswurzel $\varepsilon = \frac{-1+\mathrm{i}\sqrt{3}}{2}$:

- $v_1 = a' + b' = 2\,\mathrm{Re}\left(\sqrt[3]{-1+\mathrm{i}\sqrt{7}}\right),$
- $v_2 = \varepsilon^2\,a' + \varepsilon\,b' = 2\,\mathrm{Re}\left(\varepsilon\,\sqrt[3]{-1+\mathrm{i}\sqrt{7}}\right),$
- $v_3 = \varepsilon\,a' + \varepsilon^2\,b' = 2\,\mathrm{Re}\left(\varepsilon^2\,\sqrt[3]{-1+\mathrm{i}\sqrt{7}}\right),$

wobei wir uns a' fest gewählt denken – etwa als die dritte Wurzel von $-1+\mathrm{i}\sqrt{7}$ mit dem kleinsten positiven Argument.

Moduln 32

32.1 Aufgaben

32.1 •• Wir betrachten die Untermoduln $U = (3 + 5\,\mathrm{i})$ und $V = (2 - 4\,\mathrm{i})$ des $\mathbb{Z}$-Moduls $\mathbb{Z}[\mathrm{i}]$.

(a) Zeigen Sie, dass der $\mathbb{Z}$-Modul $\mathbb{Z}[\mathrm{i}]/U$ frei ist, der $\mathbb{Z}$-Modul $\mathbb{Z}[\mathrm{i}]/V$ jedoch nicht.
(b) Bestimmen Sie einen Untermodul U' von $\mathbb{Z}[\mathrm{i}]$ mit $\mathbb{Z}[\mathrm{i}] = U \oplus U'$ und zeigen Sie, dass es zu V keinen solchen zu V *komplementären* Untermodul von $\mathbb{Z}[\mathrm{i}]$ gibt.

32.2 • Es seien R ein Hauptidealring, $a \in R$ und M ein Untermodul von $R/(a)$. Zeigen Sie:

(a) Es gibt ein $b \in R$ mit $M = \{x + (a) \in R/(a) \mid b \mid x\}$ und $b \mid a$.
(b) Für das Element b aus dem Teil (a) gilt $M \cong R/(\frac{a}{b})$.

32.3 • Es sei M ein Torsionsmodul über dem Hauptidealring R. Für ein Primelement $p \in R$ sei $S_p(M) = \{x \in M \mid p\,x = 0\}$. Zeigen Sie:

(a) $S_p(M)$ ist ein Untermodul von M.
(b) Durch $(r + (p)) \cdot x := r\,x$ wird $S_p(M)$ zu einem $R/(p)$-Vektorraum.

32.4 • Bestimmen Sie die p-Primärkomponenten

(a) der $\mathbb{Z}$-Moduln $\mathbb{Z}/8$ und $\mathbb{Z}/12$.
(b) der $\mathbb{R}[X]$-Moduln $\mathbb{R}[X]/(X^3)$ und $\mathbb{R}[X]/(X^3 - 1)$.

C. Karpfinger, *Arbeitsbuch Algebra*,
https://doi.org/10.1007/978-3-662-61954-4_32

32.5 •• Es sei M ein endlich erzeugter Modul über einem Hauptidealring R. Zeigen Sie: Der Modul M ist genau dann frei, wenn M torsionsfrei ist.

32.2 Lösungen

32.1 (a) Wir wählen in dem Faktormodul $\mathbb{Z}[i]/U$ das Element $2 + 3i + U$ und zeigen:

(i) $\langle 2 + 3i + U \rangle = \mathbb{Z}[i]/U$ und
(ii) $r(2 + 3i + U) = U \Rightarrow r = 0$ für $r \in \mathbb{Z}$.

Es ist dann $\{2 + 3i + U\}$ ein linear unabhängiges Erzeugendensystem, sprich eine Basis von $\mathbb{Z}[i]/U$. Wie man auf die Wahl des Elements $2 + 3i$ kommt, wird im Laufe der Rechnung klar; entscheidend wird sein, dass die Matrix mit den Spalten $(2, 3)^\top$ (von $2 + 3i$) und $(3, 5)^\top$ (von $3 + 5i$) über $\mathbb{Z}$ invertierbar ist. Und da die Wahl der ersten Spalte $(2, 3)^\top$ dieser Matrix gewährleistet, dass die Determinante gleich 1 ist (und 1 eine Einheit in $\mathbb{Z}$ ist), ist diese Matrix über $\mathbb{Z}$ invertierbar.

Zu (i): Es sei $a + bi + U \in \mathbb{Z}[i]/U$ beliebig. Beachte: Es gibt genau dann ein $r \in \mathbb{Z}$ mit $r(2 + 3i + U) = a + bi + U$, wenn es $r, s \in \mathbb{Z}$ gibt mit

$$r(2 + 3i) + s(3 + 5i) = a + bi.$$

Die Existenz solcher $r, s \in \mathbb{Z}$ ist nun gewährleistet, da das lineare Gleichungssystem

$$(*) \quad \begin{pmatrix} 2 & 3 \\ 3 & 5 \end{pmatrix} \begin{pmatrix} r \\ s \end{pmatrix} = \begin{pmatrix} a \\ b \end{pmatrix}$$

wegen der Invertierbarkeit der Koeffizientenmatrix lösbar ist. Das zeigt (i).

Zu (ii): Es sei $r \in \mathbb{Z}$. Aus $r(2 + 3i + U) = U$ mit $U = (3 + 5i)$ folgt $r(2, 3) = s(3, 5)$ für $s \in \mathbb{Z}$. Das ist nur für $r = 0$ möglich. Das begründet (ii).

Wir hätten uns die Begründung von (ii) sparen können durch den Hinweis, dass das LGS in $(*)$ eindeutig lösbar ist.

Nun zu dem $\mathbb{Z}$-Modul $\mathbb{Z}[i]/V$ mit $V = (2 - 4i)$: Angenommen, dieser Modul ist frei. Da Untermoduln freier $\mathbb{Z}$-Moduln wieder frei sind, ist somit auch der Untermodul $(1 - 2i) + V$ von $\mathbb{Z}[i]/V$ frei. Wegen $2(1 - 2i + V) = 2 - 4i + V = V$ erhalten wir einen Widerspruch. Der $\mathbb{Z}$-Modul $\mathbb{Z}[i]/V$ ist somit nicht frei.

(b) Die Begründung in (a) legt die Wahl $U' = (2 + 3i)$ nahe. Die Lösbarkeit des Gleichungssystems $(*)$ im Teil (a) für jede rechte Seite $(a, b)^\top$ besagt, dass $U + U' = \mathbb{Z}[i]$ gilt. Und ist $a + bi \in U \cap U'$, so gilt $r(2, 3) = s(3, 5)$ für ganze Zahlen r, s. Dies liefert $r = 0 = s$, sodass $U \cap U' = \{0\}$. Folglich ist die Summe direkt.

Angenommen, auch zu dem Untermodul V von $\mathbb{Z}[i]$ gibt es einen solchen komplementären Untermodul V' mit $\mathbb{Z}[i] = V \oplus V'$. Für die Projektion $\pi : \mathbb{Z}[i] = V \oplus V' \to V'$,

$v + v' \mapsto v'$ folgt mit dem Homomorphisatz $V' \cong \mathbb{Z}[i]/V$. Nach dem Teil (a) ist aber $\mathbb{Z}[i]/V$ nicht frei. Dieser Widerspruch zeigt, dass es zu V keinen komplementären Untermodul gibt.

32.2 (a) Für die Restklasse $x + (a) \in R/(a)$ schreiben wir im Folgenden kurz $\bar{x}$. Es sei $\pi : R \to R/(a)$ die kanonische Projektion, und es sei $U := \pi^{-1}(M)$ das Urbild von M. Dann ist U ein Ideal von R, denn es gilt $0 \in U$ (da $\pi(0) = \bar{0} \in M$) und für alle $r \in R$, $u, v \in U$ hat man: $\pi(r\, u + v) = r\, \bar{u} + \bar{v} \in M$, also $r\, u + v \in U$. Da R ein Hauptidealring ist, existiert also ein $b \in R$ mit $U = (b)$. Wir zeigen nun, dass b die gewünschten Eigenschaften hat:

Wegen $\pi((a)) = \{\bar{0}\} \subseteq M$ ist $(a) \subseteq U = (b)$, insbesondere $a \in (b)$, also $b \mid a$.

Da π surjektiv ist, gilt

$$M = \pi(\pi^{-1}(M)) = \pi(U) = \pi((b)) = \{\pi(x) \mid x \in R,\ b \mid x\} = \{x + (a) \in R/(a) \mid b \mid x\}.$$

(b) Es sei $\phi : R \to M$, $y \mapsto \overline{yb}$. Dann ist ϕ ein surjektiver Modulhomomorphismus. Nach dem Homomorphiesatz gilt also $M = \text{Bild}(\phi) \cong R/\text{Kern}(\phi)$. Es genügt also zu zeigen, dass $\text{Kern}(\phi) = (\frac{a}{b})$ ist. Es gilt $y \in \text{Kern}(\phi)$ genau dann, wenn $\overline{yb} = \bar{0}$ ist. Dies ist genau dann der Fall, wenn $a \mid yb$ gilt, wenn es also ein $x \in R$ gibt mit $xa = yb$. Dies ist wiederum genau dann der Fall, wenn $\frac{a}{b} \mid y$. Somit ist tatsächlich $\text{Kern}(\phi) = (\frac{a}{b})$, d. h. $M \cong R/(\frac{a}{b})$ als R-Moduln.

32.3 (a) Da offenbar $0 \in S_p(M)$, ist $S_p(M)$ nicht leer. Sind $x, y \in S_p(M)$, so ist wegen

$$p\,(x - y) = p\,x - p\,y = 0$$

auch $x - y \in S_p(M)$. Somit ist $S_p(M)$ eine Untergruppe von M. Nun seien $r \in R$ und $x \in S_p(M)$. Aufgrund von $p\,(r\,x) = r\,(p\,x) = r\,0 = 0$ ist auch $r\,x \in S_p(M)$. Das zeigt, dass $S_p(M)$ ein Untermodul von M ist.

(b) Zuerst bemerken wir, dass das von p erzeugte Ideal (p) in dem Hauptidealring R maximal ist und somit $K := R/(p)$ ein Körper ist. Weiterhin ist die angegebene Multiplikaton wohldefiniert: Sind nämlich $r + (p) = r' + (p)$ mit $r, r' \in R$, so folgt $r = r' + s\,p$ mit einem $s \in R$. Für jedes $x \in S_p(M)$ gilt somit

$$r\,x = (r' + s\,p)\,x = r'\,x + s\,p\,x = r'\,x.$$

Das liefert die Wohldefiniertheit.

In Teil (a) wurde bereits gezeigt, dass $S_p(M)$ eine (abelsche) Gruppe ist. Es bleibt, die Verträglichkeitsgesetze nachzuweisen. Dazu benutzen wir für jedes $r \in R$ die Abkürzung $\bar{r} := r + (p)$: Es gilt für alle $\bar{r}, \bar{s} \in K$ und alle $x, y \in S_p(M)$:

$$(\overline{r} + \overline{s})\, x = \overline{(r + s)}\, x = (r + s)\, x = r\, x + s\, x = \overline{r}\, x + \overline{s}\, x,$$

$$\overline{r}\, (\overline{s}\, x) = \overline{r}\, (s\, x) = r\, s\, x = \overline{(r\, s)}\, x = (\overline{r}\, \overline{s})\, x,$$

$$\overline{r}\, (x + y) = r\, (x + y) = r\, x + r\, y = \overline{r}\, x + \overline{r}\, y,$$

$$\overline{1}\, x = 1\, x = x.$$

Somit ist $S_p(M)$ mit der angegebenen Multiplikation ein K-Vektorraum.

32.4 (a) Die Primelemente des Hauptidealringes $\mathbb{Z}$ sind genau die Primzahlen $p \in \mathbb{P}$.

Zu $M = \mathbb{Z}/8$: Ist $p \neq 2$, so folgt aus $p^n x = 0$ für $x \in M$ sofort $x = 0$. Diese p-Primärkomponenten sind somit trivial, d. h. $M_p = \{0\}$.

Ist $p = 2$, so gilt $2^n x = 0$ für alle $x \in M$ und gewisse $n \in \mathbb{N}$, sodass $M_2 = M$ gilt.

Zu $M = \mathbb{Z}/12$: Ist $p \neq 2, 3$, so folgt aus $p^n x = 0$ für $x \in M$ sofort $x = 0$. Diese p-Primärkomponenten sind somit trivial, d. h. $M_p = \{0\}$.

Ist $p = 2$, so gilt $2^n x = 0$ für alle $x \in \{0, 3, 6, 9\}$ und gewisse $n \in \mathbb{N}$, sodass $M_2 = \{0, 3, 6, 9\}$ gilt.

Ist $p = 3$, so gilt $3^n x = 0$ für alle $x \in \{0, 4, 8\}$ und gewisse $n \in \mathbb{N}$, sodass $M_3 = \{0, 4, 8\}$ gilt.

(b) Die Primelemente des Hauptidealringes $\mathbb{R}[X]$ sind genau die über $\mathbb{R}$ irreduziblen Polynome, also die nullstellenfreien Polynome vom Grad 2 bzw. die linearen Polynome. Wir geben im Folgenden nur die nichttrivialen Primärkomponenten an:

Zu $M = \mathbb{R}[X]/(X^3)$: Es ist X ein Primelement von $\mathbb{R}[X]$, und für jedes Polynom $f \in \mathbb{R}[X]/(X^3)$ gilt $X^3 (f + (X^3)) = (X^3)$, sodass $M_{X^3} = M$ gilt.

Zu $M = \mathbb{R}[X]/(X^3 - 1)$: Es sind X und $X^2 + X + 1$ Primelemente von $\mathbb{R}[X]$ (beachte $X^3 - 1 = (X - 1)(X^2 + X + 1)$). Wir begründen $M_{X-1} = (X^2 + X + 1)/(X^3 - 1)$: Es sei $f \in M_{X-1}$. Dann gilt $(X - 1)^n f \in (X^3 - 1)$, d. h. $(X - 1)^n f = (X - 1)(X^2 + X + 1)\, g$ für ein $g \in \mathbb{Z}[X]$. Es ist somit $X^2 + X + 1$ ein Teiler von f, sodass $f \in (X^2 + X + 1)/(X^3 - 1)$. Ist umgekehrt für ein $f \in \mathbb{R}[X]$ das Element $(X^2 + X + 1)\, f$ gegeben, so folgt $(X - 1)(X^2 + X + 1)\, f \in (X^3 - 1)$. Das bedeutet $(X^2 + X + 1)\, f \in M_{X-1}$.

Analog zeigt man $M_{X^2+X+1} = (X - 1)/(X^3 - 1)$.

32.5 Ist M frei, so hat M eine (endliche) Basis $B = \{b_1 \ldots, b_n\}$. Ist $x \in M$ ein Torsionselement, $r\, x = 0$, wobei $r \neq 0$, so gibt es (genau) eine Darstellung $x = r_1 b_1 + \ldots + r_n b_n$ mit $r_i \in R$. Multiplikation dieser Gleichung mit r liefert

$$r\, x = r\, r_1 b_1 + \ldots + r\, r_n b_n = 0.$$

Da B linear unabhängig und R nullteilerfrei ist, muss bereits $x = 0$ gelten. Somit ist M torsionsfrei.

Die andere Richtung findet man in Satz 32.15.

Printed in the United States
By Bookmasters